高等学校"十三五"规划教材

仪器分析
Instrumental Analysis

白 玲　郭会时　刘文杰　主编

化学工业出版社

·北京·

《仪器分析》为高等学校"十三五"规划教材，根据近年来仪器分析的新发展编写而成。全书共十八章，包括紫外-可见分光光度法、红外吸收光谱法、分子发光分析法、原子发射光谱法、原子吸收光谱法、电位分析法与离子选择性电极、电解与库仑分析法、伏安与极谱分析法、电导分析法与电分析化学新进展、气相色谱法、高效液相色谱法、核磁共振波谱法、质谱法等，介绍了上述各类分析方法的基本原理、仪器结构、方法特点及其应用范围。此外，还介绍了计算机在分析仪器中的应用。可扫描教材内二维码获知各章节知识点总结、知识框图、单元自测题、典型案例、科学家简介和课外资料等内容。

《仪器分析》可作为高等院校化学化工类专业及农学、动物科学、生物工程、环境工程、食品工程等非化学专业本科生的教材，也可作为其他分析测试人员的参考书。

图书在版编目（CIP）数据

仪器分析/白玲，郭会时，刘文杰主编．—北京：化学工业出版社，2019.12（2025.1重印）

高等学校"十三五"规划教材

ISBN 978-7-122-35832-5

Ⅰ.①仪… Ⅱ.①白…②郭…③刘… Ⅲ.①仪器分析-高等学校-教材 Ⅳ.①O657

中国版本图书馆 CIP 数据核字（2019）第 269484 号

责任编辑：宋林青　　　　　　　　　　装帧设计：刘丽华
责任校对：李雨晴

出版发行：化学工业出版社（北京市东城区青年湖南街13号　邮政编码100011）
印　　装：三河市双峰印刷装订有限公司
787mm×1092mm　1/16　印张 21¼　字数 551 千字　2025年1月北京第1版第6次印刷

购书咨询：010-64518888　　　　　　　　售后服务：010-64518899
网　　址：http://www.cip.com.cn

凡购买本书，如有缺损质量问题，本社销售中心负责调换。

定　价：48.00元　　　　　　　　　　　　　　　　　　版权所有　违者必究

《仪器分析》编写人员

主　编　白　玲　郭会时　刘文杰

副主编　石国荣　卢亚玲　薄丽丽　丘秀珍　李铭芳

编　者（按姓氏拼音排序）

　　　　白　玲　薄丽丽　陈慧琴　郭会时　贾清华

　　　　焦琳娟　李铭芳　廖晓宁　刘文杰　卢丽敏

　　　　卢亚玲　罗建民　丘秀珍　任健敏　石国荣

　　　　汪河滨　汪小强　吴东平

前 言

本书为高等学校"十三五"规划教材,是根据仪器分析教学大纲的要求,并吸取了近年来国内外仪器分析教材的许多优点编写而成的。为适应 21 世纪高等院校化学类和非化学类本科专业教学改革的需要,除了介绍常用的仪器分析方法外,我们增加了电分析化学的新进展、计算机在分析仪器中的应用等内容,以适应国内外仪器分析学科的飞速发展。本书可作为高等院校化学、应用化学等化学专业本科生及农学、动物科学、生物工程、环境工程、食品工程等非化学专业本科生开设仪器分析课程的教材,同时也可作为其他分析测试人员的参考书。

仪器分析内容涉及学科较多,知识面较广,在编写中我们力求精选内容,理论联系实际,强化仪器分析在各专业教学中的基础作用;同时注意拓宽知识范畴,反映仪器分析方法的新成果,充分体现教材的科学性、先进性与实用性。本教材符合仪器分析教学要求,系统性强,内容全面、新颖、简洁明了,便于阅读和使用,避免内容上过深、过细和求全。

全书共十八章,内容包括紫外-可见分光光度法、红外吸收光谱法、分子发光分析法、原子发射光谱法、原子吸收光谱法、电位分析法与离子选择性电极、电解与库仑分析法、伏安与极谱分析法、电导分析法与电分析化学新进展、气相色谱法、高效液相色谱法、核磁共振波谱法、质谱法等,介绍了上述各类分析方法的基本原理、仪器结构、方法特点及其应用范围。此外,还介绍了计算机在分析仪器中的应用,并用英文标注了章标题、各章附有学习要点、思考和练习题。同时与时俱进,在教材内增加了二维码,扫码可获知各章节的知识点总结、知识框图、单元自测题、典型案例、科学家简介和课外资料等内容,以适应教材立体化的发展要求。

本书由江西农业大学、韶关学院、塔里木大学、湖南农业大学、甘肃农业大学、湘潭大学等六所高等院校共同编著,参加本教材编写的教师均为长期从事仪器分析教学和科研工作的人员,具有丰富的教学经验和较高的学术水平。具体编写分工为:江西农业大学白玲(第1章、第7章)、李铭芳(第2章、第3章)、汪小强(第4章、第5章部分)、吴东平(第6章部分、第18章部分)、卢丽敏(第16章)、廖晓宁(第17章部分),韶关学院郭会时(第8章、第12章)、任健敏和丘秀珍(第9章)、焦琳娟(第10章)、陈慧琴(第11章),湘潭大学刘文杰(第13章)湖南农业大学石国荣(第5章部分、第17章部分),塔里木大学卢亚玲(第14章)、汪河滨和贾清华(第15章),甘肃农业大学薄丽丽(第6章部分、第18章部分)。教材学习要点和二维码资料由江西农业大学的白玲(第1章、第7章)、李铭芳(第2章)、吴东平(第3章)、汪小强(第4章),韶关学院郭会时(第8章)、丘秀珍(第9章)、焦琳娟(第10章)、陈慧琴(第11章)、罗建民(第12章)、湘潭大学刘文杰(第13章、第16章)、湖南农业大学石国荣(第5章、第17章)、塔里木大学卢亚玲(第14章)、汪河滨和贾清华(第15章)、甘肃农业大学薄丽丽(第6章、第18章)等共同收集整理编写而成。全书由主编审稿、修改,最后由主编通读、定稿。

本书在编写过程中,得到了江西农业大学、韶关学院、塔里木大学、湖南农业大学、甘肃农业大学、湘潭大学和化学工业出版社的支持、帮助和关心,在此一并致谢。由于编者水平有限,难免有疏漏欠妥之处,恳请同行专家和使用本书的同学批评指正,以期再版时订正。

编 者
2019 年 4 月

目 录

第1章 绪论 ·················· 1
 1.1 仪器分析法及其特点 ·········· 1
  1.1.1 分析化学的发展和仪器分析的产生 ············ 1
  1.1.2 仪器分析法的特点 ······ 2
  1.1.3 仪器分析与化学分析的关系 ··· 3
  1.1.4 仪器分析的作用和应用领域 ··· 3
  1.1.5 仪器分析的发展趋势 ···· 4
 1.2 仪器分析方法的分类 ·········· 4
 1.3 分析仪器 ················· 5
  1.3.1 分析仪器的组成 ········ 5
  1.3.2 分析仪器的性能指标 ···· 6
 1.4 分析方法的选择 ············· 7
 思考题与习题 ·················· 8

第2章 光谱分析法引论 ·········· 9
 2.1 光学分析法及其分类 ·········· 9
  2.1.1 发射光谱法 ············ 9
  2.1.2 吸收光谱法 ············ 9
  2.1.3 散射光谱法 ··········· 10
 2.2 电磁辐射及电磁波谱 ········· 10
  2.2.1 电磁辐射的波动性 ····· 10
  2.2.2 电磁辐射的微粒性 ····· 11
  2.2.3 电磁波谱 ············· 11
 2.3 光谱法仪器 ················ 12
  2.3.1 光源 ················· 12
  2.3.2 单色器 ··············· 14
  2.3.3 吸收池 ··············· 18
  2.3.4 检测器 ··············· 18
  2.3.5 读出装置 ············· 20
 思考题与习题 ················· 21

第3章 紫外-可见分光光度法 ····· 23
 3.1 紫外-可见吸收光谱 ··········· 23
  3.1.1 分子吸收光谱的形成 ··· 23
  3.1.2 有机化合物的紫外-可见光谱 ·· 24
  3.1.3 无机化合物的紫外-可见光谱 ·· 26
  3.1.4 紫外-可见光谱中的一些常用术语 ············· 26
  3.1.5 影响紫外-可见光谱的因素 ··· 27
 3.2 吸收光谱的测量——朗伯-比耳定律 ·················· 28
  3.2.1 透射比和吸光度 ······· 28
  3.2.2 朗伯-比耳定律 ········ 28
  3.2.3 吸光系数 ············· 29
  3.2.4 偏离朗伯-比耳定律的因素 ··· 29
 3.3 紫外-可见分光光度计 ········ 30
  3.3.1 主要组成部件 ········· 30
  3.3.2 紫外-可见分光光度计的类型 ··· 31
  3.3.3 分光光度计的校正 ···· 32
 3.4 分析条件的选择 ············ 33
  3.4.1 仪器测量条件 ········· 33
  3.4.2 反应条件的选择 ······ 33
  3.4.3 参比溶液的选择 ······ 36
  3.4.4 干扰及消除方法 ······ 37
 3.5 紫外-可见分光光度法的应用 ·· 37
  3.5.1 定性分析 ············· 37
  3.5.2 结构分析 ············· 41
  3.5.3 定量分析 ············· 42
  3.5.4 络合物组成的测定 ···· 45
  3.5.5 酸碱离解常数的测定 ·· 46
  3.5.6 应用实例 ············· 47
 思考题与习题 ················· 48

第4章 红外吸收光谱法 ········· 50
 4.1 概述 ····················· 50
  4.1.1 红外区的划分及主要应用 ····· 50
  4.1.2 红外吸收光谱法的特点 ···· 51
  4.1.3 红外吸收光谱图的表示方法 ··· 52
 4.2 基本原理 ·················· 52
  4.2.1 红外吸收光谱产生的条件 ····· 52
  4.2.2 分子的振动 ··········· 53
 4.3 基团频率和特征吸收峰 ······ 57
  4.3.1 基团频率区和指纹区 ·· 58
  4.3.2 影响基团频率的因素 ·· 65
 4.4 红外光谱仪器 ·············· 67
  4.4.1 色散型红外分光光度计 ···· 68
  4.4.2 傅里叶变换红外光谱仪 ···· 70
  4.4.3 非色散型红外分光光度计 ····· 71
 4.5 试样的处理和制备 ·········· 71
  4.5.1 红外光谱法对试样的要求 ····· 71
  4.5.2 制样的方法 ··········· 72
 4.6 红外光谱法的应用 ·········· 72
  4.6.1 定性分析 ············· 73
  4.6.2 定量分析 ············· 75

     4.6.3 红外光谱法的应用 …………… 76
     4.6.4 红外光谱硬件技术的发展和
           应用 …………………………… 78
     4.6.5 漫反射傅里叶变换红外光谱
           技术 …………………………… 78
     4.6.6 衰减全反射傅里叶变换红外光谱 … 79
     4.6.7 FTIR 与其他技术联用 ……… 79
   思考题与习题 ……………………………… 80

第5章 分子发光分析法 …………… 82
  5.1 分子荧光和磷光分析法 ……………… 82
     5.1.1 基本原理 …………………………… 82
     5.1.2 荧光和磷光分析仪器 …………… 88
     5.1.3 分子荧光定量分析方法 ………… 90
     5.1.4 分子荧光分析法的灵敏度 ……… 91
     5.1.5 分子荧光分析法的应用 ………… 92
     5.1.6 磷光分析法的应用 ……………… 93
  5.2 化学发光分析法 ……………………… 94
     5.2.1 基本原理 …………………………… 94
     5.2.2 化学发光反应的类型 …………… 95
     5.2.3 测量仪器 ………………………… 96
     5.2.4 化学发光分析法的应用 ………… 96
   思考题与习题 ……………………………… 97

第6章 原子发射光谱法 ……………… 99
  6.1 概述 …………………………………… 99
  6.2 基本原理 ……………………………… 100
     6.2.1 原子发射光谱的产生 …………… 100
     6.2.2 原子能级与能级图 ……………… 101
     6.2.3 谱线强度 ………………………… 102
     6.2.4 谱线的自吸与自蚀 ……………… 103
  6.3 仪器 …………………………………… 103
     6.3.1 光源 ……………………………… 103
     6.3.2 试样引入激发光源的方法 ……… 107
     6.3.3 试样的蒸发与光谱的激发 ……… 108
     6.3.4 光谱添加剂 ……………………… 109
     6.3.5 分光仪 …………………………… 109
     6.3.6 检测器 …………………………… 109
     6.3.7 光谱仪 …………………………… 110
  6.4 背景的扣除和基体效应的影响 ……… 115
     6.4.1 背景的来源 ……………………… 115
     6.4.2 背景的扣除 ……………………… 115
     6.4.3 基体效应的影响 ………………… 115
  6.5 分析方法 ……………………………… 115
     6.5.1 光谱定性分析 …………………… 115
     6.5.2 光谱半定量分析 ………………… 117
     6.5.3 光谱定量分析 …………………… 117
  6.6 原子发射光谱法的应用 ……………… 119

     6.6.1 应用领域 ………………………… 119
     6.6.2 应用实例 ………………………… 119
   思考题与习题 ……………………………… 119

第7章 原子吸收光谱法 ……………… 121
  7.1 概述 …………………………………… 121
  7.2 基本原理 ……………………………… 121
     7.2.1 原子吸收光谱的产生 …………… 121
     7.2.2 基态原子与待测元素含量的
           关系 ……………………………… 122
     7.2.3 原子吸收谱线的轮廓与变宽 …… 122
     7.2.4 原子吸收线的测量 ……………… 123
  7.3 原子吸收分光光度计 ………………… 125
     7.3.1 光源 ……………………………… 125
     7.3.2 原子化器 ………………………… 126
     7.3.3 分光系统 ………………………… 128
     7.3.4 检测系统 ………………………… 128
     7.3.5 测定条件的选择 ………………… 129
  7.4 干扰及消除方法 ……………………… 129
     7.4.1 物理干扰及消除 ………………… 129
     7.4.2 化学干扰及消除 ………………… 130
     7.4.3 电离干扰及消除 ………………… 130
     7.4.4 光谱干扰及消除 ………………… 130
  7.5 原子吸收光谱法的分析方法 ………… 131
     7.5.1 标准曲线法 ……………………… 131
     7.5.2 标准加入法 ……………………… 132
  7.6 灵敏度与检出限 ……………………… 132
     7.6.1 灵敏度 …………………………… 132
     7.6.2 检出限 …………………………… 132
  7.7 原子吸收光谱法的应用 ……………… 133
     7.7.1 直接原子吸收分析 ……………… 133
     7.7.2 间接原子吸收分析 ……………… 133
     7.7.3 原子吸收光谱法的应用实例 …… 133
  7.8 原子荧光光谱法 ……………………… 134
     7.8.1 基本原理 ………………………… 134
     7.8.2 仪器 ……………………………… 136
     7.8.3 定量分析方法 …………………… 136
     7.8.4 干扰及消除 ……………………… 136
     7.8.5 氢化法在原子荧光中的应用 …… 137
     7.8.6 原子荧光光谱法的特点 ………… 137
   思考题与习题 ……………………………… 137

第8章 电分析化学引论 ……………… 139
  8.1 电分析化学概述 ……………………… 139
     8.1.1 电分析化学方法的分类 ………… 139
     8.1.2 电分析化学方法的特点 ………… 139
  8.2 化学电池 ……………………………… 140
     8.2.1 原电池和电解池 ………………… 140

8.2.2 电池的表示方法 …………… 141
8.3 基础概念与重要术语 …………… 141
　8.3.1 电极电位 ………………… 141
　8.3.2 液体接界电位与盐桥 …… 143
　8.3.3 极化和过电位 …………… 144
8.4 电极的分类 ……………………… 145
　8.4.1 根据电极反应的机理分类 … 145
　8.4.2 根据电极所起的作用分类 … 146
思考题与习题 ………………………… 147

第9章 电位分析法与离子选择性电极 …………………………… 148
9.1 电位分析法概述 ………………… 148
9.2 离子选择性电极的构造与分类 … 149
　9.2.1 离子选择性电极的基本构造 … 149
　9.2.2 离子选择性电极的分类 … 149
9.3 离子选择性电极的膜电位和电极电位 …………………………… 150
　9.3.1 离子选择性电极的膜电位 … 150
　9.3.2 离子选择性电极的电极电位 … 150
9.4 离子选择性电极的性能参数 …… 151
　9.4.1 电位选择性系数 ………… 151
　9.4.2 线性范围和检测下限 …… 152
　9.4.3 响应时间 ………………… 152
　9.4.4 有效pH值范围 ………… 152
　9.4.5 电极寿命 ………………… 152
　9.4.6 电极内阻 ………………… 152
9.5 几种常用的离子选择性电极 …… 152
　9.5.1 pH玻璃电极 …………… 152
　9.5.2 氟离子选择性电极 …… 155
　9.5.3 气敏电极 ………………… 156
　9.5.4 酶电极 …………………… 156
9.6 直接电位法 ……………………… 157
　9.6.1 测量原理 ………………… 157
　9.6.2 测量仪器 ………………… 157
　9.6.3 直接电位法的定量方法 … 158
　9.6.4 直接电位法的应用 ……… 159
9.7 电位滴定法 ……………………… 162
　9.7.1 电位滴定方法的基本原理及装置 ………………………… 162
　9.7.2 电位滴定终点的确定方法 … 162
　9.7.3 自动电位滴定仪 ………… 164
　9.7.4 电位滴定法的应用 ……… 165
思考题与习题 ………………………… 166

第10章 电解与库仑分析法 …… 168
10.1 电解分析法 …………………… 168
　10.1.1 电解分析的基本原理 … 168
　10.1.2 电解分析方法和应用 … 170
10.2 库仑分析法 …………………… 173
　10.2.1 库仑分析的基本原理和法拉第电解定律 ………………… 173
　10.2.2 控制电位库仑分析法 … 174
　10.2.3 库仑滴定法 …………… 176
思考题与习题 ………………………… 178

第11章 伏安与极谱分析法 …… 180
11.1 极谱分析法的基本原理 ……… 180
　11.1.1 极谱法的装置 ………… 180
　11.1.2 极谱波的形成 ………… 181
　11.1.3 极谱过程的特殊性 …… 181
　11.1.4 滴汞电极 ……………… 182
　11.1.5 极谱波类型 …………… 182
11.2 极谱法的干扰电流及消除方法 … 183
　11.2.1 残余电流 ……………… 183
　11.2.2 迁移电流 ……………… 184
　11.2.3 氧波 …………………… 184
　11.2.4 极谱极大 ……………… 185
　11.2.5 叠波、前波和氢波 …… 185
11.3 极谱定量定性方法 …………… 186
　11.3.1 扩散电流方程式 ……… 186
　11.3.2 影响扩散电流的因素 … 187
　11.3.3 极谱定性分析依据——半波电位 ………………………… 187
　11.3.4 极谱定量分析 ………… 189
　11.3.5 普通极谱分析法的特点及存在问题 ……………………… 189
11.4 单扫描极谱法 ………………… 190
　11.4.1 单扫描极谱波的基本电路和装置 ……………………… 190
　11.4.2 定量分析原理 ………… 191
　11.4.3 单扫描极谱法的特点及应用 … 191
11.5 循环伏安法 …………………… 191
　11.5.1 基本原理 ……………… 191
　11.5.2 应用 …………………… 192
11.6 脉冲极谱法 …………………… 193
　11.6.1 基本原理 ……………… 193
　11.6.2 特点和应用 …………… 195
11.7 溶出伏安法 …………………… 195
　11.7.1 阳极溶出伏安法 ……… 195
　11.7.2 阴极溶出伏安法 ……… 196
　11.7.3 溶出伏安法中的工作电极 … 196
11.8 极谱催化波和络合物吸附波 … 196
　11.8.1 平行催化波 …………… 197
　11.8.2 氢催化波 ……………… 197

11.8.3 络合物吸附波 …………………… 198
思考题与习题 ……………………………… 198

第12章 电导分析法与电分析化学新进展 …………………………… 199
12.1 电导分析法 …………………………… 199
　12.1.1 基本原理 ……………………… 199
　12.1.2 电极及测量仪器 ……………… 201
　12.1.3 直接电导法 …………………… 202
　12.1.4 电导滴定法 …………………… 203
12.2 化学修饰电极 ………………………… 203
　12.2.1 概述 …………………………… 203
　12.2.2 化学修饰电极的类型 ………… 204
　12.2.3 化学修饰电极在电分析化学中的应用 …………………………… 205
12.3 超微电极 ……………………………… 208
　12.3.1 概述 …………………………… 208
　12.3.2 超微电极的基本特征 ………… 208
　12.3.3 超微电极的应用 ……………… 209
12.4 生物电化学传感器 …………………… 209
　12.4.1 概述 …………………………… 209
　12.4.2 生物电化学传感器的类型 …… 209
　12.4.3 生物电化学传感器的发展 …… 210
　12.4.4 生物电化学传感器的应用 …… 211
思考题与习题 ……………………………… 213

第13章 色谱法引论 ……………………… 214
13.1 概述 …………………………………… 214
　13.1.1 色谱法的发展历史 …………… 214
　13.1.2 色谱法的优点和缺点 ………… 215
　13.1.3 色谱法的定义与分类 ………… 215
13.2 色谱流出曲线及有关术语 …………… 217
　13.2.1 色谱流出曲线 ………………… 217
　13.2.2 色谱峰的描述参数 …………… 217
　13.2.3 保留值 ………………………… 218
　13.2.4 分配平衡 ……………………… 219
13.3 色谱法基本原理 ……………………… 220
　13.3.1 塔板理论 ……………………… 220
　13.3.2 速率理论 ……………………… 222
13.4 分离度 ………………………………… 224
　13.4.1 分离度的定义 ………………… 224
　13.4.2 分离度的计算 ………………… 226
13.5 基本色谱分离方程式 ………………… 226
　13.5.1 基本色谱分离方程式 ………… 226
　13.5.2 分离度的优化 ………………… 227
13.6 色谱定性和定量分析 ………………… 229
　13.6.1 色谱定性分析 ………………… 229
　13.6.2 色谱定量分析 ………………… 231
思考题与习题 ……………………………… 233

第14章 气相色谱法 ……………………… 235
14.1 气相色谱仪 …………………………… 235
　14.1.1 气相色谱流程 ………………… 235
　14.1.2 气相色谱仪的结构 …………… 235
14.2 气相色谱固定相 ……………………… 237
　14.2.1 气固色谱固定相 ……………… 237
　14.2.2 气液色谱固定相 ……………… 238
14.3 气相色谱检测器 ……………………… 241
　14.3.1 热导检测器 …………………… 241
　14.3.2 氢火焰离子化检测器 ………… 242
　14.3.3 电子捕获检测器 ……………… 243
　14.3.4 火焰光度检测器 ……………… 244
　14.3.5 检测器的性能指标 …………… 244
14.4 色谱分离操作条件的选择 …………… 246
　14.4.1 柱长 …………………………… 246
　14.4.2 载气及流速的选择 …………… 246
　14.4.3 柱温的选择 …………………… 246
　14.4.4 载体粒度及筛分范围 ………… 247
　14.4.5 进样方式及进样量 …………… 247
14.5 毛细管气相色谱法简介 ……………… 247
　14.5.1 毛细管气相色谱仪 …………… 247
　14.5.2 毛细管色谱柱 ………………… 248
　14.5.3 毛细管气相色谱法的基本理论 … 249
14.6 气相色谱法的应用 …………………… 250
思考题与习题 ……………………………… 252

第15章 高效液相色谱法 ………………… 253
15.1 概述 …………………………………… 253
　15.1.1 与经典液相色谱法比较 ……… 253
　15.1.2 与气相色谱法比较 …………… 254
　15.1.3 高效液相色谱法的特点 ……… 255
15.2 高效液相色谱仪 ……………………… 255
　15.2.1 贮液器 ………………………… 256
　15.2.2 高压输液泵 …………………… 256
　15.2.3 进样装置 ……………………… 261
　15.2.4 色谱柱 ………………………… 262
　15.2.5 检测器 ………………………… 263
　15.2.6 馏分收集器 …………………… 267
　15.2.7 色谱数据处理装置 …………… 267
15.3 高效液相色谱的固定相和流动相 …… 268
　15.3.1 固定相 ………………………… 268
　15.3.2 流动相 ………………………… 268
15.4 液-固吸附色谱法 …………………… 269
　15.4.1 原理 …………………………… 269
　15.4.2 固定相 ………………………… 270
　15.4.3 流动相 ………………………… 271

15.5 液-液分配色谱法 …………………… 272
　15.5.1 原理 ………………………………… 272
　15.5.2 分类 ………………………………… 272
　15.5.3 固定相 ……………………………… 272
　15.5.4 流动相 ……………………………… 272
15.6 化学键合相色谱 …………………… 273
　15.6.1 分离原理 …………………………… 273
　15.6.2 固定相 ……………………………… 274
　15.6.3 流动相 ……………………………… 275
　15.6.4 应用 ………………………………… 275
15.7 离子交换色谱法 …………………… 275
　15.7.1 原理 ………………………………… 275
　15.7.2 离子交换剂 ………………………… 276
　15.7.3 流动相 ……………………………… 276
　15.7.4 应用 ………………………………… 277
15.8 尺寸排阻色谱法 …………………… 277
　15.8.1 原理 ………………………………… 277
　15.8.2 固定相 ……………………………… 278
　15.8.3 流动相 ……………………………… 278
　15.8.4 应用 ………………………………… 279
15.9 色谱分离方法的选择 ……………… 279
15.10 高效液相色谱法的应用实例 …… 279
思考题与习题 ……………………………… 282

第16章 核磁共振波谱法 ……………… 283

16.1 核磁共振基本原理 ………………… 283
　16.1.1 核的自旋运动 ……………………… 283
　16.1.2 自旋核在磁场中的行为 …………… 284
　16.1.3 核磁共振 …………………………… 284
　16.1.4 弛豫过程 …………………………… 285
16.2 核磁共振波谱的主要参数 ………… 286
　16.2.1 化学位移及影响因素 ……………… 286
　16.2.2 自旋偶合及自旋分裂 ……………… 289
16.3 核磁共振波谱仪 …………………… 290
　16.3.1 连续波核磁共振谱仪 ……………… 290
　16.3.2 脉冲-傅里叶核磁共振谱仪
　　　　（PFT-NMR） ……………………… 291
　16.3.3 试样的制备 ………………………… 292
16.4 核磁共振波谱法的应用 …………… 292
　16.4.1 核磁共振谱图及图谱解析 ………… 292
　16.4.2 化合物结构鉴定及定量分析 ……… 294
思考题与习题 ……………………………… 296

第17章 质谱法 …………………………… 297

17.1 质谱仪 ……………………………… 297
　17.1.1 质谱仪的工作原理 ………………… 298
　17.1.2 质谱仪的主要性能指标 …………… 298
　17.1.3 质谱仪的基本结构 ………………… 299
17.2 质谱图及其应用 …………………… 307
　17.2.1 质谱的表示方法——质谱图与质
　　　　谱表 ………………………………… 307
　17.2.2 质谱图中主要离子峰的类型及其
　　　　应用 ………………………………… 307
　17.2.3 同位素离子峰及其应用 …………… 309
　17.2.4 质谱定性分析 ……………………… 311
　17.2.5 质谱定量分析 ……………………… 312
17.3 色谱-质谱联用技术 ………………… 313
　17.3.1 气相色谱-质谱联用 ………………… 313
　17.3.2 液相色谱-质谱联用 ………………… 314
思考题与习题 ……………………………… 315

第18章 计算机在分析仪器中的
　　　　应用 ……………………………… 316

18.1 计算机与分析仪器 ………………… 316
　18.1.1 微型电子计算机简介 ……………… 316
　18.1.2 计算机与分析仪器的连接
　　　　方式 ………………………………… 317
　18.1.3 模-数与数-模转换 ………………… 317
18.2 计算机与分析数据 ………………… 320
　18.2.1 多次平均 …………………………… 320
　18.2.2 局部平滑 …………………………… 320
　18.2.3 Fourier变换 ………………………… 321
18.3 人工智能与实验仿真模拟技术 …… 323
　18.3.1 专家系统 …………………………… 323
　18.3.2 分析仪器自动化 …………………… 324
　18.3.3 仿真系统 …………………………… 324
18.4 计算机在仪器分析中的应用举例 … 325
　18.4.1 激光诱导时间分辨荧光 …………… 325
　18.4.2 伏安仪 ……………………………… 326
思考题与习题 ……………………………… 327

参考文献 ………………………………… 328

第1章 绪 论
Introduction

【学习要点】
① 理解仪器分析的课程内涵、任务和作用。
② 掌握仪器分析方法的分类。
③ 理解仪器分析在各领域中的应用及发展趋势。
④ 理解分析仪器的组成及性能指标。
⑤ 掌握仪器分析方法的选择。

分析化学是化学表征与测量的科学,也是研究分析方法的科学。它可向人们提供物质的结构信息和物质的化学组成、含量等信息。一般可把分析化学方法分为化学分析(经典分析方法)和仪器分析方法两大类。化学分析法有着悠久的历史,测定时使用化学试剂、天平以及玻璃器皿,如滴定管、吸量管、烧杯、漏斗、坩埚等,是经典的非仪器分析方法;仪器分析法是采用比较复杂或特殊的仪器设备,通过测量物质的某些物理或物理化学性质的参数及其变化来获取物质的化学组成、成分含量及化学结构等信息的一类方法。仪器分析的应用范围比化学分析广泛,它已成为分析化学的重要组成部分和发展方向。从化学分析到仪器分析是一个逐步发展、演变的过程,两者之间不存在清晰的界限,化学分析需要使用简单仪器,仪器分析中亦包含某些化学分析技术。

通过本课程的学习,要求学生掌握仪器分析的基本原理和仪器的简单结构及其各种仪器分析方法的实际应用;要求学生初步具有根据分析目的,结合学到的各种仪器分析方法的特点、应用范围,选择适宜的分析方法的能力。同时开拓学生的创新思维,培养和提高学生的科学素质、创新意识、创新精神和获取知识的能力,以适应21世纪我国经济和科学技术发展对人才的需要和要求。

1.1 仪器分析法及其特点

1.1.1 分析化学的发展和仪器分析的产生

分析化学是一门古老的科学,它的起源可以追溯到古代炼金术,当时依靠人们的感官与双手进行分析与判断。至16世纪出现了第一个使用天平的试金实验室,才使分析化学开始赋有科学的内涵。到19世纪末,虽然分析化学由鉴定物质组成的化学定性手段与定量技术所组成,但还只能算是一门技术。20世纪以来,由于现代科学技术的发展,相邻学科间相互渗透,分析化学的发展经历了三次巨大变革。

第一次变革:在20世纪初,由于物理化学溶液理论的发展,为分析化学提供了理论基础,建立了溶液四大平衡理论(酸碱平衡、氧化还原平衡、配位平衡及溶解平衡),才使分析化学由一门技术发展成为一门科学。

第二次变革:在第二次世界大战后至20世纪60年代,物理学与电子学的发展,促进了分析化学中物理方法的发展;同时一系列重大科学发现,如:Bloch F 和 Purcell E M 建立了核磁共振测定方法，1952年获诺贝尔物理学奖；Martin A J P 和 Synge R L M 建立了气相色谱分析法，1952年获诺贝尔化学奖；Heyrovsky J 建立了极谱分析法，1959年获诺贝尔化学奖等，为仪器分析的建立和发展奠定了基础。仪器分析的发展引发了分析化学的第二次变革。一些简便、快速的仪器分析方法，取代了繁琐费事的经典分析方法。分析化学从以化学分析法为主的经典分析化学，发展到以仪器分析法为主的现代分析化学。此阶段是仪器分析的大发展时期，仪器分析使分析速度加快，促进了化学工业的发展，但化学分析与仪器分析并重，仪器分析自动化程度较低。

第三次变革：是20世纪70年代末至20世纪末，以计算机应用为标志的分析化学第三次变革，仪器分析的分析速度、自动化和智能化程度明显提高。主要表现在以下三个方面。

① 计算机控制的分析数据采集与处理，可实现分析过程的连续、快速、实时、智能；促进化学计量学的建立。

② 化学计量学利用数学、统计学的方法设计选择最佳分析条件，获得最大程度的化学信息；通过对化学信息的处理、查询、挖掘、优化等出现了先进的化学信息学。

③ 以计算机为基础的新仪器的出现，如傅里叶变换红外光谱仪、色-质联用仪等。

总之，仪器分析法吸收了当代科学技术的最新成就，不仅强化和改善原有仪器的性能，而且推出很多新的分析测试仪器，为科学研究和生产实际提供更多、更新和更全面的信息，成为现代实验化学的重要支柱。

1.1.2 仪器分析法的特点

仪器分析具有如下特点。

（1）灵敏度高，检出限低　对于低含量（如质量分数为 10^{-8} 或 10^{-9} 量级）组分的测定，更是具有令人惊叹的独特之处，而这样的样品若采用化学方法来解决肯定是徒劳的。

样品用量由化学分析的 mL、mg 级降低到仪器分析的 μg、μL 级，甚至更低的 ng 级，使仪器分析法更适合于微量、痕量和超痕量成分的测定。如发射光谱分析法检出限为 $10^{-8} \sim 10^{-12} g$，原子吸收光谱法检出限为 $10^{-4} \sim 10^{-15} g$，分光光度法检出限为 $10^{-5} \sim 10^{-8} g$，离子选择性电极法检出限为 $10^{-6} \sim 10^{-8} mol \cdot L^{-1}$，库仑分析法检出限为 $10^{-9} g$，极谱法检出限为 $10^{-8} \sim 10^{-12} mol \cdot L^{-1}$，气相色谱法为 $10^{-9} g$ 等。

（2）选择性好　很多仪器分析方法可以通过选择或调整测定的条件，使共存的组分测定时，相互间不产生干扰。因此，仪器分析法适用于复杂组分试样的分析。

（3）操作简便，分析速度快，易于实现自动化和智能化　绝大多数分析仪器都是将被测组分的浓度变化或物理性质变化转变成某种电性能（如电阻、电导、电位、电容、电流等），因此仪器分析法使分析速度加快，容易实现自动化和智能化，使人们摆脱了传统的实验室的手工操作。

（4）用途广泛，能适应各种分析的要求　仪器分析除了能完成定性定量分析任务外，还能提供化学分析法难以胜任的物质的结构、组分价态、元素在微区的空间分布等诸多信息。同时能满足特殊要求的分析，例如：①结构分析；②形态和价态分析，如铝添加剂各种成分分析；③表面与无损分析；④文物的分析，如 ^{13}C 中子活化分析；⑤金首饰中含金量分析，如X射线荧光分析；⑥遥控和自动分析；⑦火星探测器中带有多种分析装置等。

（5）相对误差一般较大　化学分析一般可用于常量和高含量成分分析，准确度较高，误差小于千分之几。多数仪器分析的相对误差较大，一般5%，有的甚至更高，这样的准确度对低含量组分的分析已能完全满足要求，但不适合于常量和高含量成分分析。因此，在选择方法时，必须考虑这一点。

（6）需要价格比较昂贵的专用仪器　一般都要使用特殊的、专用的和成套的仪器设备，许多仪器结构复杂，价格昂贵，因此难以普及。

1.1.3 仪器分析与化学分析的关系

仪器分析和化学分析是分析化学相辅相成的两个重要组成部分。化学分析历史悠久,设备简单,应用广泛,主要用于测定含量大于1%的常量组分,是比较经典的基本分析方法。它是分析化学的基础。有了这个坚实的基础,才能进一步学习和掌握现代仪器分析的各种分析方法和操作技术。仪器分析具有准确、灵敏、快速、自动化程度高的特点,常用来测定含量很低的微、痕量组分,是分析化学的发展方向。

仪器分析与化学分析的区别不是绝对的,仪器分析是在化学分析基础上的发展。其中很多仪器分析方法的原理,涉及有关化学分析的基本理论;很多仪器分析方法,还必须与试样处理、分离及掩蔽等化学分析手段相结合,才能完成分析的全过程。仪器分析有时还需要采用化学富集的方法提高灵敏度;有些仪器分析方法,如分光光度分析法,由于涉及大量的有机试剂和配合物化学等理论,所以在不少书籍中,把它列入化学分析;此外,进行仪器分析一般都要用标准物质进行定量工作曲线校准,而很多标准物质却需要用化学分析法进行准确含量的测定。

应该指出,仪器分析本身不是一门独立的学科,而是多种仪器方法的组合。可是这些仪器方法在化学学科中极其重要。它们已不单纯地应用于分析的目的,而是广泛地应用于研究和解决各种化学理论和实际问题。因此,将它们称为"化学分析中的仪器方法"更为确切,正如著名分析化学家梁树权先生所说"化学分析和仪器分析同是分析化学两大支柱,两者唇齿相依,相辅相成,彼此相得益彰"。

1.1.4 仪器分析的作用和应用领域

分析化学的水平是衡量国家科学技术水平的重要标志。分析化学是科学技术的眼睛,也是工农业生产的眼睛。当代科学领域的"四大理论"即天体、地球、生命以及人类的起源和演化;人类社会面临的"五大危机"即资源、能源、人口、粮食以及环境诸问题的解决,都与分析化学密切相关,它将起着极其重要的作用。仪器分析除了定性和定量分析之外,还可用于物质的结构、价态和状态分析,表面微区和薄层分析,化学反应有关参数的测定以及为其他学科尤其是生命科学提供有用的化学信息不仅是分析测试方法,而且是强有力的科研手段。

随着现代科学技术的发展,各学科相互渗透,相互促进,相互结合,不断开拓新领域,使仪器分析得到了迅速的发展。从分析对象上看,与生命科学、环境科学、新材料科学有关的仪器分析法已成为分析科学中最为热门的课题。从分析手段上看,多种方法相互融合使测定趋向灵敏、快速、准确、简便和自动化。从分析方法和分析手段上看,计算机在仪器分析中的应用和化学计量学以及与各类仪器配套工作站的研制是最活跃的领域,以上课题和领域的研究、应用,推动了仪器分析的迅猛发展,老方法更趋于完善,新仪器不断涌现,新方法层出不穷。仪器分析的应用领域如表1.1所示。

表1.1 仪器分析的应用领域

应用领域	分析内容
社会	体育(兴奋剂);生活产品质量(鱼新鲜度、食品添加剂、农药残留量);环境质量(污染实时检测);法庭化学(DNA技术,物证)
化学	新化合物的结构表征;分子层次上的分析方法
生命科学	DNA测序;活体检测
环境科学	环境监测;污染物分析
材料科学	新材料结构与性能
药物	天然药物的有效成分与结构、构效关系研究
空间科学	微型、高效、自动、智能化仪器研制

1.1.5 仪器分析的发展趋势

现代科学技术的发展,生产的需要和人民生活水平的提高对分析化学提出了新的要求,特别是近几年来,环保科学、资源调查、医药卫生、生命科学和材料科学的进展和深入研究对分析化学提出更为苛刻的要求。为了适应科学发展,仪器分析随之也将出现以下发展趋势。

(1) 创新方法,进一步提高仪器分析方法的灵敏度、选择性和准确度 各种选择性检测技术和多组分同时分析技术等是当前仪器分析研究的重要课题。

(2) 分析仪器智能化 微机在仪器分析法中不仅只运算分析结果,而且可以储存分析方法和标准数据,控制仪器的全部操作,实现分析操作自动化和智能化。

(3) 新型动态分析检测和非破坏性检测 离线的分析检测不能瞬时、直接、准确地反映生产实际和生命环境的情景实况,不能及时控制生产、生态和生物过程。运用先进的技术和分析原理研究建立有效而实用的实时、在线和高灵敏度、高选择性的新型动态分析检测和非破坏性检测将是21世纪仪器分析发展的主流。目前生物传感器如酶传感器、免疫传感器、DNA传感器、细胞传感器等不断涌现;纳米传感器的出现也为活体分析带来了机遇。

(4) 多种方法的联合使用 仪器分析多种方法的联合使用可以使每种方法的优点得以发挥,每种方法的缺点得以补救。联用分析技术已成为当前仪器分析的重要方向。

(5) 扩展时空多维信息 随着环境科学、宇宙科学、能源科学、生命科学、临床化学、生物医学等学科的兴起,现代仪器分析的发展已不局限于将待测组分分离出来进行表征和测量,而且成为一门为物质提供尽可能多的化学信息的科学。随着人们对客观物质认识的深入,某些过去所不甚熟悉的领域(如多维、不稳态和边界条件等)也逐渐提到日程上来。采用现代核磁共振光谱、质谱、红外光谱等分析方法,可提供有机物分子的精细结构、空间排列构型及瞬态变化等信息,为人们对化学反应历程及生命的认识提供了重要基础。

总之,仪器分析正在向快速、准确、自动、灵敏及适应特殊分析的方向迅速发展。

1.2 仪器分析方法的分类

随着新技术新分析方法的不断涌现,仪器分析逐步演变为一门多学科汇集的综合性应用科学。不仅仪器分析的方法众多,而且各自比较独立,可以自成体系。常用的仪器分析方法根据分析的原理,通常可以分为以下几大类(见表1.2)。

表1.2 仪器分析方法中使用的化学和物理性质及分类

方法类型	测量参数或有关性质	相应的分析方法
光学分析法	辐射的发射	原子发射光谱法,火焰光度法等
	辐射的吸收	原子吸收光谱法,分光光度法(紫外、可见、红外),核磁共振波谱法,荧光光谱法
	辐射的散射	比浊法,拉曼光谱法,散射浊度法
	辐射的折射	折射法,干涉法
	辐射的衍射	X射线衍射法,电子衍射法
	辐射的转动	偏振法,旋光色散法,圆二向色性法
电化学分析法	电导	电导分析法
	电位	电位分析法,计时电位法
	电流	电流滴定法
	电流-电压	伏安法,极谱分析法
	电量	库仑分析法
色谱法	两相间分配	气相色谱法,液相色谱法
其他分析法	质荷比	质谱法
	热性质	热重法,差热分析法,示差扫描量热法,热导法
	反应速率	动力学方法
	放射性	放射化学分析法

(1) 光分析法　是利用待测组分的光学性质进行分析测定的一类仪器分析方法。其理论基础是物理光学、几何光学和量子力学。光分析法通常包括吸收光谱法、发射光谱法、散射光谱法以及旋光（偏振光）分析法、折射（光）分析法、比浊分析法、光导纤维传感分析法、X射线及电子衍射分析法。

(2) 电化学分析法　是利用待测组分在溶液中的电化学性质进行分析测定的一类仪器分析方法，其理论基础是电化学与化学热力学。根据所测量的电信号不同，可分为电位分析法、极谱与伏安分析法、电导分析法与电解分析法（库仑分析法）。

(3) 分离分析法　是利用物质中各组分间的溶解能力、亲和能力、吸附和解吸能力、渗透能力、迁移速率等性能方面的差异，先分离后分析测定的一类仪器分析方法。其主要理论基础是化学热力学和化学动力学。分离分析法主要包括：气相色谱法（GC）、高效液相色谱法（HPLC）、薄层色谱法（TLC）和离子色谱法（IC）、超临界流体色谱法（SFC）、高效毛细管电泳法（HPCE）、毛细管电动色谱法（CEC）以及色谱-光谱、色谱-质谱、毛细管电泳-质谱等联用方法。

(4) 其他分析法　除了以上三类分析方法外，还有利用热学、力学、声学、动力学性质进行测定的仪器分析法。其中最主要的有质谱法（MS），它是利用带电粒子质荷比的不同进行分离、测定的分析方法。另外，还有热分析法、动力学分析法、放射化学分析法、中子活化法、光声光谱分析法和电子能谱分析法等。

1.3　分析仪器

1.3.1　分析仪器的组成

基于分析物质或体系的物理或化学性质、结构在外场作用下产生可收集、处理、显示并能为人们解释的信号或信息的仪器称为分析仪器。分析仪器品种繁多、型号复杂、结构各异、计算机应用和智能化程度等差别很大，分析仪器自动化程度越高，仪器越复杂。然而不管分析仪器如何复杂，一般它们均由信号发生器、试样系统、检测器、信号处理器和信息显示器五个基本部分组成，如图1.1所示。实例见表1.3。

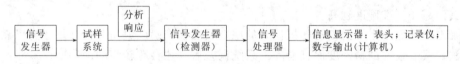

图1.1　分析仪器的组成方框图

表1.3　分析仪器的基本组成实例

仪　器	信号发生器	分析信号	检测器	输入信号	信号处理器	信息显示器（读出装置）
pH 计	样品	电位	pH 玻璃电极	电位	放大器	表头或数字显示
库仑计	直流电源,样品	电流	电极	电流	放大器	数字显示
气相色谱仪	样品	电阻或电流（热导率或离子流）	检测器（TCD 或 FID）	电阻	放大器	记录仪或打印机
比色计	钨灯,样品	衰减光束	光电池	电流		表头
紫外-可见分光光度计	钨灯或氘灯,样品	衰减光束	光电倍增管	电流	放大器	表头、记录仪或打印机

(1) 信号发生器　它使样品产生信号，也可以是样品本身，对于pH计信号就是溶液中的氢离子活度，而对于紫外-可见分光光度计，信号发生器除样品外，还有钨灯或氘灯等。

(2) 试样系统　其功能是分析试样的引进或放置，亦可能包括物理、化学状态的改变、成分分离等，以适应检测的要求，但试样性质不得改变。不同仪器类型的试样系统差别很大，有些与检测器处在同一位置；有些没有试样系统，如在线分析仪器。

(3) 检测器（传感器） 检测器是将某种类型的信号变换成可测定的电信号的器件，是实现非电量测量不可缺少的部分。检测器可分为电流源、电压源和可变阻抗检测器三种。紫外-可见分光光度计中的光电倍增管是将光信号变换成电流的器件。电位分析法中的离子选择性电极是将物质的浓度变换成电极电位的器件等。

(4) 信号处理器 信号处理器将微弱的电信号用电子元件组成的电路加以放大，便于读出装置指示或记录信号。

(5) 信息显示器 读出装置将信号处理器放大的信号显示出来，其形式有表头、数字显示器、记录仪、打印机、荧光屏或用计算机处理等。

一个化学工作者必须掌握仪器分析的原理和应用，只有这样才能懂得仪器分析各方法的适用性、灵敏度和准确度，才能在解决某个具体问题的许多途径中作出合理的选择，提高分析问题和解决问题的能力。

1.3.2 分析仪器的性能指标

为了评价分析仪器的性能，需要一定的性能参数与指标。各种不同类型的仪器，其性能指标大致相同，有些仪器会有些特殊的性能参数与指标。一般来说，常用的性能参数与指标如下。

1.3.2.1 精密度

精密度是指在相同条件下用同一方法对同一试样进行多次平行测定结果之间的符合程度。同一人员在相同条件下测定结果的精密度称作重复性，不同人员在不同实验室测定结果的精密度称作再现性。

精密度一般用测定结果的标准偏差 S 或相对标准偏差 S_r（或 RSD）表示，精密度是测量中随机误差的量度，S 和 S_r 值越小，精密度越高。

1.3.2.2 准确度

准确度是指多次测定的平均值与真值（或标准值）相符合的程度。常用相对误差 E_r 来描述，其值越小，准确度越高。

准确度是测量中系统误差和随机误差的综合量度，准确度愈高分析结果才愈可靠。一种分析方法，具有较好的精密度而且消除了系统误差后，才会有较高的准确度。

1.3.2.3 选择性

选择性是指分析方法不受试样中基体共存物质干扰的程度。选择性越好，即干扰越少。

1.3.2.4 线性范围和标准曲线

(1) 线性范围 标准曲线的直线部分所对应的待测物质浓度（或含量）的范围称为该分析方法的线性范围。线性范围越宽，试样测定的浓度适应性越强。

各种仪器线性范围相差很大，实用分析方法的线性范围至少两个数量级，有些方法适用浓度范围为 5～6 个量级。

(2) 标准曲线 是待测物质的浓度（或含量）与仪器响应（测定）信号的关系曲线。由于是用标准溶液测定绘制的，所以称为标准曲线。标准曲线的绘制方法有手工绘制和计算机绘制两种，下面分别介绍。

① 手工绘制——一元线性回归法 由于存在随机误差，即使在线性范围内，浓度（或含量）分别为 c_1、c_2、c_3、c_4、c_5…的标准系列，其相应的响应信号的测量值 A_1、A_2、A_3、A_4、A_5…也不一定都在一条直线上。因此，用简单的方法很难绘制出比较准确反映 A

与 c 之间关系的标准曲线。常采用一元线性回归法，它给出 A 与 c 的关系式（一元线性回归方程）：

$$A = a + bc \tag{1.1}$$

式中，b 为回归系数即回归直线的斜率；a 为直线的截距。

A 与 c 之间线性关系的好坏程度的统计参数通常以相关系数 r 来表征。当 $r=0$ 时，A 与 c 之间不存在线性关系；$|r|=1$ 时，A 与 c 之间存在严格的线性关系，所有 A 值都在一条直线上；$0<|r|<1$ 时，A 与 c 之间存在一定的线性关系；因此 $|r|$ 愈接近于 1，则 A 与 c 之间线性关系愈好。

② 计算机绘制 在备有计算机数据处理系统的仪器上，将标准溶液浓度输入，分别测定其响应信号，计算机即可绘出一条回归直线（标准曲线），给出线性回归方程和相关系数。

1.3.2.5　灵敏度

仪器分析方法的灵敏度是指待测组分单位浓度或单位质量的变化所引起测定信号值的变化程度，以 S 表示。即

$$\text{灵敏度} = \frac{\text{信号变化量}}{\text{浓度(质量)变化量}} = \frac{\mathrm{d}x}{\mathrm{d}c(\text{或 } \mathrm{d}m)} = S$$

按照国际纯粹与应用化学联合会（IUPAC）的规定，灵敏度是指在浓度线性范围内标准曲线的斜率。斜率越大，方法的灵敏度就越高。但方法的灵敏度通常随实验条件而变化，故现在一般不用灵敏度作为方法的评价指标。

1.3.2.6　检出限

检出限即检测下限，是指某一分析方法在给定的置信度下，可以检出待测物质的最小浓度或最小质量（或最小物质的量）。以浓度表示时称作相对检出限，以质量表示时称作绝对检出限。

检出限可参照本教材中各种仪器分析方法的具体计算和测定方法进行确定。检出限是分析方法的灵敏度和精密度的综合指标，方法的灵敏度和精密度越高，则检出限就越低。因此检出限是评价分析方法和仪器性能的主要技术指标。

1.3.2.7　响应速度

响应速度是指对检测信号的反应速度，定义为仪器达到信号总变化量一定百分数所需的时间。通常要求响应速度要足够快。

1.3.2.8　分辨率

分辨率指仪器鉴别两相近组分产生信号的能力。不同类型仪器分辨率指标各不相同。光谱仪器指波长相近两谱线（或谱峰）分开的能力；质谱仪器指分辨两相邻质量组分质谱峰的能力；色谱仪器指两色谱峰的分离；核磁共振波谱有独特的分辨率指标，即以邻二氯甲苯中特定峰，在最大峰的半宽度（以 Hz 为单位）为分辨率的大小。

以上各种指标也可用来评价分析方法和分析结果，其中精密度、准确度及检出限是评价分析方法的最主要指标。

1.4　分析方法的选择

现代仪器分析方法迅速发展，应用互相交叉，要正确地选择一个分析方法需要对分析方法及分析对象有一个较好的了解，否则就是盲人骑瞎马，不知可否了。选择时应兼顾对样品的了解、对方法的要求和其他方法学的特性三个方面，如表 1.4 所示。

表 1.4　分析方法的选择

对样品的了解	对方法的要求	其他方法学的特性
准确度、精密度要求	精度:绝对偏差、RSD(相对偏差)	分析速度
可用样品量	误差:系统误差、相对误差	易操作性
待测物浓度范围	灵敏度:校正曲线灵敏度等	操作者熟练程度的要求
可能的干扰	检出限	仪器成本
样品基体的物化性质	浓度范围:定量限于线性检测限	每个样品分析的成本
多少样品(经济)	选择性:选择性系数	环境代价

思考题与习题

1.1　学习现代仪器分析有何重要性，并说明仪器分析在当代分析化学中的地位和作用?

1.2　仪器分析法有何特点?它的测定对象与化学分析法有何不同?

1.3　仪器分析主要有哪些分析方法?

1.4　试说明化学分析和仪器分析的主要区别是什么?它们有哪些共同点?

1.5　试说明分析仪器和仪器分析的区别和联系?

1.6　分析仪器一般包括哪些基本组成部分?

1.7　评价一种分析仪器的主要性能指标有哪些?

第 1 章　拓展材料

第 2 章　光谱分析法引论
Introduction to Spectrometry

【学习要点】
① 了解光学分析法及分类。
② 掌握光学分析法的基本特性。
③ 掌握光谱分析法的仪器结构及组成。
④ 掌握光源、单色器、检测器的作用和常用元器件。
⑤ 了解单色器的分光特征。

2.1　光学分析法及其分类

雨后绚丽的彩虹、神奇的极光，这就是自然界的光谱。光谱是复合光经色散系统分光后，按波长（或频率）的大小依次排列的图像。基于测量物质的光谱而建立起来的分析方法称为光谱分析法（spectrometry），它是光学分析法的一类。物质与辐射能作用时，测量由物质内部发生量子化的能级之间的跃迁而产生的发射、吸收或散射辐射的波长和强度，可以进行定性、定量和结构分析。光谱法可分为原子光谱和分子光谱。原子光谱是由原子外层或内层电子能级的变化产生的，它的表现形式为线光谱，如原子发射光谱法、原子吸收光谱法、原子荧光光谱法和 X 射线荧光光谱法等。分子光谱是由分子的电子能级、振动和转动能级的变化产生的，表现形式为带光谱，如紫外-可见分光光度法、红外光谱法、分子发光分析法等。

光学分析法的另一类是非光谱法，它是基于物质与辐射相互作用时，测量辐射的某些性质，如折射、散射、干涉、衍射和偏振等变化的分析方法。非光谱法不涉及物质内部能级的跃迁，电磁辐射只改变了传播方向、速率或某些物理性质，如折射法、偏振法、光散射法、干涉法、衍射法、旋光法和圆二向色性法等。

本书主要介绍的光谱法可分为发射、吸收和散射三种基本类型。

2.1.1　发射光谱法

物质通过电致激发、热致激发或光致激发等过程获得能量，变为激发态原子或分子，当从激发态过渡到低能态或基态时产生发射光谱（emission spectrum）。其主要方法列于表 2.1。

表 2.1　发射光谱法

方法名称	激发方式	作用物质	检测信号
X 射线荧光光谱法	X 射线（0.01~2.5nm）	原子内层电子的逐出，外层能级电子跃入空位（电子跃迁）	特征 X 射线（X 射线荧光）
原子发射光谱法	火焰、电弧、火花、等离子炬等	气态原子外层电子	紫外、可见光
原子荧光光谱法	高强度紫外、可见光	气态原子外层电子跃迁	原子荧光
分子荧光光谱法	紫外、可见光	分子	荧光（紫外、可见光）
磷光光谱法	紫外、可见光	分子	磷光（紫外、可见光）
化学发光法	化学能	分子	可见光

2.1.2　吸收光谱法

当物质所吸收的电磁辐射能能满足该物质的原子核、原子或分子的两个能级间跃迁所需的能量时，将产生吸收光谱（absorption spectrum）。其主要方法列于表 2.2。

表 2.2 吸收光谱法

方法名称	激发方式	作用物质	检测信号
Mossbauer 光谱法	γ射线	原子核	吸收后的γ射线
X 射线吸收光谱法	X 射线 放射性同位素	Z>10 的重元素原子的 内层电子	吸收后的 X 射线
原子吸收光谱法	紫外、可见光	气态原子外层的电子	吸收后的紫外、可见光
紫外-可见分光光度法	紫外、可见光	分子外层的电子	吸收后的紫外、可见光
红外吸收光谱法	炽热硅碳棒等 2.5～15μm 红外线	分子振动	吸收后的红外线
核磁共振波谱法	0.1～900MHz 射频	原子核磁量子 有机化合物分子的质子、^{13}C 等	吸收
电子自旋共振波谱法	10000～80000MHz 微波	未成对电子	吸收
激光吸收光谱法	激光	分子(溶液)	吸收
激光光声光谱法	激光	分子(气、固、液体)	声压
激光热透镜光谱法	激光	分子(溶液)	吸收

2.1.3 散射光谱法

频率为 ν_0 的单色光照射到透明物质上，物质分子会发生散射现象。如果这种散射是光子与物质分子发生能量交换的，即不仅光子的运动方向发生变化，它的能量也发生变化，则称为 Rman 散射。这种散射光的频率（ν_d）与入射光的频率不同，称为 Raman 位移。Raman 位移的大小与分子的振动和转动的能级有关，利用 Raman 位移研究物质结构的方法称为 Raman 光谱法。

2.2 电磁辐射及电磁波谱

电磁辐射是一种以极大的速率（在真空中为 $2.9979\times10^8 \text{m}\cdot\text{s}^{-1}$）通过空间，不需要以任何物质作为传播媒介的能量。它包括无线电波、微波、红外线、紫外-可见光以及 X 射线和 γ 射线等形式。电磁辐射具有波动性和微粒性。

2.2.1 电磁辐射的波动性

根据 Maxwell 的观点，电磁辐射可以用电场矢量 E 和磁场矢量 B 来描述，如图 2.1 所示。这是最简单的单一频率的面偏振电磁波。平面偏振就是它的电场矢量 E 在一个平面内振动，而磁场矢量 B 在另一个与电场矢量相垂直的平面内振动。这两种矢量都是正弦波形，并且垂直于波的传播方向。当辐射通过物质时，就与物质微粒的电场或磁场发生作用，在辐射和物质间就产生能量传递。由于电磁辐射的电场是与物质中的电子相互作用的，所以一般情况下，仅用电场矢量表示电磁波。波的传播以及反射、衍射、干涉、折射和散射

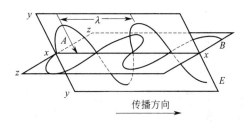

图 2.1 电磁波的电场矢量 E 和磁场矢量 B
λ—波长；A—振幅

等现象表现了电磁辐射具有波的性质，可以用以下的波参数来描述。

（1）周期 T 相邻两个波峰或波谷通过空间某一固定点所需要的时间间隔称为周期，单位为 s。

（2）频率 ν 单位时间内通过传播方向上某一点的波峰或波谷的数目，即单位时间内电磁场振动的次数称为频率，它等于周期 T 的倒数。单位为 Hz。

(3) 波长 λ　相邻两个波峰或波谷间的直线距离。不同的电磁波谱区可采用不同的波长单位，可以是 m、cm、μm 或 nm，其间的换算关系为 $1m=10^2 cm=10^6 \mu m=10^9 nm$。

(4) 波数 $\tilde{\nu}$（或 σ）　波长的倒数，每厘米长度内含有波长的数目，单位为 cm^{-1}。将波长换算为波数的关系式为

$$\tilde{\nu}/cm^{-1} = \frac{1}{\lambda/cm} = \frac{10^4}{\lambda/\mu m} \tag{2.1}$$

(5) 传播速率 v　辐射的速度等于频率 ν 乘以波长 λ，即 $v=\nu\lambda$。在真空中辐射的传播速率与频率无关，并达到其最大值，这个速率以符号 c 表示。c 的值已被准确地测定为 $2.99792\times10^8 m\cdot s^{-1}$。

2.2.2　电磁辐射的微粒性

电磁辐射的波动性不能解释辐射的发射和吸收现象。对于光电效应和黑体辐射的光谱能量分布等，需要把辐射看作是微粒（光子）才能满意地解释。Planck 认为物质吸收或发射辐射能量是不连续的，只能按一个基本固定量一份一份地或以此基本固定量的整数倍来进行。这就是说，能量是"量子化"的。这种能量的最小单位即为"光子"。光子是具有能量的，光子的能量与它的频率成正比，或与波长成反比，而与光的强度无关。

$$E = h\nu = hc/\lambda \tag{2.2}$$

式中，E 代表每个光子的能量；ν 代表频率；h 是 Planck 常数，$h=6.626\times10^{-34} J\cdot s$；$c$ 为光速。

光子的能量可用 J（焦[耳]）或 eV（电子伏特）表示。eV 常用来表示高能量光子的能量，它表示 1 个电子通过电位差为 1V 的电场时所获得的能量。$1eV=1.602\times10^{-19}J$，或 $1J=6.241\times10^{18}eV$。在化学中用 $J\cdot mol^{-1}$ 为单位表示 1mol 物质所发射或吸收的能量。

$$E = h\nu N_A = hc\tilde{\nu} N_A \tag{2.3}$$

将 Planck 常数 h、光速 c 和 Avogadro 常数 N_A 代入得

$$E = (6.626\times10^{-34}\times2.998\times10^{10}\times6.022\times10^{23}\tilde{\nu}) J\cdot mol^{-1}$$
$$= 11.96\tilde{\nu} J\cdot mol^{-1}$$

2.2.3　电磁波谱

将各种电磁辐射按照波长或频率的大小顺序排列起来即称为电磁波谱（electromagnetic wave spectrum）。表 2.3 列出了用于分析目的的电磁波的有关参数。γ 射线的波长最短，能量最大；之后是 X 射线区、紫外-可见和红外区；无线电波区波长最长，其能量最小。由式 (2.2) 可以计算出在各电磁波区产生各种类型的跃迁所需的能量，反之亦然。例如，使分子或原子的价电子激发所需的能量为 $1\sim20 eV$，由式 (2.2) 可以算出该能量范围相应的电磁波的波长是 $1240\sim62 nm$。

$$\lambda_1 = \frac{hc}{E} = \frac{6.626\times10^{-34} J\cdot s\times3.0\times10^{10} cm\cdot s^{-1}}{1\times1.602\times10^{-19} J} \times 10^7 nm\cdot cm^{-1} = 1240 nm$$

$$\lambda_2 = \frac{6.626\times10^{-34} J\cdot s\times3.0\times10^{10} cm\cdot s^{-1}}{20\times1.602\times10^{-19} J} \times 10^7 nm\cdot cm^{-1} = 62 nm$$

表 2.3　电磁波谱的有关参数

E/eV	ν/Hz	λ	电磁波	跃迁类型
$>2.5\times10^5$	$>6.0\times10^5$	$<0.005 nm$	γ 射线区	核能级
$2.5\times10^5 \sim 1.2\times10^2$	$6.0\times10^{19} \sim 3.0\times10^{16}$	$0.005\sim10 nm$	X 射线区	K,L 层电子能级
$1.2\times10^2 \sim 6.2$	$3.0\times10^{16} \sim 1.5\times10^{15}$	$10\sim200 nm$	真空紫外区	

续表

E/eV	ν/Hz	λ	电磁波	跃迁类型
6.2～3.1	1.5×10^{15}～7.5×10^{14}	200～400nm	近紫外区	外层电子能级
3.1～1.6	7.5×10^{14}～3.8×10^{14}	400～800nm	可见光区	
1.6～0.50	3.8×10^{14}～1.5×10^{14}	0.8～2.5μm	近红外区	分子振动能级
0.50～2.5×10^{-2}	1.5×10^{14}～6.0×10^{12}	2.5～50μm	中红外区	
2.5×10^{-2}～1.2×10^{-3}	6.0×10^{12}～3.0×10^{11}	50～1000μm	远红外区	分子转动能级
1.2×10^{-3}～4.1×10^{-6}	3.0×10^{11}～1.0×10^{9}	1～300nm	微波区	
$<4.1\times10^{-6}$	$<1.0\times10^{9}$	>300nm	无线电波区	电子和核自旋

2.3 光谱法仪器

用来研究吸收、发射或荧光的电磁辐射的强度和波长关系的仪器叫作光谱仪或分光光度计。这一类仪器一般包括5个基本单元：光源、单色器、样品容器、检测器和读出器件，如图2.2所示。

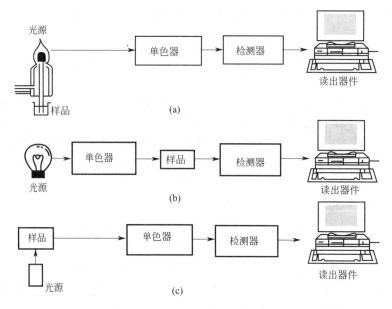

图 2.2 各类光谱仪部件
(a) 发射光谱仪；(b) 吸收光谱仪；(c) 荧光和散射光谱仪

2.3.1 光源

光谱分析中，光源必须具有足够的输出功率和稳定性。由于光源辐射功率的波动与电源功率的变化呈指数关系，因此往往需要用稳压电源以保证稳定，或者用参比光束的方法来减少光源输出的波动对测定所产生的影响。光源有连续光源和线光源等。一般连续光源主要用于分子吸收光谱法，线光源用于荧光、原子吸收和Raman光谱法。图2.3给出了光谱分析中常使用的光源。

2.3.1.1 连续光源

连续光源是指在很大的波长范围内主要发射强度平稳的具有连续光谱的光源。

(1) 紫外光源 紫外连续光源主要采用氢灯或氘灯。它们在低压（约1.3×10^{3}Pa）下以电激发的方式产生的连续光谱范围为160～375nm。氘灯产生的光谱强度比氢灯大，寿命

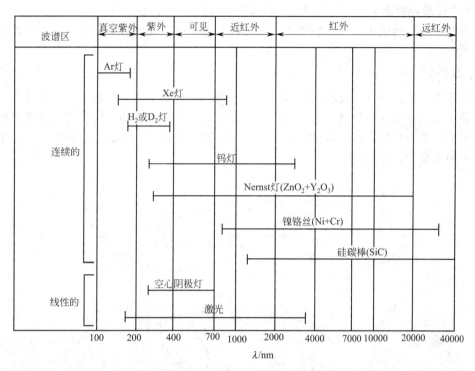

图 2.3 不同波谱区所用的光源

也比氢灯长。

(2) 可见光源 可见光区最常用的光源是钨丝灯。在大多数仪器中，钨丝的工作温度约为 2870K，光谱波长范围为 320～2500nm。氙灯也可用作可见光源，当电流通过氙气时，可以产生强辐射，它发射的连续光谱分布在 250～700nm。

(3) 红外光源 常用的红外光源是一种用电加热到温度为 1500～2000K 的惰性固体，光强最大的区域在 6000～5000cm^{-1}。在长波侧 667cm^{-1} 和短波侧 10000cm^{-1} 的强度已降到峰值的 1% 左右。常用的有 Nernst（能斯特）灯、硅碳棒，前者的发光强度大，但寿命比硅碳棒短。

2.3.1.2 线光源

(1) 金属蒸气灯 在透明封套内含有低压气体元素，常见的是汞和钠蒸气灯。把电压加到固定在封套上的一对电极上时，就会激发出元素的特征线光谱。汞灯产生的线光谱的波长范围为 254～734nm，钠灯主要是 589.0nm 和 589.6nm 处的一对谱线。

(2) 空心阴极灯 主要用于原子吸收光谱中，能提供许多元素的线光谱。

(3) 激光 激光的强度非常高，方向性和单色性好，它作为一种新型光源在 Raman 光谱、荧光光谱、发射光谱、傅里叶变换红外光谱、光声光谱等领域极受重视。它是在一种叫作激光器的装置中，利用被激发介质中光的诱导发射作用以一定方式持续下去并进行光的放大。在激光器中所使用的介质叫作激光介质，可以是气体、液体，也可以是固体。要在介质中实现光的诱导发射，就必须使处于高能态的原子或分子数比处于低能态的原子或分子数多，也就是说实现反转分布。在通常的热平衡状态下，这种反转分布是完全不可能实现的。因此，必须用某种手段对介质进行强激发：一般对气体介质用放电激发；而固体和液体介质常用光激发；对半导体介质，则采用通电激发。常用的激光器有主要波长为 693.4nm 的红宝石（Al$_2$O$_3$ 中掺入约 0.05% 的 Cr$_2$O$_3$）激光器，主要波长为 1064nm 的掺钕钇铝石榴石激光器，主要波长为 632.8nm 的 He-Ne 激光器和主要波长为 514.5nm、488.0nm 的 Ar 离子激光器。此外，染料激光器和半导体激光器也是重要的光源,它们都具有波长可调谐的特点。

原子发射光谱的电弧、火花、等离子体光源,原子吸收光谱的空心阴极灯,将在有关章节中详述。

2.3.2 单色器

单色器是产生高光谱纯度辐射束的装置,它的作用是将复合光分解成单色光或有一定宽度的谱带。单色器由入射狭缝、准直透镜、色散元件、聚焦透镜和出射狭缝等部件组成,如图 2.4 所示。图中色散元件为棱镜(prism)和平面反射光栅。现在的光谱仪器,其色散元件大多采用光栅(grating)。

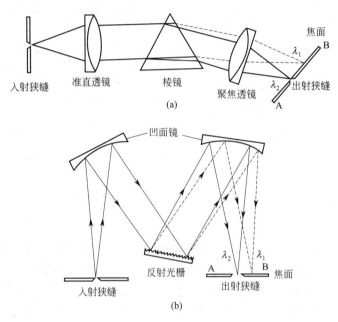

图 2.4 两种类型的单色器
(a) 棱镜单色器;(b) 光栅单色器

2.3.2.1 棱镜

棱镜是根据光的折射现象进行分光的。构成棱镜的光学材料对不同波长的光具有不同的折射率,波长短的光折射率大,波长长的光折射率小。因此,平行光经色散后就按波长顺序分解为不同波长的光,经聚焦后在焦面的不同位置上成像,得到按波长展开的光谱。常用的棱镜有 Cornu(考纽)棱镜和 Littrow(利特罗)棱镜,如图 2.5 所示。

Cornu 棱镜是一个顶角 α 为 60°的棱镜。为了防止生成双像,该 60°棱镜是由两个 30°棱镜组成,一边为左旋石英,另一边为右旋石英。Littrow 棱镜由左旋或右旋石英做成 30°棱镜,在其纵轴面上镀上铝或银。棱镜的光学特性可用色散率和分辨率来表征。

(1) 色散率 棱镜的角色散率用 $d\theta/d\lambda$ 表示,它表示入射线和折射线的夹角,即偏向角 θ (见图 2.5)对波长的变化率。角色散率越大,波长相差很小的两条谱线分得越开。

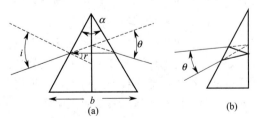

图 2.5 棱镜的色散作用
(a) Cornu 棱镜;(b) Littrow 棱镜

棱镜的色散能力也可用线色散率 $dl/d\lambda$ 表示，它表示两条谱线在焦面上被分开的距离对波长的变化率。在实际工作中常采用线色散率的倒数表示，$d\lambda/dl$ 越大，色散率越小。

(2) 分辨率 R 是指将两条靠得很近的谱线分开的能力。在最小偏向角的条件下，R 可表示为

$$R = \frac{\bar{\lambda}}{\Delta\lambda} \tag{2.4}$$

式中，$\bar{\lambda}$ 为两条谱线的平均波长；$\Delta\lambda$ 为刚好能分开的两条谱线间的波长差。棱镜的分辨率与棱镜底边的有效长度 b 和棱镜材料的色散率 $dn/d\lambda$ 成正比

$$R = \frac{\bar{\lambda}}{\Delta\lambda} = b\frac{dn}{d\lambda} \tag{2.5}$$

或

$$R = \frac{\bar{\lambda}}{\Delta\lambda} = mb\frac{dn}{d\lambda} \tag{2.6}$$

式中，mb 为 m 个棱镜的底边总长度。由该式可知，分辨率随波长而变化，在短波部分分辨率较高。棱镜的顶角较大和棱镜材料的色散率较大时，棱镜的分辨率较高。但是棱镜顶角增大时，反射损失也增大，因此通常选择棱镜顶角为 60°。对紫外线区，常使用对紫外线有较大色散率的石英棱镜；而对可见光区，最好的是玻璃棱镜。由于介质材料的折射率 n 与入射光的波长 λ 有关，因此棱镜给出的光谱与波长有关，是"非匀排光谱"。

2.3.2.2 光栅

光栅分为透射光栅和反射光栅，用得较多的是反射光栅。它又可分为平面反射光栅（或称闪耀光栅）和凹面反射光栅。光栅是在真空中蒸发金属铝将它镀在玻璃平面上，然后在铝层上刻制出许多等间隔、等宽的平行刻纹。现在都用复制光栅，含有 300～2000 条·mm^{-1} 的光栅可用于紫外和可见光区；对中红外区，用 100 条·mm^{-1} 的光栅即可。光栅是一种多狭缝部件，光栅光谱的产生是多狭缝干涉和单狭缝衍射两者联合作用的结果。多缝干涉决定光谱线出现的位置，单缝衍射决定谱线的强度分布。图 2.6 是平面反射光栅的一段垂直于刻线的截面。它的色散作用可用光栅公式表示

$$d(\sin\alpha + \sin\theta) = n\lambda \tag{2.7}$$

式中，α 和 θ 分别为入射角和衍射角；整数 n 为光谱级次；d 为光栅常数（见图 2.6）；α 角规定为正值；如果 θ 角与 α 角在光栅法线同侧，θ 角取正值，异侧则 θ 取负值。当一束平行的复合光以一定的入射角照射光栅平面时，对于给定的光谱级次，衍射角 θ 随波长的增大而增大，即产生光的色散。当 $n=0$ 时，$\alpha = -\theta$，即零级光谱无色散作用。当

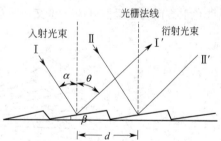

图 2.6 平面反射光栅的衍射

$n_1\lambda_1 = n_2\lambda_2$ 时，会产生谱线重叠现象，如 $\lambda_1 = 600nm$ 的一级光谱线，就会同 $\lambda_2 = 300nm$ 的二级谱线以及 $\lambda_3 = 200nm$ 的三级谱线重叠。一般来说，色散后一级谱线的强度最大。

光栅的特性可用色散率、分辨能力和闪耀特性来表征。当入射角 α 不变时，光栅的角色散率可用光栅公式微分求得

$$\frac{d\theta}{d\lambda} = \frac{n}{d\cos\theta} \tag{2.8}$$

式中，$d\theta/d\lambda$ 为衍射角对波长的变化率，也就是光栅的角色散率。当 θ 很小且变化不大时，可以认为 $\cos\theta \approx 1$。因此，光栅的角色散率只决定于光栅常数 d 和光谱级次 n，可以认为是

常数,不随波长而变,这样的光谱称为"匀排光谱"。这是光栅优于棱镜的一个方面。

在实际工作中用线色散率 $dl/d\lambda$ 表示。对于平面光栅,线色散率为

$$\frac{dl}{d\lambda} = \frac{d\theta}{d\lambda}f = \frac{nf}{d\cos\theta} \qquad (2.9)$$

式中,f 为会聚透镜的焦距。由于 $\cos\theta \approx 1(\theta \approx 6°)$ 则

$$\frac{dl}{d\lambda} = \frac{nf}{d} \qquad (2.10)$$

光栅的分辨率 R 等于光谱级次 n 与光栅刻痕总数 N 的乘积,即

$$R = \frac{\bar{\lambda}}{\Delta\lambda} = nN \qquad (2.11)$$

例如,对于一块宽度为 50mm,刻痕密度为 1200 条·mm^{-1} 的光栅,在第一级光谱中(即 $n=1$),它的分辨率为

$$R = nN = 1 \times 50\text{mm} \times 1200\text{mm}^{-1} = 6.0 \times 10^4$$

可见,光栅的分辨率比棱镜高得多,这是光栅优于棱镜的又一方面。光栅的宽度越大,单位宽度的刻痕数越多,分辨率就越大。

闪耀特性,是将光栅刻痕刻成一定的形状(通常是三角形的槽线),使衍射的能量集中到某个衍射角附近,这种现象称为闪耀。辐射能量最大的波长称为闪耀波长 λ_β,如图 2.6 所示。每个小反射面与光栅平面的夹角 β 保持一定,以控制每一小反射面对光的反射方向,使光能集中在所需要的一级光谱上,这种光栅称为闪耀光栅。当 $\alpha = \theta = \beta$ 时,在衍射角 θ 的方向上可得到最大的相对光强,β 角称为闪耀角。此时

$$2d\sin\beta = n\lambda_\beta \qquad (2.12)$$

目前,中阶梯光栅(echelle grating)已相当多地用于商品仪器。这是一种刻槽密度低(8~80 条·mm^{-1})、刻槽深度大(为 μm 级)、分辨率极高的衍射光栅。它通过增大闪耀角 β(60°~70°),利用高光谱级次($n=40$~120)来提高线色散率。由于使用了高级次光谱,因此光谱级的重叠现象十分严重。为了将不同级次的重叠谱线分开,通常采用交叉色散原理,即使谱线色散方向与谱级散开方向正交,在焦面上形成一个二维色散图像,如图 2.7 所示。

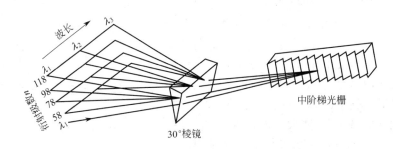

图 2.7 中阶梯单色器

具体做法是在中阶梯光栅光路的前方或后方安置一个辅助色散元件(大多是棱镜),在垂直方向上先将各级次光谱色散开,中阶梯光栅在水平方向再将同一级光谱的各波长辐射色散。这种二维光谱可以在一个相对较小的面积上汇集大量的光谱信息。

【例 2.1】 用 $dn/d\lambda = 1.3 \times 10^{-4}$ nm^{-1} 的 60° 熔融石英棱镜和刻有 2000 条·mm^{-1} 的光栅来色散锂的 460.20nm 和 460.30nm 两条谱线。试计算:(1)分辨率;(2)棱镜和光栅的大小。

解 (1)棱镜和光栅的分辨率

$$R = \frac{\bar{\lambda}}{\Delta\lambda} = \frac{(460.30\text{nm}+460.20\text{nm})/2}{460.30\text{nm}-460.20\text{nm}} = 4.6\times10^3$$

(2) 由式(2.6)求得棱镜的大小,即底边长

$$b = \frac{\bar{\lambda}}{\Delta\lambda} \times \frac{1}{\mathrm{d}n/\mathrm{d}\lambda} = 4.6\times10^3 \times \frac{1}{1.3\times10^{-4}\text{nm}^{-1}} \times 10^{-7}\text{cm}\cdot\text{nm}^{-1} = 3.5\text{cm}$$

由式(2.11)算出光栅的总刻痕数

$$N = \frac{\bar{\lambda}}{\Delta\lambda} \times \frac{1}{n}$$

对于一级光谱, $n=1$,则

$$N = 4.6\times10^3 \times \frac{1}{1} = 4.6\times10^3$$

光栅的大小,即宽度 W 为

$$W = Nd = 4.6\times10^3 \times \frac{1}{2000\text{mm}^{-1}} \times 0.1\text{cm}\cdot\text{nm}^{-1} = 0.23\text{cm}$$

以上介绍的棱镜和光栅是色散型波长选择器,而干涉仪和声光可调滤光片则是非色散型波长选择器。

2.3.2.3 干涉仪

Michelson(迈克耳逊)干涉仪是傅里叶光谱技术的基础,它将光源来的信号以干涉图的形式输入计算机进行傅里叶变换的数学处理,最后将干涉图还原成光谱图,详见第4章。

2.3.2.4 声光可调滤光器(AOTF)

这是一种微型窄带可调滤光器,通过改变施加在某种晶体(通常用的 TeO_2)上的射频频率来改变通过滤光器的光的波长,而通过 AOTF 光的强度可通过改变射频的功率进行精密、快速的调节。通过 AOTF 光的波长范围很窄,它的分辨率很高,目前已达到 0.0125nm 或更小。波长调节速率快且有很大的灵活性。这种全电子波长选择系统适用于光谱化学分析,特别是近红外光谱领域,也已被用于原子光谱法。

2.3.2.5 狭缝

狭缝是由两片经过精密加工,且具有锐利边缘的金属片组成,其两边必须保持互相平行,并且处于同一平面上,如图2.8所示。

单色器的入射狭缝起着光学系统虚光源的作用。光源发出的光照射并通过狭缝,经色散元件分解成不同波长的单色平行光束,经物镜聚焦后,在焦面上形成一系列狭缝的像,即所谓光谱。因此,狭缝的任何缺陷都直接影响谱线轮廓与强度的均匀性,所以对狭缝要仔细保护。

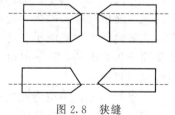

图2.8 狭缝

狭缝宽度对分析有重要意义,单色器的分辨能力表示能分开最小波长间隔的能力。波长间隔的大小取决于分辨率、狭缝宽度和光学材料的性质等,它用有效带宽 S 表示

$$S = DW(\text{nm}) \tag{2.13}$$

式中, D 为线色散率的倒数, $\text{nm}\cdot\text{mm}^{-1}$; W 为狭缝宽度,mm。当仪器的色散率固定时, S 将随 W 而变化。对干原子发射光谱,在定性分析时一般用较窄的狭缝,这样可以提高分辨率,使邻近的谱线清晰分开。在定量分析时则采用较宽的狭缝,以得到较大的谱线强度。对原子吸收光谱来说,由于吸收的数目比发射线少得多,谱线重叠的概率小,因此常采用较宽的狭缝,以得到较大的光强。当然,如果背景发射太强,则要适当减小狭缝宽度。一

般原则是,在不引起吸光度减小的情况下,采用尽可能大的狭缝宽度。

2.3.3 吸收池

盛放试样的吸收池由光透明的材料制成。在紫外区工作时,采用石英材料;可见光区,则用硅酸盐玻璃;红外区,则可根据不同的波长范围选用不同材料的晶体制成吸收池的窗口,如 NaCl、KBr、KRS-5(58%TlI 和 42%TlBr 的混合晶体)等。

2.3.4 检测器

在现代分析仪器中,用光电转换器作为检测器。这类检测器必须在一个宽的波长范围内对辐射有响应,在低辐射功率时的反应要敏感,对辐射的响应要快,产生的电信号容易放大,噪声要小,更重要的是产生的信号应正比于入射光强度。

检测器可分为两类:一类为对光子有响应的光检测器,另一类为对热产生响应的热检测器。

2.3.4.1 光检测器

(1)硒光电池 将硒沉积在铁或铜的金属基板上,硒表面再覆盖一层金、银或其他金属的透明金属层就构成了硒光电池,其结构示意见图 2.9。金属基板是光电池的正极,与金属薄膜相连接的金属收集环是光电池的负极。当光照射到半导体上时,在半导体硒内产生自由电子和空穴,自由电子向金属薄膜流动,而空穴则移向另一极。所产生的自由电子通过外电路和空穴复合而产生电流。当外电路的电阻不大时,这一电流与照射的光强具有线性关系,其大小为 10~100μA 量级,因此可以直接进行测量,无需外电源及放大装置。但受强光照射或使用时间过长时会产生"疲劳"现象。硒光电池光谱响应的波长范围为 300~800nm,其最灵敏区为 500~600nm。因此,现代分析仪器中已很少使用。

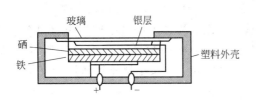

图 2.9 硒光电池结构图

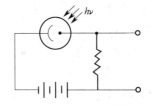

图 2.10 真空光电二极管原理

(2)光电管(真空光电二极管) 其阴极为一金属半圆筒,内表面涂有碱金属及其他材料组成的光敏物质,阳极为金属镍环或镍片,电极被封闭在一个透明真空管中。在光的作用下,光敏物质发射光电子,这些光电子被加在两极间的电压(约90V)所加速,并为阳极所收集而产生光电流,这一电流在负载电阻两端产生一个电位降,再经直流放大器放大,并进行测量(见图 2.10)。

光电管的光谱响应特性决定于光阴极上的涂层材料。不同阴极材料制成的光电管有着不同的光谱使用范围。即使同一光电管,对不同波长的光,其灵敏度也不同。因此对不同光谱区的辐射,应选用不同类型的光电管进行检测。例如,氧化铯-银对近红外区敏感,氧化钾-银和铯-银最敏感的范围在紫外-可见光区。

(3)光电倍增管 它实际上是一种由多级倍增电极组成的光电管,其结构如图 2.11 所示。它的外壳由玻璃或石英制成,内部抽真空。阴极为涂有能发射电子的光敏物质(Sb-Cs 或 Ag-O-Cs 等)的电极,在阴极 C 和阳极 A 之间装有一系列次电子发射极,即电子倍增极 D_1,D_2,…。阴极 C 和阳极 A 之间加有约 1000V 的直流电压。当辐射光子撞击光阴极 C 时发射光电子,该光电子被电场加速落在第一倍增极 D_1 上,撞击出更多的二次电子。以此类推,阳极最后收集到的电子数将是阴极发出的电子数的 $10^5 \sim 10^8$ 倍。

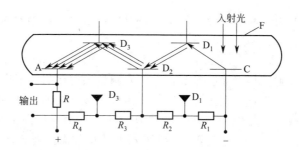

图 2.11 光电倍增管工作原理图

F—窗口；C—光阴极；D_1,D_2,D_3—次级电子发射极；

A—阳极；R,R_1,R_2,R_3,R_4—电阻

光电倍增管对紫外-可见光区有高的灵敏度，响应时间短。但由于热发射电子产生的暗电流，限制了光电倍增管的灵敏度。

(4) 硅二极管阵列检测器 它是由在一硅片下形成的反相偏置的 p-n 结组成。反向偏置造成了一个耗尽层，使该结的传导性几乎降到了零。当辐射照到 n 区时，就可形成空穴的电子。空穴通过耗尽层到达 p 区而湮没，于是电导增加，增加的大小与辐射功率成正比。可以在一硅片上制成这种检测器的阵列。图 2.12 是放大的硅二极管阵列靶的部分截面和端视图，每个硅二极管都由被绝缘二氧化硅层包围着的一个圆柱形 p 型硅区所组成。因此每个二极管都与其邻近的二极管电绝缘，它们都连接到一个共同的 n 型硅区。

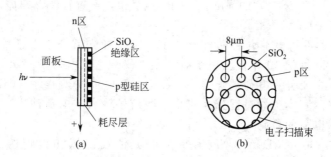

图 2.12 硅二极管阵列靶

(a) 侧视；(b) 端视

当靶的表面被电子束扫描时，每个 p 型柱就连接着被充电到电子束的电位，起一个充电电容器的作用。当光子打到 n 型表面以后形成空穴，空穴向 p 区移动并使沿入射辐射光路上的几个电容器放电。然后当电子束再次扫到它们时，又使这些电容器充电。这一充电电流随后被放大作为信号。

若电子束的宽度约为 $20\mu m$，可使靶的表面有效地分成几百个通道。每一个通道的信号可分别储存到计算机的存储器中。如果靶处于单色器的焦面上，则每个通道的信号就与不同波长的辐射相对应，此即光学多道分析器，可作多元素同时测定。它为现代先进的检测器，在高档分析仪器中使用。

(5) 半导体检测器 这种检测器实际上是一种电阻器，没有光照时，其电阻可达 $200k\Omega$，吸收辐射后，半导体中的电子和空穴增加，导电性增加，电阻减小，因此可根据电阻的变化来检测辐射强度的大小。最常用的半导体材料是 PbS，它在 $0.8\sim 2\mu m$ 的近红外区

内反应灵敏。

(6) 感光板　感光板的乳剂层经光作用并显影后，产生一定黑度的谱线，可做多元素同时测定。详见第6章。

2.3.4.2　热检测器

热检测器是吸收辐射并根据吸收引起的效应来测量入射辐射的强度的。

(1) 真空热电偶　真空热电偶是目前红外光谱仪中最常用的一种检测器。它利用不同导体构成回路时的热电效应，将温差转变为电动势，其结构示意如图2.13。它以一小片涂黑的金箔作为红外辐射的接收面。在金箔的一面焊有两种不同的金属、合金或半导体作为热接点，而在冷接点（室温）连有金属导线（冷接点图中未画出）。此热电偶封在高真空的腔体内。为接收各种波长的红外辐射，在此腔体上对着涂黑的金箔开一小窗，粘以红外透光材料，如KBr、CsI、KRS-5等。当红外辐射通过此窗口射到涂黑的金箔上时，热接点温度升高，产生温差电动势，在闭路的情况下，回路即有电流产生。由于它的阻抗很低（一般为10Ω左右），在和前置放大器耦合时需要用升压变压器。

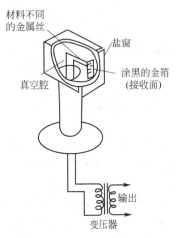

图 2.13　真空热电偶结构

(2) 热释电检测器　利用某些晶体，如氘化硫酸三苷肽(DTGS)、硫酸三甘氨酸酯、钽酸锂等，具有温敏偶极矩的性质。把这些晶体放在两块金属板之间，当红外辐射照射到晶体上时，晶体表面电荷分布发生变化，由此测量红外辐射的强度。它的响应极快，可进行调整扫描，适用于傅里叶变换红外光谱仪。

(3) 电荷转移器件　电荷转移器件（CTD）是一种光谱分析多道检测器，发明于20世纪70年代，在20世纪90年代已用于商品光谱仪。它以电荷量表示光量大小，用耦合方式传输电荷量。主要分为电荷耦合器件（CCD）和电荷注入器件（CID）两类硅集成电路，前者应用较多。基本工作过程分为四步，即信号输入（电荷注入）、电荷存储、电荷转移和信号输出（电荷的检测）。

① 电荷耦合器件（CCD）　CCD有更大的光活性区域和更长的波长覆盖（200~1050nm），能对单个光子计数，噪声低，在可见光区（400~500nm）量子检测效率可达91%。灵敏度高，特别适合于弱光检测，检出限为pg或fg级，线性范围达10^5~10^6。

② 电荷注入器件（CID）　它的优点是信号读出时所有储存的电荷不会被破坏，因而可被重复读取或储存下来。

将CCD或CID与中阶梯光栅的交叉波长选择系统联用，可实现多道同时采样，获得波长-强度-时间三维谱图。可同时得到不同波长的光谱信息，对原子光谱定性或定量分析、机理研究、干扰校正等十分有价值，也已用于Raman光谱、薄层色谱、重叠色谱峰的分析等。

图2.14为光谱仪的检测器及其应用波长的范围。

2.3.5　读出装置

由检测器将光信号转换为电信号后，可用检流计、微安表、记录仪、数字显示器或阴极射线显示器显示和记录测定结果。

在现代分析仪器中，常用的读出器件有数字表、记录仪、电位计标尺和阴极射线管等。近年来利用光电倍增管的输出，将已应用在X射线辐射功率测量中的光计数技术引

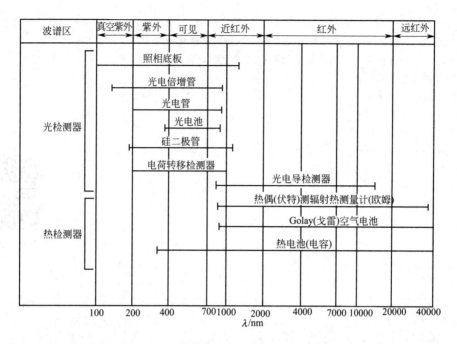

图 2.14　光谱仪检测器的应用波长范围

入了紫外和可见光的测量，主要应用于测量低强度的辐射，如荧光、化学发光和 Raman 光谱。

思考题与习题

2.1　将以下描述电磁波波长（在真空中）的量转换成以 m 为单位的值。
(1) 50nm　　(2) 1000cm^{-1}　　(3) 10^{15}Hz　　(4) 165.2pm

2.2　计算下述电磁辐射的频率（Hz）和波数（cm^{-1}）。
(1) 波长为 900pm 的单色 X 射线；
(2) 在 12.6μm 的红外吸收峰。

2.3　请按能量递增和波长递增的顺序，分别排列下列电磁辐射区：红外、无线电波、可见光、紫外、X 射线、微波。

2.4　对下列单位进行换算：
(1) 150pm X 射线的波数（cm^{-1}）；
(2) 670.7nm Li 线的频率（Hz）；
(3) 3300cm^{-1} 波数的波长（cm）；
(4) Na 588.995nm 相应的能量（eV）。

2.5　一束多色光射入含有 1750 条·mm^{-1} 刻线的光栅，光束相对于光栅法线的入射角为 48.2°。试计算衍射角为 20°和 -11.2°的光的波长为多少？

2.6　用 $dn/d\lambda = 1.5 \times 10^{-4}$nm^{-1} 的 60°熔融石英棱镜和刻有 1200 条·mm^{-1} 的光栅来色散 Li 的 460.20nm 及 460.30nm 两条谱线。试计算：
(1) 分辨率；
(2) 棱镜和光栅的大小。

2.7　若用 500 条·mm^{-1} 刻线的光栅观察 Na 的波长为 590nm 的谱线，当光束垂直入射和以 30°角入射时，最多能观察到几级光谱？

2.8　有一光栅，当入射角为 60°时，其衍射角为 -40°。为了得到波长为 500nm 的第一级光谱，试问光栅的刻线为多少?

2.9 若光栅的宽度是 5.00mm，每 1mm 刻有 720 条刻线，那么该光栅的第一级光谱的分辨率是多少?对波数为 1000cm^{-1} 的红外线，光栅能分辨的最靠近的两条谱线的波长差为多少?

2.10 写出下列各种跃迁所需的能量范围（以 eV 表示）。

(1) 原子内层电子跃迁；

(2) 原子外层电子跃迁；

(3) 分子的价电子跃迁；

(4) 分子振动能级的跃迁；

(5) 分子转动能级的跃迁。

第 2 章 拓展材料

第 3 章 紫外-可见分光光度法
Ultraviolet and Visible Spectrophotometry, UV-Vis

【学习要点】
① 了解紫外-可见吸收光谱产生的原理。
② 掌握朗伯-比耳定律的应用及产生偏离的原因。
③ 了解紫外可见分光光度计的结构以及测量条件的选择。
④ 掌握 Woodward-Fieser 规则计算共轭多烯与不饱与醛、酮 λ_{max} 的方法。
⑤ 掌握紫外可见的定性和定量分析方法,掌握多组分的定量计算方法。

紫外-可见分光光度法是利用某些物质的分子吸收 200~800nm 光谱区的辐射来进行分析测定的方法。这种分子吸收光谱产生于价电子和分子轨道上的电子在电子能级间的跃迁,广泛用于无机和有机物质的定性和定量测定。

3.1 紫外-可见吸收光谱

3.1.1 分子吸收光谱的形成

分子中的电子总是处在某一种运动状态中,每一种状态都具有一定的能量,属于一定的能级。电子由于受到光、热、电等的激发,从一个能级转移到另一个能级,称为跃迁。当这些电子吸收了外来辐射的能量时,就从一个能量较低的能级跃迁到另一个能量较高的能级。但是由于分子内部运动所牵涉的能级变化比较复杂,分子吸收光谱也就比较复杂。在分子内部除了电子运动状态外,还有核间的相对运动,即核的振动和分子绕着重心的转动。而振动能和转动能,按量子力学计算,它们是不连续的,即具有量子化的性质。所以,一个分子吸收了外来辐射之后,它的能量变化 ΔE 为其振动能变化 ΔE_v、转动能变化 ΔE_r,以及电子运动能量变化 ΔE_e 的总和,即

$$\Delta E = \Delta E_v + \Delta E_r + \Delta E_e \tag{3.1}$$

若分子的较高能级与较低能级能量之差恰好等于电磁波的能量 $h\nu$ 时,有

$$\Delta E = h\nu = h\frac{c}{\lambda} \tag{3.2}$$

则分子将从较低能级跃迁到较高能级。式(3.1) 中 E_e 最大,一般为 1~20eV。现假设其为 5eV,由式(3.2) 计算出其相应的波长为 250nm。因此,由分子内部电子能级的跃迁而产生的光谱位于紫外-可见光区内。

分子的振动能级间隔 ΔE_v 大约比 ΔE_e 小 10 倍,一般为 0.05~1eV。如果 ΔE_v 为 0.1eV,即为 5eV 的电子能级间隔的 2%。因此在发生电子能级之间跃迁的同时,必然也要发生振动能级之间的跃迁,得到的是一系列的谱线,它们相互波长的间隔是 250nm×2%=5nm,而不是 250nm 单一的谱线。

分子的转动能级间隔 ΔE_r 大约比 ΔE_v 小 10 倍或 100 倍,一般小于 0.05eV。现假设 ΔE_r 为 0.005eV,则为 5eV 的电子能级间隔的 0.1%。当发生电子能级和振动能级之间的跃迁时,必然也要发生转动能级之间的跃迁。由于得到的谱线彼此间的波长间隔只有 250nm×0.1%=

0.25nm，如此小的间隔使它们连在一起，呈现带状，称为带状光谱（band spectrum）。

图 3.1 是双原子分子的能级示意图，图中 S_0 和 S_1 表示不同能量的电子能级，在每个电子能级中因振动能量不同而分为若干个 $v=0，1，2，3\cdots$ 的振动能级，在同一电子能级和同一振动能级中，还因转动能量不同而分为若干个 $r=0，1，2，3\cdots$ 的转动能级。

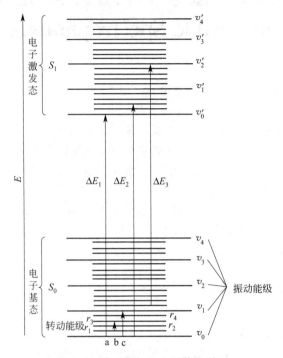

图 3.1　分子能级和电子能级跃迁

物质对不同波长的光线具有不同的吸收能力，物质也只能选择性地吸收那些能量相当于该分子振动能变化 ΔE_v、转动能变化 ΔE_r 以及电子运动能量变化 ΔE_e 总和的辐射。由于各种物质分子内部结构的不同，分子的能级也千差万别，各种能级之间的间隔也互不相同，这样就决定了它们对不同波长光线的选择吸收。如果改变通过某一吸收物质的入射光的波长，并记录该物质在每一波长处的吸光度（A），然后以波长为横坐标、以吸光度为纵坐标作图，这样得到的谱图称为该物质的吸收光谱或吸收曲线。某物质的吸收光谱反映了它在不同的光谱区域内吸收能力的分布情况，可以从波形、波峰的强度、位置及其数目看出来，为研究物质的内部结构提供重要信息。

3.1.2　有机化合物的紫外-可见光谱

有机化合物的紫外-可见光谱决定于分子的结构以及分子轨道上电子的性质。有机化合物分子对紫外线或可见光的特征吸收，可以用最大吸收处的波长，即吸收峰波长来表示，符号为 λ_{max}，λ_{max} 决定于分子的激发态与基态之间的能量差。从化学键的性质来看，与紫外-可见光谱有关的电子主要有三种，即形成单键的 σ 电子、形成双键的 π 电子以及未参与成键的 n 电子（孤对电子）。

根据分子轨道理论，分子中这三种电子的能级高低次序为

$$\sigma < \pi < n < \pi^* < \sigma^*$$

式中，σ、π 表示成键分子轨道；n 表示非键分子轨道；σ^*、π^* 表示反键分子轨道。σ 轨道和 σ^* 轨道是由原来属于原子的 s 电子和 p_x 电子所构成，π 轨道、π^* 轨道是由原来属于原子的 p_y 和 p_z 电子所构成，n 轨道是由原子中未参与成键的 p 电子所构成。当受到外来辐射的激发时，处

在较低能级的电子就跃迁到较高的能级。由于各个分子轨道之间的能量差不同，因此要实现各种不同的跃迁所需要吸收的外来辐射的能量也各不相同。有机化合物分子常见的 4 种跃迁类型是：$\sigma \rightarrow \sigma^*$、$\pi \rightarrow \pi^*$、$n \rightarrow \sigma^*$ 和 $n \rightarrow \pi^*$ 电子跃迁时吸收能量的大小顺序表示为

$$\sigma \rightarrow \sigma^* > n \rightarrow \sigma^* > \pi \rightarrow \pi^* > n \rightarrow \pi^*$$

图 3.2 定性地表示了几种分子轨道能量的相对大小及不同类型的电子跃迁所需吸收能量的大小。

3.1.2.1 饱和有机化合物

饱和烃分子中只有 C—C 键和 C—H 键，只能发生 $\sigma \rightarrow \sigma^*$ 跃迁，其跃迁所需吸收的能量最大，因而所吸收的辐射波长最短，处于小于 200nm 的真空紫外区。如甲烷的 λ_{max} 为 125nm，乙烷的 λ_{max} 为 135nm。

如果饱和烃中的氢原子被氧、氮、卤素等原子或基团所取代，这些原子中含 n 电子，可以发生 $n \rightarrow \sigma^*$ 跃迁，其吸收峰有的在 200nm 附近，但大多数仍出现在小于 200nm 的区域内，$n \rightarrow \sigma^*$ 跃迁的摩尔吸光系数 ε 一般为 $100 \sim 3000 L \cdot mol^{-1} \cdot cm^{-1}$。

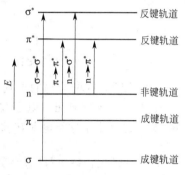

图 3.2 分子的电子能级跃迁

3.1.2.2 不饱和脂肪族化合物

（1）$\pi \rightarrow \pi^*$ 跃迁　含 C═C、C≡C、C═O 或 C═N 键的分子能发生这一类电子跃迁，其特征是 ε 较大，一般为 $5 \times 10^3 \sim 10^5 L \cdot mol^{-1} \cdot cm^{-1}$。孤立的 $\pi \rightarrow \pi^*$ 跃迁一般在 200nm 左右，但具有共轭双键的化合物，随着共轭体系的延长，$\pi \rightarrow \pi^*$ 跃迁的吸收带将明显向长波方向移动，吸收强度也随之增强（见表 3.1）。

表 3.1　多烯化合物的吸收带

化 合 物	双 键 数	$\lambda_{max}/nm(\varepsilon)$	颜　色
乙烯	1	185(10000)	无色
丁二烯	2	217(21000)	无色
1,3,5-己三烯	3	258(35000)	无色
癸五烯	5	335(118000)	淡黄
二氢-β-胡萝卜素	8	415(210000)	橙黄
番茄红素	11	470(185000)	红

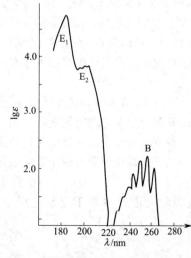

图 3.3　苯在蒸气相中的紫外吸收光谱

（2）$n \rightarrow \pi^*$ 跃迁　含杂原子不饱和键，如 C═N、C═O 键的有机化合物，除了进行 $\pi \rightarrow \pi^*$ 跃迁外，其杂原子中的孤对电子还可以发生 $n \rightarrow \pi^*$ 跃迁，一般发生在近紫外区，吸收强度弱，ε 为 $10 \sim 100 L \cdot mol^{-1} \cdot cm^{-1}$。

3.1.2.3 芳香族化合物

芳香族化合物一般都有 E_1 带、E_2 带和 B 带 3 个吸收峰。苯蒸气的 E_1 带 $\lambda_{max} = 184nm$（$\varepsilon = 4.7 \times 10^4 L \cdot mol^{-1} \cdot cm^{-1}$），$E_2$ 带 $\lambda_{max} = 204nm$（$\varepsilon = 6.9 \times 10^3 L \cdot mol^{-1} \cdot cm^{-1}$），B 带 $\lambda_{max} = 255nm$（$\varepsilon = 2.3 \times 10^2 L \cdot mol^{-1} \cdot cm^{-1}$）（见图 3.3）。在气态或非极性溶剂中，苯及其同系物的 B 带有许多精细结构，这是由于振动跃迁在基态电子跃迁上的叠加。这种精细结构特征可用于鉴别芳香族化合物。

对于稠环芳烃，随着苯环数目的增多，E_1 带、E_2 带和 B 带三个吸收带均向长波方向移动。

3.1.3 无机化合物的紫外-可见光谱

3.1.3.1 电荷转移光谱

某些分子同时具有电子给予体部分和电子接受体部分，它们在外来辐射激发下会强烈地吸收紫外线或可见光，使电子从给予体外层轨道向接受体跃迁，这样产生的光谱称为电荷转移光谱 (charge-transfer spectrum)。许多无机配合物能产生这种光谱。如以 M 和 L 分别表示配合物的中心离子和配位体，当一个电子由配位体的轨道跃迁到与中心离子相关的轨道上时，可用下式表示：

$$M^{n+} - L^{b-} \xrightarrow{h\nu} M^{(n-1)+} - L^{(b-1)-}$$

例如：

$$Fe^{3+} - SCN \xrightarrow{h\nu} Fe^{2+} - SCN$$

（接受体）（给予体）

一般来说，在配合物的电荷转移过程中，金属离子是电子接受体，配位体是电子给予体。此外，一些具有 d^{10} 电子结构的过渡元素形成的卤化物及硫化物，如 AgBr、PbI_2、HgS 等，也是由于这类电荷转移而产生颜色。

有些有机化合物也可以产生电荷转移光谱。如在 ⌬-C(=O)-R 分子中，苯环可以作为电子给予体，氧可以作为电子接受体，在光子的作用下产生电荷转移：

又如在乙醇介质中，将醌与氢醌混合产生暗绿色的分子配合物，它的吸收峰在可见光区。

电荷转移光谱谱带的最大特点是摩尔吸光系数大，$\varepsilon_{max} > 10^4 \, L \cdot mol^{-1} \cdot cm^{-1}$。因此用这类谱带进行定量分析可获得较高的测定灵敏度。

3.1.3.2 配位体场吸收光谱

配位体场吸收光谱 (ligand field absorption spectrum) 是指过渡金属离子与配位体（通常是有机化合物）所形成的配合物在外来辐射作用下，吸收紫外或可见光而得到相应的吸收光谱。元素周期表中第 4、第 5 周期的过渡元素分别含有 3d 和 4d 轨道，镧系和锕系元素分别含有 4f 和 5f 轨道。这些轨道的能量通常是相等的（简并的），而当配位体按一定的几何方向配位在金属离子的周围时，使得原来简并的 5 个 d 轨道和 7 个 f 轨道分别分裂成几组能量不等的 d 轨道和 f 轨道。如果轨道是未充满的，当它们的离子吸收光能后，低能态的 d 电子或 f 电子可以分别跃迁到高能态的 d 轨道或 f 轨道上去。这两类跃迁分别称为 d-d 跃迁和 f-f 跃迁。这两类跃迁必须在配位体的配位场作用下才有可能产生，因此又称为配位场跃迁。

图 3.4 为在八面体场中 d 轨道的分裂示意图。由于它们的基态与激发态之间的能量差别不大，这类光谱一般位于可见光区。又由于选择规则的限制，配位场跃迁吸收谱带的摩尔吸光系数较小，一般 $\varepsilon_{max} < 10^2 \, L \cdot mol^{-1} \cdot cm^{-1}$。相对来说，配位体场吸收光谱较少用于定量分析中，

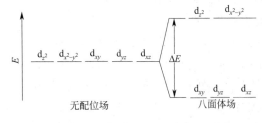

图 3.4 在八面体场中 d 轨道的分裂

但它可用于研究配合物的结构及无机配合物键合理论等方面。

3.1.4 紫外-可见光谱中的一些常用术语

(1) 吸收光谱 (absorption spectrum) 又称吸收曲线，是以波长 λ(nm) 为横坐标、以

吸光度（absorbance，A）或透射比（transmittance，T）为纵坐标所绘的曲线。

（2）吸收峰（absorption peak） 是吸收曲线上吸光度最大的地方，它所对应的波长称为最大吸收波长（λ_{max}）。

（3）谷（valley） 是峰与峰之间的最低部位，其对应的波长称最小吸收波长（λ_{min}）。

（4）肩峰 在一个峰旁边产生的曲折，称为肩峰（shoulder peak）。

（5）末端吸收 在谱图短波端呈现强吸收但不成峰形的部分，称为末端吸收（end absorption）。

（6）生色团（chromophore） 是指有机化合物分子中含有能产生 $\pi \rightarrow \pi^*$ 或 $n \rightarrow \pi^*$ 跃迁的、能在紫外-可见光范围内产生吸收的基团，如 C=C、C=O、—C=S、—N=N—、—NO$_2$ 等。

（7）助色团（auxochrome） 是含有非键电子对的杂原子饱和基团，当它们与生色团或饱和烃相连时，能使生色团或饱和烃的吸收峰向长波方向移动，并使吸收强度增加，如—OH、—NH$_2$、—SH、—X（卤素）、—OR 等。

（8）红移（red shift） 是指由于化合物的结构改变，如引入助色团、发生共轭作用以及改变溶剂等，使吸收峰向长波方向移动。

（9）蓝（紫）移（blue shift） 是指当化合物的结构改变或受溶剂影响，使吸收峰向短波方向移动。

（10）增色效应和减色效应 由于化合物结构改变或其他原因，使吸收强度增强，称增色效应（hyperchromic effect）；使吸收强度减弱，称减色效应（hypochromic effect）。

3.1.5 影响紫外-可见光谱的因素

紫外-可见光谱吸收带的位置易受分子中结构因素和测定条件等多种因素的影响，其核心是对分子中电子共轭结构的影响。

3.1.5.1 共轭效应

共轭体系的形成使分子的最高已占轨道能级升高，最低空轨道能级降低，$\pi \rightarrow \pi^*$ 跃迁的能量降低。共轭体系越长，π 和 π^* 轨道的能量差越小，最大吸收波长越移向长波方向，吸收强度也增大。

3.1.5.2 取代基的影响

当在共轭体系中引入的取代基为助色基团，其具有非键电子的原子或基团与双键或共轭体系相连时，形成 p-π 共轭，结果使电子的活动范围增大，吸收向长波位移，使颜色加深，这种效应称助色效应。

当在共轭体系中引入的是吸电子基团，也会产生 π 电子的转移使吸收光谱红移。当给电子基团和吸电子基团同时存在时，会产生分子内电荷转移吸收，同样会使吸收峰红移。

3.1.5.3 立体化学效应

立体化学效应（stereochemical effect）是指因空间位阻、构象、跨环共轭等因素导致吸收光谱的红移或蓝移，并常伴随有增色或减色效应。

空间位阻（steric hinderance）妨碍分子内共轭的发色基团处于同一平面，使共轭效应（conjugative effect）减小甚至消失，从而影响吸收带波长的位置。

跨环效应（cross-ring effect）是指两个发色基团虽不共轭，但由于空间的排列，使它们的电子云仍能相互影响，使 λ_{max} 和 ε_{max} 改变。

3.1.5.4 溶剂的影响

在溶液中溶质分子是溶剂化的，限制了溶质分子的自由转动，使转动光谱消失。溶剂的极性增大，使溶质分子的振动受限制，由振动引起的光谱精细结构亦消失。当物质溶解在非极性溶剂中时，其光谱与物质气态的光谱较相似，可以呈现孤立分子产生的转动-振动精细结构。

溶剂极性的不同也会引起某些化合物吸收光谱的红移或蓝移，这种作用称为溶剂效应 (solvent effect)。在 $\pi \rightarrow \pi^*$ 跃迁中，激发态极性大于基态，当使用极性大的溶剂时，由于溶剂导致吸收谱带 λ_{max} 红移。而在 $n \rightarrow \pi^*$ 跃迁中，基态 n 电子与极性溶剂形成氢键，降低了基态能量，使激发态与基态之间的能量差变大，导致吸收带 λ_{max} 向短波区移动（蓝移）。

图 3.5 给出了在极性溶剂中 $\pi \rightarrow \pi^*$ 和 $n \rightarrow \pi^*$ 跃迁能量变化示意图。

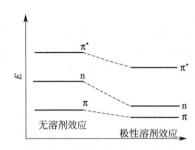

图 3.5 溶剂极性对 $\pi \rightarrow \pi^*$ 和 $n \rightarrow \pi^*$ 跃迁能量的影响

3.1.5.5 体系 pH 值的影响

无论是酸性、碱性或中性介质，体系的 pH 值对紫外-可见光谱的影响是普遍的现象。如酚类化合物由于体系的 pH 值不同，其解离情况不同，紫外光谱也不同。

$$\text{C}_6\text{H}_5\text{OH} \underset{\text{H}^+}{\overset{\text{OH}^-}{\rightleftharpoons}} \text{C}_6\text{H}_5\text{O}^-$$

$\lambda_{max} = 210.5\text{nm}, 270\text{nm}$ $\lambda_{max} = 235\text{nm}, 287\text{nm}$

有关体系 pH 值对显色反应的影响，可参阅 3.4.2 节。

3.2 吸收光谱的测量——朗伯-比耳定律

3.2.1 透射比和吸光度

当一束平行光通过均匀的液体介质时，光的一部分被吸收，一部分透过溶液，还有一部分被器皿表面反射。设入射光强度为 I_0，吸收光强度为 I_a，透射光强度为 I_t，反射光强度为 I_r，则

$$I_0 = I_a + I_t + I_r \tag{3.3}$$

在吸收光谱分析中，被测溶液和参比溶液一般是分别放在同样材料和厚度的吸收池中，让强度为 I_0 的单色光分别通过吸收池，再测量透射光的强度。所以反射光的影响可相互抵消，式(3.3)可简化为

$$I_0 = I_a + I_t \tag{3.4}$$

透射光的强度 I_t 与入射光强度 I_0 之比称透射比，或称透光度，用 T 表示，则有

$$T = \frac{I_t}{I_0} \tag{3.5}$$

溶液的透射比越大，表示它对光的吸收越小；反之，透射比越小，表示它对光的吸收越大。常用吸光度来表示物质对光的吸收程度，其定义为

$$A = \lg \frac{1}{T} = \lg \frac{I_0}{I_t} \tag{3.6}$$

A 值越大，表明物质对光的吸收越大。透射比和吸光度都是表示物质对光的吸收程度的一种量度，透射比常以百分率表示，$T(\%)$；吸光度是一个量纲为 1 的量，两者可由式(3.6)相互换算。

3.2.2 朗伯-比耳定律

朗伯-比耳（Lambert-Beer）定律是光吸收的基本定律，也是分光光度分析法的依据和

基础。当入射光波长一定时，溶液的吸光度 A 是待测物质浓度和液层厚度的函数。Lambert 和 Beer 分别于 1760 年和 1852 年研究了溶液的吸光度与溶液层厚度和溶液浓度之间的定量关系。当用适当波长的单色光照射一固定浓度的溶液时，其吸光度与光透过的液层厚度成正比，此即 Lambert 定律，其数学表达式为

$$A = k'l \tag{3.7}$$

式中，k' 为比例系数；l 为液层厚度（即样品的光程长度）。Lambert 定律适用于任何非散射的均匀介质，但它不能阐明吸光度与溶液浓度之间的关系。

Beer 定律描述了溶液浓度与吸光度之间的定量关系。当用一适当波长的单色光照射厚度一定的均匀溶液时，吸光度与溶液浓度成正比，即

$$A = k''c \tag{3.8}$$

式中，c 为溶液浓度；k'' 为比例系数。

当溶液的浓度（c）和液层的厚度（l）均可变时，它们都会影响吸光度的数值。合并式(3.7)和式(3.8)，得到 Lambert-Beer 定律，其数学表达式为

$$A = kcl \tag{3.9}$$

3.2.3 吸光系数

式(3.9)中比例系数 k 的值及单位与 c 和 l 采用的单位有关。l 的单位通常以 cm 表示，因此 k 的单位主要决定于浓度 c 用什么单位。c 以 $g \cdot L^{-1}$ 为单位时，k 称为吸光系数 (absorptivity)，以 a 表示，单位为 $L \cdot g^{-1} \cdot cm^{-1}$。当 c 以 $mol \cdot L^{-1}$ 为单位时，k 称为摩尔吸光系数 (molar absorptivity)，符号 ε，单位为 $L \cdot mol^{-1} \cdot cm^{-1}$。当吸收介质内只有一种吸光物质时，式(3.9)表示为

$$A = \varepsilon cl \tag{3.10}$$

ε 比 a 更常用，因为有时吸收光谱的纵坐标用 ε 或 $\lg\varepsilon$ 表示，并以最大摩尔吸光系数（ε_{max}）表示吸光强度。摩尔吸光系数在特定波长和溶剂的情况下是吸光质点的一个特征参数，在数值上等于吸光物质的浓度为 $1 mol \cdot L^{-1}$、液层厚度为 1cm 时溶液的吸光度。它是物质吸光能力的量度，可作为定性分析的参考和估量定量分析方法的灵敏度。ε 越大，方法的灵敏度越高。如 ε 为 10^4 数量级时，测定该物质的浓度范围可以达到 $10^{-6} \sim 10^{-5} mol \cdot L^{-1}$，当 $\varepsilon < 10^3$ 时，其测定范围为 $10^{-4} \sim 10^{-3} mol \cdot L^{-1}$。

ε 一般是由较稀浓度溶液的吸光度计算求得，由于 ε 与入射光波长有关，因此在表示某物质溶液的 ε 时，常用下标注明入射光的波长。

在化合物的组成成分不明的情况下，物质的摩尔质量也不知道，因而物质的量浓度无法确定，就无法使用摩尔吸光系数。在这种情况下，c 用 $g \cdot (100mL)^{-1}$ 表示，可采用比吸光系数 (specific absorptivity) 这一概念。比吸光系数是指物质的质量分数为 1%，l 为 1cm 时的吸光度值，用 $A_{1cm}^{1\%}$ 表示。$A_{1cm}^{1\%}$ 与 ε 和 a 的关系为

$$A_{1cm}^{1\%} = 10a = \frac{10\varepsilon}{M} \tag{3.11}$$

式中，M 为吸光物质的摩尔质量。

如果溶液中同时存在两种或两种以上吸光物质时，只要共存物质不互相影响性质，溶液的吸光度将是各组分吸光度的总和

$$A = A_1 + A_2 + \cdots + A_n = \sum_{i=1}^{n} \varepsilon_i c_i l \tag{3.12}$$

3.2.4 偏离朗伯-比耳定律的因素

在一均匀体系中，当物质浓度固定时，吸光度 A 与样品的光程长 l 之间的线性关系

(Lambert 定律) 总是普遍成立而无一例外。但在 l 恒定时，吸光度 A 与浓度 c 之间的正比关系有时可能失效，也就是说会偏离 Lambert-Beer 定律。一般以负偏离的情况居多，因而影响了测定的准确度。引起偏离 Lambert-Beer 定律的因素很多，通常可归成两类：一类与样品有关，另一类则与仪器有关，分别叙述如下。

3.2.4.1　与测定样品溶液有关的因素

通常只有在溶液浓度小于 0.01mol·L^{-1} 的稀溶液中，Lambert-Beer 定律才能成立。在高浓度时，由于吸光质点间的平均距离缩小，邻近质点彼此的电荷分布会产生相互影响，以致改变它们对特定辐射的吸收能力，即吸光系数发生改变，导致对 Beer 定律的偏离。

推导 Lambert-Beer 定律时隐含着测定试液中各组分之间没有相互作用的假设。但随着溶液浓度的增加，各组分之间的相互作用则是不可避免的。例如，可以发生离解、缔合、光化反应、互变异构及络合物配位数变化等作用，会使被测组分的吸收曲线发生明显改变，吸收峰的位置、高度以及光谱精细结构等都会不同，从而破坏了原来吸光度与浓度的函数关系，偏离了 Beer 定律。

溶剂对吸收光谱的影响也很重要。在分光光度法中广泛使用各种溶剂，它会对生色团的吸收峰高度、波长位置产生影响。溶剂还会影响待测物质的物理性质和组成，从而影响其光谱特性，包括谱带的电子跃迁类型等。

当试样为胶体、乳状液或有悬浮物质存在时，入射光通过溶液后，有一部分光会因散射而损失，使吸光度增大，对 Beer 定律产生正偏差。质点的散射强度与入射光波长的 4 次方成反比，所以散射对紫外区的测定影响更大。

3.2.4.2　与仪器有关的因素

严格地讲，Lambert-Beer 定律只适用于单色光，但在紫外-可见分光光度法中，从光源发出的光经单色器分光，为满足实际测定中需有足够光强的要求，狭缝必须有一定的宽度。因此，由出射狭缝投射到被测溶液的光，并不是理论上要求的单色光。这种非单色光是所有

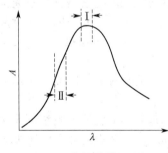

图 3.6　分析谱带的选择

偏离 Beer 定律的因素中较为重要的因素之一。因为实际用于测量的是一小段波长范围的复合光，由于吸光物质对不同波长的光的吸收能力不同，就导致了对 Beer 定律的负偏离。在所使用的波长范围内，吸光物质的吸收系数变化越大，这种偏离就越显著。例如，按图 3.6 所示的吸收光谱，谱带 I 的吸光系数变化不大，用谱带 I 进行分析，造成的偏离就比较小。而谱带 II 的吸光系数变化较大，用谱带 II 进行分析就会造成较大的负偏离。所以通常选择吸光物质的最大吸收波长作为分析波长。这样不仅能保证测定有较高的灵敏度，而且此处曲线较为平坦，吸光系数变化不大，对 Beer 定律的偏离

程度就比较小。并且在保证一定光强的前提下，应使用尽可能窄的有效带宽，同时应尽量避免采用尖锐的吸收峰进行定量分析。

3.3　紫外-可见分光光度计

3.3.1　主要组成部件

各种型号的紫外-可见分光光度计（UV-Vis spectrophotometer），就其结构来说，都是由五部分组成（见图 3.7），即光源（light source）、单色器（monochromator）、吸收池（absorption cell）、检测器（detector）和信号指示系统（signal indicating system）。

图 3.7 紫外-可见分光光度计基本结构示意

3.3.2 紫外-可见分光光度计的类型

紫外-可见分光光度计可归纳为 5 种类型，即单光束分光光度计、双光束分光光度计、双波长分光光度计、多通道分光光度计和探头式分光光度计。前三种类型较为普遍。

3.3.2.1 单光束分光光度计

单光束分光光度计（single beam spectrophotometer）的光路示意见图 3.7，经单色器分光后的一束平行光，轮流通过参比溶液和样品溶液，以进行吸光度的测定。这种简易型分光光度计结构简单，操作方便，维修容易，适用于常规分析。

3.3.2.2 双光束分光光度计

双光束分光光度计（double beam spectrophotometer）的光路示意见图 3.8。经单色器分光后经反射镜（M_1）分解为强度相等的两束光，一束通过参比池，另一束通过样品池。双光束分光光度计能自动比较两束光的强度，此比值即为试样的透射比，经对数变换将它转换成吸光度并作为波长的函数记录下来。由于两束光同时分别通过参比池和样品池，还能自动消除光源强度变化所引起的误差。

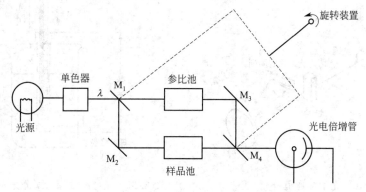

图 3.8 单波长双光束分光光度计原理
M_1, M_2, M_3, M_4—反射镜

3.3.2.3 双波长分光光度计

双波长分光光度计（double wavelength spectrophotometer）基本光路如图 3.9 所示。由同一光源发出的光被分成两束，分别经过两个单色器，得到两束不同波长（λ_1 和 λ_2）的单色光；利用切光器使两束光以一定的频率交替照射同一吸收池，然后经光电倍增管和电子控制系统，最后由显示器显示出两个波长处的吸光度差值 ΔA（$\Delta A = A_{\lambda_1} - A_{\lambda_2}$）。

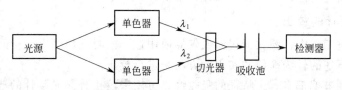

图 3.9 双波长分光光度计光路示意

对于多组分混合物、浑浊试样（如生物组织液）分析，以及存在背景干扰或共存组分干扰的情况下，利用双波长分光光度法，往往能提高方法的灵敏度和选择性。利用双波长分光

光度计,能获得导数光谱。通过光学系统转换,使双波长分光光度计能很方便地转化为单波长工作方式。如果能在 λ_1 和 λ_2 处分别记录吸光度随时间变化的曲线,还能进行化学反应动力学研究。

3.3.2.4 多通道分光光度计

多通道分光光度计(multichannel spectrophotometer)的光路原理如图 3.10 所示。由于光源发射出的复合光先通过样品池后再经全息光栅色散,色散后的单色光由光二极管阵列中的光二极管接收,能同时检测 190~900nm 波长范围,因此在极短的时间(≤1s)内给出整个光谱的全部信息。这种光度计特别适于进行快速反应动力学研究和多组分混合物的分析,也已被用作高效液相色谱和毛细管电泳仪的检测器。

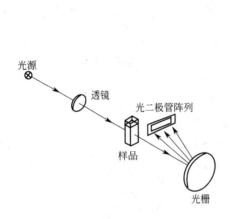

图 3.10 光学多通道分光光度计光路原理

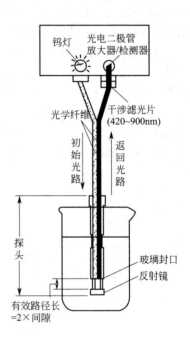

图 3.11 光导纤维探头式分光光度计光路示意

3.3.2.5 光导纤维探头式分光光度计

图 3.11 是光导纤维探头式分光光度计(optical fiber probe-type spectrophotometer)的光路示意图。探头由两根相互隔离的光导纤维组成。由钨灯发射的光由其中一根光纤传导至试样溶液,再经反射镜反射后由另一根光纤传导,通过干涉滤光片后由光电二极管接收转变为电信号。这类光度计不需要吸收池,直接将探头插入样品溶液中进行原位检测,不受外界光线的影响。这类光度计常用于环境和过程分析。

3.3.3 分光光度计的校正

通常在实验室工作中,验收新仪器或仪器使用过一段时间后都要进行波长校正和吸光度校正。建议采用下述的较为简便和实用的方法来进行校正。

镨钕玻璃或钬玻璃都有若干特征的吸收峰,可用来校正分光光度计的波长标尺。前者用于可见光区,后者则对紫外和可见光区都适用。

可用 K_2CrO_4 标准溶液来校正吸光度标度。将 0.0400g K_2CrO_4 溶解于 1L 0.05mol·L^{-1} KOH 溶液中,在 1cm 光程的吸收池中,在 25℃时不同波长测得的吸光度值列于表 3.2。

表 3.2　铬酸钾溶液的吸光度

λ/nm	吸光度 A	λ/nm	吸光度 A	λ/nm	吸光度 A	λ/nm	吸光度 A
220	0.4559	300	0.1518	380	0.9281	460	0.0173
230	0.1675	310	0.0458	390	0.6841	470	0.0083
240	0.2933	320	0.0620	400	0.3872	480	0.0035
250	0.4962	330	0.1457	410	0.1972	490	0.0009
260	0.6345	340	0.3143	420	0.1261	500	0.0000
270	0.7447	350	0.5528	430	0.0841		
280	0.7235	360	0.8297	440	0.0535		
290	0.4295	370	0.9914	450	0.0325		

3.4　分析条件的选择

为使用分析方法有较高的灵敏度和准确度，选择最佳的测定条件是很重要的。这些条件包括仪器测量条件、试样反应条件以及参比溶液的选择等。

3.4.1　仪器测量条件

任何光度计都有一定的测量误差，这是由于光源不稳定、实验条件的偶然变动、读数不准确等因素造成的。这些因素对于试样的测定结果影响较大，特别是当试样浓度大或较小时。因此要选择适宜的吸光度范围，以使测量结果的误差尽量减小。根据 Lambert-Beer 定律

$$A = -\lg T = \varepsilon l c$$

微分，得

$$d\lg T = 0.4343 \frac{dT}{T} = \varepsilon l \, dc$$

或

$$0.4343 \frac{\Delta T}{T} = -\varepsilon l \Delta c \tag{3.13}$$

将式(3.13)代入 Lambert-Beer 定律，则测定结果的相对误差为

$$\frac{\Delta c}{c} = \frac{0.4343 \Delta T}{T \lg T} \tag{3.14}$$

要使测定结果的相对误差（$\Delta c/c$）最小，对 T 求导数应有一极小值，即

$$\frac{d}{dT}\left(\frac{0.4343 \Delta T}{T \lg T}\right) = \frac{0.4343 \Delta T (\lg T + 0.4343)}{(T \lg T)^2} = 0 \tag{3.15}$$

解得

$$\lg T = -0.434 \quad 或 \quad T = 36.8\%$$

即当吸光度 $A=0.434$ 时，吸光度测量误差最小。上述结果也可由图 3.12 表示，即图中曲线的最低点。如果光度计读数误差为 1%，若要求浓度测量的相对误差小于 5%，则待测溶液的透射比应选在 70%~10% 范围内，吸光度为 0.15~1.00。实际工作中，可通过调节待测溶液的浓度，选用适当厚度的比色皿等方式使透射比 T（或吸光度 A）落在此区间内。现在高档的分光光度计使用性能优越的检测器，即使吸光度高达 2.0，甚至 3.0 时，也能保证浓度测量的相对误差小于 5%。

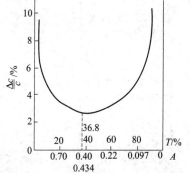

图 3.12　浓度测量的相对误差 $\Delta c/c$ 与溶液透射比 T 或吸光度 A 的关系

3.4.2　反应条件的选择

在无机分析中，很少利用金属离子本身的颜色进行光度分析，因为它们的吸光系数值都比较小。一般都是选用适当的试剂，与待测离子反应生成对紫外-可见光有较大

吸收的物质再行测定。这种反应称为显色反应，所用的试剂称为显色剂。络合反应、氧化还原反应以及增加生色基团的衍生化反应等都是常见的显色反应类型，尤以络合反应应用最广。许多有机显色剂与金属离子形成稳定性好、具有特征颜色的螯合物，其灵敏度和选择性都较高。表3.3列举了几种显色剂及其有色配合物。

表 3.3　一些常用的显色剂

项目	试剂	结构式	离解常数	测定离子
无机显色剂	硫氰酸盐	SCN^-	$pK_a = 0.85$	Fe^{2+}, $Mo(V)$, $W(V)$
	钼酸盐	MoO_4^{2-}	$pK_{a_2} = 3.75$	$Si(IV)$, $P(V)$
	过氧化氢	H_2O_2	$pK_a = 11.75$	$Ti(IV)$
有机显色剂	邻二氮菲	（结构式）	$pK_a = 4.96$	Fe^{2+}
	双硫腙	（结构式）	$pK_a = 4.6$	Pb^{2+}, Hg^{2+}, Zn^{2+}, Bi^{3+} 等
	丁二酮肟	（结构式）	$pK_a = 10.54$	Ni^{2+}, Pd^{2+}
	铬天青 S(CAS)	（结构式）	$pK_{a_3} = 2.3$, $pK_{a_4} = 4.9$, $pK_{a_5} = 11.5$	Be^{2+}, Al^{3+}, Y^{3+}, Ti^{4+}, Zr^{4+}, Hf^{4+}
	茜素红 S	（结构式）	$pK_{a_2} = 5.5$, $pK_{a_3} = 11.0$	Al^{3+}, Ga^{3+}, $Zr(IV)$, $Th(IV)$, F^-, $Ti(IV)$
	偶氮胂Ⅲ[①]	（结构式）		UO_2^{2+}, $Hf(IV)$, Th^{4+}, $Zr(IV)$, RE^{3+}, Y^{3+}, Sc^{3+}, Ca^{2+} 等
	4-(2-吡啶偶氮)间苯二酚(PAR)	（结构式）	$pK_{a_1} = 3.1$, $pK_{a_2} = 5.6$, $pK_{a_3} = 11.9$	Co^{2+}, Pb^{2+}, Ga^{3+}, $Nb(V)$, Ni^{2+}
	1-(2-吡啶偶氮)-2-萘酚(PAN)	（结构式）	$pK_{a_1} = 2.9$, $pK_{a_2} = 11.2$	Co^{2+}, Ni^{2+}, Zn^{2+}, Pb^{2+}
	4-(2-噻唑偶氮)间苯二酚(TAR)	（结构式）		Co^{2+}, Ni^{2+}, Cu^{2+}, Pb^{2+}

① $K_{a1} = 1.3 \times 10^{-2}$, $K_{a2} = 1.1 \times 10^{-3}$, $K_{a3} = 2.3 \times 10^{-4}$, $K_{a4} = 9 \times 10^{-5}$, $K_{a5} = 1.7 \times 10^{-6}$, $K_{a6} = 2.3 \times 10^{-8}$, $K_{a7} = 5 \times 10^{-10}$, $K_{a8} = 1.4 \times 10^{-12}$。

显色反应一般应满足下述要求：

① 反应的生成物必须在紫外、可见光区有较强的吸光能力，即摩尔吸光系数较大，反应有较高的选择性；

② 反应生成物应当组成恒定、稳定性好，显色条件易于控制等，这样才能保证测量结果有良好的重现性；

③ 对照性要好，显色剂与有色配合物 λ_{max} 的差别要在 60nm 以上。

实际上能同时满足上述条件的显色反应不很多，因此在初步选定好显色剂以后，认真细致地研究显色反应的条件十分重要。下面介绍其主要影响因素。

3.4.2.1 显色剂用量

生成络合物的显色反应可用下式表示

$$M + nR \Longleftrightarrow MR_n$$

$$\beta_n = \frac{[MR_n]}{[M][R]^n} \tag{3.16}$$

式中，M 代表金属离子；R 为显色剂；β_n 为配合物的累积稳定常数。由式(3.16) 可见，当 [R] 固定时，从 M 转化成 MR_n 的转化率将不发生变化。对稳定性好（即 β_n 大）的配合物，只要显色剂过量，显色反应即能定量进行。而对不稳定的配合物或可形成逐级配合物时，显色剂用量要过量很多或必须严格控制。例如，以 SCN^- 作显色剂测定钼时，要求生成红色的 $Mo(SCN)_5$ 配合物进行测定。但当 SCN^- 浓度过高时，由于会生成浅红色的 $Mo(SCN)_6^-$ 配合物而使吸光度降低。又如，用铁的硫氰酸配合物测定 Fe(Ⅲ) 时，随 SCN^- 浓度的增大，逐步形成颜色更深的不同配位数的化合物，吸光度增加。因此在这两种离子的测定中必须严格控制显色剂用量，才能得到准确的结果。显色剂的用量可通过实验确定，作吸光度随显色剂浓度变化曲线，选恒定吸光度值时的显色剂用量。

3.4.2.2 溶液酸度的影响

多数显色剂都是有机弱酸或弱碱，介质的酸度会直接影响显色剂的离解程度，从而影响显色反应的完全程度。溶液酸度的影响表现在许多方面。

① 由于 pH 值不同，可形成具有不同配位数，不同颜色的化合物。金属离子与弱酸阴离子在酸性溶液中大多生成低配位数的络合物，可能并没有达到阳离子的最大配位数。当 pH 值增大时，游离的阴离子浓度相应增大，使得可能生成高配位数的化合物。例如，Fe(Ⅲ) 可与水杨酸在不同 pH 值生成组成配比不同的配合物（见表 3.4）。

表 3.4 不同 pH 值时 Fe(Ⅲ) 与水杨酸生成不同配合物

pH 值范围	配合物组成	颜 色
<4	$[Fe(C_7H_4O_3)]^+$	紫红色(1:1)
4~7	$[Fe(C_7H_4O_3)_2]^-$	棕橙色(1:2)
8~10	$[Fe(C_7H_4O_3)_3]^{3-}$	黄色(1:3)

在用这类反应进行测定时，控制溶液的 pH 值至关重要。

② pH 值增大会引起某些金属离子水解而形成各种型体的羟基配合物，甚至可能析出沉淀；或者由于生成金属的氢氧化物而破坏了有色配合物，使溶液的颜色完全退去，例如

$$[Fe(SCN)]^{2+} + OH^- \Longleftrightarrow [Fe(OH)(SCN)]^+$$

显色反应的最宜酸度可估算如下，如果金属离子与配位体 R 生成逐级配合物 MR_n，即

$$M + nR \Longleftrightarrow MR_n$$

条件累积稳定常数 β_n' 和累积稳定常数 β_n 有如下关系

$$\beta'_n = \frac{[MR_n]}{[M'][R']^n} = \frac{\beta_n}{\alpha_M \alpha_R^n} \tag{3.17}$$

式中，α_M 和 α_R 分别为 M 和 R 的副反应系数。当上述反应定量进行时（即 99.9% 的 M 转化为 MR_n），则

$$\frac{[MR_n]}{[M']} = \frac{\beta_n}{\alpha_M \alpha_R^n}[R']^n \geqslant 10^3 \tag{3.18}$$

即要求 $\lg\beta'_n + n\lg[R'] \geqslant 3$。

以邻二氮菲（phen）与 Fe(Ⅱ) 的显色反应为例。假定反应在 $0.1\text{mol}\cdot\text{L}^{-1}$ 柠檬酸盐 A 缓冲溶液中进行，过量显色剂浓度 [phen′] 为 $10^{-4}\text{mol}\cdot\text{L}^{-1}$，Fe-phen 络合物的 $\lg\beta_3$ 为 21.3，不同 pH 值时的 $\lg\alpha[\text{Fe(A)}]$ 和 $\lg\alpha[\text{phen(H)}]$ 见表 3.5。

表 3.5 酸度对显色反应完全度的影响

pH 值	$\lg\alpha[\text{Fe(A)}]$	$\lg\alpha[\text{phen(H)}]$	$\lg\beta'_3$	$\lg\frac{\text{Fe(phen)}_3}{[\text{Fe}']}$
1	—	3.9	9.6	−2.4
2	—	2.9	12.6	0.6
3	—	1.9	15.6	3.6
4	0.5	1.0	17.8	5.8
5	2.6	0.3	17.8	5.8
6	4.2	—	17.1	5.1
7	5.5	—	15.8	3.8
8	6.5	—	14.8	2.8
9	7.5	—	13.8	1.8
10	8.5	—	12.8	0.8

各 pH 值下的 $\lg[\text{Fe(phen)}_3]/[\text{Fe}']$ 可按下式计算

$$\lg\frac{[\text{Fe(phen)}_3]}{[\text{Fe}']} = \lg\beta_3 - \lg\alpha[\text{Fe(A)}] - 3\lg\alpha[\text{phen(H)}] + 3\lg[\text{phen}']$$
$$= \lg\beta'_3 + 3\lg[\text{phen}'] \tag{3.19}$$

其计算结果（见表 3.5）表明，在柠檬酸盐缓冲溶液中，邻二氮菲与 Fe(Ⅱ) 显色反应的最宜 pH 值范围是 3~8，这与实验结果基本一致。

实际工作中是通过实验来确定显色反应的最宜酸度的。具体做法是固定溶液中待测组分与显色剂的浓度，改变溶液的酸度（pH 值），测定溶液的吸光度 A 与 pH 值的关系曲线，从中找出最宜 pH 值范围。

3.4.2.3 其他问题

显色反应的时间、温度、放置时间对络合物稳定性的影响等都对显色反应有影响，这些都需要通过条件试验来确定。

3.4.3 参比溶液的选择

测量试样溶液的吸光度时，先要用参比溶液调节透射比为 100%，以消除溶液中其他成分以及吸收池和溶剂对光的反射和吸收所带来的误差。根据试样溶液的性质，选择合适组分的参比溶液是很重要的。

(1) 溶剂参比 当试样溶液的组成较为简单，共存的其他组分很少且对测定波长的光几乎没有吸收时，可采用溶剂作为参比溶液，这样可消除溶剂、吸收池等因素的影响。

(2) 试剂参比 如果显色剂或其他试剂在测定波长有吸收，按显色反应相同的条件，只是不加入试样，同样加入试剂和溶剂作为参比溶液。这种参比溶液可消除试剂中的组分产生

吸收的影响。

(3) 试样参比　如果试样基体在测定波长有吸收，而与显色剂不起显色反应时，可按与显色反应相同的条件处理试样，只是不加显色剂。这种参比溶液适用于试样中有较多的共存组分，加入的显色剂量不大，且显色剂在测定波长无吸收的情况。

(4) 平行操作溶液参比　用不含被测组分的试样，在相同条件下与被测试样同样进行处理，由此得到平行操作参比溶液。

3.4.4 干扰及消除方法

在光度分析中，体系内存在的干扰物质的影响有以下几种情况：①干扰物质本身有颜色或与显色剂形成有色化合物，在测定条件下也有吸收；②在显色条件下，干扰物质水解，析出沉淀使溶液浑浊，致使吸光度的测定无法进行；③与待测离子或显色剂形成更稳定的配合物，使显色反应不能进行完全。

可以采用以下几种方法来消除这些干扰作用。

(1) 控制酸度　根据配合物的稳定性不同，可以利用控制酸度的方法提高反应的选择性，以保证主反应进行完全。例如，双硫腙能与 Hg^{2+}、Pb^{2+}、Cu^{2+}、Ni^{2+}、Cd^{2+} 等十多种金属离子形成有色配合物，其中与 Hg^{2+} 生成的络合物最稳定，在 $0.5mol·L^{-1}$ H_2SO_4 介质中仍能定量进行，而上述其他离子在此条件下不发生反应。

(2) 选择适当的掩蔽剂　使用掩蔽剂消除干扰是常用的有效方法。选取的条件是掩蔽剂不与待测离子作用，掩蔽剂以及它与干扰物质形成的配合物的颜色应不干扰待测离子的测定。

(3) 生成惰性络合物　例如钢铁中微量钴的测定，常用钴试剂为显色剂。但钴试剂不仅与 Co^{2+} 有灵敏的反应，而且与 Ni^{2+}、Zn^{2+}、Mn^{2+}、Fe^{2+} 等都有反应。但它与 Co^{2+} 在弱酸性介质中一旦完成反应后，即使再用强酸酸化溶液，该络合物也不会分解。而 Ni^{2+}、Zn^{2+}、Mn^{2+}、Fe^{2+} 等与钴试剂形成的络合物在强酸介质中很快分解，从而消除了上述离子的干扰，提高了反应的选择性。

(4) 选择适当的测量波长　如在 $K_2Cr_2O_7$ 存在下测定 $KMnO_4$ 时，不是选 λ_{max}（525nm），而是选 $\lambda=545nm$。这样测定 $KMnO_4$ 溶液的吸光度，$K_2Cr_2O_7$ 就不干扰了。

(5) 分离　若上述方法不宜采用时，也可以采用预先分离的方法，如沉淀、萃取、离子交换、蒸发和蒸馏以及色谱分离法（包括柱色谱、纸色谱、薄层色谱等）。

此外，还可以利用化学计量学方法实现多组分同时测定，以及利用导数光谱法、双波长光谱法等新技术来消除干扰。

3.5 紫外-可见分光光度法的应用

紫外-可见分光光度法是对物质进行定性分析、结构分析和定量分析的一种手段，而且还能测定某些化合物的物理化学参数，例如摩尔质量、络合物的络合比和稳定常数，以及酸、碱离解常数等。

3.5.1 定性分析

紫外-可见分光光度法较少用于无机元素的定性分析，无机元素的定性分析可用原子发射光谱法或化学分析的方法。在有机化合物的定性鉴定和结构分析中，由于紫外-可见光谱较简单，特征性不强，因此该法的应用也有一定的局限性。但是它适用于不饱和有机化合物，尤其是共轭体系的鉴定，以此推断未知物的骨架结构。此外，可配合红外光谱、核磁共振波谱法和质谱法进行定性鉴定和结构分析，因此它仍不失为一种有用的辅助方法。

目前，已有多种以实验结果为基础的各种有机化合物的紫外-可见光谱标准谱图，有的则汇编了有关电子光谱的数据表。常用的标准谱图有以下几种：

① Sadtler Standard Spectra (Ultraviolet). Heyden，1978；

② Frieded R A，Orchin M. Ultraviolet Spectra of Aromatic Compounds. John Wiley and sons，1951；

③ Kenzo Hirayama. Handbook of Ultraviolet and Visible Absorption Spectra of Organic Compounds. Plenum，1967；

④ Organic Electronic Spectral Data. John Wiley and Sons，1949.

其中④是一套由许多作者共同编写的大型手册性丛书，所搜集的文献资料自1946年开始，目前还在继续编写。

应该指出，分子或离子对紫外-可见光的吸收只是它们含有生色基团和助色基团的特征，而不是整个分子或离子的特征。因此仅靠紫外-可见光谱来确定一个未知物的结构是不现实的，还要参照 Woodward-Fieser 规则和 Scott 规则以及其他方法的配合。Woodward-Fieser 规则和 Scott 规则都是经验规则，当用其他的物理和化学方法判断某化合物的几种可能结构时，可用它们来计算最大吸收波长 λ_{max}，并与实验值进行比较，以确认物质的结构。

3.5.1.1 Woodward-Fieser 规则

Woodward 提出了计算共轭二烯烃、多烯烃及共轭烯酮类化合物 $\pi \to \pi^*$ 跃迁最大吸收波长的经验规则，如表 3.6 所示。计算时先从母体得到一个最大吸收的基数，然后对连接在母体 π 电子体系上的不同取代基以及其他结构因素加以修正。

表 3.6 计算二烯烃或多烯烃的最大吸收位置（己烷为溶剂）

化 合 物	λ_{max}/nm
母体是异环的二烯烃或无环多烯烃	基值 214
母体是同环的二烯烃或此类的多烯烃①	基值 253
增加 1 个共轭双键	30
环外双键	5
每个烷基取代基	5
每个极性基	
—O—乙酰基	0
—O—R	6
—S—R	30
—Cl，—Br	5
—NR$_2$	60
溶剂校正值	0

① 当两种情形的二烯烃体系同时存在时，选择波长较长的为其母体系统，即选用基值为 253nm。

(1) 二烯烃或多烯烃的 λ_{max} 的计算

【例 3.1】

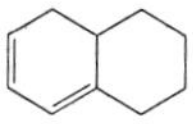

解

基值	253nm
环外双键	5nm
烷基取代基（3×5）	15nm
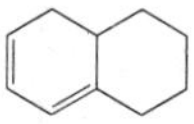	273nm

【例 3.2】

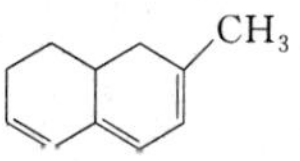

解

基值	253nm
烷基取代基（4×5）	20nm
环外双键	5nm
共轭系统的延长	30nm
	308nm

【例 3.3】

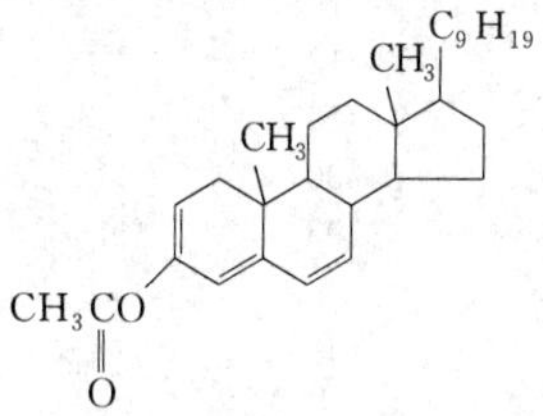

解

基值	253nm
烷基取代基（3×5）	15nm
环外双键	5nm
取代基（OCOCH$_3$）	0
共轭系统的延长	30nm
	303nm

【例 3.4】

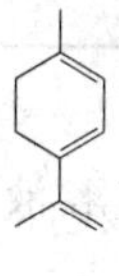

解

基值	253nm
烷基取代（4×5）	20nm
环外双键（0）	0
共轭系统的延长（1×30）	30nm
	303nm

【例 3.5】

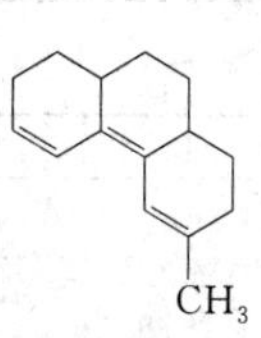

解

基值	214nm
烷基取代（5×5）	25nm
共轭系统的延长（1×30）	30nm
环外双键① （2×5）	10nm
	279nm

① 这个双键是两个环的环外双键，故乘 2。

(2) 不饱和羰基化合物 $\pi \rightarrow \pi^*$ 的 λ_{max} 见表 3.7。

表 3.7 计算不饱和羰基化合物 $\pi \to \pi^*$ 的最大吸收位置（以乙醇为溶剂）

$\overset{\delta}{-}C=\overset{\gamma}{C}-\overset{\beta}{C}=\overset{\alpha}{C}-\underset{X}{C}=O$	λ_{max}/nm
α,β-不饱和羰基化合物母体(无环、六元环或较大的环酮)	215
α,β 键在五元环内	−13
醛	−6
当 X 为 OH 或 RO 时	−22
每增加 1 个共轭双键	30
同环二烯化合物	39
环外双键	5
每个取代烷基　α-	10
β-	12
γ-(或更高)	18
每个极性基	
—OH　α	35
β	30
γ(或更高)	50
—OAc　α,β,γ,δ 或更高	6
—OR　α	35
β	30
γ	17
δ(或更高)	31
—SR　β	85
—Cl　α	15
β	12
—Br　α	25
β	30
—NR$_2$　β	95
溶剂校正	
乙醇、甲醇	0
氯仿	1
二氧六环	5
乙醚	7
己烷,环己烷	11
水	−8

3.5.1.2 Scott 规则

Scott 规则类似于 Woodward 规则，用来计算芳香族羰基的衍生物在乙醇溶液中的 λ_{max}，表 3.8 和表 3.9 列出了该经验规则的计算方法。

表 3.8 芳香族羰基衍生物 E_2 带 λ_{max} 的计算（以乙醇为溶剂）

PhCOR 生色团母体	λ_{max}^{EtOH}/nm
R=烷基或环残基(R)	246
R=氢(H)	250
R=羟基或烷氧基(OH 或 OR)	230

表 3.9 苯环上邻、间、对位被取代基取代的增值 $\Delta\lambda$/nm

取代基	邻 位	间 位	对 位
R(烷基)	3	3	10
OH,OR	7	7	25
O−	11	20	78
Cl	0	0	10
Br	2	2	15
NH$_2$	13	13	58
NHAc	20	20	45
NR$_2$	20	20	85

【例 3.6】

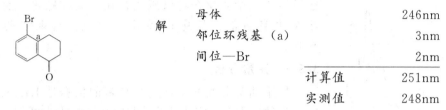

解	母体	246nm
	间位—OH	7nm
	对位—OH	25nm
	计算值	278nm
	实测值	279nm

【例 3.7】

解	母体	246nm
	邻位环残基（a）	3nm
	间位—Br	2nm
	计算值	251nm
	实测值	248nm

3.5.2　结构分析

可以应用紫外光谱来确定一些化合物的构型和构象。

3.5.2.1　判别顺反异构体

反式异构体空间位阻小，共轭程度较高，其 λ_{max}、ε_{max} 大于顺式异构体。表 3.10 和表 3.11 列举了某些有机化合物的顺反异构体的 λ_{max} 和 ε_{max}，其中番茄红素的吸收光谱见图 3.13。

表 3.10　某些有机化合物的顺反异构体的 λ_{max} 和 ε_{max}

化合物	顺式		反式	
	λ_{max}/nm	ε_{max}/L·mol^{-1}·cm^{-1}	λ_{max}/nm	ε_{max}/L·mol^{-1}·cm^{-1}
番茄红素	440	90 000	470	185 000
	380①	弱	470①	
二苯代乙烯	280	13500	295	27000
苯代丙烯酸	264	9500	273	20000
α-甲基均二苯代乙烯	260	11900	270	20100
丁烯二酸二甲酯	198	26000	214	34000
偶氮苯	295	12600	315	50100
肉桂酸	280	13500	295	27000
1-苯基-1,3-丁二烯	265	14000	280	28300

① 380nm 吸收峰属新番茄红素的顺式乙烯键；470nm 为新番茄红素吸收峰，强度较反式番茄红素弱。

表 3.11　某些多环二烯的顺反异构体吸收强度

同环双键（顺式）		异环双键（反式）	
化合物	ε_{max}/L·mol^{-1}·cm^{-1}	化合物	ε_{max}/L·mol^{-1}·cm^{-1}
麦角甾醇	11800	麦角甾醇-D	21000
7-脱氢胆甾醇	11400	脱氢麦角甾醇	19000
胆甾-2,4-二烯	7000	胆甾-4,6-二烯	28000
左旋海松酸	7100	松香酸	16100

3.5.2.2　判别互变异构体

一般共轭体系的 λ_{max}、ε_{max} 大于非共轭体系（见表 3.12）。例如，乙酰乙酸乙酯有酮式和烯醇式的互变异构

$$CH_3-\overset{O}{\overset{\|}{C}}-CH_2-\overset{O}{\overset{\|}{C}}-OC_2H_5 \rightleftharpoons CH_3-\overset{OH}{\overset{|}{C}}=CH-\overset{O}{\overset{\|}{C}}-OC_2H_5$$

表 3.12　某些有机化合物的互变异构体

化 合 物	共轭(醇式) λ_{max}/nm(ε/L·mol^{-1}·cm^{-1})	非共轭(酮式) λ_{max}/nm(ε/L·mol^{-1}·cm^{-1})
亚油酸	232	无吸收
苯酰乙酸乙酯	308	245
乙酰乙酸乙酯	245(18000)	240(110)
乙酰丙酮	269(12100)(水中)	277(1900)已烷中
异丙-α-丙酮	235(12000)	220

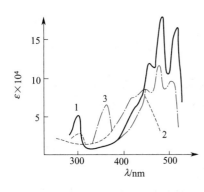

图 3.13　番茄红素的吸收光谱
1—全反式番茄红素；2—多顺式番茄红素；3—新番茄红素

在极性溶剂中该化合物以酮式存在，吸收峰弱；而在非极性溶剂正己烷中以烯醇式为主，出现强的吸收峰。

3.5.3　定量分析

紫外-可见分光光度法定量分析的依据是 Lambert-Beer 定律，即在一定波长处被测定物质的吸光度与它的浓度呈线性关系。因此，通过测定溶液对一定波长入射光的吸光度，即可求出该物质在溶液中的浓度或含量。下面介绍几种常用的测定方法。

3.5.3.1　单组分定量方法

（1）比较法　先配制与被测试液浓度相近的标准溶液 c_s 和被测试液 c_x，在相同条件下显色后，测其相应的吸光度为 A_s 和 A_x，根据朗伯-比耳定律：

$$A_s = \varepsilon b c_s, \quad A_x = \varepsilon b c_x$$

两式相比得：

$$\frac{A_s}{A_x} = \frac{\varepsilon b c_s}{\varepsilon b c_x}$$

则得

$$c_x = \frac{A_x}{A_s} c_s \tag{3.20}$$

应当注意，利用式(3.20)进行计算时，只有当 c_x 与 c_s 相近时，结果才可靠，否则可能有较大误差。

（2）标准曲线法　这是实际工作中用得最多的一种方法。具体做法是：配制一系列不同含量的标准溶液，以不含被测组分的空白溶液为参比，在相同条件下测定标准溶液的吸光度，绘制吸光度-浓度曲线。这种曲线即称为标准曲线，如图 3.14 所示。在相同条件下测定未知试样的吸光度，从标准曲线上就可以找到与之对应的未知试样的浓度。在建立一个方法时，首先要确定符合 Lambert-Beer 定律的浓度范围，即定量测定一般在线性范围内进行。当测试样品较多时，利用标准曲线法比较方便，而且误差较小。因入射光是纯度较高的单色光，故使偏离朗伯-比耳定律的情况大为减少，标准曲线直线部分的范围更大，分析结果的准确度较高。

3.5.3.2　多组分定量方法

根据吸光度具有加和性的特点，可同时测定溶液中两种或两种以上的组分。由于入射光的波长范

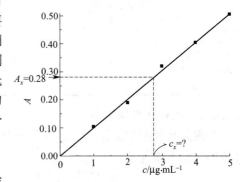

图 3.14　吸光度与浓度关系的标准曲线

围扩大了，许多无色物质，只要它们在紫外或红外区域内有吸收峰，都可以用分光光度法进行测定。

假设试样中含有 x、y 两种组合，在一定条件下将它们转化为有色化合物，分别绘制其吸收光谱，会出现3种情况，如图3.15所示。图3.15(a)中两组分互不干扰，可分别在 λ_1 和 λ_2 处测量溶液的吸光度。图3.15(b)中组分 x 对组分 y 的光度测定有干扰，但组分 y 对 x 无干扰。这时可以先在 λ_1 处测量溶液的吸光度 A_{λ_1}，并求得 x 组分的浓度，然后再在 λ_2 处测量溶液的吸光度 $A_{\lambda_2}^{x+y}$ 和纯组分 x 和 y 的 $\varepsilon_{\lambda_2}^{x}$ 和 $\varepsilon_{\lambda_2}^{y}$ 值，根据吸光度的加和性原则，可列出下式

$$A_{\lambda_2}^{x+y} = \varepsilon_{\lambda_2}^{x} l c_x + \varepsilon_{\lambda_2}^{y} l c_y \tag{3.21}$$

由式(3.21)即能求得组分 y 的浓度 c_y。

图3.15(c)表明两组分彼此互相干扰，这时首先在 λ_1 处测定混合物吸光度 $A_{\lambda_1}^{x+y}$ 和纯组分 x 及 y 的 $\varepsilon_{\lambda_1}^{x}$ 和 $\varepsilon_{\lambda_1}^{y}$。然后在 λ_2 处测定混合物吸光度 $A_{\lambda_2}^{x+y}$ 和纯组分的 $\varepsilon_{\lambda_2}^{x}$ 和 $\varepsilon_{\lambda_2}^{y}$。根据吸光度的加和性原则，可列出方程式

$$A_{\lambda_1}^{x+y} = \varepsilon_{\lambda_1}^{x} l c_x + \varepsilon_{\lambda_1}^{y} l c_y$$
$$A_{\lambda_2}^{x+y} = \varepsilon_{\lambda_2}^{x} l c_x + \varepsilon_{\lambda_2}^{y} l c_y \tag{3.22}$$

式中，$\varepsilon_{\lambda_1}^{x}$、$\varepsilon_{\lambda_1}^{y}$、$\varepsilon_{\lambda_2}^{x}$ 和 $\varepsilon_{\lambda_2}^{y}$ 均由已知浓度 x 及 y 的纯溶液测得。试液的 $A_{\lambda_2}^{x+y}$ 和 $A_{\lambda_1}^{x+y}$ 由实验测得，c_x 和 c_y 便可通过解联立方程式求得。对于更复杂的多组分体系，可用计算机处理测定的数据。

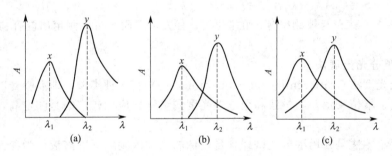

图 3.15　多组分的吸收光谱

(a) 组分 x 和 y 互不干扰；(b) 组分 x 干扰 y（y 组分不干扰 x）；(c) 组分 x 和 y 互相干扰

3.5.3.3　双波长法

当吸收光谱相互重叠的两种组分共存时，利用双波长可对单个组分进行测定或同时对两个组分进行测定。如图3.16所示，当 a、b 两组分共存时，如要测定组分 b 的含量，组分 a 的干扰可通过选择具有对 a 组分等吸收的两个波长 λ_1 和 λ_2 加以消除。以 λ_1 为参比波长，λ_2 为测定波长，对混合液进行测定，可得到如下方程式

$$A_1 = A_{1a} + A_{1b} + A_{1s}$$
$$A_2 = A_{2a} + A_{2b} + A_{2s} \tag{3.23}$$

式中，A_{1s} 和 A_{2s} 是在波长 λ_1 和 λ_2 下的背景吸收。当两个波长相距较近时，可认为背景吸收相等，因此通过试样比色皿的两个波长的光的吸光度差值为

$$\Delta A = (A_{2a} - A_{1a}) + (A_{2b} - A_{1b}) \tag{3.24}$$

由于干扰组分 a 在 λ_1 和 λ_2 处具有等吸收，即 $A_{2a} = A_{1a}$，因

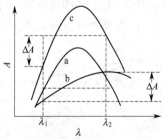

图 3.16　双波长法测定示意图
a,b—为组分 a、b 的吸收曲线；
c—两组分混合后的吸收曲线

此上式为
$$\Delta A = A_{2b} - A_{1b} = (\varepsilon_{2b} - \varepsilon_{1b})lc_b \tag{3.25}$$

对于被测组分 b 来说，$(\varepsilon_{2b} - \varepsilon_{1b})$ 为一定值，比色皿厚度 l 也是固定的，所以 ΔA 与组分 b 的浓度 c_b 成正比。同样，适当选择组分 b 具有等吸收的两个波长，也可以对组分 a 进行定量测定，这种方法称为双波长等吸收点法。

当干扰组分的吸收曲线在测量的波长范围内无吸收峰时，等吸收点法就无法应用，这时可采用系数倍率法进行测定，并采用具有双波长功能的分光光度计来完成。假设被测组分为 x。干扰组分为 y，选择两个波长 λ_1 和 λ_2，使 λ_1 和 λ_2 的两束光分别通过吸收池，得到两个吸光度值 A_1 和 A_2，然后由函数放大器分别放在 k_1 和 k_2 倍，由此得到差示信号 S

$$S = k_2 A_2 - k_1 A_1$$

式中，A_1 和 A_2 分别是两组分混合物在波长 λ_1 和 λ_2 处的吸光度，即

$$A_1 = A_{1x} + A_{1y}$$
$$A_2 = A_{2x} + A_{2y}$$

则
$$S = k_2(A_{2x} + A_{2y}) - k_1(A_{1x} + A_{1y}) = k_2 A_{2y} - k_1 A_{1y} + k_2 A_{2x} - k_1 A_{1x}$$

调节信号放大器，选取 k_1 和 k_2，使之满足

$$\frac{k_2}{k_1} = \frac{A_{1y}}{A_{2y}}$$

此时组分 y 在 λ_1 和 λ_2 处显示等同信号，即 $k_2 A_{2y} - k_1 A_{1y} = 0$，在此条件下

$$S = k_2 A_{2x} - k_1 A_{1x} = k_2 \varepsilon_2 lc_x - k_1 \varepsilon_1 lc_x = (k_2 \varepsilon_2 - k_1 \varepsilon_1)lc_x \tag{3.26}$$

这样，差示信号 S 就只与被测组分 x 的浓度 c_x 有关，因而有可能测定出混合物中组分 x 的含量。

3.5.3.4 示差分光光度法

示差分光光度法（differential spectrophotometry）有 4 种类型，即高吸光度示差法、低吸光度示差法、最精密示差测量法和全示差光度测量法。应用较广的是测定高含量组分的高吸光度示差法。

高吸光度示差法是采用浓度比试样含量稍低的已知浓度的标准溶液作为参比溶液。如果标准溶液浓度为 c_s，待测试样浓度为 c_x，而且 $c_x > c_s$。根据朗伯-比耳定律

$$A_x = \varepsilon lc_x$$
$$A_s = \varepsilon lc_s$$
$$A = \Delta A = A_x - A_s = \varepsilon l(c_x - c_s) = \varepsilon l \Delta c \tag{3.27}$$

测定时先用比试样浓度稍小的标准溶液，加入各种试剂后作为参比，调节其透射比为 100%，即吸光度为零，然后测量试样溶液的吸光度。这时的吸光度实际上是两者之差 ΔA，它与两者浓度差 Δc 成正比，且处在正常的读数范围（见图 3.17）。

以 ΔA 与 Δc 作校准曲线，根据测得 ΔA 查得相应的 Δc，则 $c_x = c_s + \Delta c$。

由于用已知浓度的标准溶液作参比，如果该参比溶液的透射比为 10%，现调至 100%，就意味着将仪器透射比标尺扩展了 10 倍。如

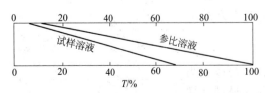

图 3.17 高吸光度示差法测定原理示意

待测试液的透射比原是 5%，用示差光度法测量时将是 50%。另一方面，在示差光度法中即

使 Δc 很小，如果测量误差为 dc，固然 $dc/\Delta c$ 会相当大，但最后测定结果的相对误差是 $\dfrac{dc}{\Delta c + c_s}$，$c_s$ 较大而非常准确，所以测定结果的准确度仍然将很高。

3.5.3.5 导数分光光度法

导数分光光度法（derivative spectrophotometry）是解决干扰物质与被测物质的吸收光谱重叠，消除胶体和悬浮物散射影响和背景吸收，提高光谱分辨率的一种技术。将 Lambert-Beer 定律 $A_\lambda = \varepsilon_\lambda l c$ 对波长 λ 进行 n 次求导，得到

$$\frac{d^n A_\lambda}{d\lambda^n} = \frac{d^n \varepsilon_\lambda}{d\lambda^n} l c \tag{3.28}$$

由式（3.28）可知，吸光度的导数值仍与吸光物质的浓度呈线性关系，借此可以进行定量分析。

图 3.18 为物质的吸收光谱（零阶导数光谱）和它的 1～4 阶导数光谱图。由图可见，随着导数的阶次增加，谱带变得更加尖锐，分辨率提高。

在用导数光谱进行定量分析时，需要对扫描出的导数光谱进行测量，以获得导数值。常用的测量方法有 3 种，如图 3.19 所示。

（1）正切法 画一条直线正切于两个邻近的极大或极小，然后测量中间极值至切线的距离 d。这种方法可用于线性背景干扰的试样的测定。

（2）峰谷法 在多组分定量分析中多采用两个相邻极值（极大或极小）间的距离（图 3.19 中的 p_1 和 p_2）作为导数值。

（3）峰零法 极值到零线之间的垂直距离 z 也可以作为导数值。这种方法适用于信号对称于横坐标的较高阶导数的求值。

由于导数光谱具有灵敏度高、再现性好、噪声低、分辨率高等优点，一些物质，如核糖核酸酶 A、过氧化氢酶、纤维肌原、细胞色素 c 等的高阶导数光谱显示出它们特征的精细结构，称为"指纹"光谱，可用于这些物质的鉴定和纯度检验。

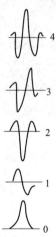

图 3.18 物质的吸收曲线及其 1～4 阶导数光谱

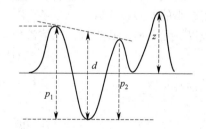

图 3.19 导数光谱的求值
d—正切法；p_1，p_2—峰谷法；z—峰零法

3.5.4 络合物组成的测定

应用分光光度法测定络合物组成的方法有多种，这里介绍两种常用的方法。

（1）摩尔比法（mole ratio method）（又称饱和法） 它是根据金属离子 M 在与配位体

R 反应过程中被饱和的原则来测定络合物组成的。

设配合反应为 $M + nR \rightleftharpoons MR_n$

若 M 与 R 均不干扰 MR_n 的吸收,且其分析浓度分别是 c_M、c_R,那么固定金属离子 M 的浓度,改变配位体 R 的浓度,可得到一系列 c_R/c_M 不同的溶液。在适宜波长下测定各溶液的吸光度,然后以吸光度 A 对 c_R/c_M 作图(见图 3.20)。当加入的配位体 R 还没有使 M 定量转化为 MR_n 并稍有了过量时,曲线便出现转折;加入的 R 继续过量,曲线便成水平直线。转折点所对应的摩尔比便是络合物的组成比。若络合物较稳定,则转折点明显;反之,则不明显,这时可用外推法求得两直线的交点,交点对应的 c_R/c_M 即是 n。

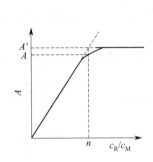

图 3.20 摩尔比法

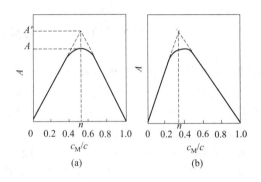

图 3.21 等摩尔系列法

(2) 等摩尔系列法(equimolar series method)(又称 Job 法) 设络合反应为

$$M + nR \rightleftharpoons MR_n$$

设 c_M 和 c_R 分别为溶液中 M 与 R 物质的量浓度,配制一系列溶液,保持 $c_M + c_R = c$(c 恒定)。改变 c_M 和 c_R 的相对比值 MR_n,在最大吸收波长下测定各溶液的吸光度 A。当 A 达到最大时,即浓度 MR_n 最大,该溶液中 c_M/c_R 比值即为络合物的组合比。如以吸光度 A 为纵坐标,以 c_M/c 为横坐标作图,即绘出等摩尔系列法曲线(见图 3.21)。图中,由两曲线外推交点所对应的 c_M/c 值即可推知配合物中 M 与 R 的摩尔比。

该法适用于溶液中只形成一种离解度小的、配合比低的络合物组成的测定。

3.5.5 酸碱离解常数的测定

分光光度法是测定分析化学中应用的指示剂或显色剂离解常数的常用方法,因为它们大多是有机弱酸或弱碱,只要它们的酸色形式和碱色形式的吸收曲线不重叠。该法特别适用于溶解度较小的弱酸或弱碱。

现以一元弱酸 HL 为例,在溶液中具有如下平衡关系

$$HL \rightleftharpoons H^+ + L^-$$

其离解常数 $$K_a = \frac{[H^+][L^-]}{[HL]}$$

或 $$pK_a = pH + \lg\frac{[HL]}{[L^-]} \tag{3.29}$$

从式(3.29)可知,只要在某一确定的 pH 值下,知道 [HL] 与 $[L^-]$ 的比值,就可以计算 pK_a。HL 与 L^- 互为共轭酸碱,它们的平衡浓度之和等于弱酸 HL 的分析浓度 c。只要两者都遵从朗伯-比耳定律,就可以通过测定溶液的吸光度求得 [HL] 和 $[L^-]$ 的比值。具体做法是:配制 n 个浓度 c 相等而 pH 值不同的 HL 溶液,在某一确定的波长下,用 1.0cm 的比色皿测量各溶液的吸光度 A,并用酸度计测量各溶液的 pH 值。各溶液的吸光度为

$$A=\varepsilon_{HL}[HL]+\varepsilon_{L^-}[L^-]=\varepsilon_{HL}\frac{[H^+]c}{K_a+[H^+]}+\varepsilon_{L^-}\frac{K_a c}{K_a+[H^+]} \quad (3.30)$$

$$c=[HL]+[L^-]$$

在高酸度介质中,可以认为溶液中该酸只以 HL 型体存在,仍在以上确定的波长下测定吸光度,则

$$A_{HL}=\varepsilon_{HL}[HL]\approx\varepsilon_{HL}c$$

$$\varepsilon_{HL}=\frac{A_{HL}}{c} \quad (3.31)$$

而在碱性介质中,可以认为该酸主要以 L^- 型体存在,这时依然在以上波长下测量吸光度,则

$$A_{L^-}=\varepsilon_{L^-}[L^-]\approx\varepsilon_{L^-}c$$

$$\varepsilon_{L^-}=\frac{A_{L^-}}{c} \quad (3.32)$$

将式(3.31)、式(3.32)代入式(3.30),整理后得

$$K_a=\frac{[H^+][L^-]}{[HL]}=\frac{A_{HL}-A}{A-A_{L^-}}[H^+]$$

或

$$pK_a=pH+\lg\frac{A-A_{L^-}}{A_{HL}-A} \quad (3.33)$$

上式是用光度法测定一元弱酸离解常数的基本关系式。式中 A_{HL}、A_{L^-} 分别为弱酸定量地以 HL、L^- 型体存在时溶液的吸光度,该两值是不变的;A 为某一确定 pH 值时溶液的吸光度。上述各值均可由实验测得,将测定的数据代入式(3.33),就可算出 pK_a,然后取其平均值;也可以将实验数据采用线性拟合法或作图法求出 pK_a。

3.5.6 应用实例

【例 3.8】 紫外-可见吸收光谱法测定防腐剂。

分析样品	饮料、食品
分析项目	苯甲酸、山梨酸(防腐剂)
分析方法	用乙醚萃取法将防腐剂从饮料(食品)中提取出来,然后用紫外光谱法定性和定量
分析条件	(1)分离样品中的防腐剂[①]:用乙醚萃取后,在容量瓶中定容 (2)防腐剂的定性鉴定:经提纯稀释后乙醚萃取液(或水溶液)用1cm比色皿,以乙醚(或蒸馏水)为参比,在波长210~310nm范围作紫外吸收光谱 (3)防腐剂的定量测定:配制苯甲酸(或山梨酸)的标准系列溶液,并定容 用1cm比色皿,以乙醚(或 H_2O)作参比,以苯甲酸(或山梨酸)的 K 吸收带最大吸收波长为入射光,分别测定系列标准溶液的吸光度 用定性鉴定后样品的乙醚萃取液(或稀释液)按上述方法测定吸光度
分析结果	(1)定性 根据试样的吸收峰、吸收强度以及它与苯甲酸(228nm 和 270nm 处分别有 K 吸收带和 B 吸收带)和山梨酸(在 255nm 处有吸收带)标准吸收光谱对照,以确定防腐剂种类 (2)定量 采用最小二乘法处理标准溶液的浓度和吸光度数据,以求得浓度与吸光度之间的线性回归方程,并根据线性回归方程计算样品中防腐剂的含量

① 如果测定试样中无干扰组分,则无须分离,可直接测定。

【例 3.9】 紫外-可见分光光度法测定维生素 A。

分析样品	新鲜鸡肝
分析项目	维生素 (结构式) (脂溶性淡黄色晶体)

	续表
分析样品	新 鲜 鸡 肝
分析方法	用乙醚将样品中的脂肪及维生素 A 提取出来,除去溶剂后进行皂化以除去脂肪,皂化后再进行萃取,以便将维生素 A 转入有机相中,然后经柱色谱除去干扰物质,最后用紫外分光光度计进行吸光度测定,用标准曲线法求出样品中维生素 A 的含量
分析条件	(1)提取与皂化 将样品洗净、处理后用乙醚振荡提取,将提取液中的乙醚蒸干后,加入 80% KOH 溶液、乙醇和焦性没食子酸,置于 (83 ± 1) ℃的水浴中回流皂化 (2)萃取、洗涤、浓缩 将皂化后的混合液在一定条件下用乙醚萃取。然后加 KOH 于乙醚提取液中,弃去下层碱液,再用水洗涤,直至洗液与酚酞无颜色反应为止,弃去水层。将上述乙醚提取液经过无水 Na_2SO_4 滤入锥形瓶,置于水浴上,把乙醚蒸干后,加入石油醚溶解锥形瓶中的内容物,备用 (3)色谱分离 将上述石油醚样品溶液移入 Al_2O_3 及无水 Na_2SO_4 的色谱柱中,用不同比例的乙醚-石油醚洗脱液进行梯度洗脱,在 12% 洗脱液前后洗出的第一个黄色色谱带为 β-胡萝卜素,可供测定 β-胡萝卜素(至流出洗脱液不显黄色为止)。维生素 A 一般在 50% 洗脱液中洗出,用石油醚定容,制得试样溶液备用 (4)制备维生素 A 标准系列溶液 (5)测定 用紫外分光光度计,1cm 石英比色皿,以石油醚为参比,于波长 325nm 处,分别测定标准系列溶液和试样溶液的吸光度
分析结果	(1)绘制标准曲线(吸光度 A 为纵坐标,维生素 A 含量为横坐标) (2)根据试样溶液的吸光度在标准曲线上查出相应的质量浓度 ρ(单位 $\mu g \cdot mL^{-1}$) (3)按下式计算样品中维生素 A 的质量分数: $$w = \rho V / m_s$$ 式中,V 为测定时容量瓶的体积,mL;m_s 为测定时所用试样的质量,μg

思考题与习题

3.1 电子跃迁有哪几种类型?哪些类型的跃迁能在紫外-可见吸收光谱中反映出来?

3.2 朗伯-比耳定律的物理意义是什么?偏离朗伯-比耳定律的原因主要有哪些?

3.3 吸光度与透射率有什么关系?物质溶液的颜色与光的吸收有什么关系?

3.4 什么是发色团及助色团?举例说明。

3.5 下列化合物各具有几种类型的价电子?在紫外线照射下发生哪几种类型的电子跃迁?

    乙烷   碘乙烷   丙酮   丁二烯   苯乙烯   苯乙酮

3.6 试比较下列化合物,指出哪个吸收光的波长最长?哪个最短?为什么?

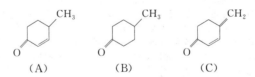

    (A)   (B)   (C)

3.7 某苦味酸胺试样 0.0250g,用 95% 乙醇溶解并配成 1.0L 溶液,在 380nm 波长处用 1.0cm 比色皿测得吸光度为 0.760。试估计该苦味酸胺的相对分子质量为多少?(已知 95% 乙醇溶液中苦味酸胺在 380nm 时 $\lg \varepsilon = 4.13$)

3.8 称取钢样 0.500g,溶解后定量转入 100mL 容量瓶中,用水稀释至刻度。从中移取 10.mL 试液置于 50mL 容量瓶中,将其中的 Mn^{2+} 氧化为 MnO_4^-,用水稀释至刻度,摇匀。于 520nm 处 2.0cm 比色皿测得吸光度为 0.500,试求钢样中锰的质量分数(已知 $\varepsilon = 2.3 \times 10^3 L \cdot mol^{-1} \cdot cm^{-1}$)。

3.9 已知一物质在它的最大吸收波长处的摩尔吸光系数 ε 为 $1.4 \times 10^4 L \cdot mol^{-1} \cdot cm^{-1}$,现用 1cm 比色皿测得该物质溶液的吸光度为 0.850,计算溶液的浓度。

3.10 K_2CrO_4 的碱性溶液在 372nm 处有最大吸收,若碱性 K_2CrO_4 溶液的浓度为 $3.00 \times 10^{-5} mol \cdot L^{-1}$,比色皿厚度为 1cm,在此波长下测得透射率是 71.6%,计算:(1)该溶液的吸光度;(2)摩尔吸光系数;(3)若比色皿厚度为 3cm,则透射率多大?

3.11 苯胺在 λ_{max} 为 280nm 处的 ε 为 1430L·mol^{-1}·cm^{-1}，现欲制备一苯胺水溶液，使其透射率为 30%，比色皿厚度为 1cm，问制备 100mL 该溶液需苯胺多少克？

3.12 某组分 A 溶液的浓度为 5.00×10^{-4} mol·L^{-1}，在 1cm 比色皿中于 440nm 及 590nm 下其吸光度分别为 0.638 及 0.139；另一组分 B 溶液的浓度为 8.00×10^{-4} mol·L^{-1}，在 1cm 比色皿中于 440nm 及 590nm 下其吸光度为 0.106 及 0.470。现有 A、B 组分混合液在 1cm 比色皿中于 440nm 及 590nm 处其吸光度分别为 1.022 及 0.414，试计算混合液中 A 组分和 B 组分的浓度。

第 3 章 拓展材料

第4章 红外吸收光谱法
Infrared Absorption Spectroscopy, IR

【学习要点】
① 理解红外吸收光谱产生的两个条件。
② 掌握有机化合物的基团频率和指纹区的特征吸收带。
③ 了解基团频率位移的影响因素。
④ 了解红外光谱仪和傅里叶变换红外光谱仪基本组成部件的作用及特点。
⑤ 掌握重要有机化合物的红外图谱解析。

4.1 概述

红外吸收光谱法是利用物质分子对红外线的吸收及产生的红外吸收光谱来鉴别分子的组成和结构或定量的方法。当以连续波长的红外线为光源照射样品,引起分子振动能级之间跃迁,所产生的分子振动光谱,称红外吸收光谱。在引起分子振动能级跃迁的同时不可避免地要引起分子转动能级之间的跃迁,故红外吸收光谱又称振-转光谱。

早在19世纪初,人们通过实验证实了红外线的存在,20世纪初,人们进一步系统地了解了不同官能团具有不同红外吸收频率这一事实,1950年以后出现了自动记录式红外分光光度计。随着量子力学和计算机科学的迅速发展,1970年以后出现了傅里叶变换红外光谱仪。红外测定技术如全反射红外、显微红外、光声光谱以及色谱-红外联用等也不断发展和完善,使红外光谱法得到广泛应用。

IR主要用于分子结构的基础研究以及化学组成的分析,其中应用最广泛的是中红外光区有机化合物的结构鉴定。由于每种化合物均有红外吸收,而且任何气态、液态、固态样品均可进行红外吸收光谱的测定,因此红外光谱是有机化合物结构解析的重要手段之一。近年来,红外光谱的定量分析应用也有不少报道,主要是近红外和远红外区的应用。如近红外区用于含有与C、H、O等原子相连基团化合物的定量;远红外区用于无机化合物的定量等。本章主要讨论中红外吸收光谱法。

4.1.1 红外区的划分及主要应用

红外光谱在可见光区和微波光区之间,其波数范围约为 $12800 \sim 10 cm^{-1}$($0.75 \sim 1000 \mu m$)。根据仪器及应用不同,习惯上又将红外区分为三个区:近红外区、中红外区和远红外区。每个光区的大致范围及主要应用如表4.1所示。

4.1.1.1 近红外区

近红外区处于可见光区到中红外区之间。因为该光区的吸收带主要是由低能电子跃迁、含氢原子团(如O—H、N—H、C—H)伸缩振动的倍频及组合频吸收产生的,摩尔吸光系数较低,检测限大约为0.1%。近红外辐射最重要的用途是对某些物质进行例行的定量分析。基于O—H伸缩振动的第一泛频吸收带出现在 $7100 cm^{-1}$($1.4 \mu m$),可以测定各种试样中的水,如甘油、肼、有机膜及发烟硝酸等,可以定量测定酚、醇、有机酸等。基于羰基伸缩振动的第一泛频吸收带出现在 $3300 \sim 3600 cm^{-1}$($2.8 \sim 3.0 \mu m$),可以测定酯、酮和羧酸。

它的测量准确度及精密度与紫外可见吸收光谱相当。另外，基于漫反射近红外光谱也可测定未处理的固体和液体试样，或者通过吸收测定气体试样。

表 4.1 红外光谱区的划分及主要应用

范 围	波长范围 $\lambda/\mu m$	波数范围 $\bar{\nu}/cm^{-1}$	测定类型	分析类型	试 样 类 型
近红外	0.78~2.5	12800~4000	漫反射	定量分析	蛋白质、水分、淀粉、油、类脂、农产品中的纤维素等
			吸收	定量分析	气体混合物
中红外	2.5~50	4000~200	吸收	定性分析	纯气体、液体或固体物质
			反射	定量分析	复杂的气体、液体或固体混合物
			与色谱联用	定量分析	复杂的气体、液体或固体混合物
			发射	定性分析	纯固体或液体混合物,大气试样
远红外	50~1000	200~10	吸收	定性分析	纯无机或金属有机化合物

4.1.1.2 中红外区

绝大多数有机化合物和无机离子的基频吸收带出现在中红外区。由于基频振动是红外光谱中吸收最强的振动，所以该区最适于进行定性分析。在 20 世纪 80 年代以后，随着红外光谱仪由光栅色散转变成干涉分光以来，明显地改善了红外光谱仪的信噪比和检测限，使中红外光谱的测定由基于吸收对有机物及生物质的定性分析及结构分析，逐渐开始通过吸收和发射中红外光谱对复杂试样进行定量分析。随着傅里叶变换技术的出现，该光谱区的应用也开始用于表面的显微分析，通过衰减全发射、漫反射以及光声测定法等对固体试样进行分析。中红外光谱技术，特别是在 $4000 \sim 670 cm^{-1}(2.5\sim 15\mu m)$ 范围内，最为成熟、简单，目前已积累了该区大量的数据资料，它是红外区应用最为广泛的光谱方法，通常简称为红外吸收光谱法。

4.1.1.3 远红外区

许多小分子的纯转动光谱出现在此区。例如，金属-有机键的吸收频率主要取决于金属原子和有机基团的类型。由于参与金属-配位体振动的原子质量比较大或由于振动力常数比较低，使金属原子与无机及有机配体之间的伸缩振动和弯曲振动的吸收出现在小于 $200cm^{-1}$ 的远红外区，故该区特别适合研究无机化合物。对无机固体物质可提供晶格能及半导体材料的跃迁能量。对仅由轻原子组成的分子，如果它们的骨架弯曲模式除氢原子外还包含有两个以上的其他原子，其振动吸收也出现在该区，如苯的衍生物，通常在该光区出现几个特征吸收峰。由于气体的纯转动吸收也出现在该光区，故能提供如 H_2O、O_3、HCl 和 AsH_3 等气体分子的永久偶极矩。过去，由于该光区能量弱，而在使用上受到限制。因此除非在其他波长区间内没有合适的分析谱带，一般不在此范围内进行分析。然而随着傅里叶变换仪器的出现，在很大程度上缓解了这个问题，使得化学家们又较多地注意这个区域的研究。

4.1.2 红外吸收光谱法的特点

紫外可见吸收光谱常用于研究不饱和有机化物，特别是具有共轭体系的有机化合物，而红外吸收光谱法主要研究在振动中伴随有偶极矩变化的化合物（没有偶极矩变化的振动在拉曼光谱中出现）。因此，除了单原子和同核分子如 Ne、He、O_2 和 H_2 等之外，几乎所有的有机化合物在红外区均有吸收。除光学异构体、某些高分子量的高聚物以及在分子量上只有微小差异的化合物外，凡是具有不同结构的两个化合物，一定会有不同的红外光谱。通常，红外吸收带的波长位置与吸收谱带的强度，反映了分子结构上的特点，可以用来鉴定未知物的结构组成或确定其化学基团；而吸收谱带的吸收强度与分子组成或其化学基团的含量有关，可用于进行定量分析和纯度鉴定。

由于红外光谱分析特征性强，对气体、液体、固体试样都可测定，并具有用量少、分析速度快、不破坏试样的特点,因此,红外光谱法不仅与其他许多分析方法一样,能进行定性和定量分析,而且该法是鉴定化合物和测定分子结构最有用的方法之一。一般来说,红外光谱法不太适用于水溶液及含水物质的分析,而且复杂化合物的红外光谱极其复杂,据此难以作出准确的结构判断,需要结合其他波谱进行判定。

4.1.3 红外吸收光谱图的表示方法

红外吸收光谱图一般用 $T\text{-}\lambda$ 曲线或以 $T\text{-}\tilde{\nu}$ 曲线表示。横坐标是波长 $\lambda(\mu m)$ 或波数 $\tilde{\nu}$ (cm^{-1}),纵坐标是百分透射比 $T\%$。如图 4.1 所示,为乙酰水杨酸(阿司匹林)的红外光谱图。

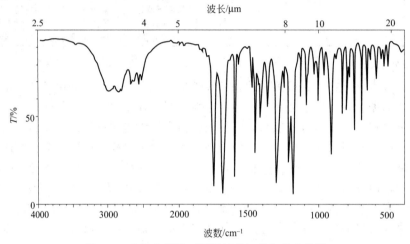

图 4.1 乙酰水杨酸(阿司匹林)的红外光谱图

与紫外吸收曲线比较,红外吸收光谱曲线具有如下特点:第一,峰出现的频率范围低,横坐标一般用波长 $\lambda(\mu m)$ 或波数 $\tilde{\nu}(cm^{-1})$ 表示;第二,吸收峰数目多,图形复杂;第三,吸收强度低。吸收峰出现的频率位置由振动能级差决定,吸收峰的个数与分子振动自由度有关,吸收峰的强度主要取决于振动过程中偶极矩的变化以及能级的跃迁概率。

4.2 基本原理

4.2.1 红外吸收光谱产生的条件

物质吸收红外线应满足两个条件,即:辐射光子具有的能量与发生振动跃迁所需的跃迁能量相等;辐射与物质之间有偶合作用。下面分别具体说明。

4.2.1.1 辐射光子具有的能量与发生振动跃迁所需的跃迁能量相等

红外吸收光谱是分子振动能级跃迁产生的。因为分子振动能级差为 0.05~1.0eV,比转动能级差(0.0001~0.05eV)大,因此分子发生振动能级跃迁时,不可避免地伴随转动能级的跃迁,因而无法测得纯振动光谱。由量子力学可以证明,该分子的振动总能量(E_v)为

$$E = (v+1/2)h\nu \tag{4.1}$$

式中,ν 为振动频率;h 为普朗克常数;v 为振动量子数,$v=0,1,2,3\cdots$

在室温时,分子处于基态($v=0$),$E_v = \frac{1}{2}h\nu$,此时,伸缩振动的频率很小。当有红外辐射照射到分子时,其吸收的红外辐射光子的能量($E_L = h\nu_a$)恰好等于分子振动能级的能量差($\Delta E_v = \Delta v h\nu$)时,则分子将吸收红外辐射而跃迁至激发态,导致振幅增大。分子振

动能级的能量差为
$$\nu_a = \Delta\upsilon\nu \tag{4.2}$$
于是可得产生红外吸收光谱的第一条件为
$$E_L = \Delta E_\nu$$
即
$$\nu_a = \Delta\upsilon\nu$$

因此，只有当红外辐射频率等于振动量子数的差值与分子振动频率的乘积时，分子才能吸收红外辐射，产生红外吸收光谱。

分子吸收红外辐射后，由基态振动能级（$v=0$）跃迁至第一振动激发态（$v=1$）时，所产生的吸收峰称为基频峰，是强峰。在红外吸收光谱上除基频峰外，还有振动能级由基态（$v_0=0$）跃迁至第二激发态（$v_2=2$）、第三激发态（$v_3=3$）…所产生的吸收峰，称为倍频峰。如以 H—Cl 为例：基频峰（$v_0 \to v_1$）2886cm^{-1} 最强，二倍频峰（$v_0 \to v_2$）5668cm^{-1} 较弱，三倍频峰（$v_0 \to v_3$）8347cm^{-1} 很弱。除此之外，还有合频峰（v_1+v_2，$2v_1+v_2$，…），差频峰（v_1-v_2，$2v_1-v_2$，…）等，这些峰多数很弱，一般不容易辨认。倍频峰、合频峰和差频峰统称为泛频峰。

4.2.1.2 辐射与物质之间有偶合作用

为满足这个条件，分子振动必须伴随偶极矩的变化。红外跃迁是偶极矩诱导的，即能量转移的机制是通过振动过程所导致的偶极矩的变化和交变的电磁场（红外线）相互作用发生的。

分子由于构成它的各原子的电负性不同，也显示不同的极性，称为偶极子。通常用分子的偶极矩（μ）来描述分子极性的大小。当偶极子处在电磁辐射电场时，该电场作周期性反转，偶极子将经受交替的作用力而使偶极矩增加或减少。由于偶极子具有一定的原有振动频率，显然，只有当辐射频率与偶极子频率相匹配时，分子才与辐射相互作用（振动偶合）而增加它的振动能，使振幅增大，即分子由原来的基态振动跃迁到较高振动能级。因此，并非所有的振动都会产生红外吸收，只有发生偶极矩变化（$\Delta\mu \neq 0$）的振动才能引起可观测的红外吸收光谱，该分子称之为红外活性的；$\Delta\mu=0$ 的分子振动不能产生红外振动吸收，称为非红外活性的。

当一定频率的红外光照射分子时，如果分子中某个基团的振动频率和它一致，二者就会产生共振，此时光的能量通过分子偶极矩的变化而传递给分子，这个基团就吸收一定频率的红外线，产生振动跃迁。如果用连续改变频率的红外线照射某样品，由于试样对不同频率的红外线吸收程度不同，使通过试样后的红外线在一些波数范围内减弱，在另一些波数范围内仍然较强，用仪器记录该试样的红外吸收光谱，进行样品的定性和定量分析。

4.2.2 分子的振动

4.2.2.1 分子的振动能级与振动光谱

原子与原子之间通过化学键连接组成分子。分子是有柔性的，因而可以发生振动。把不同原子组成的双原子分子的振动模拟为不同质量小球组成的谐振子振动，即把双原子分子的化学键看成是质量可以忽略不计的弹簧，把两个原子看成是各自在其平衡位置附近做伸缩振动的小球（见图 4.2）。振动势能 U 与原子间的距离 r 及平衡距离 r_e 间关系为
$$U = \frac{1}{2}k(r-r_e)^2 \tag{4.3}$$
式中，k 为力常数，当 $r=r_e$ 时，$U=0$，当 $r>r_e$ 或 $r<r_e$ 时，$U>0$。振动过程位能的变化，可用势能曲线描述（见图 4.3）。在 A、B 两原子距平衡位置最远时，有
$$E_\nu = U = \left(v+\frac{1}{2}\right)h\nu$$

由图 4.3 的势能曲线可知：在常态下，处于较低振动能级的分子与谐振子振动模型极为相似。只有当 $v \geq 3$ 时，分子振动势能曲线才显著偏离谐振子势能曲线。

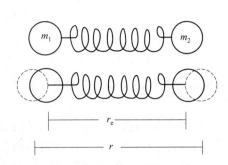 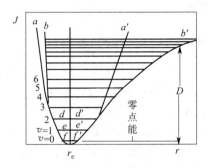

图 4.2 双原子分子伸缩振动示意图　　　图 4.3 双原子分子振动势能曲线

r_e—平衡位置原子间距离；r—振动某瞬间原子间距离

4.2.2.2　双原子分子的振动

如上所述，双原子分子运动可近似地看成一些用弹簧连接着的小球的运动。以经典力学的方法可把两个质量为 m_1 和 m_2 的原子看成钢体小球，连接两原子的化学键设想成无质量的弹簧，弹簧的长度 r 就是分子化学键的长度。则它们之间的伸缩振动可以近似地看成沿轴线方向的简谐振动，因此可以把双原子分子称为谐振子。由经典力学（虎克定律）可导出该体系的基本振动频率计算公式

$$\tilde{\nu} = \frac{1}{2\pi c}\sqrt{\frac{k}{\mu}} \tag{4.4}$$

$$\mu = \frac{m_1 m_2}{m_1 + m_2} \tag{4.5}$$

式中，c 为光速，$2.998\times10^{10}\ \mathrm{cm\cdot s^{-1}}$；$k$ 为化学键力常数，定义为将两原子由平衡位置伸长单位长度时的恢复力，$\mathrm{N\cdot cm^{-1}}$；μ 为原子的折合质量，g。

对应的吸收谱带称为基频吸收峰，当 $\tilde{\nu}$ 的单位为 $\mathrm{cm^{-1}}$，力常数的单位为 $\mathrm{N\cdot cm^{-1}}$，μ 以折合原子量 A 表示时，则式(4.4)可简化为

$$\tilde{\nu} = 1302\sqrt{\frac{k}{A}} = 1302\sqrt{\frac{k}{A_1 A_2/(A_1+A_2)}} \tag{4.6}$$

式中，A_1、A_2 分别为 1、2 两原子的原子量。

由式(4.6)可知，双原子分子的振动频率取决于化学键的力常数和原子量，即取决于分子的结构特征。化学键越强，原子量越小，振动频率越高，吸收峰将出现在高波数区。

同类原子组成的化学键（折合质量相同），力常数大的，基本振动频率就大；如 $\tilde{\nu}_{\mathrm{C}\equiv\mathrm{C}}$ $(2222\mathrm{cm^{-1}}) > \tilde{\nu}_{\mathrm{C}=\mathrm{C}}(1667\mathrm{cm^{-1}}) > \tilde{\nu}_{\mathrm{C}-\mathrm{C}}(1429\mathrm{cm^{-1}})$；若力常数相近，原子量大，化学键的振动波数则低，如 $\tilde{\nu}_{\mathrm{C}-\mathrm{C}}(1430\mathrm{cm^{-1}}) > \tilde{\nu}_{\mathrm{C}-\mathrm{N}}(1330\mathrm{cm^{-1}}) > \tilde{\nu}_{\mathrm{C}-\mathrm{O}}(1280\mathrm{cm^{-1}})$。由于氢的原子量最小，故含氢原子单键的基本振动频率都出现在中红外的高频率区。

例如，用式(4.6)计算的基频吸收峰的波数大于实测值。如 H—Cl 的 $k=5.1\mathrm{N\cdot cm^{-1}}$，由式(4.6)计算其基频吸收峰应为 $2993\mathrm{cm^{-1}}$，红外光谱的实测值为 $2886\mathrm{cm^{-1}}$。这是由于分子振动非谐性的影响，实际上，一个真实分子的振动能量变化是量子化的；而且，分子中基团与基团之间，基团中的化学键之间都相互有影响，使得原子间距离随振动而改变，化学键的力常数也会改变，分子振动并不是严格的简谐振动。这种与简谐振动的偏差称为分子振动的非谐性。因此，在红外吸收光谱中，除了化学键两端的原子量、化学键的力常数影响基本振动频率外，还与内部因素（结构因素）和外部因素（化学环境）有关。

4.2.2.3 多原子分子的振动

多原子分子由于原子数目增多,组成分子的键或基团和空间结构不同,其振动光谱比双原子分子要复杂。但是可以把它们的振动分解成许多简单的基本振动,即简正振动。在红外光谱中分子的基本振动形式可分为两大类,一类是伸缩振动(ν),另一类为弯曲振动(δ)。

(1) 简正振动 它的振动状态是分子质心保持不变,整体不转动,每个原子都在其平衡位置附近做简谐振动,其振动频率和相位都相同,即每个原子都在同一瞬间通过其平衡位置,而且同时达到其最大位移值。分子中任何一个复杂振动都可以看成这些简正振动的线性组合。

(2) 简正振动的基本形式 多原子分子的振动,不仅包括双原子分子沿其核-核(键轴方向)的伸缩振动,还有键角发生变化的各种可能的变形振动。因此,一般将振动形式分为两类,即伸缩振动和变形振动。图 4.4 以亚甲基 CH_2 为例,表示了多原子分子中各种振动形式。

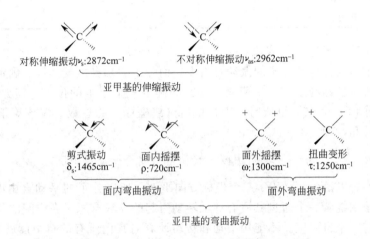

图 4.4 亚甲基的基本振动形式
+、- 分别表示运动方向垂直纸面向里和向外

① 伸缩振动 原子沿键轴方向伸缩,键长发生变化而键角不变的振动称为伸缩振动,用符号 ν 表示。伸缩振动的力常数比弯曲振动的力常数要大,因而同一基团的伸缩振动常在高频区出现吸收。周围环境的改变对频率的变化影响较小。由于振动偶合作用,原子数 n 大于等于 3 的基团还可以分为对称伸缩振动和不对称伸缩振动,符号分别为 ν_s 和 ν_{as},一般 ν_{as} 比 ν_s 的频率高。

② 弯曲振动 用 δ 表示,弯曲振动又叫变形或变角振动。一般是指基团键角发生周期性的变化的振动或分子中原子团对其余部分做相对运动。弯曲振动分为面内弯曲振动和面外弯曲振动。面内弯曲振动又分为剪式振动和面内摇摆;面外弯曲振动又分为面外摇摆和扭曲振动。弯曲振动的力常数比伸缩振动的小,因此同一基团的弯曲振动在其伸缩振动的低频区出现,另外弯曲振动对环境结构的改变可以在较广的波段范围内出现,所以一般不把它作为基团频率处理。

由于变形振动的力常数比伸缩振动小,因此,同一基团的变形振动都在其伸缩振动的低频端出现。变形振动对环境变化较为敏感。通常由于环境结构的改变,同一振动可以在较宽的波段范围内出现。

由于红外光谱中符号较多,为了便于学习和记忆,现将红外光谱中的常用符号列于表 4.2 中。

表 4.2　红外光谱中常用符号

符　号	名　　称	单　位	说　明
λ	波长	μm	
$\tilde{\nu}$	波数	cm^{-1}	
ν	①频率	s^{-1}	也可用 cm^{-1} 表示
	②伸缩振动符号	cm^{-1}	包括 ν_s、ν_{as}
ν_s	对称伸缩振动	cm^{-1}	
ν_{as}	不对称伸缩振动(简称反称伸缩振动)	cm^{-1}	
δ	弯曲振动	cm^{-1}	包括 δ_s 及 ρ
δ_s	剪式振动(面内弯曲振动)	cm^{-1}	
ρ	面内摇摆振动	cm^{-1}	
γ	面外弯曲振动	cm^{-1}	包括 ω 及 τ
ω	面外摇摆振动	cm^{-1}	
τ	面外扭曲振动	cm^{-1}	

（3）简正振动的理论数　多原子分子在红外光谱图上，可以出现一个以上的基频吸收带。基频吸收带的数目等于分子的振动自由度，而分子的总自由度又等于确定分子中各原子在空间的位置所需坐标的总数。很明显，在空间确定一个原子的位置，需要 3 个坐标（x、y 和 z）。当分子由 n 个原子组成时，则自由度（或坐标）的总数，应该等于平动、转动和振动自由度的总和，即

$$3n = 平动自由度 + 转动自由度 + 振动自由度$$

分子的质心可以沿 x、y 和 z 三个坐标方向平移，所以分子的平动自由度等于 3。转动自由度是由原子围绕着一个通过其质心的轴转动引起的。只有原子在空间的位置发生改变的转动，才能形成一个自由度。不能用平动和转动计算的其他所有的自由度就是振动自由度。这样

$$振动自由度 = 3n - (平动自由度 + 转动自由度)$$

对于线性分子围绕 x、y 和 z 轴的转动，如果绕 y 和 z 轴转动，引起原子的位置改变，因此各形成一个转动自由度，分子绕 x 轴转动，原子的位置没有改变，不能形成转动自由度。这样，线性分子的振动自由度为 $3n-(3+2)=3n-5$。非线性分子（如 H_2O）绕 x、y 和 z 轴转动，均改变了原子的位置，都能形成转动自由度。因此，非线性分子的振动自由度为 $3n-6$。理论上计算的一个振动自由度，在红外光谱上相应产生一个基频吸收带。例如，三个原子的非线性分子 H_2O，有 3 个振动自由度。红外光谱图中对应出现三个吸收峰，分别为 $3650cm^{-1}$、$1595cm^{-1}$、$3750cm^{-1}$。同样，苯在红外光谱上应出现 $3\times12-6=30$ 个峰。实际上，绝大多数化合物在红外光谱图上出现的峰数，远小于理论上计算的振动数，这是由如下原因引起的：

① 没有偶极矩变化的振动，不产生红外吸收，即非红外活性；
② 相同频率的振动吸收重叠，简并为一个吸收峰；
③ 倍频峰和合频峰的产生；
④ 某些振动吸收强度太弱，或者某些振动吸收频率十分接近，仪器不能检测或不能分辨；某些振动吸收频率，超出了仪器的检测范围。

例如，线性分子 CO_2，理论上其基本振动数为：$3n-5=4$。其具体振动形式如下：

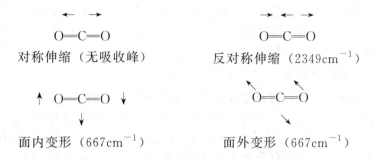

但在红外图谱上，只出现 667cm^{-1} 和 2349cm^{-1} 两个基频吸收峰。这是因为对称伸缩振动偶极矩变化为零，不产生吸收。而面内变形和面外变形振动的吸收频率完全一样，发生简并。

4.2.2.4 影响吸收峰强度的因素

振动能级的跃迁概率和振动过程中偶极矩的变化是影响谱峰强弱的两个主要因素。从基态向第一激发态跃迁时，跃迁概率大，因此，基频吸收带一般较强。从基态向第二激发态的跃迁，虽然偶极矩的变化较大，但能级的跃迁概率小，因此，相应的倍频吸收带较弱。应该指出，基频振动过程中偶极矩的变化越大，其对应的峰强度也越大。一般来说，极性基团（如 O—H、C=O、N—H 等）在振动时偶极矩变化较大，吸收峰较强；而非极性基团（如 C—C、C=C 等）的吸收峰较弱，在分子比较对称时，其吸收峰更弱。很明显，如果化学键两端连接的原子的电负性相差越大，或分子的对称性越差，伸缩振动时，其偶极矩的变化越大，产生的吸收峰也越强。例如，$\nu_{C=O}$ 的强度大于 $\nu_{C=C}$ 的强度。因此，反对称伸缩振动的强度大于对称伸缩振动的强度，伸缩振动的强度大于变形振动的强度。

红外光谱的吸收强度一般定性地用很强（vs）、强（s）、中（m）、弱（w）和很弱（vw）等表示。按摩尔吸光系数 ε 的大小划分吸收峰的强弱等级，具体如下：

$$\varepsilon > 100 \text{L·mol}^{-1}\text{·cm}^{-1} \quad 非常强（vs）$$
$$20 \text{L·mol}^{-1}\text{·cm}^{-1} < \varepsilon < 100 \text{L·mol}^{-1}\text{·cm}^{-1} \quad 强（s）$$
$$10 \text{L·mol}^{-1}\text{·cm}^{-1} < \varepsilon < 20 \text{L·mol}^{-1}\text{·cm}^{-1} \quad 中强（m）$$
$$1 \text{L·mol}^{-1}\text{·cm}^{-1} < \varepsilon < 10 \text{L·mol}^{-1}\text{·cm}^{-1} \quad 弱（w）$$

4.3 基团频率和特征吸收峰

基频峰指分子吸收一定频率的红外线后，振动能级从基态（v_0）跃迁到第一激发态（v_1）时所产生的吸收峰。倍频峰指振动能级从基态（v_0）跃迁到第二激发态（v_2）、第三激发态（v_3）……所产生的吸收峰。通常基频峰比倍频峰的强度大，由于分子的非谐振性质，倍频峰的波数并非是基频峰的两倍，而是略小一些（H—Cl 分子基频峰是 2885.9cm^{-1}，强度很大，其二倍频峰是 5668cm^{-1}，是一个很弱的峰）。还有组频峰，它包括合频峰及差频峰，它们的强度更弱，一般不易辨认。倍频峰、差频峰及合频峰总称为泛频峰。

多原子分子的红外光谱与其结构的关系，一般是通过实验手段得到的，也就是通过比较大量已知化合物的红外光谱，从中总结出各种基团的吸收规律来。实验表明，在有机物分子中，组成分子的各种基团，如 O—H、N—H、C—H、C=C、C≡C、C=O 等，都有自己特定的红外吸收区域，分子其他部分对其吸收位置影响较小。通常把这种能代表基团存在、并有较高强度的吸收谱带称为基团频率，一般是由基态跃迁到第一振动激发态产生的，其所在的位置称为特征吸收峰。

基团的特征吸收峰可用于鉴定官能团。同一类型化学键的基团在不同化合物的红外光谱中吸收峰位置大致相同,这一特性提供了鉴定各种基团(官能团)是否存在的判断依据,从而成为红外光谱定性分析的基础。

4.3.1 基团频率区和指纹区

在红外光谱中吸收峰的位置和强度取决于分子中各基团的振动形式和所处的化学环境。只要掌握了各种基团的振动频率及其位移规律,就可应用红外光谱来鉴定化合物中存在的基团及其在分子中的相对位置。常见的基团在波数 $4000\sim400\text{cm}^{-1}$ 范围内都有各自的特征吸收,这个红外范围又是一般红外分光光度计的工作测定范围。在实际应用时,为了便于对红外光谱进行解析,通常将这个波数范围划分为以下几个重要的区段,参考此划分,可推测化合物的红外光谱吸收特征;或根据红外光谱特征,初步推测化合物中可能存在的基团。根据化学键的性质,结合波数与力常数、折合质量之间的关系,可将红外 $4000\sim400\text{cm}^{-1}$ 划分为八个重要区段,如表4.3所示。

表4.3 红外光谱的八个重要区段

波数/cm^{-1}	波长/μm	振动类型
3750～3000	2.7～3.3	$\nu(\text{OH})$、$\nu(\text{NH})$
3300～2900	3.0～3.4	$\nu(\equiv\text{C—H})>\nu(=\text{C—H})\approx\nu(\text{Ar—H})$
3000～2700	3.3～3.7	$\nu(\text{C—H})$ ($-\text{CH}_3$、$-\text{CH}_2$、$>\text{C—H}$、$-\overset{\overset{\text{O}}{\|}}{\text{C}}-\text{H}$)
2400～2100	4.2～4.9	$\nu(\text{C}\equiv\text{C})$、$\nu(\text{C}\equiv\text{N})$
1900～1650	5.3～6.1	$\nu(\text{C}=\text{O})$(酸、醛、酮、胺、酯、酸、酐)
1675～1500	5.9～6.2	$\nu(\text{C}=\text{C})$、$\nu(\text{C}=\text{N})$
1475～1300	6.8～7.7	$\delta(\text{CH})$
1000～650	10.0～15.4	$\gamma(\text{CH})$ ($>\text{C}=\text{C}<^{\text{H}}_{\text{H}}$、Ar—H)

按吸收的特征,中红外光谱可划分成 $4000\sim1300(1800)\text{cm}^{-1}$ 高波数段基团频率区(官能团区)和 $1300(1800)\sim600\text{cm}^{-1}$ 低波数段指纹区两个重要区域。下面进行重点讨论。

4.3.1.1 基团频率区

最有分析价值的基团频率在 $4000\sim1300\text{cm}^{-1}$ 之间,这一区域称为基团频率区或官能团区或特征区。区内的峰是由伸缩振动产生的吸收带,比较稀疏,容易辨认,常用于鉴定官能团。

基团频率区可分为三个区域。

(1) $4000\sim2500\text{cm}^{-1}$ 为 X—H 伸缩振动区,X 可以是 O、N、C 或 S 等原子。

O—H 基的伸缩振动出现在 $3650\sim3200\text{cm}^{-1}$,它可以作为判断有无醇类、酚类和有机酸类的重要依据。当醇和酚溶于非极性溶剂(如 CCl_4),浓度于 $0.01\text{mol}\cdot\text{L}^{-1}$ 时,在 $3650\sim3580\text{cm}^{-1}$ 处出现游离 O—H 键的伸缩振动吸收,峰形尖锐,且没有其他吸收峰干扰,易于识别。当试样浓度增加时,羟基化合物产生缔合现象,O—H 键的伸缩振动吸收峰向低波数方向位移,在 $3400\sim3200\text{cm}^{-1}$ 出现一个宽而强的吸收峰。

胺和酰胺的 N—H 伸缩振动也出现在 $3500\sim3100\text{cm}^{-1}$,因此,可能会对 O—H 伸缩振动有干扰。

C—H 的伸缩振动可分为饱和和不饱和的两种。饱和的 C—H 伸缩振动出现在 3000cm^{-1} 以下,约 $3000\sim2800\text{cm}^{-1}$,取代基对它们影响很小。如—$\text{CH}_3$ 基的伸缩吸收出现在 2960cm^{-1} 和 2876cm^{-1} 附近;R_2CH_2 的吸收出现在 2930cm^{-1} 和 2850cm^{-1} 附近;R_3CH 的吸收出现在 2890cm^{-1} 附近,但强度很弱。不饱和 C—H 伸缩振动吸引出现在

$3000cm^{-1}$ 以上,以此来判别化合物中是否含有不饱和的 C—H 键。

苯环的 C—H 键伸缩振动出现在 $3030cm^{-1}$ 附近,它的特征是强度比饱和的 C—H 键稍弱,但谱带比较尖锐。

不饱和双键=C—H 的吸收出现在 $3010\sim3040cm^{-1}$ 范围内,末端=CH_2 的吸收出现在 $3085cm^{-1}$ 附近。

叁键≡CH 上的 C—H 伸缩振动吸收出现在更高的区域 $3300cm^{-1}$ 附近。

(2) $2500\sim1900cm^{-1}$　为叁键和累积双键区。

主要包括 —C≡C、—C≡N 等叁键的伸缩振动,以及—C=C=C、—C=C=O 等累积双键的不对称伸缩振动。

对于炔烃类化合物,可以分成 R—C≡CH 和 R′—C≡C—R 两种类型。R—C≡CH 的伸缩振动出现在 $2100\sim2140cm^{-1}$ 附近;R′—C≡C—R 出现在 $2190\sim2260cm^{-1}$ 附近;R—C≡C—R 是对称结构,无红外活性。

—C≡N 基的伸缩振动在非共轭的情况下出现 $2240\sim2260cm^{-1}$ 附近。当与不饱和键或芳香核共轭时,该峰位移到 $2220\sim2230cm^{-1}$ 附近。若分子中含有 C、H、N 原子,—C≡N 基吸收比较强而尖锐。若分子中含有 O 原子,则 O 原子离 —C≡N 基越近,—C≡N 基的吸收越弱,甚至观察不到。

(3) $1900\sim1200cm^{-1}$　为双键伸缩振动区。

该区域主要包括三种伸缩振动。

① C=O 伸缩振动,出现在 $1900\sim1650cm^{-1}$,是红外光谱中特征的且往往是最强的吸收,以此很容易判断酮类、醛类、酸类、酯类以及酸酐等有机化合物。酸酐的羰基吸收带由于振动偶合而呈现双峰。

② C=C 伸缩振动。烯烃的 C=C 伸缩振动出现在 $1680\sim1620cm^{-1}$,一般很弱。单核芳烃的 C=C 伸缩振动出现在 $1600cm^{-1}$ 和 $1500cm^{-1}$ 附近,有两个峰,这是芳环的骨架结构,用于确认有无芳核的存在。

③ 苯衍生物的泛频谱带,出现在 $2000\sim1650cm^{-1}$ 范围,是 C—H 面外和 C=C 面内变形振动的泛频吸收,虽然强度很弱,但它们的吸收形状在表征芳核取代类型上有一定的作用。

4.3.1.2　指纹区

在 $1800cm^{-1}(1300cm^{-1})\sim600cm^{-1}$ 区域内,除单键的伸缩振动外,还有因变形振动产生的谱带。这种振动与整个分子的结构有关。当分子结构稍有不同时,该区的吸收就有细微的差异,并显示出分子特征。这种情况就像人的指纹一样,因此称为指纹区。指纹区对于指认结构类似的化合物很有帮助,而且可以作为化合物存在某种基团的旁证。

(1) $1800\sim900cm^{-1}$　这一区域包括 C—O、C—N、C—F、C—P、C—S、P—O、Si—O 等单键的伸缩振动和 C=S、S=O、P=O 等双键的伸缩振动吸收。其中 $1375cm^{-1}$ 的谱带为甲基的 δ_{C-H} 对称弯曲振动,对识别甲基十分有用,C—O 伸缩振动在 $1300\sim1000cm^{-1}$,是该区域最强的峰,也较易识别。

(2) $900\sim600cm^{-1}$　这一区域的吸收峰是很有用的。例如,此区域的某些吸收峰可用来确认化合物的顺反构型。利用该区域中苯环的 C—H 面外变形振动吸收峰和 $2000\sim1667cm^{-1}$ 区域苯的倍频或组合频吸收峰,可以共同配合确定苯环的取代类型;又如,利用本区域中某些吸收峰可以指示 —$(CH_2)_n$— 的存在。实验证明,当 $n\geqslant 4$ 时,—CH_2— 的平面摇摆振动吸收出现在 $722cm^{-1}$;随着 n 的减小,逐渐移向高波数。此区域内的吸收峰,还可以鉴别烯烃的取代程度和构型提供信息。例如,烯烃为 RCH=CH_2 结构时,在

990cm^{-1} 和 910cm^{-1} 出现两个强峰；为 RCH=CRH 结构时，其顺、反异构分别在 690cm^{-1} 和 970cm^{-1} 出现吸收。

4.3.1.3 主要基团的特征吸收峰

在红外光谱中，每种红外活性的振动都相应产生一个吸收峰，所以情况十分复杂。例如，基团除在 3700～3600cm^{-1} 有 O—H 的伸缩振动吸收外，还应在 1450～1300cm^{-1} 和 1160～1000cm^{-1} 分别有 O—H 的面内变形振动和 C—O 的伸缩振动，后面两个峰的出现，能进一步证明它的存在。因此，用红外光谱来确定化合物是否存在某种官能团时，首先应该注意在官能团区，它的特征峰是否存在，同时也应找到它们的相关峰作为旁证。这样，有必要了解各类化合物的特征吸收峰。主要基团（官能团）的特征吸收峰的范围见表 4.4。

表 4.4 主要基团的红外特征吸收峰

基团	振动类型	波数/cm^{-1}	波长/μm	强度	备注
一、烷烃类	CH 伸	3000～2800	3.33～3.57	中、强	分为反称与对称伸缩
	CH 弯（面内）	1460～1350	6.70～7.41	中、弱	
	C—C 伸（骨架振动）	1250～1140	8.00～8.77	中	不特征
1. —CH$_3$	CH 伸（反称）	2962±10	3.38±0.01	强	分裂为三个峰，此峰最有用
	CH 伸（对称）	2872±10	3.48±0.01	强	共振时，分裂为两个峰，此为平均值
	CH 弯（反称，面内）	1450±20	6.90±0.1	中	
	CH 弯（对称，面内）	1380～1370	7.25～7.30	强	
2. —CH$_2$—	CH 伸（反称）	2926±10	3.42±0.01	强	
	CH 伸（对称）	2853±10	3.51±0.01	强	
	CH 弯（面内）	1465±10	6.83±0.1	中	
3. —CH—	CH 伸	2890±10	3.46±0.01	弱	
	CH 弯（面内）	～1340	7.46	弱	
4. —C(CH$_3$)$_3$	CH 弯（面内）	1395～1385	7.17～7.22	中	
	CH 弯	1370～1365	7.30～7.33	强	
	C—C 伸	1250±5	8.00±0.03	中	骨架振动
	C—C 伸	1250～1200	8.00～8.33	中	骨架振动
	可能为 CH 弯（面外）	～415	24.1	中	
二、烯烃类	CH 伸	3095～3000	3.23～3.33	中、弱	$\nu_{=C-H}$
	C=C 伸	1695～1540	5.90～6.50	变	C=C=C 则为 2000～1925cm^{-1}(5.0～5.2μm)
	*CH 弯（面内）	1430～1290	7.00～7.75	中	
	CH 弯（面内）	1010～667	9.90～15.0	强	中间有数段间隔
1. C=C（顺式）	CH 伸	3040～3010	3.29～3.32	中	
	CH 弯（面内）	1310～1295	7.63～7.72	中	
	CH 弯（面外）	770～665	12.99～15.04	强	
2. C=C（反式）	CH 伸	3040～3010	3.29～3.32	中	
	CH 弯（面外）	970～960	10.31～10.42	强	
三、炔烃类	CH 伸	～3300	～3.03	中	由于此位置峰多，故无应用价值
	C≡C 伸	2270～2100	4.41～4.76	中	
	CH 弯（面内）	～1250	～8.00		
	CH 弯（面外）	645～615	15.50～16.25	强	
1. R—C≡CH	CH 伸	3310～3300	3.02～3.03	中	有用
	C≡C 伸	2140～2100	4.67～4.76	特弱	可能看不到

续表

基 团	振 动 类 型	波数/cm^{-1}	波长/μm	强度	备 注
2. R—C≡C—R	C≡C 伸	2260~2190	4.43~4.57		
	① 与 C=C 共轭	2270~2220	4.41~4.51		
	② 与 C=O 共轭	~2250	~4.44		
四、芳烃类					
1. 苯环	CH 伸	3125~3030	3.20~3.30	变	一般三到四个峰
	泛频峰	2000~1667	5.00~6.00	弱	苯环高度特征峰
	骨架振动($\nu_{C=C}$)	1650~1430	6.06~6.99	中、强	确定苯环存在最重要峰之一
	CH 弯(面内)	1250~1000	8.00~10.00	弱	
	CH 弯(面外)	910~665	10.99~15.03	强	确定取代位置最重要吸收峰
	苯环的骨架振动($\nu_{C=C}$)	1600±20	6.25±0.08		
		1500±25	6.67±0.10		
		1580±10	6.33±0.04		
		1450±20	6.90±0.10		共轭环
(1)单取代	CH 弯(面外)	770~730	12.99~13.70	极强	五个相邻氢
		710~690	14.08~14.49	强	
(2)邻双取代	CH 弯(面外)	770~735	12.99~13.61	极强	四个相邻氢
(3)间双取代	CH 弯(面外)	810~750	12.35~13.33	极强	三个相邻氢
		725~680	13.79~14.71	中、强	三个相邻氢
		900~860	11.12~11.63	中	一个氢(次要)
(4)对双取代	CH 弯(面外)	860~790	11.63~12.66	极强	两个相邻氢
(5)1,2,3 三取代	CH 弯(面外)	780~760	12.82~13.16	强	三个相邻氢与间双易混,参考δ_{C-H}及泛频峰
		745~705	13.42~14.18	强	
(6)1,3,5 三取代	CH 弯(面外)	865~810	11.56~12.35	强	
		730~675	13.70~14.81	强	
(7)1,2,4 三取代	CH 弯(面外)	900~860	11.11~11.63	中	一个氢
		860~800	11.63~12.50	强	二个相邻氢
(8)1,2,3,4 四取代①	CH 弯(面外)	860~800	11.63~12.50	强	二个相邻氢
(9)1,2,4,5 四取代①	CH 弯(面外)	870~855	11.49~11.70	强	一个氢
(10)1,2,3,5 四取代①	CH 弯(面外)	850~840	11.76~11.90	强	一个氢
(11)五取代①	CH 弯(面外)	900~860	11.11~11.63	强	一个氢
2. 萘环	骨架振动($\nu_{C=C}$)	1650~1600	6.06~6.25		
		1630~1575	6.14~6.35		相当于苯环的1580cm^{-1}峰
		1525~1450	6.56~6.90		
五、醇类	OH 伸	3700~3200	2.70~3.13	变	
	OH 弯(面内)	1110~1260	7.09~7.93	弱	
	C—O 伸	1250~1000	8.00~10.00	强	
	O—H 弯(面外)	750~650	13.33~15.38	强	液态有此峰
(1)OH 伸缩频率					
游离 OH	OH 伸	3650~3590	2.74~2.79	变	尖峰
分子间氢键	OH 伸(单桥)	3550~3450	2.82~2.90	变	尖峰 } 稀释移动①
分子间氢键	OH 伸(多聚缔合)	3400~3200	2.94~3.12	强	宽峰
分子内氢键	OH 伸(单桥)	3570~3450	2.80~2.90	变	尖峰 } 稀释无影响
分子内氢键	OH 伸(螯合物)	3200~2500	3.12~4.00	弱	很宽
(2)OH 弯或 C—C 伸					
伯醇	OH 弯(面内)	1350~1260	7.41~7.93	强	
—CH$_2$OH	C—O 伸	约1050	约9.52	强	
仲醇	OH 弯(面内)	1350~1260	7.41~7.93	强	
(\CHOH)	C—O 伸	约1110	约9.00	强	

续表

基 团	振 动 类 型	波数/cm^{-1}	波长/μm	强度	备 注
叔醇	OH 弯(面内)	1410～1310	7.09～7.63	强	
(\—C—OH /)	C—O 伸	约 1150	约 8.70	强	
六、酚类	OH 伸	3705～3125	2.70～3.20	强	
	OH 弯(面内)	1390～1315	7.20～7.60	中	
	φ-O 伸	1335～1165	7.50～8.60	强	φ-O 伸即芳环上 $\nu_{C=O}$
七、醚类					
1.脂肪醚	C—O 伸	1210～1015	8.25～9.85	强	
(1)RCH$_2$—O—CH$_2$R	C—O 伸	约 1110	约 9.00	强	
(2)不饱和醚 (H$_2$C=CH—O)$_2$	C=C 伸	1640～1560	6.10～6.40	强	
2.脂环醚	C—O 伸	1250～909	8.00～11.0	中	
(1)四元环	C—O 伸	980～970	10.20～10.31	中	
(2)五元环	C—O 伸	1100～1075	9.09～9.30	中	
(3)环氧化物	C—O 伸	约 1250	约 8.00	强	
		约 890	约 11.24		反式
		约 830	约 12.05		顺式
3.芳醚	ArC—O 伸	1270～1230	7.87～8.13	强	
	R—C—O—φ 伸	1055～1000	9.50～10.00	中	
	CH 伸	～2825	～3.53	弱	含—CH$_3$ 的芳醚(O—CH$_3$)
	φ—O 伸	1175～1110	8.50～9.00	中、强	在苯环上三或三以上取代时特别强
八、醛类 (—CHO)	CH 伸	2900～2700	3.45～3.70	弱	一般为两个谱带 约 2855cm^{-1}(3.5μm)及约 2740cm^{-1}(3.65μm)
	C=O 伸	1755～1665	5.70～6.00	很强	
	CH 弯(面外)	975～780	10.26～12.80	中	
1.饱和脂肪醛	C=O 伸	1755～1695	5.70～5.90	强	CH 伸、CH 弯同上
	其他振动	1440～1325	6.95～7.55	中	
2.α,β-不饱和醛	C=O 伸	1705～1680	5.86～5.95	强	CH 伸、CH 弯同上
3.芳醛	C=O 伸	1725～1665	5.80～6.00	强	CH 伸、CH 弯向上
	其他振动	1415～1350	7.07～7.41	中	与环上的取代基有关
	其他振动	1320～1260	7.58～7.94	中	
	其他振动	1230～1160	8.13～8.62	中	
九、酮类	C=O 伸	1730～1540	5.78～6.49	极强	
(\C=O /)	其他振动	1250～1030	8.00～9.70	弱	
1.脂酮	泛频	3510～3390	2.85～2.95	很弱	
(1)饱和链状酮 (—CH$_3$—CO—CH$_2$—)	C=O 伸	1725～1705	5.80～5.86	强	
(2)α,β-不饱和酮 (—CH=CH—CO—)	C=O 伸	1685～1665	5.94～6.01	强	由于 C=O 与 C=C 共轭而降低 40cm^{-1}
(3)α-二酮 (—CO—CO—)	C=O 伸	1730～1710	5.78～5.85	强	
(4)β-二酮(烯醇式) (—CO—CH$_2$—CO—)	C=O 伸	1640～1540	6.10～6.49	强	宽,共轭螯合作用非正常 C=O 峰
2.芳酮类	C=O 伸	1700～1300	5.88～7.69	强	很宽的谱带可能是 $\nu_{C=O}$ 与其他部分振动的偶合

续表

基　团	振动类型	波数/cm^{-1}	波长/μm	强度	备　注
	其他振动	1320～1200	7.57～8.33		
(1) Ar—CO	C=O 伸	1700～1680	5.88～5.95	强	
(2)二芳基酮 (Ar—CO—Ar)	C=O 伸	1670～1660	5.99～6.02	强	
(3)1-酮基-2-羟基或氨基芳酮	C=O 伸	1665～1635	6.01～6.12	强	邻位—CO—OH(或—NH$_2$)
3. 脂环酮					
(1)六元、七元环酮	C=O 伸	1725～1705	5.80～5.86	强	
(2)五元环酮	C=O 伸	1750～1740	5.71～5.75	强	
十、羧酸类(—COOH)					
1. 脂肪酸	OH 伸	3335～2500	3.00～4.00	中	二聚体，宽
	C=O 伸	1740～1650	5.75～6.05	强	二聚体
	OH 弯(面内)	1450～1410	6.90～7.10	弱	二聚体或 1440～1395cm^{-1}
	C—O 伸	1266～1205	7.90～8.30	中	二聚体
	OH 弯(面外)	960～900	10.4～11.1	弱	
(1)R—COOH(饱和)	C=O 伸	1725～1700	5.80～5.88	强	
(2)α-卤代脂肪酸	C=O 伸	1740～1720	5.75～5.81	强	
(3)α,β-不饱和酸	C=O 伸	1715～1690	5.83～5.91	强	
2. 芳酸	OH 伸	3335～2500	3.00～4.00	弱、中	二聚体
	C=O 伸	1750～1680	5.70～5.95	强	二聚体
	OH 弯(面内)	1450～1410	6.90～7.10	弱	
	C—O 伸	1290～1205	7.75～8.30	中	
	OH 弯(面外)	950～870	10.5～11.5	弱	
十一、酸酐					
(1)链酸酐	C=O 伸(反称)	1850～1800	5.41～5.56	强	
	C=O 伸(对称)	1780～1740	5.62～5.75	强	
	C—O 伸	1170～1050	8.55～9.52	强	
(2)环酸酐(五元环)	C=O 伸(反称)	1870～1820	5.35～5.49	强	共轭时每个谱带降 20cm^{-1}
	C=O 伸(对称)	1800～1750	5.56～5.71	强	
	C—O 伸	1300～1200	7.69～8.33	强	
十二、酯类 $(-\overset{\text{O}}{\underset{\|}{C}}-O-R)$	C=O 伸(泛频)	约 3450	约 2.90	弱	
	C=O 伸	1820～1650	5.50～6.06	强	
	C—O—C 伸	1300～1150	7.69～8.70	强	
1. C=O 伸缩振动					
(1)正常饱和酯类	C=O 伸	1750～1735	5.71～5.76	强	
(2)芳香酯及 α,β-不饱和酯类	C=O 伸	1730～1717	5.78～5.82	强	
(3)β-酮类的酯类(烯醇型)	C=O 伸	约 1650	约 6.06	强	
(4)δ-内酯	C=O 伸	1750～1735	5.71～5.76	强	
(5)γ-内酯(饱和)	C=O 伸	1780～1760	5.62～5.68	强	
(6)β-内酯	C=O 伸	约 1820	约 5.50	强	
2. C—O 伸缩振动					
(1)甲酸酯类	C—O 伸	1200～1180	8.33～8.48	强	
(2)乙酸酯类	C—O 伸	1250～1230	8.00～8.13	强	
(3)酚类乙酸酯	C—O 伸	约 1250	约 8.00	强	
十三、胺	NH 伸	3500～3300	2.86～3.03	中	
	NH 弯(面内)	1650～1550	6.06～6.45		伯胺强,中;仲胺极弱
	C—N 伸(芳香)	1360～1250	7.35～8.00	强	

续表

基团	振动类型	波数/cm^{-1}	波长/μm	强度	备注
	C—N 伸(脂肪)	1235~1065	8.10~9.40	中、弱	
	NH 弯(面外)	900~650	11.1~15.4		
(1)伯胺类	NH 伸	3500~3300	2.86~3.03	中	两个峰
(C—NH$_2$)	NH 弯(面内)	1650~1590	6.06~6.29	强、中	
	C—N 伸(芳香)	1340~1250	7.46~8.00	强	
	C—N 伸(脂肪)	1220~1020	8.20~9.80	中、弱	
(2)仲胺类	NH 伸	3500~3300	2.86~3.03	中	一个峰
(—C—NH—C—)	NH 弯(面内)	1650~1550	6.06~6.45	极弱	
	C—N 伸(芳香)	1350~1280	7.41~7.81	强	
	C—N 伸(脂肪)	1220~1020	8.20~9.80	中、弱	
(3)叔胺	C—N(芳香)	1360~1310	7.35~7.63	强	
(C—N(C)(C))	C—N(脂肪)	1220~1020	8.20~9.80	中、弱	
十四、不饱和含氮化合物 C≡N 伸缩振动					
(1)RCN	C≡N 伸	2260~2240	4.43~4.46	强	饱和,脂肪族
(2)α,β-芳香腈	C≡N 伸	2240~2220	4.46~4.51	强	
(3)α,β-不饱和脂肪族腈	C≡N 伸	2235~2215	4.47~4.52	强	
十五、杂环芳香族化合物					
1. 吡啶类 (喹啉同吡啶)	CH 伸	约 3030		弱	吡啶与苯环类似 1615~1500cm^{-1} 两个峰 季铵移至 1625cm^{-1}
	环的骨架振动($\nu_{C=C}$ 及 $\nu_{C=X}$)	1667~1430	6.00~7.00	中	
	CH 弯(面内)	1175~1000	8.50~10.0	弱	
	CH 弯(面外)	910~665	11.0~15.0	强	
	环上的 CH 面外弯 ①普通取代基				
	α-取代	780~740	12.82~13.51	强	
	β-取代	805~780	12.42~12.82	强	
	γ-取代	830~790	12.05~12.66	强	
	②吸电子基				
	α-取代	810~770	12.35~13.00	强	
	β-取代	820~800	12.20~12.50	强	
		730~690	13.70~14.49	强	
	γ-取代	860~830	11.63~12.05	强	
2. 嘧啶类	CH 伸	3060~3010	3.27~3.32	弱	
	环的骨架振动($\nu_{C=C}$ 及 $\nu_{C=X}$)	1580~1520	6.33~6.58	中	
	环上的 CH 弯	1000~960	10.00~10.42	中	
	环上的 CH 弯	825~775	12.12~12.90	中	
十六、硝基化合物					
(1)R—NO$_2$	NO$_2$ 伸(反称)	1565~1543	6.39~6.47	强	
	NO$_2$ 伸(对称)	1385~1360	7.22~7.35	强	
	C—N 伸	920~800	10.87~12.50	中	用途不大
(2)Ar—NO$_2$	NO$_2$ 伸(反称)	1550~1510	6.45~6.62	强	
	NO$_2$ 伸(对称)	1365~1335	7.33~7.49	强	
	CN 伸	860~840	11.63~11.90	强	
	不明	约 750	约 13.33	强	

① 数据的可靠性差。

4.3.2 影响基团频率的因素

尽管基团频率主要由其原子的质量及原子间的力常数决定，但分子内部结构和外部环境的改变都会使其频率发生改变，因而使得许多具有同样基团的化合物在红外光谱图中出现在一个较大的频率范围内。为此，了解影响基团振动频率的因素，对于解析红外光谱和推断分子的结构是非常有用的。

影响基团频率的因素可分为内部及外部两类。

4.3.2.1 内部因素

（1）电子效应

① 诱导效应（I 效应） 由于取代基具有不同的电负性，通过静电诱导效应，引起分子中电子分布的变化，改变了键的力常数，使键或基团的特征频率发生位移。例如，当有电负性较强的元素与羰基上的碳原子相连时，由于诱导效应，就会发生氧上的电子转移，导致 C=O 键的力常数变大，因而使得吸收向高波数方向移动。元素的电负性越强，诱导效应越强，吸收峰向高波数移动的程度越显著，如表 4.5 所示。

表 4.5 元素的电负性对 $\nu_{C=O}$ 的影响

R—CO—X	X=R′	X=H	X=Cl	X=F	R=F,X=F
$\nu_{C=O}/cm^{-1}$	1 715	1 730	1 800	1 920	1 928

② 共轭效应（C 效应） 分子中形成大 π 键所引起的效应叫共轭效应。共轭效应的结果是使共轭体系中的电子云密度平均化，例如 1,3-丁二烯的 4 个 C 原子都在一个平面上，4 个 C 原子共有全部 π 电子，结果中间的单键具有一定的双键性质，而两个双键的性性质有所削弱，由于共轭作用使原来的双键略有伸长，力常数减小，所以振动频率降低。

③ 中介效应（M 效应） 当含有孤对电子的原子（O、S、N 等）与具有多重键的原子相连时，也可起类似的共轭作用，称为中介效应。在化合物中，C=O 伸缩振动产生的吸收峰在 1680cm^{-1} 附近。若以电负性来衡量诱导效应，则比碳原子电负性大的氮原子应使 C=O 键的力常数增加，吸收峰应大于酮羰基的频率（1715cm^{-1}）。但实际情况正好相反，所以，仅用诱导效应不能解释造成上述频率降低的原因。事实上，对酰胺分子，除了氮原子的诱导效应外，还同时存在中介效应 M，即氮原子的孤对电子与 C=O 上 π 电子发生重叠，使它们的电子云密度平均化，造成 C=O 键的力常数下降，使吸收频率向低波数位移。显然，当分子中有氧原子时，多重键频率最后位移的方向和程度取决于这两种效应的净结果。当 I>M 时，振动频率向高波数移动；反之，振动频率向低波数移动。

④ 空间效应 主要包括空间位阻效应和环状化合物的环张力效应等。取代基的空间位阻效应使 C=O 与双键的共轭受到限制，使 C=O 双键性增加，波数升高。如：

        A   B

$\nu_{C=O}$ 1663cm^{-1} 1693cm^{-1}

B 结构中由于立体障碍比较大，使环上双键和 C=O 不能处于同一平面，结果共轭受到限制，因此它的红外吸收波数比 A 高。同理可以解释下列化合物的光谱数据：

$\nu_{C=O}$ 1680cm^{-1} 1700cm^{-1}

环张力（键角张力作用）效应是指对于环外双键、环上羰基，随着环的张力增加，其波数也相应增加。环酮类若以六元环为准，则六元环至四元环每减少一元，波数增加 30cm^{-1} 左右。如：

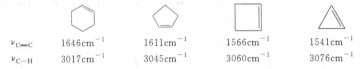

$\nu_{C=O}$　　　　1716cm^{-1}　　　1745cm^{-1}　　　1775cm^{-1}

环状的酸酐、内酰胺及内酯类化合物中，随着环的张力增加，$\nu_{C=O}$ 吸收峰向高波数方向移动。带有张力的桥环羰基化合物，波数比较大。

环外双键的环烯，对于六元环烯来说，其 $\nu_{C=C}$ 吸收位置和 $R^1R^2C=CH_2$ 型烯烃差不多，但当环变小时，则 $\nu_{C=C}$ 吸收向高波数方向位移；环内双键的 $\nu_{C=C}$ 吸收位置则随环张力的增加而降低，且 ν_{C-H} 吸收峰移向高波数，如：

$\nu_{C=C}$　　1646cm^{-1}　　1611cm^{-1}　　1566cm^{-1}　　1541cm^{-1}
ν_{C-H}　　3017cm^{-1}　　3045cm^{-1}　　3060cm^{-1}　　3076cm^{-1}

如果双键碳原子上的氢原子被烷基取代，则 $\nu_{C=C}$ 将向高波数移动。

（2）氢键效应　氢键使参与形成氢键的原化学键力常数降低，吸收频率移向低波数方向，但同时振动偶极矩的变化加大，因而吸收强度增加。氢键的形成，往往对吸收峰的位置和强度都有极明显的影响。这是因为质子给出基 X—H 与质子接受基 Y 形成了氢键：X—H⋯Y，其 X、Y 通常是 N、O、F 等电负性大的原子。这种作用使电子云密度平均化，从而使键的力常数减少，频率下降。氢键分为分子内氢键和分子间氢键。

① 分子内氢键　分子内氢键的形成，可使谱带大幅度地向低波数方向位移。例如 OH 与 C=O 基形成分子内氢键，$\nu_{C=O}$ 及 ν_{O-H} 吸收都向低波数移动。例如：

形成分子内氢键　　　　　未形成分子内氢键
$\nu_{C=O}$（缔合）1622cm^{-1}　　$\nu_{C=O}$（游离）1676cm^{-1}
　　　　　　1672cm^{-1}　　　　　　　　1673cm^{-1}
ν_{O-H}（缔合）2843cm^{-1}　　ν_{O-H}（游离）3615～3605cm^{-1}

β-二酮或 β-羰基酸酯，因为分子内部发生互变异构，分子内形成氢键吸收峰也将发生位移。在 IR 光谱上能够出现各种异构体的峰带，例如：

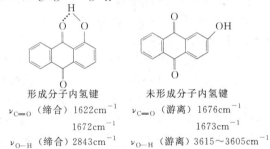

CH$_3$COCH$_2$CO$_2$C$_2$H$_5$ ⇌

酮式　　　　　　　　　烯醇式
$\nu_{C=O}$　　1738cm^{-1}　　$\nu_{C=O}$　　1650cm^{-1}
　　　　　1717cm^{-1}　　ν_{O-H}　　3000cm^{-1}

② 分子间氢键　醇和酚的 OH 基，在极稀的溶液中呈游离态，分子在 3650～3500cm^{-1} 出现吸收峰，随着浓度的增加，分子间形成氢键，故 ν_{O-H} 吸收峰向低波数方向位移。图 4.5 是不同浓度的乙醇在 CCl$_4$ 溶液中的 IR 光谱。当乙醇溶液的浓度为 1mol·L^{-1} 时，乙醇分子以多聚体的形式存在（分子间缔合），ν_{O-H}（缔合）移到 3350cm^{-1} 处，若在稀溶液中测定（0.01mol·L^{-1}），

分子间氢键消失，在 3640cm^{-1} 处只出现游离 ν_{O-H} 吸收峰。所以可以用改变浓度的方法，区别游离 OH 的峰与分子间 OH 的峰。

分子内氢键不随溶液浓度的改变而改变，因此，其特征频率也基本保持不变。如邻硝基苯酚在浓溶液或在稀溶液中测定时，ν_{O-H} 吸收峰在 3200cm^{-1} 处，谱带强度并不因溶液稀释而减弱，而分子间氢键谱带强度随溶液浓度的增加而增加。

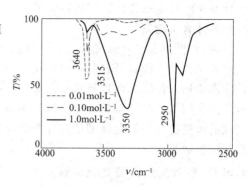

图 4.5 不同浓度的乙醇在 CCl_4 溶液中的 IR 光谱片段

（3）振动偶合效应 当两个振动频率相同或相近的基团相邻具有一公用原子时，由于一个键的振动通过公共原子使另一个键的长度发生改变，产生一个"微扰"，从而形成了强烈的振动相互作用。其结果是使振动频率发生变化，一个向高频移动，另一个向低频移动，谱带分裂，这种相互作用称为振动偶合。振动偶合常出现在一些二羰基化合物中，如羧酸酐中，两个羰基的振动偶合，使 $\nu_{C=O}$ 吸收峰分裂成两个峰，波数分别为 1820cm^{-1}（反对称偶合）和 1760cm^{-1}（对称偶合）。

$$\underset{\nu_{as(C=O)}\ 1820cm^{-1}\ 左右}{\overset{O\quad\ O}{\underset{\longleftarrow}{RCOOCR}}} \qquad \underset{\nu_{s(C=O)}\ 1760cm^{-1}\ 左右}{\overset{O\quad\ O}{\underset{\longleftrightarrow}{RCOOCR}}}$$

（4）费米（Fermi）共振效应 当一振动的倍频（或组频）与另一振动的基频吸收峰接近时，由于发生相互作用而产生很强的吸收峰或发生裂分，这种倍频（或组频）与基频峰之间的振动偶合称费米共振。

苯甲酰氯的 $\nu_{C=O}$ 为 1773cm^{-1} 和 1736cm^{-1}（由于 $\nu_{C=O}$ 1773~1776cm^{-1} 和苯环的 C—C 的弯曲振动 880~860cm^{-1} 倍频发生费米共振，使 C=O 裂分）。

4.3.2.2 外部因素

外部因素主要指测定物质的状态、溶剂效应及仪器色散元件的影响。

（1）样品物理状态的影响 同一物质的不同状态，由于分子间相互作用力不同，所得到的光谱往往不同。所以在查阅标准谱图时，要注意试样状态及制样方法。在气态时，分子间的相互作用很小，在低压下能得到游离分子的吸收峰，此时可以观察到伴随振动光谱的转动精细结构。在液态时，由于分子间出现缔合或分子内氢键的存在，IR 光谱与气态和固态情况不同，峰的位置与强度都会发生变化。在固态时，因晶格力场的作用，发生了分子振动与晶格振动的偶合，将出现某些新的吸收峰。其吸收峰比液态和气态时尖锐且数目增加，例如，丙酮 $\nu_{C=O}$ 在气态时为 1738cm^{-1}，液态时为 1715cm^{-1}。

（2）溶剂的影响 在溶液中测定光谱时，由于溶剂的种类、溶液的浓度和测定时的温度不同，同一种物质所测得的光谱也不同。通常在极性溶剂中，溶质分子的极性基团的伸缩振动频率随溶剂极性的增加而向低波数方向移动，并且强度增大。因此，在红外光谱测定中，应尽量采用非极性溶剂。

（3）仪器色散元件的影响 红外分光光度计中使用的色散元件主要为棱镜和光栅两类，棱镜的分辨率低，光栅的分辨率高，特别在 4000~2500cm^{-1} 波段尤为明显。

4.4 红外光谱仪器

测定红外吸收的仪器有三种类型：①光栅色散型分光光度计，主要用于定性分析；②傅里叶变换红外光谱仪，适宜进行定性和定量分析测定；③非色散型光度计，用来定量测定大气中各种有机物质。

在 20 世纪 80 年代以前，广泛应用光栅色散型红外分光光度计。随着傅里叶变换技术引入红外光谱仪，使其具有分析速度快、分辨率高、灵敏度高以及很好的波长精度等优点。但因它的价格、仪器的体积及常常需要进行机械调节等问题而在应用上受到一定程度的限制。近年来，因傅里叶变换光谱仪器体积的减小，操作稳定、易行，一台简易傅里叶变换红外光谱仪的价格已与一般色散型的红外光谱仪相当。目前傅里叶变换红外光谱仪已在很大程度上取代了色散型。

4.4.1 色散型红外分光光度计

色散型红外分光光度计和紫外可见分光光度计相似，也是由光源、吸收池、单色器、检测器和记录仪等组成。由于红外光谱非常复杂，大多数色散型红外分光光度计一般都是采用双光束，这样可以消除 CO_2 和 H_2O 等大气气体引起的背景吸收。其结构如图 4.6 所示。自光源发出的光对称地分为两束，一束为试样光束，透过试样池；另一束为参比光束，透过参比池后通过减光器。两光束再经半圆扇形镜调制后进入单色器，交替落到检测器上。在光学零位系统里，只要两光的强度不等，就会在检测器上产生与光强差成正比的交流信号电压。由于红外光源的低强度以及红外检测器的低灵敏度，以致需要用信号放大器。

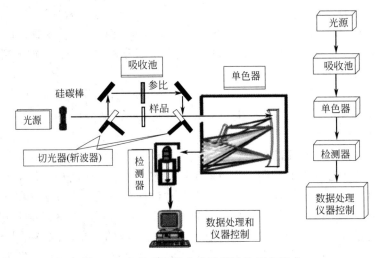

图 4.6 色散型红外分光光度计的基本组成

一般来说，色散型红外分光光度计的光学设计与双光束紫外可见分光光度计没有很大的区别，除对每一个组成部分来说，它的结构、所用材料及性能等与紫外可见光度计不同外。它们最基本的一个区别是：前者的参比和试样室总是放在光源和单色器之间，后者则是放在单色器的后面。试样被置于单色器之前，一来是因为红外辐射没有足够的能量引起试样的光化学分解，二来是可使抵达检测器的杂散辐射量（来自试样和吸收池）减至最小。

4.4.1.1 光源

红外光谱仪中所用的光源通常是一种惰性固体，用电加热使之发射高强度的连续红外辐射。目前在中红外区较实用的红外光源主要有硅碳棒和能斯特灯。

硅碳棒由碳化硅烧结而成，其辐射强度分布偏向长波，工作温度一般为 1300～1500K。因为碳化硅有升华现象，使用温度过高将缩短碳化硅的寿命，并会污染附近的染色镜。硅碳棒发光面积大，价格便宜，操作方便，使用波长范围较能斯特灯宽。

能斯特灯主要由混合的稀土金属（锆、钍、铈）氧化物制成。它有负的电阻温度系数，在室温下为非导体，当温度升高到大约 500℃ 以上时，变为半导体，在 700℃ 以上时，才变成导体。因此要点亮能斯特灯，事先需要将其预热至 700℃。其工作温度一般在 1750℃。能斯特灯使用寿命较长，稳定性好，在短波范围使用比硅碳棒有利。但其价格较贵，操作不如硅碳棒方便。

在 $\lambda > 50\mu m$ 的远红外区，需要采用高压汞灯。在 $20000 \sim 8000 cm^{-1}$ 的近红外区通常采用钨丝灯。在监测某些大气污染物的浓度和测定水溶液中的吸收物质（如氨、丁二烯、苯、乙醇、二氧化氮以及三氯乙烯等）时，可采用可调二氧化碳激光光源。它的辐射强度比黑体光源要大几个量级。

4.4.1.2 吸收池

红外光谱仪能测定固、液、气态样品。气体样品一般注入抽成真空的气体吸收池进行测定；液体样品可滴在可拆池两窗之间形成薄的液膜进行测定；溶液样品一般注入液体吸收池中进行测定；固体样品最常用压片法进行测定。因玻璃、石英等材料不能透过红外线，红外吸收池要用可透过红外线的 NaCl、KBr、CsI、KRS-5（TlI 58%，TlBr 42%）等材料制成窗片。用 NaCl、KBr、CsI 等材料制成的窗片需注意防潮。固体试样常与纯 KBr 混匀压片，通常用 300mg 光谱纯的 KBr 粉末与 $1 \sim 3mg$ 固体样品共同研磨混匀后，压制成约 1mm 厚的透明薄片，放在光路中进行测定。由于 KBr 在 $4000 \sim 400 cm^{-1}$ 光区无吸收，因此可得到全波段的红外光谱图。

用于测定红外光谱的样品需要有较高的纯度（>98%），才能获得准确的结果。此外，红外测定的样品池都是以 KBr 或 NaCl 为透光材料，它们极易吸水而被破坏，所以样品中不应含有水分。

4.4.1.3 单色器

单色器由色散元件、准直镜和狭缝构成，它是红外分光光度计的心脏，其作用是把进入狭缝的复合光色散为单色光。色散元件常用复制的闪耀光栅。由于闪耀光栅存在次级光谱的干扰，因此，需要将光栅和用来分离次级光谱的滤光器或前置棱镜结合起来使用。

4.4.1.4 检测器

检测器的作用是将经色散的红外光谱的各条谱线强度转变成电信号。常用的红外检测器有高真空热电偶、热释电检测器和碲镉汞检测器。

红外区的检测器一般有两种类型，即热检测器和光导电检测器。红外光谱仪中常用的热检测器有：热电偶、测辐射热计、气体（Golay）检测器和热释电检测器等。热电偶和辐射热测量计主要用于色散型分光光度计中，而热释电检测器主要用于中红外傅里叶变换光谱仪中，这种检测器利用某些热电材料的晶体，如硫酸三甘氨酸酯（TGS）等，将其晶体放在两块金属板中，当红外线照射到晶体上时，晶体表面电荷分布发生变化，由此可以测量红外辐射的强度。光检测器常见的如碲镉汞（MCT）检测器，它多采用半导体碲化镉和硫化汞，或硒化铅（PbSe）等，当其受光照射后导电性能变化，从而产生信号。光检测器比热检测器灵敏几倍，它是由一层半导体薄膜，如碲化镉、碲化汞或者锑化铟等沉积到玻璃表面组成，抽真空并密封与大气隔绝。当这些半导体材料吸收辐射后，使某些价电子成为自由电子，从而降低了半导体的电阻。在中红外和远红外区主要采用汞/镉碲化物作为敏感元件，为了减小热噪声，必须用液氮冷却。在长波段的极限值和检测器的其他许多性质则取决于碲化汞/碲化镉的比值。汞/镉碲化物作为敏感元件的光电导检测器提供了优于热检测器的响应特征，广泛应用于多通道傅里叶变换的红外光谱仪中，也适用于气相色谱与傅里叶变换红外光谱仪联用的仪器中。

4.4.1.5 记录系统

电信号经放大器放大后,由记录系统获得红外吸收光谱图。

色散型红外吸收光谱仪是扫描式的仪器,扫描需要一定的时间,完成一幅红外光谱的扫描需 10min。所以色散型红外光谱仪不能测定瞬间光谱的变化,也不能实现与色谱仪的联用。此外,色散型红外光谱仪分辨率较低,要获得 $0.1 \sim 0.2 \text{cm}^{-1}$ 的分辨率已相当困难。

4.4.2 傅里叶变换红外光谱仪

傅里叶变换红外光谱仪(Fourier transform infrared spectrometer, FTIR)是20世纪70年代问世的,被称为第三代红外光谱仪。

傅里叶变换红外光谱仪是由红外光源、干涉仪、试样插入装置、检测器、计算机和记录仪等部分构成。图 4.7 是 Digilab FTS-14 型傅里叶变换红外光谱仪的光路示意图。其光源为硅碳棒和高压汞灯,与色散型红外分光光度计所用的光源是相同的;检测器为 TGS 或 MCT;干涉仪采用迈克尔逊(Michelson)干涉仪,按其动镜移动时的速度不同,可分为快扫描型和慢扫描型。慢扫描型迈克尔逊干涉仪主要用于高分辨光谱的测定,一般的傅里叶红外光谱仪均采用快扫描型的迈克尔逊干涉仪。

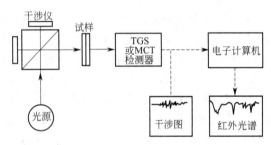

图 4.7 傅里叶变换红外光谱仪工作原理示意

Michelson 干涉仪是 FTIR 的核心部分,它将光源来的信号以干涉图的形式送往计算机进行 Fourier 变换的数学处理,最后将干涉图还原成光谱图;计算机的主要作用是:控制仪器操作;从检测器截取干涉谱数据;累加平均扫描信号;对干涉谱进行相位校正和傅里叶变换计算;处理光谱数据等。它与色散型红外光度计的主要区别在于干涉仪和电子计算机两部分。

4.4.2.1 Fourier 变换红外光谱仪的工作原理

仪器中的 Michelson 干涉仪的作用是将光源发出的光分成两光束后,再以不同的光程差重新组合,发生干涉现象。当两束光的光程差为 $\lambda/2$ 的偶数倍时,则落在检测器上的相干光相互叠加,产生明线,其相干光强度有极大值;相反,当两束光的光程差为 $\lambda/2$ 的奇数倍时,则落在检测器上的相干光相互抵消,产生暗线,相干光强度有极小值。由于多色光的干涉图等于所有各单色光干涉图的加和,故得到的是具有中心极大,并向两边迅速衰减的对称干涉图。

干涉图包含光源的全部频率和与该频率相对应的强度信息,所以,如有一个有红外吸收的样品放在干涉仪的光路中,由于样品能吸收特征波数的能量,结果所得到的干涉图强度曲线就会相应地产生一些变化。但由此计算所获得的干涉图是难以解释的,需要用计算机进行处理。计算机的任务就是对干涉图进行傅里叶变换计算和相应校正,以得到吸收强度或透过率随波数变化的普通红外光谱图。

4.4.2.2 傅里叶变换光谱仪的优点

(1) 扫描速度极快 Fourier 变换光谱仪能获得全领域的光谱响应,一般只要 1s 左右即可。因此,它可用于测定不稳定物质的红外光谱。而色散型红外光谱仪,在任何一瞬间只能观测一个很窄的频率范围,一次完整扫描通常需要 8s、15s、30s 等。傅里叶变换红外光谱仪在取得光谱信息上与色散型分光光度计不同的是采用干涉仪分光。在带狭缝的色散型分光光度计以 t 时间检测一个光谱分辨单元的同时,干涉仪可以检测 M 个光谱分辨单元,显然后者在取得光谱信息的时间上比常规分光光度计节省 $(M-1)t$,即记录速度加快了 $(M-1)$ 倍,其扫描速度较色散型快数百倍。这样不仅有利于光谱的快速记录,而且还会改善信噪比。不过这种信噪比的改善是以检测器的噪声不随信号水平增高而同样增高为条件。红外检测器是符合这个要求的，而光电管和光电倍增管等紫外可见光检测器则不符合这个要求，这使傅里叶变换技术难以用于紫外可见光区。光谱的快速记录使傅里叶变换红外光谱仪特别适于与气相色谱、高效液相色谱仪联用，也可用来观测瞬时反应。

(2) 分辨率高 通常 Fourier 变换红外光谱仪分辨率达 $0.1 \sim 0.005 cm^{-1}$，而一般棱镜型的仪器分辨率为 $3cm^{-1}$，光栅型红外光谱仪分辨率也只有 $0.2cm^{-1}$。因此可以研究因振动和转动吸收带重叠而导致的气体混合物的复杂光谱。

(3) 灵敏度高 因 Fourier 变换红外光谱仪不用狭缝和单色器，反射镜面又大，故能量损失小，到达检测器的能量大，可检测 10^{-9} 量级的样品。为了保证一定的分辨能力，色散型红外分光光度计需用合适宽度的狭缝截取一定的辐射能，经分光后，单位光谱元的能量相当低。而傅里叶变换红外光谱仪没有狭缝的限制，辐射通量只与干涉仪的表面大小有关，因此在同样分辨率的情况下，其辐射通量比色散型仪器大得多，从而使检测器接收到的信号和信噪比增大，因此有很高的灵敏度。由于这一优点，使傅里叶变换红外光谱仪特别适于测量弱信号光谱。例如测量弱的红外发射光谱，这对遥测大气污染物（车辆、火箭尾气及烟道气等）和水污染物（例如水面油污染）是很重要的。此外，在研究催化剂表面的化学吸附物质上具有很大潜力。

(4) 测量的光谱范围宽 一般的色散型红外分光光度计测定的波长范围为 $4000 \sim 400 cm^{-1}$，而傅里叶变换红外光谱仪可以研究的范围包括了中红外和远红外区，即 $10000 \sim 10 cm^{-1}$。这对测定无机化合物和金属有机化合物是十分有利的。

除此之外，波数准确度高（波数精度可达 $\pm 0.01 cm^{-1}$），测量精度高，重现性可达 0.1%，杂散光干扰小（在整个光谱范围内杂散光低于 0.3%），样品不受因红外聚焦而产生的热效应的影响等特点。傅里叶红外光谱仪还适于微量试样的研究，它是近代化学研究不可缺少的基本设备之一。

4.4.3 非色散型红外分光光度计

非色散型红外分光光度计是用滤光片，或者用滤光片代替色散元件，甚至不用波长选择设备（非滤光型）的一类简易式红外流程分析仪。由于非色散型仪器结构简单，价格低廉，尽管它们仅局限于气体或液体分析，仍然是一种最通用的分析仪器。滤光型红外分光光度计主要用于大气中各种有机物质，如卤代烃、光气、氢氰酸、丙烯腈等的定量分析。非滤光型的分光光度计用于单一组分的气体监测，如气体混合物中的一氧化碳，在工业上用于连续分析气体试样中的杂质监测。显然，这些仪器主要适用于在被测组分吸收带的波长范围以内，其他组分没有吸收或仅有微弱的吸收时，进行连续测定。

4.5 试样的处理和制备

要获得一张高质量的红外光谱图，除了仪器本身的因素外，还必须有合适的试样制备方法。下面分别介绍气态、液态和固态试样的制备。

4.5.1 红外光谱法对试样的要求

红外光谱的试样可以是液体、固体或气体，一般要求如下。

① 试样应该是单一组分的纯物质，纯度应大于 98% 或符合商业规格，才便于与纯物质的标准光谱进行对照，多组分试样应在测定前尽量预先用分馏、萃取、重结晶或色谱法进行分离提纯，否则各组分光谱相互重叠，难以判断。

② 试样中不应含有游离水。水本身有红外吸收,会严重干扰样品谱,而且会侵蚀吸收池的盐窗。

③ 试样的浓度和测试厚度应选择适当,以使光谱图中的大多数吸收峰的透射比处于 10%～80%范围内。

4.5.2 制样的方法

4.5.2.1 气体试样

气体试样一般都灌注于玻璃气槽内进行测定。它的两端黏合有能透红外线的窗片。窗片的材质一般是 NaCl 或 KBr。进样时,一般先把气槽抽成真空,然后再灌注试样。

4.5.2.2 液体试样

(1) 液体池的种类 液体池的透光面通常是用 NaCl 或 KBr 等晶体做成。常用的液体池有三种,即厚度一定的密封固定池、其垫片可自由改变厚度的可拆池以及用微调螺丝连续改变厚度的密封可变池。通常根据不同的情况,选用不同的试样池。

(2) 液体试样的制备

① 液膜法 在可拆池两窗之间,滴上 1～2 滴液体试样,使之形成一薄的液膜。液膜厚度可借助于池架上的紧固螺丝做微小调节。该法操作简便,适用对高沸点及不易清洗的试样进行定性分析。

② 溶液法 将液体(或固体)试样溶在适当的红外溶剂中,如 CS_2、CCl_4、$CHCl_3$ 等,然后注入固定池中进行测定。该法特别适于定量分析。此外,它还能用于红外吸收很强、用液膜法不能得到满意谱图的液体试样的定性分析。在采用溶液法时,必须特别注意红外溶剂的选择。要求溶剂在较宽范围内无吸收,试样的吸收带尽量不被溶剂吸收带所干扰。此外,还要考虑溶剂对试样吸收带的影响(如形成氢键等溶剂效应)。

4.5.2.3 固体试样

固体试样的制备,压片法、粉末法、糊状法、薄膜法、发射法等,其中尤以压片法和薄膜法最为常用。

(1) 压片法 这是分析固体试样应用最广的方法。通常用 200mg 的 KBr 与 1～2mg 固体试样共同研磨;在模具中用 $(5～10)×10^7$Pa 压力的油压机压成透明的片后,再置于光路进行测定。由于 KBr 在 400～4000cm^{-1} 光区不产生吸收,因此可以绘制全波段光谱图。除用 KBr 压片外,也可用 KI、KCl 等压片。试样和 KBr 都应经干燥处理,研磨到粒度小于 $2\mu m$,以免受散射光影响。

(2) 薄膜法 主要用于高分子化合物的测定。可将它们直接加热熔融后涂制或压制成膜。也可将试样溶解在低沸点的易挥发溶剂中,涂在盐片上,待溶剂挥发后成膜。制成的膜直接插入光路即可进行测定。

(3) 糊状法 该法是把试样研细,滴入几滴悬浮剂,继续研磨成糊状,然后用可拆池测定。常用的悬浮剂是液体石蜡油,它可减小散射损失,并且自身吸收带简单,但不适于用来测定与石蜡油结构相似的饱和烷烃。

此外,当样品量特别少或样品面积特别小时,采用光束聚光器,并配有微量液体池、微量固体池和微量气体池,采用全反射系统或用带有卤化碱透镜的反射系统进行测量。

4.6 红外光谱法的应用

红外光谱法在化学领域中的应用是多方面的。它不仅用于结构的基础研究,如确定分子的空间构型,求出化学键的力常数、键长和键角等,而且广泛地用于化合物的定性、定量分析和化学反应的机理研究等。但是红外光谱法应用最广的还是有机化合物的定性鉴定和结构分析。

4.6.1 定性分析

4.6.1.1 已知物的鉴定

将试样的谱图与标准的谱图进行对照，或者与文献上的谱图进行对照，如果两张谱图各吸收峰的位置和形状完全相同，峰的相对强度一样，就可以认为样品是该种标准物。如果两张谱图不一样，或峰位置不一致，则说明两者不为同一化合物，或样品有杂质。如用计算机谱图检索，则采用相似度来判别。使用文献上的谱图应当注意试样的物态、结晶状态、溶剂、测定条件以及所用仪器类型均应与标准谱图相同。在许多 IR 光谱专著中都详细地叙述各种官能团的 IR 光谱特征频率表，但是利用这些特征频率表来解析 IR 光谱，判断官能团存在与否，在很大程度上还要靠经验。因此分析工作者必须熟知基团的特征频率表，如能熟悉一些典型化合物的标准红外光谱图，则可以提高 IR 光谱图的解析能力，加快分析速度。

4.6.1.2 未知物结构的测定

测定未知物的结构，是红外光谱法定性分析的一个重要用途。如果未知物不是新化合物，可以通过两种方式利用标准谱图进行查对。

① 查阅标准谱图的谱带索引，以寻找试样光谱吸收带相同的标准谱图；

② 进行光谱解析，判断试样的可能结构，然后在由化学分类索引查找标准谱图对照核实。在定性分析过程中，除了获得清晰可靠的图谱外，最重要的是对谱图作出正确的解析。所谓谱图的解析就是根据实验所测绘的红外光谱图的吸收峰位置、强度和形状，利用基团振动频率与分子结构的关系，确定吸收带的归属，确认分子中所含的基团或键，进而推定分子的结构。简单地说，就是根据红外光谱所提供的信息，正确地把化合物的结构"翻译"出来。往往还需结合其他实验资料，如相对分子质量、物理常数、紫外光谱、核磁共振波谱及质谱等数据才能正确判断其结构。

现就红外光谱解析的一般原则介绍如下。

(1) 收集试样的有关资料和数据　在进行未知物光谱解析之前，必须对样品有透彻的了解，例如样品的来源、外观，根据样品存在的形态，选择适当的制样方法；注意观察样品的颜色、气味等，它们往往是判断未知物结构的佐证。还应注意样品的纯度以及样品的元素分析及其他物理常数的测定结果。元素分析是推断未知样品结构的另一依据。样品的相对分子质量、沸点、熔点、折射率、比旋光度等物理常数，可作光谱解释的旁证，并有助于缩小化合物的范围。

(2) 确定未知物的不饱和度　由元素分析的结果可求出化合物的经验式，由相对分子质量可求出其化学式，并求出不饱和度。从不饱和度可推出化合物可能的范围。

不饱和度表示有机分子中碳原子的不饱和程度。计算不饱和度 Ω 的经验公式为：

$$\Omega = 1 + n_4 + \frac{1}{2}(n_3 - n_1) \tag{4.7}$$

式中，n_4、n_3、n_1 分别为分子中所含的四价、三价和一价元素原子的数目。二价原子如 S、O 等不参加计算。

当 $\Omega=0$ 时，表示分子是饱和的，应为链状烃及其不含双键的衍生物；当 $\Omega=1$ 时，可能有一个双键或脂环；当 $\Omega=2$ 时，可能有两个双键和脂环，也可能有一个叁键；当 $\Omega=4$ 时，可能有一个苯环等。

(3) 图谱解析　根据官能团的初步分析可以排除一部分结构的可能性，肯定某些可能存在的结构，并初步可以推测化合物的类别。

习惯上多采用两区域法，它是将光谱按特征区（4000～1300cm^{-1}）及指纹区

（1300～600cm^{-1}）划为两个区域，先识别特征区的第一强峰的起源（由何种振动所引起）及可能归宿（属于什么基团），而后找出该基团所有或主要相关峰，以确定第一强峰的归宿。依次再解析特征区的第二强峰及其相关峰，依次类推。必要时再解析指纹区的第一、第二……强峰及其相关峰。采取"抓住"一个峰，解析一组相关峰的方法。它们可以互为旁证，避免孤立解析。较简单的谱图，一般解析三、四组相关峰即可解析完毕，但结果的最终判定，一定要与标准光谱图对照。为了便于记忆，将解析程序归纳为五句话，"先特征，后指纹；先最强，后次强；先粗查，后细找；先否定，后肯定；一抓一组相关峰。"

"先特征，后指纹；先最强，后次强"指先从特征区第一个强峰入手，因为特征区峰少，易辨认。"先粗查，后细找"指先按待查吸收峰位，查光谱图上的八个重要区域表4.3，初步了解吸收峰的起源及可能归宿，这一步可称为粗查，根据粗查提供线索，细找按基团排列的表4.4，根据此表所提供的相关位置、数目，再到未知物的光谱上去查这些相关峰，若找到所有或主要相关峰，则此吸收峰的归宿一般可以确定。关于红外光谱中常用的符号见表4.2；"先否定，后肯定"。因为吸收峰不存在而否定官能团的存在，比吸收峰的存在而肯定官能团的存在确凿有力。因此在粗查与细找过程中，应采取先否定的办法，以便逐步缩小范围。

上述程序适用于比较简单的光谱，复杂化合物的光谱，由于多官能团间的相互作用而使得解析很困难，可先粗略解析，而后查对标准光谱定性，或进行综合光谱解析。再结合样品的其他分析资料，综合判断分析结果，提出最可能的结构式，然后用已知样品或标准图谱对照，核对判断的结果是否正确。如果样品为新化合物，则需要结合紫外、质谱、核磁共振等数据，才能决定所提供的结构是否正确。

（4）注意事项

① IR光谱是测定化合物结构的，只有分子在振动的状态下伴随有偶极矩变化者才能有红外吸收。对映异构体具有相同的光谱，不能用IR光谱来鉴别这类异构体。

② 某些吸收峰不存在，可以确信某基团不存在；相反，吸收峰存在并不是该基团存在的确认，应考虑杂质的干扰。

③ 在一个光谱图中的所有吸收峰并不能全部指出其归属，因为有些峰是分子作为一个整体的特征吸收，而有些峰则是某些峰的倍频或组频，另外还有些峰是多个基团振动吸收的叠加。

④ 在4000～600cm^{-1}区只显示少数几个宽吸收峰者，大多数为无机化合物的谱图。

⑤ 在3350cm^{-1}左右和1640cm^{-1}处出现的吸收峰，很可能是样品中的水引起的。

⑥ 高聚物的光谱较之于形成这些高聚物的单体的光谱吸收峰的数目少，峰较宽，峰的强度也较低。但分子量不同的相同聚合物IR光谱无明显差异。如分子量为100000和分子量为15000的聚苯乙烯，两者在4000～650cm^{-1}的一般红外区域找不到光谱上的差异。

⑦ 解析光谱图时当然首先应注意强吸收峰，但有些弱峰、尖峰的存在不可忽略，往往对研究结构可提供线索。

⑧ 解析光谱图时辨认峰的位置固然重要，但峰的强度对确定结构也是有用的信息。有时注意分子中两个特征峰相对强度的变化能为确认复杂基团的存在提供线索。

⑨ 在实际工作中，被剖析的物质不仅是单一组分，经常遇到二组分或多组分样品。为了快速准确地推测出样品的组成及结构，还要借助于因子分析法、计算机技术等手段来解决实际问题。

4.6.1.3 几种标准图谱集

进行定性分析时,对于能获得相应纯品的化合物,一般通过图谱对照即可。对于没有已知纯品的化合物,则需要与标准图谱进行对照。应该注意的是测定未知物所使用的仪器类型及制样方法等应与标准图谱一致。最常见的标准图谱有如下几种。

(1) 萨特勒(Sadtler)标准红外光谱集　它由美国 Sadtler research laboratories 编辑出版。"萨特勒"收集的图谱最多,至 1974 年为止,已收集了 47000 张(棱镜)图谱。另外,它有各种索引,使用甚为方便。从 1980 年开始已可以获得萨特勒图谱集的软件资料。现在已超过 130000 张图谱。包括 9200 张气态光谱图、59000 张纯化合物凝聚相光谱和 53000 张产品的光谱,如单体、聚合物、表面活性剂、胶黏剂、无机化合物、塑料、药物等。

(2) 分子光谱文献"DMS"(documentation of molecular spectroscopy)穿孔卡片　它由英国和西德联合编制。卡片有三种类型:桃红卡片为有机化合物,淡蓝色卡片为无机化合物,淡黄色卡片为文献卡片。卡片正面是化合物的许多重要数据,反面则是红外光谱图。

(3) "API"红外光谱资料　它由美国石油研究所(API)编制。该图谱集主要是烃类化合物的光谱。由于它收集的图谱较单一,数目不多(至 1971 年共收集图谱 3604 张),又配有专门的索引,故查阅也很方便。

(4) Sigma Fourier 红外光谱图库　Keller R. J. 编,Sigma Chemical Co. 出版(2 卷,1986),汇集了 10400 张各类有机化合物的 FTIR 谱图,并附有索引。

事实上,现在许多红外光谱仪都配有计算机检索系统,可从储存的红外光谱数据中鉴定未知化合物。

4.6.2　定量分析

红外光谱定量分析是通过对特征吸收谱带强度的测量来求出组分含量。其理论依据是朗伯-比耳定律。由于红外光谱的谱带较多,选择余地大,所以能方便地对单一组分和多组分进行定量分析。

此外,该法不受样品状态的限制,能定量地测定气体、液体和固体样品。因此,红外光谱定量分析应用广泛。但红外光谱法定量灵敏度较低,尚不适用于微量组分的测定。

4.6.2.1　基本原理

(1) 选择吸收带的原则

① 必须是被测物质的特征吸收带。例如分析酸、酯、醛、酮时,必须选择 $\text{\textbackslash}C=O$ 基团振动有关的特征吸收带。

② 所选择的吸收带的吸收强度应与被测物质的浓度呈线性关系。

③ 所选择的吸收带应有较大的吸收系数且周围尽可能没有其他吸收带的存在,以免干扰。

(2) 吸光度的测定

① 一点法　该法不考虑背景吸收,直接从谱图中分析波数处读取谱图纵坐标的透过率,再由公式 $\lg 1/T = A$ 计算吸光度。

② 基线法　通过谱带两翼透过率最大点作光谱吸收的切线,作为该谱线的基线,则分析波数处的垂线与基线的交点,与最高吸收峰顶点的距离为峰高,其吸光度 $A = \lg(I_0/I)$。

4.6.2.2　定量分析方法

谱带强度的测量方法主要有峰高(即吸光度值)测量和峰面积测量两种,而定量分析方法很多,视被测物质的情况和定量分析的要求可采用直接计算法、标准曲线法、吸光度比法和内标法等。

(1) 直接计算法　这种方法适用于组分简单，特征吸收谱带不重叠，且浓度与吸收呈线性关系的样品。直接从谱图上读取吸光度 A 值，再按朗伯-比耳定律算出组分含量 c。这一方法的前提是应先测出样品厚度 L 及摩尔吸光系数 ε 的值，分析精度不高时，可用文献报道 ε 值。

(2) 标准曲线法　这种方法适用于组分简单、样品厚度一定（一般在液体样品池中进行）、特征吸收谱带重叠较少而浓度与吸光度呈线性关系的样品。

(3) 吸光度比法　该法适用于厚度难以控制或不能准确测定其厚度的样品，例如厚度不均匀的高分子膜、糊状法的样品等。这一方法要求各组分的特征吸收谱带相互不重叠，且服从于朗伯-比耳定律。如有二元组分 X 和 Y，根据朗伯-比耳定律，应存在以下关系

$$A_X = \varepsilon_X c_X l_X$$

$$A_Y = \varepsilon_Y c_Y l_Y$$

由于是在同一被测样品中，故厚度是相同的，$l_X = l_Y$。其吸光度比 R 为

$$R = \frac{A_X}{A_Y} = \frac{\varepsilon_X c_X l_X}{\varepsilon_Y c_Y l_Y} = K \frac{c_X}{c_Y}$$

式中，K 称为吸收系数比。前提是不允许含其他杂质。吸光度比法也适合于多元体系。

(4) 内标法　此法适用于厚度难以控制的糊状法、压片法等的定量工作，可直接测定样品中某一组分的含量。具体做法如下：

首先，选择一个合适的纯物质作为内标物。用待测组分标准品和内标物配制一系列不同比例的标样，测量它们的吸光度，并用公式计算出吸收系数比 k。

根据朗伯-比耳定律，待测组分 s 的吸光度：$A_S = \varepsilon_S c_S l_S$

内标物 I 的吸光度：$A_I = \varepsilon_I c_I l_I$

因内标物与待测组分的标准品配成标样后测定，故 $l_S = l_I$，则

$$k = \frac{\varepsilon_S}{\varepsilon_I} = \frac{A_S}{c_S l_S} \times \frac{c_I l_I}{A_I} = \frac{A_S}{A_I} \times \frac{c_I}{c_S}$$

在配制的标样中 c_S、c_I 都是已知的，A_S、A_I 可以从图谱中得到，因此可求得 k 值。然后在样品中配入一定量的内标物，测其吸光度，即可计算出待测组分的含量 c_S，即

$$c_S = c_I \frac{A_S}{A_I} \times \frac{1}{k}$$

式中，k 由标样求得；c_I 是配入样品中的内标物量；A_S、A_I 可以从谱图中得到。如果被测组分的吸光度与浓度不呈线性关系，即 k 值不恒定时，应先做出 A_S/A_I 与 c_S/c_I 工作曲线。在未知样品中测定吸光度比值后，就可以从工作曲线上得出响应的浓度比值。由于加入的内标物的量是已知的，因此就可求得未知组分的含量。

4.6.3 红外光谱法的应用

4.6.3.1 定性分析应用实例

【例 4.1】由元素分析某化合物的分子式为 $C_4H_6O_2$，测得红外光谱如图 4.8 所示，试推测其结构。

解　由分子式计算不饱和度 $\Omega = 4 - 6/2 + 1 = 2$

特征区：$3090 cm^{-1}$ 有弱的不饱和 C—H 键伸缩振动吸收，与 $1649 cm^{-1}$ 的 $\nu_{C=C}$ 谱带对应表明有烯键存在，谱带较弱，是被极化了的烯键。

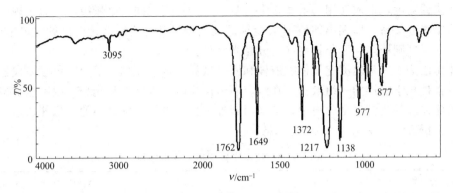

图 4.8 未知物的红外光谱图

1762cm^{-1} 强吸收谱带表明有羰基存在,结合最强吸收谱带 1217cm^{-1} 和 1138cm^{-1} 的 C—O—C 吸收应为酯基。

这个化合物属不饱和酯,根据分子式有如下结构:
(1) $CH_2=CH—COO—CH_3$ 丙烯酸甲酯
(2) $CH_3—COO—CH=CH_2$ 乙酸乙烯酯

这两种结构的烯键都受到邻近基团的极化,吸收强度较高。

普通酯的 $\nu_{C=O}$ 在 1745cm^{-1} 附近,结构 (1) 由于共轭效应 $\nu_{C=O}$ 频率较低,估计在 1700cm^{-1} 左右,且甲基的对称变形振动频率在 1440cm^{-1} 处,与谱图不符。谱图的特点与结构 (2) 一致,$\nu_{C=O}$ 频率较高以及甲基对称变形振动吸收向低频位移 (1372cm^{-1}),强度增加,表明有 $CH_3COO—$ 结构单元。$\nu_{s(C—O—C)}$ 升高至 1138cm^{-1} 处。且强度增加,表明为不饱和酯。

指纹区:$\delta_{=CH}$ 出现在 977cm^{-1} 和 887cm^{-1},由于烯键受到极化,比正常的乙烯基 $\delta_{=CH}$ 位置 (990cm^{-1} 和 910cm^{-1}) 稍低。

由上图谱分析,化合物的结构为 (2),可与标准图谱对照。

4.6.3.2　跟踪化学反应

利用 IR 光谱可以跟踪一些化学反应,探索反应机理。酰基自由基是许多有机物在光、热分解时的中间体,对该自由基的快速分析有助于推测反应机理。IR 光谱法就是一种简单方便和快速分析自由基中间体的方法。如在安息香类化合物和 O-酰基-α-酮肟的光分解反应中,加入适量的 CCl_4,当产生酰基自由基时,则在 IR 光谱上可观察到酰氯的信号,证明了酰基自由基是该光反应的中间体。

4.6.3.3　在化学动力学研究中的应用

在化学动力学研究方面,IR 光谱法有其独到之处。如关于聚氨酯生成的动力学研究,国内外已有不少报道,研究的主要对象是二苯甲烷二异氰酸酯 (MDI)、甲苯二异氰酸酯 (TDI)、六亚甲基-1,6-二异氰酸酯 (HDI) 等,而对苯二甲基二异氰酸酯 (XDI) 体系的研究则甚少。目前,XDI 的应用已引起人们的重视,如已利用于制造皮革涂饰剂、涂料等。利用 IR 光谱,通过外加内标 (KSCN) 的方法研究 XDI 体系的聚醚型聚氨酯的动力学,可求出该体系的反应速率常数 k、表观活化能 E 及催化活化能 E_c 和指前因子 A。该体系为二级反应。

4.6.3.4　在定量分析中的应用

用色散型红外分光光度计进行定量分析时,灵敏度较低,尚不适于微量组分的测定。由于红外吸收谱带较窄,外加上色散型仪器光源强度较低,以及因检测器的灵敏度低,需用宽的单色器狭缝宽度,造成使用的带宽常常与吸收峰的宽度在同一个量级,从而出现吸光度与浓度间的非线性关系,即偏离朗伯-比耳定律。而用傅里叶变换红外光谱仪进行定量分析时,精密度和准确度则明显优于色散型红外分光光度计。

红外光谱法能定量地测定气体、液体和固体试样。表 4.6 列出了用非色散型仪器定量测定大气中各种化学物质的一组数据。在测定固体试样时,常常遇到光程长度不能准确测量的问题,因此在红外光谱定量分析中,除采用紫外可见光谱法中常采用的方法外,还采用其他一些定量分析方法,见 4.6.2.2 节。

表 4.6 用非色散型仪器定量测定大气中各种化学物质

化 合 物	允许的量/$\mu g \cdot mL^{-1}$	$\lambda/\mu m$	最低检测浓度/$\mu g \cdot mL^{-1}$
二硫化碳	4	4.54	0.5
氯丁二烯	10	11.4	4
乙硼烷	0.1	3.9	0.05
1,2-乙二胺	10	13.0	0.4
氰化氢	4.7	3.04	0.4
甲硫醇	0.5	3.38	0.4
硝基苯	1	11.8	0.2
吡啶	5	14.2	0.2
二氧化硫	2	8.6	0.5
氯乙烯	1	10.9	0.3

4.6.4 红外光谱硬件技术的发展和应用

到目前为止,红外光谱仪的发展大体可分为三代:第一代是用棱镜作为分光元件,其缺点是分辨率低,仪器的操作环境要求恒温恒湿等;第二代是衍射光栅作为分光元件,与第一代相比,分辨率大大提高、能量较高、价格较便宜、对恒温恒湿的要求不高;第三代是傅里叶变换红外光谱仪,具有高光通量、低噪声、测量速度快、分辨率高、波数精度高、光谱范围宽等优点,扩展了红外光谱技术的应用领域。上述三代红外光谱技术一般都是指透射红外光谱技术,由于透射红外光谱技术存在如下不足:固体压片或液膜法采集制样麻烦,光程很难控制一致,给测量结果带来误差;大多数物质都有独特的红外吸收,多组分共存时,谱峰重叠现象普遍。所以,对某些样品的测试仍有较大的局限性。漫反射、衰减全反射等硬件和差谱等软件的要求,大大扩展了红外光谱技术的应用领域。

4.6.5 漫反射傅里叶变换红外光谱技术

漫反射(diffuse reflectance)傅里叶变换红外光谱技术是一种对固体粉末样品进行直接测量的光谱方法。当光束入射至粉末状的晶面层时,一部分光在表层各晶粒面产生镜面反射;另一部分光则折射入表层晶粒的内部,经部分吸收后射至内部晶粒界面,再发生反射和折射吸收。如此多次重复,最后由粉末表层朝各个方向反射出来,这种辐射称为漫反射光,由于反射峰通常很弱,同时,它与吸收峰基本重合,仅仅使吸收峰稍有减弱而不至于引起明显的位移,对固体粉末样品的镜面反射光及漫反射光同时进行检测可得到其漫反射光谱。漫反射率和样品浓度的关系可用下式表示:

$$F(R_\infty)=(1-R_\infty)^2/2R_\infty=2.303\varepsilon c/S$$

上式叫作 Kubelka-Munk 方程。式中 R_∞ 表示样品厚度大于入射光透射深度时的漫反射光谱

（含镜面反射）；S 为粉末层散射系数；c、ε 分别为物质的量浓度、摩尔吸光系数。上述方程又称为漫反射光谱中的朗伯定律。由于漫反射傅里叶变换红外光谱法不需要制样，不改变样品的形状，不要求样品有足够的透明度或表面粗糙度，不会对样品造成任何损坏，可直接将样品放在样品支架上进行测定，可以同时对多种组分进行测试，这些特点很适合催化的原位跟踪研究，也很适合对珠宝、纸币、邮票的真伪进行鉴定。

4.6.6 衰减全反射傅里叶变换红外光谱

20世纪80年代初，将显微镜技术应用到傅里叶变换红外光谱仪，诞生了全反射傅里叶变换红外光谱（ATR/FTIR）仪，ATR/FTIR使微区成分的测试和分析变得简单而快捷，检测灵敏度达数纳克（ng），测量显微区直径达数十米。近年来，随着计算机技术和多媒体图视功能的运用，实现了非均匀样品和不平整样品表面的微区无损测量，获得了官能团和化合物在微区空间分布的红外光谱图像。显微ATR红外光谱图像系统是由FTIR红外光谱仪、显微镜及摄像系统、显微ATR、计算机及图像软件组成。将显微ATR镜头直接插入显微镜物镜上即可做微区样品的表面测量。在计算机控制下载物台在X、Y、Z三个方向自动移动，以确定测量区域及聚焦。首先利用可见光将样品表面微区的可见显微图像通过装在显微镜上的摄像机传递到显示屏上，用户可用鼠标器对着屏幕进行定位与选点，并对样品进行标定，然后将选取的样品点的大小、位置存入计算机。之后，载物台自动抬高，使显微ATR镜头与样品接触，系统便开始对各点进行红外光谱采集。该系统可将点、线（不用ATR）、面的红外光谱图存入计算机，经过一定的数据处理，使得不同化学官能团及化合物在微区分布的三维立体图或平面图，以彩色图像显示在屏幕上，当鼠标指向图像某点时，该点的红外光谱就实时地显示出来。衰减全反射不需要通过样品的信号，而是通过样品表面的反射信号获得样品表层有机成分的结构信息，因此，衰减全反射具有如下特点：不破坏样品，不需要像透射红外光谱那样要将样品进行分离和制样。对样品的大小、形状没有特殊要求，属于样品表面无损测量；可测量含水和潮湿的样品；检测灵敏度高，测量区域小，测量点可为数微米；能得到测量位置处物质分子的结构信息、某化合物或官能团空间分布的红外光谱图像；能进行红外光谱库检索以及化学官能团辅助分析；确定物质的种类和性质；操作简便，自动化，可用计算机进行选点、定位、聚集、测量。由于衰减全反射的上述特点，极大地扩大了红外光谱技术的应用范围，许多采用透射红外光谱技术无法制样，或者样品制作过程十分复杂、难度大而效果又不理想的实验，采用衰减全反射附件和实验技术，可以获得常规的透射光谱技术所不能得到的检测效果。广泛应用于塑料、纤维、橡胶、涂料、黏结剂等高分子材料制品的表面成分分析和生物工程的过程分析。FTIR/ATR在各种膜技术的研究应用中也有很多报道，是企业界、科研单位、质量监督、商检、公安、刑侦等部门解决多种质量、技术问题的重要测试手段。有机材料中加入不同的添加剂时，会使它的性能发生很大的变化，常规透射红外光谱（或其他测试仪器）研究添加剂在有机材料中的作用机理及分布情况比较困难，应用显微ATR红外光谱及其软件可以很方便地进行测试。

4.6.7 FTIR与其他技术联用

近年来，随着仪器制造和计算机硬件、软件技术的发展，仪器联用已成为解决许多分析实际问题很受欢迎的一项技术。红外光谱用于鉴别化合物，操作简便，应用广泛，但要求被测样品必须具有一定的纯度。色谱法具有高分离能力，但不具备识别化合物能力，将两种方法联用即可取长补短。现在红外光谱与气相色谱、液相色谱和超临界流体色谱的联用都已获得成功。其中与气相色谱的联用最为成熟，已有多种型号的商品仪器问世；超临界流体色谱与红外光谱仪的联用潜力最大，已进行了大量的研究工作。

思考题与习题

4.1 红外光谱是如何产生的？红外光谱区波段是如何划分的？

4.2 产生红外吸收的条件是什么？是否所有的分子振动都会产生红外吸收光谱？为什么？

4.3 多原子分子的振动形式有哪几种？

4.4 影响红外吸收频率发生位移的因素有哪些？

4.5 傅里叶变换红外光谱仪的突出优点是什么？

4.6 红外光谱区中官能团区和指纹区是如何划分的？有何实际意义？

4.7 由下述力常数 k 数据，计算各化学键的振动频率（波数）。
(1) 乙烷的 C—H 键，$k=5.1\text{N}\cdot\text{cm}^{-1}$；(2) 乙炔的 C—H 键，$k=5.9\text{N}\cdot\text{cm}^{-1}$；
(3) 苯的 C—C 键，$k=7.6\text{N}\cdot\text{cm}^{-1}$；(4) 甲醛的 C—O 键，$k=12.3\text{N}\cdot\text{cm}^{-1}$。
由所得计算值，你认为可以说明一些什么问题？

4.8 判断下列各分子的碳碳对称伸缩振动在红外光谱中是活性还是非活性的。

(1) CH_3—CH_3 (2) CH_3—CCl_3 (3) $HC\equiv CH$

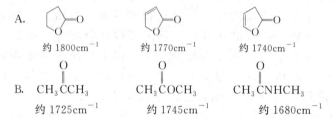

4.9 试解释下列各组化合物羰基 C—O 伸缩振动吸收频率变化的原因。

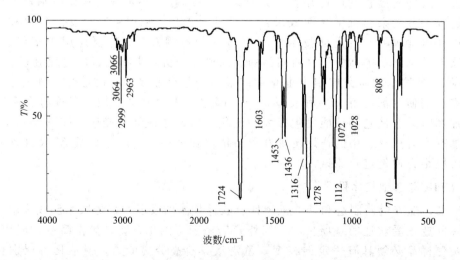

4.10 某化合物分子式为 $C_8H_8O_2$，根据下面红外光谱图，判断该化合物为苯乙酸、苯甲酸甲酯还是乙酸苯酯。

4.11 化合物分子式为 C_9H_{12}，不与溴发生反应，根据红外光谱图推出其结构。

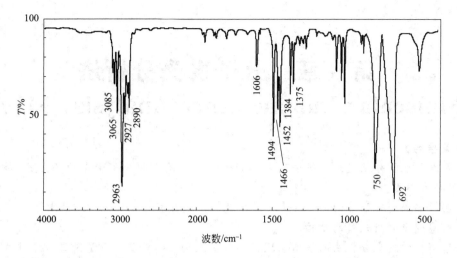

4.12 由下图数据试推断固体化合物 $C_{16}H_{18}$ 的结构。

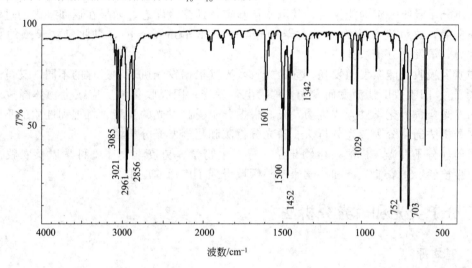

第 4 章 拓展材料

第 5 章 分子发光分析法
Molecular Luminescence Analysis, MLA

【学习要点】
① 熟悉并理解分子发光分析法的基本概念、分子荧光和分子磷光的产生及类型、分子荧光的性质和参数。
② 理解影响荧光强度的主要因素,掌握荧光定量分析方法。
③ 熟悉荧光分析仪器的结构。
④ 了解化学发光分析法的基本原理、化学发光反应的类型、测量仪器和应用。

物质分子吸收一定的能量后,其电子从基态跃迁到激发态,如果在返回基态的过程中伴随有光辐射,这种现象称为分子发光(molecular luminescence),以此建立起来的分析方法,称为分子发光分析法。

物质因吸收光能激发而发光,称为光致发光(根据发光机理和过程的不同,又可分为荧光和磷光);因吸收电能激发而发光,称为电致发光;因吸收化学反应或生物体释放的能量激发而发光,称为化学发光或生物发光。根据分子受激发光的类型、机理和性质的不同,分子发光分析法通常分为荧光分析法、磷光分析法和化学发光分析法。

目前,分子发光分析法在生物化学、分子生物学、免疫学、环境科学以及农牧产品分析、卫生检验、工农业生产和科学研究等领域得到了广泛的应用。

5.1 分子荧光和磷光分析法

5.1.1 基本原理

5.1.1.1 荧光和磷光的产生
荧光和磷光的产生涉及光子的吸收和再发射两个过程。

(1) 激发过程 物质受光照射时,光子的能量在一定条件下被物质的基态分子所吸收,分子中的价电子发生能级跃迁而处于电子激发态,在光致激发和去激发光的过程中,分子中的价电子可以处于不同的自旋状态,通常用电子自旋状态的多重性来描述。一个所有电子自旋都配对的分子的电子态,称为单重态,用"S"表示;分子中的电子对的电子自旋平行的电子态,称为三重态,用"T"表示。

电子自旋状态的多重态用 $2S+1$ 表示,S 是分子中电子自旋量子数的代数和,其数值为 0 或 1。如果分子中全部轨道里的电子都是自旋配对的,即 $S=0$,多重态 $2S+1=1$,该分子体系便处于单重态。大多数有机物分子的基态是处于单重态的,该状态用"S_0"表示。倘若分子吸收能量后,电子在跃迁过程中不发生自旋方向的变化,这时分子处于激发单重态;如果电子在跃迁过程中伴随着自旋方向的改变,这时分子便具有两个自旋平行(不配对)的电子,即 $S=1$,多重态 $2S+1=$

图 5.1 单重态及三重态激发示意图
(a) 基态单重态 (b) 激发单重态 (c) 激发三重态

3,该分子体系便处于激态三重态。符号 S_0、S_1、S_2 分别表示基态单重态、第一和第二电子激发单重态;T_1 和 T_2 则分别表示第一和第二电子激发三重态。如图 5.1 所示。

(2) 发射过程 处于激发态的分子是不稳定的,通常以辐射跃迁或无辐射跃迁方式返回到基态,这就是激发态分子的失活(deactivation)。辐射跃迁的去活化过程,发生光子的发射,即产生荧光和磷光;无辐射跃迁的去活化过程则是以热的形式失去其多余的能量,它包括振动弛豫、内转换、系间跨越及外转换等过程。如图 5.2 所示。

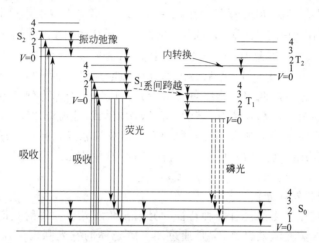

图 5.2 荧光和磷光能级图

S_0、S_1、S_2—分子的基态、第一和第二激发单重态;T_1、T_2—第一和第二激发三重态

① 振动弛豫(vibration relaxation,VR) 由于分子间的碰撞,振动激发态分子由同一电子能级中的较高振动能级转移至较低振动能级的无辐射跃迁过程。发生振动弛豫的时间约为 10^{-12} s 量级。

② 内转换(internal conversion,IC) 指在相同多重态的两个电子能级间,电子由高能级转移至低能级的无辐射跃迁过程。当两个电子能级非常靠近,以致其能级有重叠时,内转换很容易发生。两个激发单重态或两个激发三重态之间能量差较小,并且它们的振动能级有重叠,显然这两种能态之间易发生内转换。

③ 荧光发射 激发态分子经过振动弛豫降到激发单重态的最低振动能级后,如果是以发射光量子跃迁到基态的各个不同振动能级,又经振动弛豫回到最低基态时就发射荧光。

④ 系间跨越(intersystem crossing,ISC) 是指不同多重态间的无辐射跃迁,同时伴随着受激电子自旋状态的改变,如 $S_1 \rightarrow T_1$。在含有重原子(如溴或碘)的分子中,系间跨越最常见。这是因为在原子序数较高的原子中,电子的自旋和轨道运动间的相互作用变大,原子核附近产生了强的磁场,有利于电子自旋的改变。所以含重原子的化合物的荧光很弱或不能发生荧光。

⑤ 外转换(external conversion,EC) 是指激发分子通过与溶剂或其他溶质分子间的相互作用使能量转换,而使荧光或磷光强度减弱甚至消失的过程。这一现象又称为"熄灭"或"猝灭"。

⑥ 磷光发射 第一激发单重态的分子,有可能通过系间跨越到达第一电子激发三重态,再通过振动弛豫转至该激发三重态的最低振动能级,再以无辐射形式失去能量跃迁回基态而发射磷光。

(3) 分子荧光和磷光的类型

① 分子荧光 处于 S_1 或 T_1 态的分子返回 S_0 态时伴随发光现象的过程称为辐射去激,分子从 S_1 态的最低振动能级跃迁至 S_0 态各个振动能级所产生的辐射光称为荧光,它是相同多重态间的允许跃迁,其概率大,辐射过程快,一般在 $10^{-9} \sim 10^{-6}$ s 内完成,因此也叫快

速荧光或瞬时荧光。

由于荧光物质分子吸收的光能经过无辐射去激的消耗后降至 S_1 态的最低振动能级，因而所发射的荧光的波长比激发光长，能量比激发光小，这种现象称为斯托克斯（Stokes）位移。斯托克斯位移越大，激发光对荧光测定的干扰越小，当它们相差大于 20nm 以上时，激发光的干扰很小，可以进行荧光测定。

② 分子磷光　当受激分子降至 S_1 的最低振动能级后，经系间窜跃至 T_1 态，并经 T_1 态的最低振动能级回到 S_0 态的各振动能级所辐射的光称为磷光。磷光在发射过程中分子不但要改变电子的自旋，而且可以在亚稳的 T_1 态停留较长的时间，分子相互碰撞的无辐射能量损耗大。所以，磷光的波长比荧光更长些，寿命为 $10^{-4} \sim 10s$，因此，在光照停止后，仍可持续一段时间。

③ 延迟荧光　分子跃迁至 T_1 态后，因相互碰撞或通过激活作用又回到 S_1 态，经振动弛豫（VR）到达 S_1 态的最低振动能级再发射荧光，这种荧光称为延迟荧光。

不论何种类型的荧光，都是从 S_1 态的最低振动能级跃迁至 S_0 态的各振动能级产生的。所以，同一物质在相同条件下观察到的各种荧光，其波长完全相同，只是发光途径和寿命不同。延迟荧光在激发光源熄灭后，可拖后一段时间，但和磷光又有本质区别，同一物质的磷光波长总比发射荧光的波长长。

5.1.1.2　激发光谱和发射光谱

任何荧光或磷光化合物都具有两种特征的光谱：激发光谱和发射光谱。

(1) 激发光谱（荧光激发光谱）　是通过测量荧光体的发光强度随激发光波长的变化而获得的光谱，它反映了不同波长激发光引起荧光的相对效率。激发光谱的具体测绘办法，是通过扫描激发单色器以使不同波长的入射光激发荧光体，然后让所产生的荧光通过固定波长的发射单色器而照射到检测器上，由检测器检测相应的荧光强度，最后通过记录仪记录荧光强度对激发光波长的关系曲线，即为激发光谱。

从理论上说，同一物质的最大激发波长应与最大吸收波长一致，这是因为物质吸收具有特定能量的光而激发，吸收强度高的波长正是激发作用强的波长。因此，荧光的强弱与吸收光的强弱相对应，激发光谱与吸收光谱的形状应相同，但由于荧光测量仪器的特性，例如光源的能量分布、单色器的透射和检测器的响应等特性都随波长而改变，使实际测量的荧光激发光谱与吸收光谱不完全一致。只有对上述仪器因素进行校正之后而获得的激发光谱，即通常所说的"校正的激发光谱"（或"真实的激发光谱"）才与吸收光谱非常近似。

(2) 发射光谱（荧光或磷光光谱）　如使激发光的波长和强度保持不变，而让荧光物质所产生的荧光通过发射单色器后照射于检测器上，扫描发射单色器并检测各种波长下相应的荧光强度，然后通过记录仪记录荧光强度对发射波长的关系曲线，所得到的谱图称为荧光发射光谱（简称荧光光谱）。荧光光谱表示在所发射的荧光中各种波长组分的相对强度。荧光光谱可供鉴别荧光物质，并作为在荧光测定时选择适当的测定波长或滤光片的根据。

和激发光谱的情况类似，在一般的荧光测定仪器上所测绘的荧光光谱，属"表现"的荧光光谱，只有对光源、单色器和检测器元件的光谱特性加以校正以后，才能获得"校正"（或"真实"）的荧光光谱。

溶液的荧光光谱通常具有以下几个特征：

① Stokes 位移　在溶液荧光光谱中，所观察到的荧光的波长总是大于激发光的波长，即 $\lambda_{em} > \lambda_{ex}$。这主要是由于发射荧光之前的振动弛豫和内转换过程损失了一定的能量，这是产生 Stokes 位移的主要原因。

② 荧光发射光谱的形状与激发波长无关　由于荧光发射发生于第一电子激发态的最低振动能级，而与荧光体被激发至哪一个电子态无关，所以荧光光谱的形状通常与激发波长无关。

③ 与激发光谱大致成镜像对称关系　一般情况下，基态和第一电子激发单重态中振动能级的分布情况是相似的，所以荧光光谱与激发光谱的第一谱带大致成镜像对称。如图5.3所示。

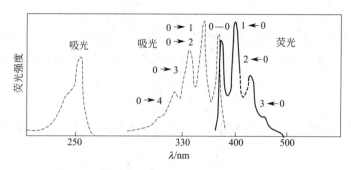

图5.3　荧光光谱与激发光谱的关系

5.1.1.3　荧光强度及影响因素

物质分子吸收辐射后，能否发生荧光取决于分子的结构。荧光强度的大小不但与物质的分子结构有关，也与环境因素有关。

(1) 荧光量子产率又称荧光效率，通常用下式表示：

$$\Phi_f = \frac{发射的荧光量子数}{吸收的荧光量子数}$$

或 $\Phi_f = \dfrac{发射荧光的分子数}{激发分子总数}$

它表示物质发射荧光的能力，Φ_f越大，发射的荧光越强。由前面已经提到的荧光产生的过程可以明显地看出，物质分子的荧光效率必然由激发态分子的活化过程的各个相对速率决定。若用数学式来表达这些关系，得到

$$\Phi_f = \frac{k_f}{k_f + \sum k_i} \tag{5.1}$$

式中，k_f为荧光发射的速率常数；$\sum k_i$为其他无辐射跃迁速率常数的总和。显然，凡是能使k_f升高而其他k_i值降低的因素都可使荧光增强；反之，荧光就减弱。k_f的大小主要取决于化学结构；其他k_i值则受环境强烈影响，也受化学结构轻微影响。磷光的量子产率与此类似。

(2) 荧光与分子结构的关系

① 电子跃迁类型　含有氮、氧、硫杂原子的有机物，如喹啉和芳酮类物质都含有未键合的n电子，电子跃迁多为n→π*型，系间跨越强烈，荧光很弱或不产生荧光，易与溶剂生成氢键或质子化，从而强烈地影响它们的发光特征。

不含氮、氧、硫杂原子的有机荧光体多发生π→π*类型的跃迁，这是电子自旋允许的跃迁，摩尔吸收系数大（约为10^4），荧光辐射强。

② 共轭效应　增加体系的共轭度，荧光效率一般也将增大，并使荧光波长向长波方向移动。共轭效应使荧光增强的原因，主要是由于增大荧光物质的摩尔吸收系数，π电子更容易被激发，产生更多的激发态分子，使荧光增强。

③ 刚性结构和共平面效应　一般来说，荧光物质的刚性和共平面性增强，可使分子与溶剂或其他溶质分子的相互作用减小，即使外转移能量损失减小，从而有利于荧光的发射。例如：芴与联二苯的荧光效率分别约为1.0和0.2。这主要是由于亚甲基使芴的刚性和共平面性增大的缘故。

芴　　　　　　　联二苯

如果分子内取代基之间形成氢键,加强了分子的刚性结构,其荧光强度将增强。例如:水杨酸的水溶液,由于分子内氢键的生成,其荧光强度比对(或间)羟基苯甲酸大。

某些荧光体的立体异构现象对它的荧光强度也有显著影响,例如:1,2-二苯乙烯

其分子结构为反式者,分子空间处于同一平面,顺式者则不处于同一平面,因而反式者呈强荧光,顺式者不发荧光。

④ 取代基效应　芳烃和杂环化合物的荧光光谱和荧光强度常随取代基而改变。表5.1列出了部分基团对苯的荧光效率和荧光波长的影响。一般来说,给电子取代基,如—OH、—NH_2、—OR、—NR_2等能增强荧光;这是由于产生了p-π共轭作用,增强了π电子的共轭程度,导致荧光增强,荧光波长红移。而吸电子取代基,如—NO_2、—COOH、—C═O,卤素离子等使荧光减弱。这类取代基也都含有π电子,然而其π电子的电子云不与芳环上π电子共平面,不能扩大π电子共轭程度,反而使$S_1 \to T_1$系间跨越增强,导致荧光减弱,磷光增强。例如苯胺和苯酚的荧光较苯强,而硝基苯则为非荧光物质。

表5.1 苯及其衍生物的荧光(乙醇溶液)

化合物	分子式	荧光波长/nm	相对荧光强度	化合物	分子式	荧光波长/nm	相对荧光强度
苯	C_6H_6	270~310	10	酚氧离子	$C_6H_5O^-$	310~400	10
甲苯	$C_6H_5CH_3$	270~320	17	苯甲醚	$C_6H_5OCH_3$	285~345	20
丙苯	$C_6H_5C_3H_7$	270~320	10	苯胺	$C_6H_5NH_2$	310~405	20
氟苯	C_6H_5F	270~320	7	苯胺离子	$C_6H_5NH_3^+$	—	0
氯苯	C_6H_5Cl	275~345	7	苯甲酸	C_6H_5COOH	310~390	3
溴苯	C_6H_5Br	290~380	5	苯氰	C_6H_5CN	280~360	20
碘苯	C_6H_5I	—	0	硝基苯	$C_6H_5NO_2$	—	0
苯酚	C_6H_5OH	285~365	18				

卤素取代基随卤素原子量的增加,其荧光效率下降,磷光增强。这是由于在卤素重原子中能级交叉现象比较严重,使分子中电子自旋轨道偶合作用加强,$S_1 \to T_1$系间跨越明显增强,称为重原子效应。

(3) 环境因素对荧光光谱和荧光强度的影响

① 溶剂的影响　同一种荧光体在不同的溶剂中,其荧光光谱的位置和强度都可能会有显著的差别。溶剂对荧光强度的影响比较复杂,一般来说,增大溶剂的极性,将使n→π*跃迁的能量增大,π→π*跃迁的能量降低,从而导致荧光增强。

在含有重原子的溶剂如碘乙烷和四溴化碳中,也是由于重原子效应,增加了系间跨越速度,使荧光减弱。

② 温度的影响　温度对于溶液的荧光强度有着显著的影响。通常,随着温度的降低,荧光物质溶液的荧光量子产率和荧光强度将增大。如荧光素钠的乙醇溶液,在0℃以下温度

每降低 10℃，荧光量子产率约增加 3%，冷却至 -80℃时，荧光量子产率接近 100%。

③ pH 值的影响　假如荧光物质是一种弱酸或弱碱，溶液的 pH 值改变将对荧光强度产生很大的影响。大多数含有酸性或碱性基团的芳香族化合物的荧光光谱，对于溶剂的 pH 值和氢键能力是非常敏感的。表 5.1 中苯酚和苯胺的数据也说明了这种效应。其主要原因是体系的 pH 值变化影响了荧光基团的电荷状态。当 pH 值改变时，配位比也可能改变，从而影响金属离子-有机配位体荧光配合物的荧光发射。因此，在荧光分析中要注意控制溶液的 pH 值。

④ 荧光猝灭（fluorescence quenching，或称荧光熄灭）　广义地说，指任何可使某种荧光物质的荧光强度下降的作用或任何可使荧光量子产率降低的作用。狭义地说，荧光猝灭指荧光物质分子与溶剂分子或其他溶质分子的相互作用引起荧光强度降低的现象。这些引起荧光强度降低的物质称为猝灭剂。

导致荧光猝灭作用的几种主要类型如下。

a. 碰撞猝灭　碰撞猝灭是荧光猝灭的主要原因。它是指处于激发单重态的荧光分子 M^* 与猝灭剂 Q 发生碰撞后，使激发态分子以无辐射跃迁方式回到基态，因而产生猝灭作用。这一过程可用下列反应式表示：

$$\text{相对速率}$$

$$M + fh_1 \longrightarrow M^* \text{（激发）} \qquad —$$
$$M^* \longrightarrow M + fh_2 \text{（发生荧光）} \qquad k_1[M^*]$$
$$M^* + Q \longrightarrow M + Q + \text{热（熄灭）} \qquad k_2[M^*][Q]$$

式中，k_1、k_2 为相应的反应速率常数。很明显，荧光猝灭程度取决 k_1 和 k_2 的相对大小及猝灭剂的浓度。

碰撞猝灭还与溶液的黏度有关。在黏度大的溶剂中，猝灭作用较小。另外，碰撞猝灭随温度升高而增加。

b. 能量转移　这种猝灭作用产生于猝灭剂与处于激发单重态的荧光分子作用后，发生能量转移，使猝灭剂得到激发，其反应如下：

$$M^* + Q \longrightarrow M + Q^* \text{（激发）}$$

如果溶液中猝灭剂浓度足够大，可能引起荧光物质的荧光光谱发生畸变和造成荧光强度测定的误差。

c. 电荷转移　这种猝灭作用产生于猝灭剂与处于激发态分子间发生电荷转移而引起的。由于激发态分子往往比基态分子具有更强的氧化还原能力，因此，荧光物质的激发态分子比其基态分子更容易与其他物质的分子发生电荷转移作用。如甲基蓝分子（以 M 表示）可被 Fe^{2+} 猝灭。

$$M^* + Fe^{2+} \longrightarrow M^- + Fe^{3+}$$

所生成的 M^- 进一步发生下列反应而成为无色染料

$$M^- + H^+ \longrightarrow MH \text{（半醌）}$$
$$2MH \longrightarrow M + MH_2 \text{（无色染料）}$$

d. 转入三重态猝灭　由于内部能量转移，发生由激发单重态到三重态的系间跨越，多余的振动能在碰撞中损失掉而使荧光猝灭。如二苯甲酮，其最低激发单重态是 (n, π^*) 态，由于 $n \to \pi^*$ 跃迁是部分禁阻的，因而 $\pi^* \to n$ 跃迁也是部分禁阻的，处于 (n, π^*) 态的最低激发单重态的寿命要比处于 (π, π^*) 态的长，从而转化为三重态的概率也就比较大。此外，(n, π^*) 态的 S_1 和 T_1 之间的能量间隙通常比较小，有利于加快 $S_1 \to T_1$ 系间跨越过程的速度。

e. 光化学反应猝灭　由光致激发态分子所发生的化学反应称为光化学反应，它可以是单分子，也可以是双分子反应。荧光分析中因发生光化学反应导致猝灭现象经常遇到，其中，影响较大的是光解反应和光氧化还原反应。某些光敏物质在紫外或可见光照射下很容易发生预离解跃迁（分子在接受能量的跃迁过程中，使某些键能低于电子激发能的化学键发生断裂的这种跃迁），表现在荧光测定过程中荧光强度随光照时间而减弱。

f. 自猝灭和自吸收　当荧光物质浓度较大时，常会发生自猝灭现象，使荧光强度降低。这可能是由于激发态分子之间的碰撞引起能量损失。当荧光物质的荧光光谱曲线与吸收光谱曲线重叠时，荧光被溶液中处于基态的分子吸收，称为自吸收。

（4）荧光强度和溶液浓度的关系　荧光强度 I_f 正比于吸收激发光强 I_a 与荧光效率 Φ_f

$$I_f = \Phi_f I_a \tag{5.2}$$

又根据比耳定律，得

$$I_a = I_0 - I_t = I_0(1 - 10^{-\varepsilon bc}) \tag{5.3}$$

式中，I_0 和 I_t 分别为入射光强和透射光强。

将式(5.3)代入式(5.2)得

$$I_f = \Phi_f I_0(1 - 10^{-\varepsilon bc}) \tag{5.4}$$

展开上式，并在 $\varepsilon bc \leq 0.05$ 的条件下得

$$I_f = 2.3\Phi_f I_0 \varepsilon bc \tag{5.5}$$

当入射光强度 I_0 和 b 一定时，Φ_f 和 ε 也是常数，得

$$I_f = Kc \tag{5.6}$$

由此可见，在低浓度时，荧光强度与荧光物质的浓度呈线性关系且增大入射光的强度，可以增大荧光的强度。在高浓度时，由于荧光猝灭和自吸收等原因，使荧光强度与溶液的浓度不呈线性关系。

5.1.2　荧光和磷光分析仪器

荧光和磷光分析仪器与大多数光谱分析仪器一样，主要由光源、单色器（滤光片或光栅）、样品池、检测器和放大显示系统组成。不同的是荧光和磷光仪器需要两个独立的波长选择系统，一个用于激发，一个用于发射。

5.1.2.1　荧光光度计

荧光分析使用的仪器可分为荧光计和荧光分光光度计两种类型。图5.4为荧光分光光度计示意图。由光源发出的光，经第一单色器（激发单色器）后，得到所需要的激发光波长。设其强度为 I_0，通过样品池后，由于一部分光被荧光物质所吸收，故其透射强度减为 I。荧光物质被激发后，将向四面八方发射荧光，但为了消除入射光及散射光的影响，荧光的测量应在与激发光成直角的方向上进行。仪器中的第二单色器称为荧光单色器，它的作用是消除溶液中可能共存的其他光线的干扰，以获得所需要的荧光。

由光源发出的激发光，经过第一单色器（激发光单色器），选择最佳波长的光去激发样品池内的荧光物质。荧光物质被激发后，将向四面八方发射荧光。但为了消除激发光及散射光的影响，荧光的测量不能直接对着激发光源，所以，荧光检测器通常是放在与激发光成直角的方向上。否则，强烈的激发余光会透过样品池干扰荧光的测定，甚至会损坏检测器。第二单色器（荧光单色器）的作用是消除荧光样品池的反射光、瑞利散

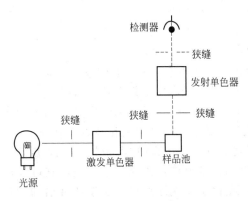

图 5.4　荧光分光光度计示意图

射光、拉曼散射光以及其他物质所产生的荧光的干扰，以便使待测物质的特征性荧光照射到检测器上进行光电信号的转换，所得到的电信号，经放大后由记录仪记录下来。

(1) 光源 光源应具有强度大、适应波长范围宽两个特点。常用的光源有高压汞灯和氙弧灯。

高压汞灯的平均寿命为 1500~3000h，荧光分析中常用的是 365nm、405nm 及 436nm 三条谱线。

氙弧灯（氙灯）是连续光源，发射光束强度大，可用于 200~700nm 波长范围。在 300~400nm 波段内，光谱强度几乎相等。

此外，高功率连续可调染料激光光源是一种新型荧光激发光源。激发光源的单色性好，强度大。脉冲激光的光照时间短，并可避免感光物质的分解。

(2) 单色器 简易的荧光计一般采用滤光片作单色器，由第一滤光片分离出所需要的激发光，用第二滤光片滤去杂散光和杂质所发射的荧光。但这种仪器只能用于荧光强度的定量测定，不能给出荧光的激发与发射光谱。荧光分光光度计最常用的单色器是光栅单色器，它具有较高的分辨率，能扫描光谱；缺点是杂散光较大，有不同的次级谱线干扰，但可用合适的前置滤光片加以消除。

(3) 样品池 通常是石英材料的方形池，四个面都透光。放入池架中时，要用手拿着棱并规定一个插放方向，免得各透光面被指痕污染或被固定簧片擦坏。

(4) 狭缝 狭缝越小，单色性越好，但光强度和灵敏度下降。当入射狭缝和出射狭缝的宽度相等时，单色器射出的单色光有 75% 的能量是辐射在有效的带宽内。此时，既有好的分辨率，又保证了光通量。

(5) 检测器 简易的荧光分光光度计可采用目视或硒光电池检测，但一般较精密的荧光分光光度计均采用光电倍增管检测。施加于光电倍增管的电压越高，放大倍数越大，电压每波动 1V，增益就随之波动 3%，所以，要获得良好的线性响应，要有稳定的高压电源。光电倍增管的响应时间很短，能检测出 $10^{-8} \sim 10^{-9}$s 的脉冲光。

另外，荧光分光光度计使用的检测器还有光导摄像管。它具有检测效率高、动态范围宽、线性响应好、坚固耐用和寿命长等优点，但其检测灵敏度不如光电倍增管。

(6) 读出装置 有数字电压表、记录仪和阴极示波器等几种。数字电压表用于例行定量分析，既准确、方便又便宜。记录仪多用于扫描激发光谱和发射光谱。阴极示波器显示的速度比记录仪快得多，但其价格比记录仪高得多。

5.1.2.2 磷光计

在荧光分光光度计上配上磷光附件，即可用于磷光测定。磷光附件包括如下。

(1) 液槽 为了实现在低温下测量磷光，需将样品溶液放置在盛液氮的石英杜瓦瓶内。

(2) 磷光镜 有些物质能同时产生荧光和磷光，为了能在荧光发射的情况下测定磷光，通常必须在激发单色器与液槽之间以及在液槽和发射单色器之间各装一个斩波片（磷光镜），并由一个同步电机带动，如图 5.5 所示。现以转盘式磷光镜为例说明其工作原理。当两个斩波片（磷光镜）调节为同相时，荧光和磷光一起进入发射单色器，测到的是荧光和磷光的总强度；当两个斩波片（磷光镜）调节为异相时，激发光被挡住，此时，由于荧光寿命短，立即消失，而磷光的寿命长，所以测到的仅是磷光信号。利用斩波片（磷光镜），不仅可以分别测出荧光和磷光，而且可以通过调节两个斩波片（磷光镜）的转速，测出不同寿命的荧光。这种具有时间分辨功能的装置，是磷光分光光度计的一个特点。

由于磷光是由激发三重态经禁阻跃迁返回基态，很容易受其他辐射或无辐射跃迁的干扰而使磷光减弱，甚至完全消失。为了获得较强的磷光，宜采取下列一些措施。

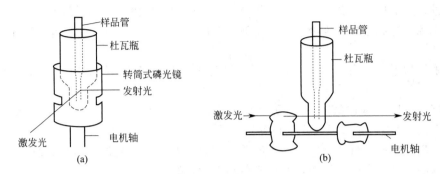

图 5.5　磷光镜
（a）转筒式磷光镜；（b）转盘式磷光镜

① 低温磷光　在低温如液氮（77K），甚至在液氦（4K）的冷冻下，使样品冷冻为刚性玻璃体。这时振动偶合和碰撞等无辐射去活化作用降到最低限度，磷光增强。

② 固体磷光　在室温条件下，测量吸附在固体基质上（如滤纸、硅胶等）的待测物质所发射的磷光，称为固体磷光法。这样可以减少激发三重态的碰撞猝灭等无辐射跃迁的去活化作用，获得较强的磷光。

③ 分子缔合物的形成　在试液中，表面活性剂与待测物质形成胶束缔合物后，可增加其刚性，减少了激发三重态的内转化及碰撞猝灭等无辐射跃迁去活化作用，增加了激发三重态的稳定性，获得较强的磷光。

④ 重原子效应　如前所述，在含有重原子的溶剂中，将使待测物质的荧光减弱，磷光得到加强。

5.1.3　分子荧光定量分析方法

由于能产生荧光和磷光的化合物占被分析物的数量有限，并且许多化合物发射的波长相差较小，故荧光和磷光法很少用于定性分析。

在分光光度法中，由于被检测的信号为 $A=\lg(I_0/I)$，即当试样浓度很低时，检测器所检测的是两个较大的信号（I_0 及 I）的微小差别，这是难以达到准确测量的。然而在荧光光度法中，被检测的是叠加在很小背景值上的荧光强度，从理论上讲，它是容易进行高灵敏、高准确测量的，与分光光度法相比较，荧光法的灵敏度要高 2～4 个量级，常用于分析 $10^{-5}\sim 10^{-8}\,\mathrm{mol\cdot L^{-1}}$ 范围的物质。

光致发光可以定量分析如下三类物质：试样本身发光；试样本身不发光（其中一类试样本身不发光，但与一个荧光或磷光的试剂反应而转化为发光物；另一类试样本身既不发光又不能转化为发光物质，但能与一个发光物质反应生成一不发光的产物）。

荧光分析的定量分析一般采用比较法和标准曲线法，与紫外可见分光光度法相似，可参见第 3 章。值得注意的是，在定量测定上述三类物质时，它们的具体操作不尽相同。下面主要介绍荧光猝灭法和多组分混合物的荧光分析法。

5.1.3.1　荧光猝灭法

荧光猝灭剂的浓度 c_Q 与荧光强度的关系可用 Stern-Volmer 方程表示：

$$F_0/F=1+Kc_Q \tag{5.7}$$

式中，F_0 与 F 分别为猝灭剂加入前与加入后试液的荧光强度。由式（5.7）可见，F_0/F 与猝灭剂浓度之间有线性关系，与标准曲线法相似，对一定浓度的荧光物质体系，分别加入一系列不同量的猝灭剂 Q，配成一个荧光物质——猝灭剂系列，然后在相同条件下测定它们的荧光强度。以 F_0/F 对 c_Q 绘制标准曲线即可方便地进行测定。该法具有较高的灵敏度和选择性。

5.1.3.2　多组分混合物的荧光分析

如果混合物中各组分的荧光峰相互不干扰，可分别在不同波长处测定，直接求出它们的浓度。如果荧光峰互相干扰，但激发光谱有显著差别，其中一个组分在某一激发光下不会产生荧光，因而可选择不同的激发光进行测定。例如 Al^{3+} 和 Ga^{3+} 的 8-羟基喹啉配合物的氯仿萃取液，荧光峰均在 520nm，但激发峰分别为 365nm 和 435.8nm，因此，可分别用 365nm 及 435.8nm 激发，在 520nm 测定。

如果在同一激发光波长下荧光光谱互相严重干扰，可以利用荧光强度的加和性，在适宜的荧光波长处测定，用列联立方程式的方法求出分析结果。

5.1.4　分子荧光分析法的灵敏度

与紫外-可见分光光度法比较，荧光是从入射光的直角方向检测的，即在黑背景下检测荧光的发射，所以荧光分析的灵敏度要比紫外-可见分光光度法高 2~4 个数量级。其灵敏度的表示方法有以下几种。

5.1.4.1　绝对灵敏度 S_a

绝对灵敏度是用荧光物质的荧光量子产率 Φ_f 和摩尔吸光系数 ε 的乘积表示的灵敏度。

$$S_a = \Phi_f \varepsilon \tag{5.8}$$

式中，S_a 值越大，表示荧光物质越易发射荧光，灵敏度越高。

5.1.4.2　以硫酸奎宁的检出限表示仪器的灵敏度

由于实际测定时，激发光源的强度和光电倍增管的光谱特性随波长而改变，灵敏度受仪器的质量（如光源的强度及其稳定性、单色器杂散光水平、光电倍增管的特性及放大器的质量等）和工作条件等诸多因素的影响，因此，同一物质在不同的条件和仪器上测定的灵敏度不同。所以常以在特定条件下能检出硫酸奎宁（$0.05mol·L^{-1}$ H_2SO_4 水溶液）的最低浓度（即检出限）为指标来表示荧光仪器的灵敏度，其值多为 $10^{-10} \sim 10^{-12}$ $g·mL^{-1}$。

5.1.4.3　用纯水拉曼峰信噪比（S/N）表示仪器的灵敏度

当激发光照射荧光体溶液时，其能量一般不足以使溶剂或其他杂质分子中的电子跃迁到电子激发态，但可能将电子激发到基态中其他较高的振动能级。倘若电子受激后能量没有损失，并且在瞬间（约 10^{-12} s）内又返回到原来的振动能级，便会在各个不同的方向上发射和激发光相同波长的辐射，这种辐射称为瑞利散射光，其强度与光波长的四次方成反比。溶剂和其他杂质的瑞利散射光会干扰荧光的测定，一般由第二单色器滤去散射光以消除其影响，所以，单色器的分辨率越高，荧光的斯托克斯位移越大，散射光的影响越小。

除瑞利散射光外，被激发到基态中其他较高振动能级的电子，也可能返回到比原来的能级稍高或稍低的振动能级，便会产生波长略长或略短于激发光波长的散射光，称为拉曼光。拉曼光的波长随激发的波长改变而改变，但与激发光之间存在一定的频率差值。一般情况下，拉曼光的强度比瑞利散射光和荧光体的荧光要弱得多。

近年来，仪器的灵敏度趋向于用纯水的拉曼峰的信噪比（S/N）表示，以纯水的拉曼峰高为信号值（S），并固定发射波长，使记录仪器进行时间扫描，以求出仪器的噪声大小（N），用 S/N 值作为衡量仪器灵敏度的指标，其值大多为 20~200。水的拉曼峰越高，仪器的噪声越小，S/N 值就越大，仪器对荧光信号的检测就越灵敏。因此，这种方法不但简单易行，而且比较符合实际情况，被人们广泛采用。

荧光分析法具有灵敏度高、选择性好、工作曲线线性范围宽、试样用量少和方法简便等优点,且能提供分子的激发光谱、荧光光谱、荧光寿命、荧光效率及荧光强度等诸多信息。因此,它不但已成为一种重要的痕量分析技术,还能从不同角度为研究分子结构提供信息,使其在生物化学和药物学方面的研究中发挥重大作用。

5.1.5 分子荧光分析法的应用

5.1.5.1 无机化合物的分析

无机化合物能直接产生荧光并用于测定的很少,但与有机试剂形成络合物后进行荧光测定的元素目前已达到60多种。其中铝、铍、镓、硒、钙、镁及某些稀土元素常用荧光法测定。

(1) 直接荧光法 利用金属离子或非金属离子与有机络合剂生成能发荧光的络合物,通过测量络合物的荧光强度进行定量分析。

(2) 荧光猝灭法 有些无机离子不能形成荧光络合物,但它可以从金属离子与有机试剂生成的荧光络合物中夺取金属离子或与有机试剂形成更稳定的络合物,使荧光络合物的荧光强度降低,测量荧光强度减弱的程度可以确定该无机离子的含量。荧光猝灭法广泛地应用于测定阴离子。某些无机物质的荧光测定法见表5.2。

表 5.2 某些无机物的荧光测定法

离子	试 剂	吸收波长/nm	荧光波长/nm	检出限/$\mu g \cdot mL^{-1}$	干扰
Al^{3+}	石榴茜素 R	470	500	0.007	Be,Co,Cr,Cu,F^-,NO_3^-,Ni,PO_4^{3-},Th,Zr
F^-	石榴茜素 R-Al 络合物(猝灭)	470	500	0.001	Be,Co,Cr,Cu,Fe,Ni,PO_4^{3-},Th,Zr
$B_4O_7^{2-}$	二苯乙醇酮	370	450	0.04	Be,Sb
Cd^{2+}	2-邻羟基苯间氮杂氧	365	蓝色	2	NH_3
Li^+	8-羟基喹啉	370	580	0.2	Mg
Sn^{4+}	黄酮醇	400	470	0.008	F^-,PO_4^{3-},Zr
Zn^{2+}	二苯乙醇酮	—	绿色	10	Be,B,Sb,显色离子

5.1.5.2 有机化合物的分析

(1) 脂肪族有机化合物的分析 在脂肪族有机化合物中,本身会产生荧光的并不多,如醇、醛、酮、有机酸及糖类等。但可以利用它们与某种有机试剂作用后生成会产生荧光的化合物,通过测量荧光化合物的荧光强度来进行定量分析。例如,甘油三酯是生理化验的一个项目。人体血浆中甘油三酯含量的增高被认为是心脏动脉疾病的一个标志。测定时,首先将其水解为甘油,再氧化为甲醛,甲醛与乙酰丙酮及氨反应生成会发荧光的 3,5-二乙酰基-1,4-二氢卢剔啶,其激发峰在 405nm,发射峰在 505nm,测定浓度范围为 $400 \sim 4000 \mu g \cdot mL^{-1}$。

具有高度共轭体系的脂肪族化合物,如维生素 A、胡萝卜素等本身能产生荧光,可直接测定;例如,血液中维生素 A,可用环己烷萃取后,以 345nm 为激发光,测量 490nm 波长处的荧光强度,可以测定其含量。

(2) 芳香族有机化合物的分析 芳香族化合物具有共轭的不饱和体系,多能产生荧光,可直接测定。例如,3,4-苯并芘是强致癌芳烃之一,在 H_2SO_4 介质中用 520nm 激发光测定 545nm 波长处的荧光强度,可测定其在大气及水中的含量。

此外,药物中的胺类、甾体类、抗生素、维生素、氨基酸、蛋白质、酶等大多具有荧光,可用荧光法测定。

在研究生物活性物质与核酸的作用及蛋白质的结构和机能方面,荧光分析法是重要的手段之一。某些有机化合物的荧光测定法见表5.3。

表 5.3　某些有机化合物的荧光测定法

测定物质	试　剂	激发光波长 /nm	荧光波长 /nm	测定范围 c /$\mu g \cdot mL^{-1}$
丙三醇	苯胺	紫外	蓝色	0.1～2
糠醛	蒽酮	465	505	1.5～15
蒽		365	400	0～5
苯基水杨酸酯	N,N-二甲基甲酰胺(KOH)	366	410	3×10^{-8}～5×10^{-6} mol·L^{-1}
1-萘酚	0.1mol·L^{-1}NaOH	紫外	500	
阿脲(四氧嘧啶)	苯二胺	(365)	485	10^{-10}
维生素 A	无水乙醇	345	490	0～20
氨基酸	氧化酶等	315	425	0.01～50
蛋白质	曙红 Y	紫外	540	0.06～6
肾上腺素	乙二胺	420	525	0.001～0.02
胍基丁胺	邻苯二醛	365	470	0.05～5
玻璃酸酶	3-乙酰氧基吲哚	395	470	0.001～0.033
青霉素	a-甲氧基-6-氯-9-(β-氨乙基)氨基氮杂蒽	420	500	0.0625～0.625

随着激光、计算机和电子学的新成就等一些新的科学技术的引入，促进了诸如同步荧光、导数荧光、时间分辨荧光、相分辨荧光、荧光偏振、荧光免疫、低温荧光、固体表面荧光等诸多新方法以及荧光反应速率法、三维荧光光谱技术和荧光光纤传感器等的发展，加速了各式各样新型荧光分析仪器的问世，使荧光分析法不断朝着高效、痕量、微观和自动化的方向发展，其灵敏度、准确度和选择性日益提高。如今，荧光分析法已经发展成为一种重要而有效的光谱分析技术。

5.1.6　磷光分析法的应用

由于能产生磷光的物质数量很少，再加上测量时需在液氮温度下进行，因此在应用上磷光分析远不及荧光分析普遍。但是通常具有弱荧光的物质能发射较强的磷光，例如含有重原子（氯或硫）的稠环芳烃常常能发射较强的磷光，而不存在重原子的这些化合物则发射的荧光强于磷光，故在分析对象上，磷光法与荧光法互相补充，成为痕量有机分析的重要手段。磷光分析已用于测定稠环芳烃和石油产物（见表 5.4）；农药、生物碱和植物生长激素的分析；药物分析和临床分析等。另外，磷光分析技术已应用于细胞生物学和生物化学的研究领域。例如用磷光分析法检验某些生物活性物质，通过其磷光特性以研究蛋白质的构象，利用磷光以表征细胞核的组分等。

表 5.4　某些稠环芳烃室温磷光分析

化　合　物	λ_{ex}/nm	λ_{em}/nm	重原子	检出限/ng
吖啶	360	640	Pb(OAc)$_2$	0.4
苯并[a]芘	395	698	Pb(OAc)$_2$	0.5
苯并[e]芘	335	545	CsI	0.01
2,3-苯并芴	343	505	NaI	0.028
咔唑	296	415	CsI	0.005
1,2,3,4-二苯并蒽	295	567	CsI	0.08
1,2,5,6-二苯并蒽	305	555	NaI	0.005
13H-二苯并[a,i]咔唑	295	475	NaI	0.002
荧蒽	365	545	Pb(OAc)$_2$	0.05
芴	270	428	CsI	0.2
1-萘酚	310	530	NaI	0.03
芘	343	595	Pb(OAc)$_2$	0.1

5.2 化学发光分析法

化学发光（chemiluminescence）又称为冷光（cold light），它是在没有任何光、热或电场等激发的情况下，由化学反应而产生的光辐射。生命系统中也有化学发光，称生物发光（bioluminescence），如萤火虫、某些细菌或真菌、原生动物、蠕虫以及甲壳动物等所发射的光。化学发光分析（chemiluminescence analysis）就是利用化学反应所产生的发光现象进行分析的方法。它是近30多年来发展起来的一种新型、高灵敏度的痕量分析方法。在痕量分析、环境科学、生命科学及临床医学上得到愈来愈广泛的应用。

化学发光具有以下几个特点。

① 极高的灵敏度，荧光虫素（LH_2，luciferin）、荧光素酶（luciferase）与磷酸三腺苷（ATP）的化学反应可测定 $2×10^{-17}$ mol·L^{-1} 的ATP，可检测出一个细菌中的ATP含量。

② 由于可以利用的化学发光反应较少，而且化学发光的光谱是由受激分子或原子决定的，一般来说，也是由化学反应决定的。很少有不同的化学反应产生出同一种发光物质的情况，因此化学发光分析具有较好的选择性。

③ 仪器装置比较简单，不需要复杂的分光和光强度测量装置，一般只需要干涉滤光片和光电倍增管即可进行光强度的测量。

④ 分析速度快，一次分析在1 min之内就可完成，适宜自动化连续测定。

⑤ 定量线性范围宽，化学发光反应的发光强度和反应物的浓度在几个数量级的范围内呈良好的线性关系。

5.2.1 基本原理

化学发光是基于化学反应所提供足够的能量，使其中一种产物的分子的电子被激发成激发态分子，当其返回基态时发射一定波长的光，称为化学发光，表示如下

$$A+B \longrightarrow C^* + D$$

$$C^* \longrightarrow C + h\nu$$

化学发光包括吸收化学能和发光两个过程。为此，它应具备下述条件：

① 化学发光反应必须能提供足够的化学能，以引起电子激发；

② 要有有利的化学反应历程，以使所产生的化学能用于不断地产生激发态分子；

③ 激发态分子能以辐射跃迁的方式返回基态，而不是以热的形式消耗能量。

化学发光反应的化学发光效率 Φ_{cl}，取决于生成激发态产物分子的化学激发效率 Φ_r 及激发态分子的发光效率 Φ_f 这两个因素。可用下式表示：

$$\Phi_{cl} = \frac{发射光子的分子数}{参加反应的分子数} = \Phi_r \Phi_f$$

化学发光的发光强度 I_{cl} 以单位时间内发射的光子数来表示，它等于化学发光效率 Φ_{cl} 与单位时间内起反应的被测物浓度 c_A 的变化（以微分表示）的乘积，即：

$$I_{cl}(t) = \Phi_{cl} \times \frac{dc_A}{dt} \tag{5.9}$$

通常，在发光分析中，被分析物的浓度与发光试剂相比要小很多，故发光试剂浓度

可认为是一常数，因此发光反应可视为是一级动力学反应，此时反应速率可表示为：

$$\frac{\mathrm{d}c_A}{\mathrm{d}t} = kc_A$$

式中，k 为反应速率常数。由此可得：在合适的条件下，t 时刻的化学发光强度与该时刻的分析物浓度成正比，可以用于定量分析，也可以利用总发光强度 I 与被分析浓度的关系进行定量分析，此时，将式(5.9)积分，得到

$$I = \int_{t_1}^{t_2} I_{cl} \mathrm{d}t = \Phi_{cl} \int_{t_1}^{t_2} \frac{\mathrm{d}c_A}{\mathrm{d}t} \mathrm{d}t \tag{5.10}$$

如果取 $t_1 = 0$，t_2 为反应结束时的时间，则得到整个反应产生的总发光强度与分析物的浓度呈线性关系。

5.2.2 化学发光反应的类型

5.2.2.1 气相化学发光

主要有 O_3、NO 和 SO_2、S、CO 的化学发光反应，应用于检测空气中的 O_3、NO、NO_2、H_2S、SO_2 和 CO_2 等。

火焰化学发光也属于气相化学发光范畴。在 300~400℃ 的火焰中，热辐射是很小的，某些物质可以从火焰的化学反应中吸收化学能而被激发，从而产生火焰化学发光。火焰化学发光现象多用于硫、磷、氮和卤素的测定。

5.2.2.2 液相化学发光

用于分析上的液相化学发光体系很多，常用于化学发光分析的发光物质有鲁米诺、光泽精、洛粉碱、没食子酸、过氧草酸盐等，但研究和应用比较广泛的有鲁米诺（luminol）和光泽精（lucigenin）。

(1) 鲁米诺体系　鲁米诺（3-氨基苯二甲酰环肼）也称为冷光剂，在碱性水溶液、二甲基亚砜或二甲基甲酰胺等极性有机溶剂中，能被某些氧化剂 [如 H_2O_2、ClO^-、I_2、$K_3Fe(CN)_6$、MnO_4^-、Cu^{2+} 等] 氧化，产生最大辐射波长为 425nm（水溶液）或 485nm（二甲基亚砜溶液）的光，化学发光效率为 1%~5%。其发光历程如下：

鲁米诺　　　　　　　　　　　　　　　　　　氨基邻苯二甲酸根

据此建立了这些氧化剂的化学发光分析法。

鲁米诺被 H_2O_2 氧化的反应速率很慢，但许多金属离子在适当的反应条件下能增大这一发光反应的速率，在一定的浓度范围内，发光强度与金属离子浓度呈良好的线性关系，故可用于痕量金属离子的测定。这些方法的灵敏度都非常高，可测定 50 余种元素和大量有机、无机化合物。但由于至少有约 30 种金属离子会催化或抑制该反应，使方法的选择性不好，限制了在实际工作中的应用。

(2) 光泽精体系　光泽精（N,N-二甲基-9,9'-联吖啶二硝酸盐）在碱性溶液中与 H_2O_2 反应生成激发态的 N-甲基吖啶酮，产生最大发射波长为 470nm 的化学发光，其 Φ_{cl} 为 1%~2%。该体系可测定 Fe^{2+}、Fe^{3+}、Cr^{3+}、Mn^{2+}、Ag^+ 等，尤其是可以测定 luminol 体系不能直接测定的 Pb^{2+}、Bi^{3+} 等。还可以测定丙酮、羟胺、果糖、维生素 C、谷胱甘肽、尿素、肌酸酐和多种酶。用光泽精作化学发光探针，可用来测定人体全血中吞噬细胞的活性。

该体系可测定甲醛、甲酸、H_2O_2、葡萄糖、氨基酸、多环芳胺类化合物和 Zn^{2+}、Cr^{6+}、Mo^{6+}、V^{5+} 等多种金属离子。

5.2.3　测量仪器

气相化学发光反应主要用于某些气体的检测，目前已有各种专用的监测仪。下面主要介绍液相化学发光反应的检测。

在液相化学发光分析中，当试样与有关试剂混合后，化学发光反应立即发生，且发光信号瞬间即消失。因此，如果不在混合过程中立即测定，就会造成光信号的损失。由于化学发光反应的这一特点，样品与试剂混合方式的重复性就成为影响分析结果精密度的主要因素。目前，按照进样方式，可将发光分析仪分为分离取样式和流动注射式两类。

5.2.3.1　分离取样式

分离式化学发光仪是一种在静态下测量化学发光信号的装置。它利用移液管或注射器将试剂与样品加入反应室中，靠搅动或注射时的冲击作用使其混合均匀，然后根据发光峰面积的积分值或峰高进行定量测定。

分离取样式仪器具有设备简单、造价低、体积小和灵敏度高等优点，还可记录化学发光反应的全过程，故特别适用于反应动力学研究。但这类仪器存在两个严重缺点：一是手工加样速度较慢，不利于分析过程的自动化，且每次测试完毕后，要排除池中废液并仔细清洗反应池，否则产生记忆效应；另一点是加样的重复性不好控制，从而影响测试结果的精密度。

5.2.3.2　流动注射式

流动注射式是流动注射分析在化学发光分析中的一个应用。分光光度法、化学发光法、原子吸收光谱法和电化学法的许多间隙操作式的方法，都可以在流动注射分析中得到快速、准确而自动地进行。流动注射分析是基于把一定体积的液体试样注射到一个运动着的、无空气间隔的、由适当液体组成的连续载流中，被注入的试样形成一个带，然后被载流带到检测器中，再连续地记录其光强、吸光度、电极电位等物理参数。在化学发光分析中，被检测的光信号只是整个发光动力学曲线的一部分，以峰高来进行定量分析。

在发光分析中，要根据不同的反应速率，选择试样准确进到检测器的时间，以使发光峰值的出现时间与混合组分进入检测器的时间恰好吻合。目前，用流动注射式进行化学发光分析，得到了比分离式发光分析法更高的灵敏度和更好的精密度。

5.2.4　化学发光分析法的应用

化学发光分析法最显著的特点是灵敏度高，又能进行快速连续的分析，已广泛应用于痕量元素的分析、环境监测、生物学及医学分析的各个领域。

5.2.4.1　气相化学发光法的应用

气相化学发光法已广泛用于大气污染检测，测定对象主要有两类，一类是常温下呈气态的氰化物、硫化物、氮化物、臭氧和乙烯等，另一类是在火焰中易生成气态原子的 P、N、S、Te 和 Se 等元素。

5.2.4.2　液相化学发光法的应用

表 5.5 给出了鲁米诺及其衍生物的发光反应及其部分应用。

鲁米诺及其衍生物的发光反应除了测定痕量金属离子以外，还可以应用于有机物、药物、生物体液中的低含量激素、新陈代谢物的测定（见表 5.5）。

表 5.5　鲁米诺化学发光体系的部分应用

分析物	氧化剂-添加剂	检出限 /mol·L^{-1}	灵敏度 /μg·mL^{-1}	分析物	氧化剂-添加剂	检出限 /mol·L^{-1}	灵敏度 /μg·mL^{-1}
Co(Ⅱ)	H_2O_2	10^{-10}		Ir(Ⅳ)	KIO_4		0.04
Cu(Ⅱ)	H_2O_2	10^{-9}		Ce(Ⅳ)	H_2O_2-Cu^{2+}		0.1①
Ni(Ⅱ)	H_2O_2	10^{-8}		Th(Ⅳ)	H_2O_2-Cu^{2+}		1.0①
Cr(Ⅲ)	H_2O_2	$10^{-9}\sim10^{-10}$		Ti(Ⅳ)	H_2O_2-Cu^{2+}		0.02①
Fe(Ⅱ)	O_2	10^{-10}		Hf(Ⅳ)	H_2O_2-Cu^{2+}		0.01①
Fe(Ⅲ)	H_2O_2-胺		0.0002	过氧化物		$10^{-8}\sim10^{-7}$	
Mn(Ⅱ)	H_2O_2-胺	10^{-8}		葡萄糖	葡萄糖氧化酶	$10^{-8}\sim10^{-7}$	
V(Ⅳ)	O_2-$P_2O_7^{4-}$		0.002	尿酸	尿酸氧化酶	$10^{-8}\sim10^{-7}$	
V(Ⅴ)	H_2O_2-Co 配合物		0.04	胆固醇	胆固醇氧化酶	$10^{-8}\sim10^{-7}$	

① 采用化学发光抑制法。

例如机体中的超氧阴离子·O_2^-，能直接与鲁米诺作用产生化学发光而被检测，灵敏度高，仪器设备简单，便于推广。机体中的超氧化物歧化酶（SOD）能促使·O_2^-歧化为 O_2 和 H_2O_2，故 SOD 对·O_2^-有清除作用，由于 SOD 的存在，使鲁米诺-·O_2^-体系的化学发光受到抑制，可间接测定 SOD。

思考题与习题

5.1　试从原理和仪器两个方面比较分子荧光、磷光和化学发光的特点。

5.2　何为荧光（磷光）的激发光谱和发射光谱？如何绘制？它们有何特点？

5.3　简述荧光和磷光发射的过程。有机化合物的荧光与其结构有何关系？

5.4　解释下列术语：
(1) 荧光量子产率；(2) 荧光猝灭；(3) 系间窜跃；(4) 振动弛豫；(5) 重原子效应。

5.5　写出荧光强度的数学表达式，说明式中各物理量的意义。影响荧光强度的因素是什么？

5.6　试解释荧光分析法比紫外-可见分光光度法灵敏度高的原因。

5.7　下列各组化合物或不同条件中，预测哪一种荧光产率高？为什么？

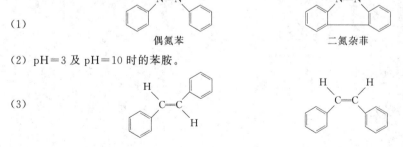

(1) 偶氮苯　　二氮杂菲

(2) pH=3 及 pH=10 时的苯胺。

(3)

(4)

5.8　提高磷光测定灵敏度的方法有哪些？

5.9　NADH 的还原型是一种重要的强荧光性物质，其最大激发波长为 340nm，最大发射波长为 465nm，在一定的条件下测得 NADH 标准溶液的相对荧光强度如下表所示。根据所测数据绘制标准曲线，并求出相对荧光强度为 42.3 的未知液中 NADH 的浓度。

NADH/10^{-8} mol·L^{-1}	相对荧光强度 I_f	NADH/10^{-8} mol·L^{-1}	相对荧光强度 I_f
1.00	13.0	5.00	59.7
2.00	24.6	6.00	71.2
3.00	37.9	7.00	83.5
4.00	49.0	8.00	95.0

第 5 章 拓展材料

第6章 原子发射光谱法
Atomic Emission Spectrometry，AES

【学习要点】
① 理解原子发射光谱法的特点及原子发射光谱产生的原因。
② 掌握原子发射光谱法的基本原理。
③ 掌握原子发射光谱仪的基本类型和基本构造以及激发源的基本类型。
④ 掌握原子发射光谱法定性和定量分析方法。
⑤ 了解原子发射光谱法的应用。

6.1 概述

原子发射光谱法是依据各种化学元素的原子或离子在热激发或电激发下发射的特征电磁辐射而进行元素定性与定量分析的方法。

原子发射光谱法是光谱分析法中产生与发展最早的一种。早在1859年德国学者基尔霍夫（Kirchhoff G R）和本生（Bunsen R W）合作，制造了第一台用于光谱分析的分光镜，从而使光谱检测得以实现。以后的30年中，逐渐确立了光谱定性分析方法。到1930年以后，建立了光谱定量分析法。

原子发射光谱法对科学的发展起着重要的作用，在建立原子结构理论的过程中，提供了大量的、最直接的实验数据。科学家们通过观察和分析物质的发射光谱，逐渐认识了组成物质的原子结构。在元素周期表中，有不少元素是利用原子发射光谱发现或通过光谱法鉴定而被确认的。例如金属元素铷、铯、镓、铟、铊；惰性气体氦、氖、氩、氪、氙及一部分稀土元素等。

在近代各种材料的定性、定量分析中，原子发射光谱法发挥了重要作用。特别是新型光源的出现与电子技术的不断更新和应用，使原子发射光谱分析获得了新的发展，成为仪器分析中最重要的方法之一。

原子发射光谱分析具有如下优点。

(1) **多种元素可以实现同时检测** 可同时测定一个样品中的多种元素。当样品被激发后，不同元素都发射各自的特征光谱，这样就可同时测定多种元素。

(2) **分析速度快** 可在几分钟内对几十种元素进行分析。

(3) **选择性好** 每种元素因其原子结构不同，发射各自不同的特征光谱。这种谱线的差异，对于分析一些化学性质极为相似的元素具有特别重要的意义。例如，铌和钽、锆和铪、十几个稀土元素用其他方法分析都很困难，而原子发射光谱法可以将它们加以区分，并分别加以测定。

(4) **检出限低** 一般光源可达 $0.1 \sim 10 \mu g \cdot g^{-1}$（或 $\mu g \cdot mL^{-1}$）。电感耦合等离子体（ICP）光源可达 $ng \cdot mL^{-1}$ 级。

(5) **准确度较高** 一般光源相对误差为 $5\% \sim 10\%$，ICP相对误差可达 1% 以下。

(6) **应用广** 不论气体、固体和液体样品，都可以直接激发，试样消耗少。

(7) **校准曲线线性范围宽** 一般光源只有 $1 \sim 2$ 个数量级，ICP光源可达 $4 \sim 6$ 个数量级。

原子发射光谱分析的缺点是：常见的非金属元素（如氧、硫、氮、卤素等）谱线在远紫外区，目前一般的光谱仪尚无法检测；还有一些非金属元素（如P、Se、Te等），由于其激发能高,灵敏度较低。

6.2 基本原理

6.2.1 原子发射光谱的产生

原子的外层电子由高能级向低能级跃迁,多余能量以电磁辐射的形式发射出去,这样就得到了发射光谱。原子发射光谱是线状光谱。

通常情况下,原子处于基态,在激发光源的作用下,原子获得足够的能量,外层电子由基态跃迁到较高的能量状态即激发态。处于激发态的原子是不稳定的,其寿命小于 10^{-8} s,外层电子就从高能级向较低能级或基态跃迁,多余的能量发射出来,就得到了一条光谱线。谱线波长与能量的关系为

$$\lambda = \frac{hc}{E_2 - E_1} \tag{6.1}$$

式中,E_2、E_1 分别为高能级与低能级的能量;λ 为波长;h 为普朗克(Planck)常数;c 为光速。

原子中某一外层电子由基态激发到高能级所需要的能量称为激发能,以 eV(电子伏)表示。原子光谱中每一条谱线的产生各有其相应的激发能,这些激发能在元素谱线表中可以查到。由第一激发态向基态跃迁所发射的谱线称为第一共振线。第一共振线具有能量小的激发能,因此最容易被激发,也是该元素最强的谱线。如图 6.1 中的钠线 Na I 589.59nm 与 Na I 588.99nm 是两条共振线。

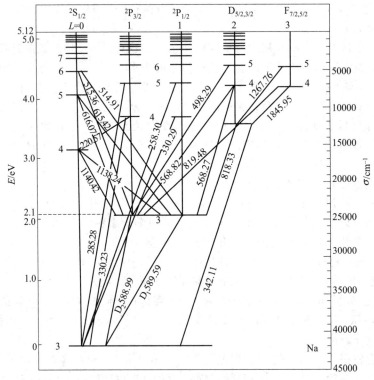

图 6.1 钠原子的能级图

在激发光源的作用下,原子获得足够的能量就发生电离,电离所必需的能量称为电离能。原子失去一个电子称为一次电离,一次电离的原子再失去一个电子称为二次电离,依此类推。

离子也可能被激发,其外层电子跃迁也发射光谱,由于离子和原子具有不同的能量,所以离子发射的光谱与原子发射的光谱是不一样的。每一条离子线也都有其激发能,这些离子线激发能的大小与电离能高低无关。

在原子谱线表中,用罗马数字Ⅰ表示中性原子发射的谱线,Ⅱ表示一次电离离子发射的谱线,Ⅲ表示二次电离离子发射的谱线,依此类推。例如,MgⅠ285.21nm 为原子线,MgⅡ280.27nm 为一次电离离子线。

6.2.2 原子能级与能级图

原子光谱是由于原子的外层电子(或称价电子)在两个能级之间跃迁而产生的。原子的能级通常用光谱项符号 $n^{2S+1}L_J$ 来表示。其中,n 为主量子数;L 为总角量子数;S 为总自旋量子数;J 为内量子数。

核外电子在原子中存在的运动状态,可以由 4 个量子数 n、l、m、m_s 来描述:主量子数 n 决定电子的能量和电子离核的远近;角量子数 l 决定电子角动量的大小及电子轨道的形状,在多电子原子中它也影响电子的能量;磁量子数 m,决定磁场中电子轨道在空间伸展的方向不同时,电子运动角动量分量的大小;自旋量子数 m_s 决定电子自旋的方向。

根据鲍林(Pauling)不相容原理、能量最低原理和洪特(Hund)规则,可进行核外电子排布。如钠原子:

核外电子构型	价电子构型	价电子运动状态的量子数表示
$(1s)^2(2s)^2(2p)^6(3s)^1$	$(3s)^1$	$n=3$ $l=0$ $m=0$ $m_s=+\frac{1}{2}$(或 $m_s=-\frac{1}{2}$)

有多个价电子的原子,它的每一个价电子都可能跃迁而产生光谱。同时,各个价电子间还存在着相互作用,光谱项就用 n、L、S、J 四个量子数来描述。

(1) n 为主量子数。

(2) L 为总角量子数,其数值为外层价电子角量子数 l 的矢量和,其值可取 $L=0$、1、2、3、…,相应的光谱符号为 S、P、D、F、…。

(3) S 为总自旋量子数,自旋与自旋之间的作用也是较强的,多个价电子总自旋量子数是单个价电子自旋量子数 m_s 的矢量和,其值可取 $S=0$、$\pm\frac{1}{2}$、± 1、$\pm\frac{3}{2}$、± 2、…。

(4) J 为内量子数,是由于轨道运动与自旋运动的相互作用,即轨道磁矩与自旋磁矩的相互影响而得出的,它是原子中各个价电子组合得到的总角量子数 L 与总自旋量子数 S 的矢量和,即 $J=L+S$。

光谱项符号左上角的 $(2S+1)$ 称为光谱项的多重性,它表示原子的一个能级能分裂成多个能量差别很小的能级,从这些能级跃迁到其他能级上的诸光谱线。例如,Zn 由激发态 4^3D 向 4^3P_2 跃迁时要发射光谱,4^3D 又有 4^3D_3、4^3D_2、4^3D_1 这三个光谱项,由于它们的能量差别极小,因而由它们所产生的诸光谱线波长极相近,分别为 334.50nm、334.56nm 和 334.59nm 三重线。

把原子中所有可能存在状态的光谱项——能级及能级跃迁用图解的形式表示出来,称为能级图。通常用纵坐标表示能量 E,基态原子的能量 $E=0$,以横坐标表示实际存在的光谱项。理论上,每个原子能级的数目应该是无限多的,但实际上产生的谱线是有限的,发射的谱线为斜线相连。

图 6.1 为钠原子的能级图,钠原子基态的光谱项为 $3^2S_{1/2}$,第一激发态的光谱项为 $3^2P_{1/2}$

和 $3^2P_{3/2}$，因此钠原子最强的第一共振线（图中 D_1、D_2）为双重线，用光谱项表示为：

Na 588.996nm　　　$3^2S_{1/2} \longrightarrow 3^2P_{3/2}$　　　D_2 线

Na 589.593nm　　　$3^2S_{1/2} \longrightarrow 3^2P_{1/2}$　　　D_1 线

一般将低能级光谱项符号写在前，高能级在后。这两条谱线为共振线。

必须指出，不是任何两个能级之间都能产生跃迁，跃迁是遵循一定的选择规则的。只有符合下列规则，才能跃迁。

① $\Delta n = 0$ 或任意正整数。

② $\Delta L = \pm 1$，跃迁只允许在 S 项与 P 项、P 项与 S 项或 D 项之间、D 项与 P 项或 F 项之间等。

③ $\Delta S = 0$，即单重项只能跃迁到单重项，三重项只能跃迁到三重项等。

④ $\Delta J = 0$，± 1。但当 $J = 0$ 时，$\Delta J = 0$ 的跃迁是禁阻的。

也有个别例外的情况，这种不符合光谱选律的谱线称为禁戒跃迁线。例如，Zn 307.59nm，是由光谱项 4^3P_1 向 4^1S_0 跃迁的谱线，因为 $\Delta S \neq 0$，所以是禁戒跃迁线。这种谱线一般产生的机会很少，谱线的强度也很弱。

6.2.3　谱线强度

原子由某一激发态 i 向基态或较低能级跃迁发射谱线的强度，与激发态原子数成正比。在激发光源高温条件下，温度一定，处于热力学平衡状态时，单位体积内基态原子数 N_0 与激发态原子数 N_i 之间遵守玻耳兹曼（Boltzmann）分布定律。

$$N_i = N_0 \frac{g_i}{g_0} e^{-\frac{E_i}{kT}} \tag{6.2}$$

式中，g_i、g_0 为激发态与基态的统计权重；E_i 为激发能；k 为 Boltzmann 常数；T 为激发温度。

原子的外层电子在 i、j 两个能级之间跃迁，其发射谱线强度 I_{ij} 为

$$I_{ij} = N_i A_{ij} h \nu_{ij} \tag{6.3}$$

式中，A_{ij} 为两个能级间的跃迁概率；h 为普朗克常数；ν_{ij} 为发射谱线的频率。将式(6.2)代入式(6.3)，得

$$I_{ij} = \frac{g_i}{g_0} A_{ij} h \nu_{ij} N_0 e^{-\frac{E_i}{kT}} \tag{6.4}$$

由式(6.4)可见，影响谱线强度的因素如下。

(1) 统计权重　谱线强度与激发态和基态的统计权重之比 g_i / g_0 成正比。

(2) 跃迁概率　谱线强度与跃迁概率成正比，跃迁概率是一个原子于单位时间内在两个能级间跃迁的概率，可通过实验数据计算出。

(3) 激发能　谱线强度与激发能呈负指数关系。在温度一定时，激发能愈高，处于激发状态的原子数愈少，谱线强度就愈小。激发能最低的共振线通常是强度最大的谱线。

(4) 激发温度　从式(6.4)可看出，温度升高，谱线强度增大。但温度过高，电离的原子数目也会增多，而相应的原子数会减少，致使原子谱线强度减弱，离子的谱线强度增大。图 6.2 为一些谱线强度与温度的关系图。由图可见，不同

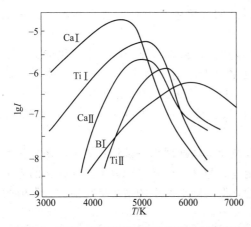

图 6.2　原子、离子谱线强度与激发温度的关系

谱线各有其最合适的激发温度,在最佳温度时,谱线强度最大。

(5)基态原子数 谱线强度与基态原子数成正比。在一定条件下,基态原子数与试样中该元素的浓度成正比。因此,在一定的实验条件下,谱线强度与被测元素浓度成正比,这是光谱定量分析的依据。

对某一谱线来说,g_i/g_0、跃迁概率、激发能是恒定值。因此,当温度一定时,该谱线强度 I 与被测元素浓度 c 成正比,即

$$I = ac \tag{6.5}$$

式中,a 为比例常数。当考虑到谱线自吸时,上式可表示为

$$I = ac^b \tag{6.6}$$

式中,b 为自吸系数。b 值随被测元素浓度的增加而减小,当元素浓度很小时无自吸,则 $b=1$。

式(6.6)是 AES 定量分析的基本关系式,由赛博(Schiebe G)和罗马金(Lomakin B A)提出,称为赛博-罗马金(Schiebe-Lomakin)公式。

6.2.4 谱线的自吸与自蚀

在激发光源高温条件下,以气体存在的物质为等离子体(plasma)。在物理学中,等离子体是气体处在高度电离状态,其所形成的空间电荷密度大体相等,使得整个气体呈电中性。在光谱学中,等离子体是指包含有分子、原子、离子、电子等各种粒子形成的电中性的气体集合体。

等离子体有一定的体积,温度与原子浓度在其各部位分布不均匀,中间部位温度高,边缘低。其中心区域激发态原子多,边缘处基态与较低能级的原子较多。激发原子从中心发射某一波长的电磁辐射,必然要通过边缘到达检测器,这样所发射的电磁辐射就可能被处在边缘的同种元素基态或较低能级的原子吸收,吸收谱线中心强度降低或完全消失。这种原子在高温发射某一波长的辐射,被处在边缘低温状态的同种原子所吸收的现象称为自吸(self-absorption)。

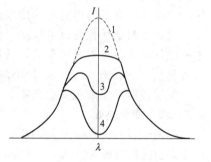

图 6.3 谱线轮廓
1—无自吸;2—有自吸;
3—自蚀;4—严重自蚀

自吸对谱线中心处强度影响大。当元素的含量很小时,不表现自吸;当含量增大时,自吸现象增加,当达到一定含量时,由于自吸严重,谱线中心强度都被吸收,甚至完全消失,好像两条谱线,这种现象称为自蚀(self-reversal),见图 6.3。基态原子对共振线的自吸最为严重,并常产生自蚀。不同光源类型,自吸情况不同。由于自吸现象影响谱线强度,在光谱分析中是一个必须注意的问题。

6.3 仪器

原子发射光谱法仪器主要分为两部分:光源与光谱仪。其中光谱仪由分光系统、检测系统和记录系统等部分组成。

6.3.1 光源

光源的作用是提供足够的能量,使试样蒸发、原子化、激发,产生光谱。光源的特性在很大程度上影响着光谱分析的精密度、准确度和检出限。原子发射光谱分析光源种类很多,主要有直流电弧、交流电弧、电火花、电感耦合等离子体、微波诱导等离子体、辉光放电光

源等。其中直流电弧、交流电弧与高压火花光源，称为经典光源。在经典光源中，还有火焰，其在过去也起过重要作用，近年来，由于新型光源或现代光源，如电感耦合等离子体的广泛应用，经典光源已很少使用。现在使用最为广泛的为电感耦合等离子体光源。

6.3.1.1 直流电弧

直流电弧的基本线路见图6.4。E 为直流电源，供电电压为 220～380V，电流为 5～30A。镇流电阻 R 的作用为稳定与调节电流的大小。电感 L 用于减小电流的波动。G 为分析间隙（或放电间隙），上下两个箭头表示电极。

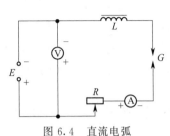

图 6.4 直流电弧发生器线路

E—直流电源；V—直流电压表；
L—电感；R—镇流电阻；
A—直流电流表；G—分析间隙

直流电弧引燃可用两种方法：一种是接通电源后，使上、下电极接触短路引燃；另一种是高频引燃。引燃后阴极产生热电子发射，在电场作用下电子高速通过分析间隙射向阳极。在分析间隙里，电子又会和分子、原子、离子等碰撞，使气体电离。电离产生的阳离子高速射向阴极，又会引起阴极二次电子发射，同时也可使气体电离。这样反复进行，电流持续，电弧不灭。

由于电子轰击，阳极表面炙热，产生亮点形成"阳极斑点"，阳极斑点温度高，可达 4000K（石墨电极），因此通常将试样置于阳极，在此高温下使试样蒸发、原子化。在弧内，原子与分子、原子、离子、电子等碰撞，被激发而发射光谱。阴极温度在 3000K 以下，也形成"阴极斑点"。

直流电弧由弧柱、弧焰、阳极点、阴极点组成。电弧温度为 4000～7000K，电弧温度取决于电弧柱中元素的电离能和浓度。

直流电弧的优点是设备简单。由于持续放电，电极头温度高，蒸发能力强，试样进入放电间隙的量多，绝对灵敏度高，适用于定性、半定量分析；同时适用于矿石、矿物等难熔样品及稀土、铌、钽、锆、铪等难熔元素的定量分析。缺点是电弧不稳定、易漂移、重现性差、弧层较厚，自吸现象较严重。

6.3.1.2 交流电弧

交流电弧发生器的线路见图6.5，它由低压电弧电路和高频引燃电路两部分组成。低压电弧电路由交流电源（220V）、可变电阻 R_2、电感线圈 L_2、放电间隙 G_2 与旁路电容 C_2 组成，与直流电弧电路基本上相同。高频引燃电路由电阻 R_1、变压器 T_1、放电盘 G_1、高压振荡电容 C_1 及电感 L_1 组成。两个电路借助于 L_1、L_2（变压器 T_2）耦合起来。

低压交流电弧不能像直流电弧那样，一经点燃即可持续放电。电极间隙需要周期性地点燃，因此必须用一个引燃装置。高频引燃电路接通以后，变压器 T_1 在次级线圈上可得到约 3000V 的高电压，

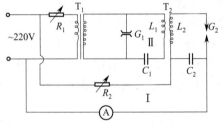

图 6.5 交流电弧发生器线路

并向电容器 C_1 充电，放电盘 G_1 与 C_1 并联，C_1 电压增高，G_1 电压也增高，当 G_1 电压高至引起火花击穿时，G_1、C_1、L_1 构成一个振荡回路，产生高频振荡，得到高频电流。这时在变压器 T_2 的次级线圈 L_2 上产生了高频电压可达 10kV，旁路电容 C_2 对高频电流的阻抗很小，L_2 的高电压将 G_2 放电间隙击穿，引燃电弧。引燃后，低压电路便沿着导电的气体通道产生电弧放电。放电很短的瞬间，电压降低直至电弧熄灭。在下一次高频引燃的作用下，电弧重新被点燃，如此反复进行，交流电弧维持不熄。

交流电弧除具有电弧放电的一般特性外，还有其自身的特点：①交流电弧电流具有脉冲性，电流比直流电弧大，因此电弧温度高，激发能力强；②电弧稳定性好，分析的重现性与精密度比较好，适于定量分析；③它的电极温度较低，这是由于交流电弧放电具有间歇性，蒸发能力略低。

6.3.1.3 高压火花

火花放电即指：在通常气压下，两电极间加上高电压，达到击穿电压时，在两极间尖端迅速放电，产生电火花。放电沿着狭窄的发光通道进行，并伴随着有爆裂声。日常生活中，雷电即是大规模的火花放电。

高压火花发生器线路见图 6.6。220V 交流电压经变压器 T 升压至 8000~12000V 高压，通过扼流线圈 D 向电容器 C 充电。当电容器 C 两端的充电电压达到分析间隙的击穿电压时，通过电感 L 向分析间隙 G 放电，G 被击穿产生火花放电。同时电容器 C 又重新充电、放电。这一过程重复不断，维持火花放电而不熄灭。获得火花放电稳定性好的方法，是在放电电路中串联一个由同步电机带动的断续器 M，同步电机以 50r·s^{-1} 的速度旋转，每旋转半周，放电电路接通放电一次。从而保证了高压火花的持续与稳定性。

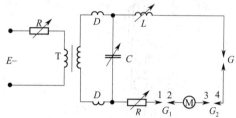

图 6.6 高压火花发生器线路
E—电源；R—可变电阻；T—升压变压器；
D—扼流线圈；C—可变电容；L—可变电感；
G—分析间隙；G_1、G_2—断续控制间隙；
M—同步电机带动的断续器

火花光源的特点是：由于在放电一瞬间释放出很大的能量，放电间隙电流密度很高，因此温度很高（可达 10000K 以上），具有很强的激发能力，一些难激发的元素可被激发，而且大多为离子线。放电稳定性好，因此重现性好，可做定量分析。电极温度较低，由于放电时间歇时间略长，放电通道窄小之故，易于做熔点较低的金属与合金分析，而且可将被测物自身做电极进行分析，如炼钢厂的钢铁分析。火花光源灵敏度较差，但可做较高含量的分析；噪声较大；做定量分析时，需要有预燃时间。

6.3.1.4 电感耦合等离子体

电感耦合等离子体（inductively coupled plasma，ICP）光源是 20 世纪 60 年代研制的新型光源，由于它的性能优异，70 年代迅速发展并获得广泛的应用。

ICP 光源是高频感应电流产生的类似火焰的激发光源。仪器主要由高频发生器、等离子炬管和雾化器三部分组成，见图 6.7。高频发生器的作用是产生高频磁场供给等离子体能量，频率多为 27~50MHz，最大输出功率通常是 2~4kW。

ICP 的主体部分是放在高频线圈内的等离子炬管，见图 6.7。在此剖面图中，等离子炬管（图中 G）是一个三层同心的石英管，感应线圈 S 为 2~5 匝空心铜管。

等离子炬管分为三层：最外层通 Ar 气作为冷却气，沿切线方向引入，可保护石英管不被烧毁；中层管通入辅助气体 Ar 气，用于点燃等离子体；中心层以 Ar 为载气，把经过雾化器的试样溶液以气溶胶形式引入等离子体中。

当高频发生器接通电源后，高频电流 I 通过线圈，即在炬管内产生交变磁场 B。炬管内若是导体就产生感应电流。这种电流呈闭合的涡旋状，即涡电流，如图中虚线 P。它的电阻很小，电流很大（可达几百安培），释放出大量的热能（达 10000K）。电源接通时，石英炬管内为氩气，它不导电，可用高压火花点燃，使炬管内气体电离。由于电磁感应和高频磁场 B，电场在石英管中随之产生。电子和离子被电场加速，同时和气体分子、原子等碰撞，使更多的气体电离，电子和离子各在炬管内沿闭合回路流动，形成涡流，在管口形成火炬状的稳定的等离子焰炬。

等离子焰炬外观像火焰,但它不是化学燃烧火焰,而是气体放电。它分为三个区域(见图 6.7 和图 6.8)。

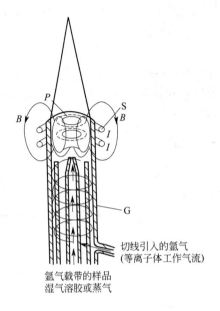

图 6.7　电感耦合等离子体 ICP 光源
B—交变磁场;I—高频电流;P—涡电流;
S—高频感应线圈;G—等离子炬管

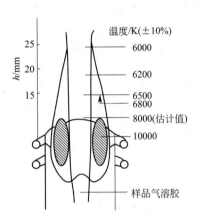

图 6.8　ICP 的温度分布

(1) 焰心区　在感应线圈区域内,白色不透明的焰心,高频电流形成的涡流区,温度最高达 10000K,电子密度也很高。它发射很强的连续光谱,光谱分析应避开这个区域。试样气溶胶在此区域被预热、蒸发,又称预热区。

(2) 内焰区　在感应圈上 10~20mm 处,淡蓝色半透明的炬焰,温度为 6000~8000K。试样在此原子化、激发,然后发射很强的原子线和离子线,这是光谱分析所利用的区域,称为测光区。测光时,在感应线圈上的高度称为观测高度。

(3) 尾焰区　在内焰区上方,无色透明,温度低于 6000K,只能发射激发能较低的谱线。

高频电流具有"趋肤效应",ICP 中高频感应电流绝大部分流经导体外围,越接近导体表面,电流密度越大。涡流主要集中在等离子体的表面层内,形成环状结构,造成一个环形加热区。环形的中心是一个进样的中心通道,气溶胶能顺利地进入到等离子体内,使得等离子体焰炬有很高的稳定性。试样气溶胶可在高温焰心区经历较长时间加热,在测光区平均停留时间可达 2~8ms,比经典光源停留时间 (10^{-3}~10^{-2} ms) 长得多。高温与长的平均停留时间使样品充分原子化,并有效地消除了化学干扰。周围是加热区,用热传导与辐射方式间接加热,使组分的改变对 ICP 影响较小,加之溶液进样量又少,因此基体效应小,试样不会扩散到 ICP 焰炬周围而形成自吸的冷蒸气层。环状结构是 ICP 具有优良性能的根本原因。

综上所述,ICP 光源具有以下特点。

① 检出限低。气体温度高,可达 7000~8000K,加上样品气溶胶在等离子体中心通道停留时间长,因此各种元素的检出限一般在 10^{-5}~10^{-1} $\mu g \cdot mL^{-1}$ 范围,可测 70 多种元素。

② 基体效应小。

③ ICP 稳定性好,精密度高。在分析浓度范围内,相对标准偏差约为 1%。

④ 准确度高，相对误差约为 1%，干扰少。

⑤ 选择合适的观测高度，光谱背景小。

⑥ 自吸效应小。分析校准曲线动态范围宽，可达 4~6 个量级，这样也可对高含量元素进行分析。由于发射光谱有对一个试样可同时做多元素分析的优点，ICP 采用光电测定在几分钟内就可测出一个样品从高含量到痕量各种组成元素的含量，快速而又准确，因此，它是一个很有竞争力的分析方法。

ICP 的局限性是：对非金属测定灵敏度低，仪器价格较贵，维持费用也较高。

6.3.1.5 微波诱导等离子体

微波是频率在 100MHz~100GHz，即波长从 300cm 至数毫米的电磁波，它位于红外辐射和无线电波之间。微波诱导等离子体（microwave-induced plasma，MIP）与 ICP 类似，是微波的电磁场与工作气体（氢或氦）的作用而产生的等离子体。微波发生器（一般产生 2450MHz 的微波），将微波能耦合给石英管或铜管，管中心通有氩气与试样的气流，这样使气体电离、放电，在管口顶端形成等离子炬。

MIP 的激发能力高，可激发绝大多数元素，特别是非金属元素，其检出限比其他光源都要低。它的载气流量小，系统比较简单，是一种性能很好的光源。但是这一光源的缺点是气体温度较低（2000~3000K），被测组分难以充分原子化。MIP 的等离子炬很小，微波发生器功率小（50~500W），进样量过多，也造成基体的影响。

6.3.1.6 辉光放电光源

前面所述的光源都是常压下的辐射光源，而辉光放电光源是一种低气压光源。它有多种类型，仅以 Grimm 放电管为例，见图 6.9。

阴、阳两个电极封入玻璃管内，管内抽真空并充入惰性气体称为载气，压力为几百帕。样品制成很容易插入光源的平面阴极。两极间施加几百伏电压，便产生放电。在放电过程中，载气原子被电离，产生的正离子被电场大大加速，获得足够的能量，轰击阴极表面时就可将被测元素原子轰击出来，形成原子蒸气云。这种被正离子从阴极表面轰击出原子的现象称为"阴极溅射"。溅射出的原子与高速运动的离子、原子、电子碰撞成为激发态原子，然后，发射出原子光谱。辉光放电在阴极附近的负辉区，此处辐射强度最大。因此，阴极与阳极的位置相距很近。

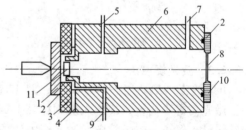

图 6.9 Grimm 辉光放电管结构示意图
1—试样；2—密封圈；3—阴极体；4—绝缘片；5—阳极区抽气口；6—阳极体；7—载气入口；8—石英窗；9—阴极区抽气口；10—石英窗压固圈；11—负辉区

Grimm 辉光放电光源的主要特点是，发光稳定度高，因而分析精密度好；能分层均匀溅射取样，可做表层、逐层分析。缺点是对样品的制备要求较高。

6.3.2 试样引入激发光源的方法

试样引入激发光源的方法，依试样的性质与光源的种类而定。

6.3.2.1 固体试样

固体试样多用于经典光源与辉光放电，一般多采用电极法。

金属与合金本身能导电，可直接做成电极，称为自电极。若金属箔、丝，可将其置于石墨或碳电极中。

粉末试样，通常放入制成各种形状的小孔或杯形电极中，作为下电极。

电弧或火花光源常用溶液干渣法进样。将试液滴在平头或凹月面电极上，烘干后激发。

为了防止溶液渗入电极，预先滴聚苯乙烯苯溶液，在电极表面形成一层有机物薄膜。试液也可以用石墨粉吸收，烘干后装入电极孔内。

常用的电极材料为石墨，常常将其加工成各种形状。石墨具有导电性能好、沸点高（可达 4000K）、有利于试样蒸发、谱线简单、容易制纯及易于加工成型等优点（见图 6.10）。

辉光放电的平面阴极制作比较复杂，在此不做介绍。

6.3.2.2 溶液试样

ICP 与 MIP 光源，直接用雾化器将试样溶液引入等离子体内，见图 6.11。

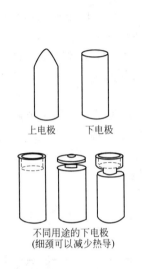

图 6.10 直流电弧的石墨电极形状

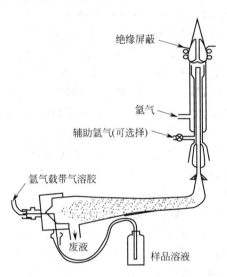

图 6.11 ICP 光源的雾化器及流体进样系统

6.3.2.3 激光烧蚀法

ICP 光源一般适用于溶液试样。对于固体进样人们进行了很多研究，现介绍激光烧蚀法。激光具有高能量，聚焦入射到样品上，使样品微区迅速熔化及蒸发，蒸发出的气体被惰性气体导入等离子体炬管中。激光烧蚀法的最大优点是可用于导体或非导体。同时，由于激光束聚焦的特性，可在小范围内取样，因此可进行局部（微区）分析。其精密度与雾化法相比要差一些，检出限也稍差于雾化法。

6.3.3 试样的蒸发与光谱的激发

试样在激发光源的作用下，蒸发进入等离子区内，随着试样蒸发的进行，各元素的蒸发速度不断地变化。各种元素的谱线强度对蒸发时间作图，称为蒸发曲线，见图 6.12。由图可看出，各种元素的蒸发行为很不一样：易挥发的物质先蒸发出来，难挥发的物质后蒸发出来。试样中不同组分的蒸发有先后次序的现象称为分馏。在进行光谱分析时，应选择合适的曝光时间。

物质蒸发到等离子区内，进行原子化的同时还可能电离。气态原子或离子在等离子体内与高速运动的粒子碰撞而被激发，发射特征的电磁辐射。与高速热运动的粒子碰撞而引起的激发为热激发。与电子的碰撞引起的激发为电激发。现在所使用的光源，主要是热激发，也夹杂有电激发。

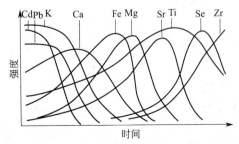

图 6.12 电弧光源蒸发曲线

6.3.4 光谱添加剂
6.3.4.1 光谱载体

在试样中加入一些有利于分析的物质叫载体。载体的作用是将试样蒸发载入光源中，但它们绝不只是促进蒸发的作用，它有时还可以增加谱线强度，提高分析灵敏度、准确度和消除干扰。它们多是一些化合物、盐类、碳粉，当然不能含有待测元素。载体的加入量也是比较多的。

载体能控制试样中元素的蒸发行为，通过化学反应，使被分析元素从难挥发性化合物（主要是氧化物）转变为沸点低、易挥发的化合物。如卤化物，可使沸点很高的 ZrO_2、TiO_2、稀土氧化物转化为易挥发的卤化物。

载体量大，可控制电极温度，从而控制试样中元素的蒸发行为并可改变基体效应。例如：在测定 U_3O_8 中的杂质元素时加入 Ga_2O_3 作载体，后者是中等沸点的物质，不影响试样中杂质元素 B、Cd、Fe、Mn 等的挥发，但大大抑制了沸点颇高的氧化铀的蒸发，因此铀的谱线变得很弱而且相当少，很大程度上避免了铀的干扰。

载体可以稳定与控制电弧温度。电弧温度由电弧中电离能低的元素控制，可选择适当的载体，以稳定与控制电弧温度，从而得到对被测元素有利的激发条件。并使电弧稳定，减少漂移。

电弧等离子区中有大量载体原子蒸气的存在，阻碍了被测元素在等离子区中自由运动范围，增加它们在电弧中的停留时间，从而提高了谱线强度。

6.3.4.2 光谱缓冲剂

试样中加入一种或几种辅助物质，用来减小试样组成的影响，这种物质称为光谱缓冲剂。要使试样与标样组成完全一致往往是难以办到的，因此加入较大量的缓冲剂以稀释试样，减小试样组成的影响。以加入碳粉最为普遍，其他化合物用得也相当多。当然，它们也能起到控制电极温度与电弧温度的种种作用。因此，载体与缓冲剂很难截然分开，此两名称也因而常常被混用。

6.3.5 分光仪

原子发射光谱的分光仪目前采用棱镜和光栅两种分光系统，请参阅第 2 章。

6.3.6 检测器

检测方法主要有：目视法、摄谱法和光电法。

6.3.6.1 目视法

用眼睛来观测谱线强度的方法称为目视法（看谱法）。它仅适用于可见光波段。常用仪器为看谱镜。看谱镜是一种小型光谱仪，专门用于钢铁及有色金属的半定量分析。

6.3.6.2 摄谱法

摄谱法用感光板记录光谱。将感光板置于摄谱仪焦面上，接受被分析试样的光谱作用而感光，再经显影、定影等过程后，制得光谱底片，其上有许多黑度不同的光谱线（可参见图 6.22）。然后用映谱仪观察谱线位置及大致强度，进行光谱定性及半定量分析，用测微光度计测量谱线的黑度，进行光谱定量分析。

感光板由感光层与支持体（玻璃板）组成。感光层由乳剂均匀地涂布在玻璃板上面而成，它起感光作用。乳剂为卤化银的微小晶体均匀地分散在精制的明胶中，其中 AgBr 使用较广。溴化银乳剂受光的照射后分解成溴原子与银原子，当银的质点达到一定程度时就形成潜影中心。在以还原剂为主要组分的显影液中，具有潜影中心的 AgBr 晶粒很快地被还原成金属银，显示出黑色的影像来。在某一波长处，受到大曝光量作用的乳剂生成的潜影中心多，还原速率快，显现出较黑的影像。曝光量小的乳剂，则潜影中心少，还原速率慢，所显现出的影像为较浅的黑色。没有曝光的乳剂，则无潜影中心，还原速率极慢，只产生雾翳分布在整个相板上。定影液主要是银离子的配合剂溶液，显影后整个相板乳剂中未受到光作用的 AgBr 都要经定影除去。感光板置于摄谱仪焦面上，经光源作用而曝光，再经显影、定影后在谱片上留下银原子形成的黑色的光谱线的影像。谱线的黑度就反映了光的强度。

（1）曝光量 H 一般情况下是感光板接受的照度 E 与曝光时间 t 的乘积，即

$$H = Et \tag{6.7}$$

一定强度的光照射感光板一定时间，就相应有一个曝光量，在感光板上则相应形成一定黑度。黑度与光的强度成正比，因此，曝光量与光的强度成正比。

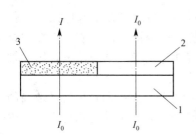

图 6.13 黑度示意
1—玻璃板；2—未曝光感光乳剂；3—已曝光感光乳剂

（2）黑度 S S 是感光板上谱线变黑的程度，用谱线处透过率倒数的对数值来表示（见图 6.13）。

$$S = \lg \frac{1}{T} = \lg \frac{I_0}{I} \tag{6.8}$$

式中，I_0 为未曝光处透过光的强度；I 为已曝光处透过光的强度；二者比值 T 为透过率。黑度的测量在测微光度计上进行。

（3）乳剂特性曲线 它是一种表示曝光量 H 的对数与黑度 S 之间关系的曲线。由感光板所得到的谱线，不能直接得到元素的发光强度。黑度 S 与曝光量 H 之间的关系很复杂，目前尚未找到简单的数学表达式，通常采用图解法。做出的曲线称为乳剂特性曲线，即以曝光量的对数值 $\lg H$ 为横坐标，黑度 S 为纵坐标的曲线，如图 6.14。曲线可分为三部分：BC 直线部分为正常曝光部分，AB 为曝光不足部分，CD 为曝光过度部分。在此曲线上可由测出的黑度 S 值，找到相应的 $\lg H$，进一步得到 $\lg I$。

在定量分析中，常常利用曲线的正常曝光部分 BC 线段，它是直线，斜率是不变的，黑度 S 与曝光量的对数值 $\lg H$ 可用简单数学公式表示

$$S = \gamma(\lg H - \lg H_i) = \gamma \lg H - i \tag{6.9}$$

式中，γ 为乳剂特性曲线直线部分的斜率，称为反衬度；$\lg H_i$ 为直线 BC 延长至横坐标上的截距；$\gamma \lg H_i$ 用 i 表示；H_i 是感光板乳剂的惰延量，乳剂特性曲线下部与纵坐标交点处的黑度 S_0 称为雾翳黑度。BC 线段在横坐标上的投影 bc 称为感光板乳剂的展度。

反衬度 γ 表示曝光量改变时，黑度变化的快慢。感光板的灵敏度取决于惰延量 H_i 的大小，H_i 的倒数表示感光板乳剂的灵敏度，H_i 愈大，愈不灵敏。作为展度，bc 线段在一定程度上决定了用这种感光板做定量分析时，所能分析的含量范围大小。

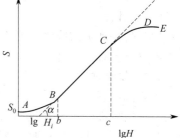

图 6.14 乳剂特性曲线

6.3.6.3 光电法

光电转换器件是光电光谱仪接收系统的核心部分，主要是利用光电效应将不同波长的辐射能转化成光电流的信号。光电转换器件主要有两大类：一类是光电发射器件，如光电管和光电倍增管；另一类为半导体光电器件，包括固体成像器件等。详见第 2 章。

6.3.7 光谱仪

光谱仪的作用是将光源发射的电磁辐射经色散后，得到按波长顺序排列的光谱，并对不

同波长的辐射进行检测与记录。

光谱仪的种类很多，其基本结构有三部分，即照明系统、色散系统与记录测量系统。按照使用色散元件的不同，分为棱镜光谱仪与光栅光谱仪。按照光谱记录与测量方法的不同，又可分为照相式摄谱仪、光电直读光谱仪和全谱直读光谱仪。

6.3.7.1 摄谱仪

可分为棱镜光谱仪与光栅光谱仪。

（1）棱镜光谱仪 光谱仪也称为摄谱仪。目前主要为石英棱镜光谱仪。石英对紫外区有较好的折射率，而常见元素的谱线又多在近紫外区，故应用广泛。这种仪器在20世纪40～50年代生产较多。现在由于光栅的出现，已无厂家再生产了。但已有的石英棱镜光谱仪仍在使用。

图6.15为Q-24中型石英棱镜光谱仪光路示意图，光源Q发出的光经三透镜L_1、L_2、L_3照明系统聚焦在入射狭缝S上。S、L_4、P为色散系统。L_4为准直镜，将入射光变为平行光束，再投射到棱镜P上进行色散。波长短的折射率大，波长长的折射率小，色散后按波长顺序被分开排列成光谱。再由照相物镜L_5将它们分别聚焦在感光板FF'上，便得到按波长顺序展开的光谱。每一条谱线都是狭缝的像。

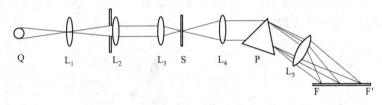

图6.15 Q-24中型石英棱镜光谱仪光路示意

① 照明系统 三透镜照明系统，其作用是使光源发出的光均匀地照明狭缝的全部面积。即狭缝全部面积上的各点照度一致。

② 色散系统 光谱仪的好坏主要取决于它的色散装置。光谱仪光学性能的主要指标有色散率、分辨率与集光本领，因为发射光谱是靠每条谱线进行定性、定量分析的，因此，这三个指标至关重要。

③ 记录测量系统 光谱仪的记录方法为照相法。

（2）光栅光谱仪 图6.16为国产WSP-1型平面光栅光谱仪光路图。由光源B发射的光经三透镜照明系统L后到狭缝S上，再经反射镜P折向凹面反射镜M下方的准光镜O_1上，经O_1反射以平行光束照射到光栅G上，经光栅色散后，按波长顺序分开。不同波长的光由凹面反射镜上方的物镜O_2聚焦于感光板F上，得到按波长顺序展开的光谱。转动光栅台D，可同时改变光栅的入射角和衍射角，便可获得所需的波长范围和改变光谱级数。

光栅光谱仪所用光栅多为平面反射光栅，并且是闪耀光栅。由闪耀光栅制作上看，闪耀角一定，闪耀波长（在闪耀波长处光的强度最

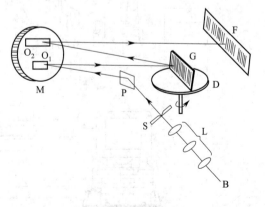

图6.16 WSP-1型平面光栅光谱仪光路示意
B—光源；L—照明系统；S—狭缝；P 反射镜；
M—凹面反射镜；O_1—准光镜；O_2—投影物镜；
G—光栅；D—光栅台；F—相板

大）是确定的，即每块光栅都有自己的闪耀波长。

6.3.7.2 光电直读光谱仪

光电直读光谱仪是利用光电测量方法直接测定光谱线强度的光谱仪。目前由于ICP光源的广泛使用，光电直读光谱仪被大规模地应用。光电直读光谱仪有两种基本类型：一种是多道固定狭缝式，另一种是单道扫描式。

在光谱仪色散系统中，只有入射狭缝而无出射狭缝。在光电直读光谱仪中，一个出射狭缝和一个光电倍增管构成一个通道（光的通道），可接收一条谱线。多道仪器是安装多个（可达70个）固定的出射狭缝和光电倍增管，可同时接受多种元素的谱线。单道扫描式只有一个通道，这个通道可以移动，相当于出射狭缝在光谱仪的焦面上扫描移动，多由转动光栅和光电倍增管来实现，在不同的时间检测不同波长的谱线。

（1）多道光电直读光谱仪 图6.17为多道光电直读光谱仪示意图。从光源发出的光经透镜聚焦后，在入射狭缝上成像并进入狭缝。进入狭缝的光投射到凹面光栅上，凹面光栅将光色散、聚焦在焦面上，在焦面上安装了一个个出射狭缝，每一狭缝可使一条固定波长的光通过，然后投射到狭缝后的光电倍增管上进行检测。最后经计算机处理后显示器显示与打印出数据。全部过程除进样外都是计算机程序控制，自动进行。一个样品分析仅用几分钟就可得到待测的几种甚至几十种元素的含量。

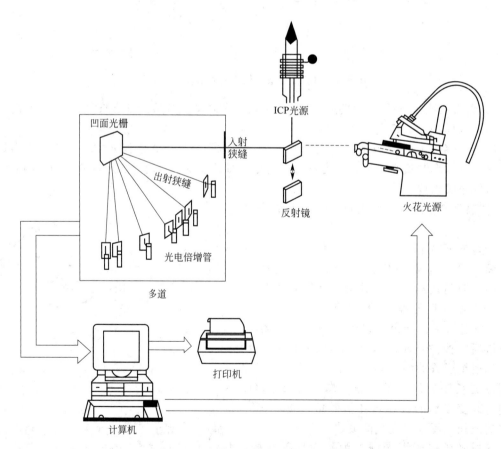

图6.17 多道光电直读光谱仪示意图

① 色散系统 色散元件用凹面光栅并有一个入射狭缝与多个出射狭缝组成。

② 罗兰（Rowland）圆 Rowland 发现在曲率半径为 R 的凹面反射光栅上存在一个直径为 R 的圈，见图 6.18，光栅 G 的中心点与圆相切，入射狭缝 S 在圆上，则不同波长的光都成像在这个圈上，即光谱在这个圆上，这个圆叫作罗兰圆。这样，凹面光栅既起色散作用，又起聚焦作用；聚焦作用是由于凹面反射镜的作用，能将色散后的光聚集。

一般来说，光电直读光谱仪多采用凹面光栅，因为多道光电直读光谱仪要求有一个较长的焦面，能包括较宽的波段，以便安装更多的通道，只有凹面光栅能满足这些要求。将出射狭缝 P 都装在罗兰圆上，在出射狭缝后安装光电倍增管进行检测。

③ 检测系统 由光电倍增管、数据处理与信号输出系统组成。

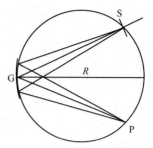

图 6.18 罗兰圆
G—光栅；S—入射狭缝；P—出射狭缝

多道光电直读光谱仪的优点是：分析速度快；准确度高，相对误差约为 1%；适用于较宽的波长范围；光电倍增管信号放大能力强，线性动态范围宽，可做高含量分析。缺点是出射狭缝固定，能分析的元素也固定。

（2）单道扫描光电直读光谱仪 图 6.19 为单道扫描光谱仪的光路图，光源发出的光经入射狭缝后，到一个可转动的平面光栅上，经光栅色散后，将某一特定波长的光反射到出射狭缝上，然后投射到光电倍增管上，经过检测就得到一个元素的测定结果。随着光栅依次不断地转动，就可得到各种元素的测定结果。也可采用转动光电倍增管的方法，但比较少用。

和多道光谱仪相比，单道扫描光谱仪波长选择简单易行，范围宽，可测定元素的范围也很广。但是，一次扫描需要一定的时间，分析速度受到限制。

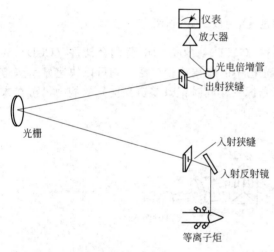

图 6.19 单道扫描光谱仪简化光路图

目前，光电直读光谱仪因其优越的性能在定量分析上起了重要的作用，一般与火花、ICP 等现代光源相结合。

6.3.7.3 全谱直读光谱仪

全谱直读光谱仪是性能优越、比较新型的一种光谱仪。

（1）色散系统 色散系统由中阶梯光栅和与其成垂直方向的棱镜组成。

① 中阶梯光栅 普通的闪耀光栅闪耀角 β 比较小，在紫外及可见区只能使用一级至三级的低级光谱。中阶梯光栅采用大的闪耀角，刻线密度不大，可以使用很高的谱级，因而得到大色散率、高分辨率和高的集光本领。

② 棱镜 由于使用高谱级，出现谱级间重叠严重、自由光谱区较窄等问题，因此采用交叉色散法，见图 2.7。在中阶梯光栅的前边（或后边）加一个垂直方向的棱镜，进行谱级色散，得到的是互相垂直的两个方向上排布的二维光谱图（见图 6.20），可以在较小的面积上汇集大量的光谱信息，即从紫外到可见区的整个光谱。交叉色散法可利用的光谱区广，光谱检出限低，并可多元素同时测定。

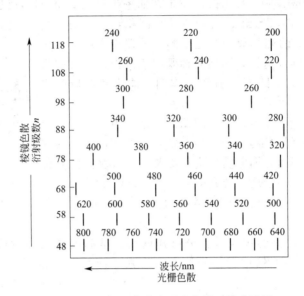

图 6.20 中阶梯光栅单色器光色散二维光谱图

（2）检测系统　检测系统采用电荷转移器件（CTD），又分为电荷耦合器件（CCD）和电荷注入器件（CID）两类。CCD 在原子发射光谱中的应用比较广泛。它可以快速显示多道测量结果或称光电读出，同时又具有像光谱感光板一样同时记录多道光信号的能力，可在末端显示器上同步显示出人眼可见的图谱，见图 6.21。

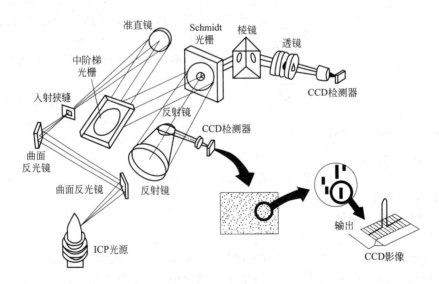

图 6.21　全谱直读等离子体发射光谱仪示意图

CCD 固体检测器在发射光谱上的应用具有的优点是：同时多谱线的检测能力；分析速度快，可在 1min 内进行几十种元素的测定；灵敏度高；线性动态范围宽，可达 5～7 个量级。

全谱直读光谱仪可快速进行光谱定性和定量分析，并可对原子发射光谱进行深入的研究。

图 6.21 是全谱直读等离子体光谱仪。光源发出的光经两个曲面反射镜聚焦于入射狭缝

上，再经过准直镜成平行光，投射到中阶梯光栅，使光在 x 方向色散，再经过另一个光栅（Schmidt）在 y 方向上二次色散，并经反射镜到达 CCD 检测器，则可见到光谱的图像。由于该 CCD 是一个紫外型检测器，对可见光区的光谱不灵敏，因此，在 Schmidt 光栅中央开了一个孔，部分光经此孔后再经棱镜进行 y 方向二次色散，然后经透镜进入另一个检测器，对可见光区进行同样的检测。

6.4 背景的扣除和基体效应的影响

光谱背景是指在线状光谱上，叠加着由于连续光谱、分子光谱或其他原因所造成的谱线强度（摄谱法为黑度）的改变。光谱背景若不扣除，必然会使分析结果不准确。在实验过程中应尽量设法降低光谱背景。

6.4.1 背景的来源

（1）连续辐射　在经典光源中，是来自炽热的电极头或蒸发过程中被带到弧焰中去的固体质点等炽热的固体发射的连续光谱。

（2）分子辐射　在光源作用下，试样与空气作用生成的氧化物、氮化物等分子发射的带状光谱，如 CN、SiO、AlO 等，这些化合物解离能都很高。

（3）谱线扩散　分析线附近有其他元素的强扩散线（即谱线宽度较大），如 Zn、Sb、Pb、Bi、Mg、Al 等含量高时会有很强的扩散线。

（4）连续背景　在 ICP 光源中，电子与离子复合过程也产生连续背景。韧致辐射是由电子通过荷电粒子（主要是重粒子）库仑场时受到加速或减速引起的连续辐射。这两种连续背景都随电子密度的增大而增加，是造成 ICP 光源连续背景辐射的重要原因，火花光源中这种背景也较强。

6.4.2 背景的扣除

为了消除背景的影响，直流电弧摄谱法定性分析选择谱线时，应避开背景影响较大的谱线。在 ICP 光电直读光谱仪中都带有自动校正背景的装置。

6.4.3 基体效应的影响

试样基体的化学组成和物理性质的变化，常常会强烈影响待测元素的谱线强度和背景，给定量分析带来干扰。试样中所有共存元素对待测元素的干扰效应的总和，称为基体效应。基体效应对定量分析带来的影响主要在非光谱干扰和光谱干扰两方面。非光谱干扰主要是共存（基体）元素对激发过程中一系列与温度有关的平衡的影响，它会使平衡移动或温度发生变化，使蒸气云中原子或离子的浓度发生变化，导致谱线强度发生变化，产生干扰。而光谱干扰主要是由于共存元素在待测原子的原子发射光谱上形成光谱的背景所产生的干扰。为了减少基体效应对定量分析所带来的干扰，通常可采用加入光谱添加剂（如光谱缓冲剂、挥发剂和稀释剂等）的方式，提高原子发射光谱的分析准确度。

6.5 分析方法

6.5.1 光谱定性分析

由于各种元素的原子结构不同，在光源的激发作用下，试样中每种元素都发射自己的特征光谱。光谱定性分析一般多采用直流电弧摄谱法。试样中所含元素只要达到一定的含量，都可以有谱线摄谱在感光板上。摄谱法操作简便，价格便宜，快速，在几小时内可将含有的数十种元素定性检出。感光板的谱图可长期保存。它是目前进行元素定性检出的最好方法。

6.5.1.1 元素的分析线与最后线

每种元素发射的特征谱线有多有少，多的可达几千条。当进行定性分析时，不需要将所有的谱线全部检出，只需检出几条合适的谱线就可以了。

进行分析时所使用的谱线称为分析线。如果只见到某元素的一条谱线，不能断定该元素确实存在于试样中，因为有可能是其他元素谱线的干扰。检出某元素是否存在，必须有两条以上不受干扰的最后线与灵敏线。灵敏线是元素激发能低、强度较大的谱线，多是共振线。最后线是指当样品中某元素的含量逐渐减少时，最后仍能观察到的几条谱线，它也是该元素的最灵敏线。

特征谱线组，常常是元素的多重线组，如图 6.1 中钠的双重线：589.59nm 和 588.99nm；还有的为三重线及多重线，如硅的 6 条线：250.69nm、251.43nm、251.61nm、251.92nm、252.41nm、252.85nm，它们的强度相近，具有特征性，很容易辨认。

6.5.1.2 分析方法

（1）铁光谱比较法 是目前最通用的方法，它采用铁的光谱作为波长的标尺，来判断其他元素的谱线。铁光谱作标尺具有如下特点：

① 谱线多，在 210～600nm 范围内有几千条谱线；

② 谱线间相距都很近，在上述波长范围内均匀分布，对每一条铁谱线波长，人们都已进行了精确的测量。

每一种型号的光谱仪都有自己的标准光谱图，见图 6.22。谱图最下边为铁光谱，紧挨着铁光谱上方准确地绘出 68 种元素的逐条谱线并放大 20 倍。

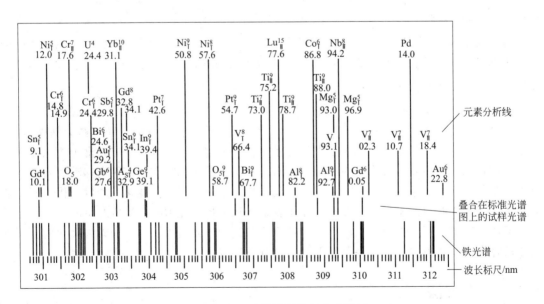

图 6.22 用于定性分析的标准光谱图

进行分析工作时，将试样与纯铁在完全相同的条件下并列并且紧挨着摄谱，摄得的谱片置于映谱仪（放大仪）上；谱片也放大 20 倍，再与标准光谱图进行比较。比较时，首先需将谱片上的铁谱与标准光谱图上的铁光谱对准，然后检查试样中的元素谱线。若试样中的元素谱线与标准图谱中标明的某一元素谱线出现的波长位置相同，即为该元素的谱线。判断某一元素是否存在，必须由其灵敏线来决定。铁光谱比较法可同时进行多元素的定性鉴定。

（2）标准试样光谱比较法　将要检出元素的纯物质或纯化合物与试样并列摄谱于同一感光板上，在映谱仪上检查试样光谱与纯物质光谱。若两者谱线出现在同一波长位置上，即可说明某一元素的某条谱线存在。此法多用于不经常遇到的元素或谱图上没有的元素分析。

6.5.2　光谱半定量分析

光谱半定量分析可以给出试样中某元素的大致含量。若分析任务对准确度要求不高，多采用光谱半定量分析。例对钢材与合金的分类、矿产品位的大致估计等，特别是分析大批量样品时，采用光谱半定量分析，尤为简单、快捷。

光谱半定量分析常采用摄谱法中比较黑度法，这个方法需配制一个基体与试样组成近似的被测元素的标准系列。在相同条件下，在同一块感光板上标准系列与试样并列摄谱；然后在映谱仪上用目视法直接比较试样与标准系列中被测元素分析线的黑度。黑度若相同，则可作出试样中被测元素的含量与标准样品中某一个被测元素含量近似相等的判断。

6.5.3　光谱定量分析

6.5.3.1　光谱定量分析关系式

光谱定量分析的关系式见式(6.5)和式(6.6)，即 $I=ac$ 和 $I=ac^b$。

当元素浓度很低时无自吸，$b=1$。ICP 光源本身自吸效应就很小。

6.5.3.2　内标法

在 20 世纪，使用经典光源进行定量分析时，使用式(6.6)测定谱线绝对强度进行定量分析是困难的。因为试样的组成与实验条件都会影响谱线强度。1925 年，盖拉赫（Gerlach）提出内标法，才使得原子发射光谱分析的定量分析得以实现。今天 ICP 光源直读光谱仪仪器性能好，并且稳定、准确度高，一般不使用内标法，但当试样黏度大时，也会使得光源不稳定，此时应使用内标法。

（1）基本关系式　内标法是相对强度法，首先要选择分析线对：选择一条被测元素的谱线为分析线，再选择其他元素的一条谱线为内标线，所选内标线的元素为内标元素。内标元素可以是试样的基体元素，也可以是加入一定量试样中不存在的元素。分析线与内标线组成分析线对。

分析线强度 I，内标线强度 I_0，被测元素浓度与内标元素浓度分别为 c 与 c_0，b 与 b_0 分别为分析线与内标线的自吸系数。根据式(6.6)，分别有

$$I=ac^b \tag{6.10}$$

$$I_0=a_0c_0^{b_0} \tag{6.11}$$

分析线与内标线强度比为 R，称为相对强度，即

$$R=\frac{I}{I_0}=\frac{ac^b}{a_0c_0^{b_0}} \tag{6.12}$$

式中，内标元素浓度 c_0 为常数；实验条件一定，$A=a/a_0c_0^{b_0}$ 为常数，则

$$R=\frac{I}{I_0}=Ac^b \tag{6.13}$$

式(6.13)是内标法光谱定量分析的基本关系式。由式(6.13)也可看出相对强度法，其

对试样组成或实验条件的变化都可相消了。分析方法是以相对强度 R 对浓度作图，即为校准曲线。在 ICP 光源中 b 趋于 1，则 $R=Ac$。

（2）**内标元素与分析线对的选择** 内标元素与被测元素在光源作用下应有相近的蒸发性质、相近的激发能与电离能；内标元素若是外加的，必须是试样中不含有或含量极少，可以忽略的；分析线对两条线要都是原子线或都是离子线，避免一条是原子线，另一条是离子线。

（3）**摄谱法定量分析的基本关系** 摄谱法要将标准样品与试样在同一块感光板摄谱，求出一系列黑度值，由乳剂特性曲线求出 $\lg I$，再将 $\lg R$ 对 $\lg c$ 做校准曲线，进而求出未知元素的含量。

若分析线与内标线的黑度都落在感光板正常曝光部分，这时可直接用分析线对黑度 ΔS 与 $\lg c$ 建立校准曲线。选用的分析线对波长比较靠近，此分析线对所在的感光板部位乳剂特性基本相同。设分析线黑度为 S_1、内标线黑度为 S_2，按式（6.9）可得

$$S_1 = \gamma_1 \lg H_1 - i_1$$
$$S_2 = \gamma_2 \lg H_2 - i_2$$

因分析线对所在部位乳剂特性基本相同，故

$$\gamma_1 = \gamma_2 = \gamma$$
$$i_1 = i_2 = i$$

又曝光量与谱线强度成正比，因此

$$S_1 = \gamma \lg I_1 - i$$
$$S_2 = \gamma \lg I_2 - i$$

则黑度差

$$\Delta S = S_1 - S_2 = \gamma(\lg I_1 - \lg I_2) = \gamma \lg \frac{I_1}{I_2} = \gamma \lg R \tag{6.14}$$

将式（6.13）代入式（6.14）得

$$\Delta S = \gamma b \lg c + \gamma \lg A \tag{6.15}$$

由式（6.15）可看出，分析线对黑度值都落在乳剂特性曲线的直线部分，分析线与内标线黑度差 ΔS 与被测元素浓度的对数呈线性关系。式（6.15）可以作为摄谱法定量分析的依据。

6.5.3.3 定量分析方法

由于 ICP 光源的广泛应用，光电直读光谱仪也成了主要的定量分析检测手段，摄谱法已基本上不用于定量分析中。因此，这里介绍的定量分析法只以光电直读为例。

（1）**标准曲线法** 这是最常用的方法。在确定的分析条件下，用 3 个或 3 个以上含有不同浓度的被测元素的标准系列与试样溶液在相同条件下激发光谱，以分析线强度 I 对标准样浓度作图，得到一条校准曲线。将试样分析线的强度在校准曲线上查出相应的浓度。

（2）**标准加入法** 当测定低含量元素时，基体干扰较大，找不到合适的基体来配制标准试样时，采用标准加入法比较好。方法是取几份相同量的试样，其中一份作为被测定的试样，其他几份分别加入不同浓度 $c_1, c_2, c_3, \cdots, c_i$ 的被测元素的标准溶液。在同一实验条件下激发光谱，然后以分析线强度对标准加入量浓度作图（见图 6.23）。被测定的试样中

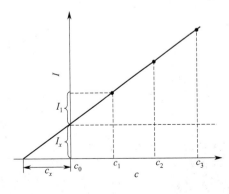

图 6.23 标准加入法曲线

没有加入标准溶液,所以它对应的强度为 I_x,试样中被测元素浓度为 c_x,将直线 I_x 点外推,与横坐标相交截距的绝对值即为试样中待测元素浓度 c_x。

$$\frac{c_x}{I_x} = \frac{c_1}{I_1} \tag{6.16}$$

$$c_x = \frac{c_1 I_x}{I_1} \tag{6.17}$$

定量分析法使用直读光谱仪,可将各元素校准曲线事先输入到计算机,测定时可直接得到元素的含量。多道光电直读光谱仪带有内标通道。

6.6 原子发射光谱法的应用

6.6.1 应用领域

原子发射光谱法具有不经过分离就可以同时进行多种元素快速定性定量分析的特点,特别是由于 ICP 光源的引入,因其具有的检出限低、基体效应小、精密度高、灵敏度高、线性范围宽以及多元素同时分析等诸多优点,使原子发射光谱分析法在科学领域及电子、机械、食品工业、钢铁冶金、矿产资源开发、环境监测、生化临床分析、材料分析等方面得到了广泛的应用。例如:岩矿及土壤中元素分析、植物与食品分析、钢铁冶炼过程中的检测、生态和环境保护分析、生化临床分析、材料分析等各个方面。

6.6.2 应用实例

(1) 原子发射光谱法直接测定焦炭中的 15 种微量杂质元素 焦炭在高炉冶炼过程中具有重要作用,其主要成分包括固定碳和灰分等。灰分是焦炭燃烧后剩余的残余物,是焦炭中的有害物质,主要由二氧化硅、三氧化二铝、氧化钙、氧化镁等氧化物组成。灰分含量越高,固定碳减少,会增加高炉冶炼过程中消耗的石灰石和热量,导致高炉利用系数降低;而焦炭灰分越低,对高炉操作越有利。因而有必要对焦炭中的杂质含量进行测定。由于焦炭难溶于水、酸、碱,给分析工作带来了一定的困难。通常要在 850℃ 高温灰化,收集灰分,然后通过萃取、分离等操作后对样品中特定杂质元素进行分析。也可将灰分用 $HF-HNO_3-HClO_4$ 混酸溶解或用 Na_2O_2、无水 Na_2CO_3 碱熔融处理后进行仪器分析,但操作步骤繁多,且高温操作容易造成元素丢失。而采用原子发射光谱可以直接测定焦炭中 Si、Mn、Mg、Pb、Sn、Fe、Ni、Al、Ti、Mo、Ca、V、Cu、Zn、Ag 等 15 种微量杂质元素。方法不需要高温灰化及冗长的样品前处理技术,直接粉末进样分析,能够实现多元素同时检测,操作简便、快速,能够满足焦炭中常规杂质分析的需要。

(2) ICP-AES 法测定铝合金中 7 种元素含量 铝合金材料在各行各业中的应用十分广泛,其中合金元素和杂质元素的含量影响着合金的理化性能。元素检测大多采用经典的化学分析方法,其中有分光光度法、容量法、原子吸收法和发射光谱法等,特点是对各元素需逐个分析,检测过程繁琐,周期长,试剂消耗大,难以满足客户的时效性要求。若采用 ICP-AES 法测定铝合金中 Cu、Fe、Mg、Mn、Si、Ti 及 Zn 7 种元素时,可直接将铝合金处理成溶液后,直接进样测定含量,可同时测出这 7 种元素的含量。

思考题与习题

6.1 原子发射光谱是怎么产生的?

6.2 原子发射光谱法的特点是什么?

6.3 内量子数 J 的来源是什么?

6.4 请简述几种常用光源的工作原理,比较它们的特性以及适用范围,并阐述具备这些特性的原因。

6.5 简述 ICP 光源的优缺点。

6.6 请比较棱镜光谱仪、光栅光谱仪、光电直读光谱仪的色散系统与检测系统的元件组成、工作原理及特点。

6.7 请画一条乳剂特性曲线,标出曲线的不同部分及惰延量、反衬度及雾翳黑度,并说明乳剂特性曲线的作用。

6.8 解释下列名词:
(1) 分析线、共振线、灵敏线、最后线、原子线、离子线。
(2) 定量分析内标法中的内标线、分析线对。

6.9 光谱定量分析为什么用内标法:简述其原理,并说明如何选择内标元素与内标线,再写出内标法的基本关系式。

6.10 在下列情况下,应选择什么激发光源?
(1) 对某经济作物植物体进行元素的定性全分析;
(2) 炼钢厂炉前12种元素定量分析;
(3) 铁矿石定量全分析;
(4) 头发各元素定量分析;
(5) 水源调查和元素定量分析。

6.11 分析硅青铜中的铅,以基体铜为内标元素,实验测得数据列于下表中。求硅青铜中铅的质量分数(请作图)。

样品编号	$w_{Pb}/\%$	黑度 S	
		Pb 287.33nm	Cu 276.88nm
标样 1	0.08	285	293
2	0.13	323	310
3	0.20	418	389
4	0.30	429	384
未知样	x	392	372

6.12 用标准加入法测定 SiO_2 中 Fe 的质量分数,以 Fe 302.06nm 为分析线,Si 302.00nm 为内标线。已知分析线对已在乳剂特性曲线直线部分,测得数据列于下表中。试求 Fe 的质量分数。

Fe 加入量/%	0	0.001	0.002	0.003
R(谱线相对强度)	0.24	0.42	0.51	0.63

第 6 章 拓展材料

第7章 原子吸收光谱法
Atomic Absorption Spectrometry,AAS

【学习要点】
① 掌握原子吸收光谱法的基本原理,掌握谱线轮廓及其变宽的原因。
② 掌握原子吸收光谱仪的基本结构和所采用的光源及原子化技术,了解原子吸收分析的实验技术。
③ 了解原子吸收分析中的干扰效应及其抑制方法。
④ 掌握原子吸收光谱法的定量分析方法及应用。
⑤ 了解原子荧光光谱法的原理和仪器结构及应用。

7.1 概述

原子吸收光谱法是基于测量待测元素的基态原子对其特征谱线的吸收程度而建立起来的定量分析方法。又称原子吸收分光光度法,简称原子吸收法。

原子吸收法是20世纪50年代之后发展起来的一种新型仪器分析方法。到目前为止,它已广泛用于材料科学、环境科学、医药食品、农林产品、生物资源开发和生命科学等各个方面。特别是在分析与农、林、水科学有密切关系的微量元素工作中发挥了很大的作用。

原子吸收光谱法之所以发展迅速,是因为它本身具有以下许多特殊的优点。

(1) 灵敏度高　原子吸收法测定的绝对灵敏度可达 $10^{-13} \sim 10^{-15}$ g。
(2) 选择性好　原子吸收是基于待测元素对其特征谱线的吸收,因此干扰较少,易于消除。
(3) 精密度和准确度高　由于原子吸收程度受外界因素的影响相对较小,因此一般具有较高的精密度和准确度。
(4) 测定元素多　能够用原子吸收光谱法测定的元素多达70多种。
(5) 需样量少、分析速度快。

传统原子吸收光谱法的不足之处是测定不同元素需用不同的灯,更换不太方便。新型多通道原子吸收光谱法中虽然在一定程度上解决了此问题,但价格比较昂贵。另外,对多数非金属元素还不能直接测定,不能同时进行多元素分析。

本章还将讨论原子荧光光谱法。

7.2 基本原理

7.2.1 原子吸收光谱的产生

通常情况下,原子处于基态,当通过基态原子的某辐射线所具有的能量(或频率)恰好符合该原子从基态跃迁到激发态所需的能量(或频率)时,该基态原子就会从入射辐射中吸收能量,产生原子吸收光谱。原子的能级是量子化的,所以原子对不同频率辐射的吸收也是有选择性的。例如基态钠原子可吸收波长为588.99nm的光量子;镁原子可吸收波长为285.21nm的光量子。这种选择性吸收的定量关系服从下式:

$$\Delta E = h\nu = h\frac{c}{\lambda}$$

原子由基态跃迁到第一电子激发态所需能量最低，跃迁最容易（这时产生的吸收线称为主共振吸收线或第一共振吸收线），因此大多数元素主共振线就是该元素的灵敏线。也是原子吸收法中最主要的分析线。

7.2.2 基态原子与待测元素含量的关系

原子吸收光谱法是利用待测元素的基态原子对其特征谱线的吸收。

在原子吸收光谱中，一般是将试样在 2000～3000K 的温度下进行原子化，其中大多数化合物被蒸发、解离，使元素转变为原子状态，包括激发态原子和基态原子。根据热力学原理，在温度 T 一定，并达到热平衡时，激发态原子数 N_i 与基态原子数 N_0 的比值服从玻耳兹曼分布规律，可用玻耳兹曼方程式表示：

$$\frac{N_i}{N_0} = \frac{g_i}{g_0}\exp(-E_i/kT) \tag{7.1}$$

在原子光谱中，由元素的谱线的波长即可知道相应的 g_i/g_0 和 E_i，由此可以计算出一定温度下的 N_i/N_0 比值，表 7.1 列出四种元素在不同温度下的 N_i/N_0 值。

表 7.1 四种元素共振线的 N_i/N_0 值

元素	λ/nm	g_i/g_0	E_i/eV	N_i/N_0 2000K	3000K	5000K
Cs	852.11	2	1.460	4.44×10^{-4}	7.42×10^{-3}	6.82×10^{-2}
Na	589.00	2	2.104	9.86×10^{-6}	5.83×10^{-4}	1.51×10^{-2}
Ca	422.67	3	2.932	1.22×10^{-7}	3.55×10^{-5}	3.33×10^{-3}
Zn	213.86	3	5.759	7.45×10^{-15}	5.50×10^{-10}	4.32×10^{-4}

由式(7.1) 和表 7.1 可以看出，对同种元素，温度越高，N_i/N_0 值越大；温度一定时，电子跃迁的能级差越小的元素，形成的激发态原子就越多，N_i/N_0 值就越大。在原子吸收的测定条件下，N_i/N_0 值一般在 10^{-3} 以下，即激发态原子数不足 0.1%，因此可以把基态原子数 N_0 看作是吸收光辐射的原子总数。如果待测元素的原子化效率保持不变，则在一定浓度范围内基态原子数 N_0 即与试样中待测元素的含量 c 呈线性关系，即

$$N_0 = K'c \tag{7.2}$$

从以上讨论还可以看出，激发态原子数受温度的影响大，而基态原子数受温度影响小，所以原子吸收光谱法的准确度优于原子发射光谱分析法，基态原子数远大于激发态原子数，因此原子吸收光谱法的灵敏度高于原子发射光谱分析法。

7.2.3 原子吸收谱线的轮廓与变宽

原子吸收谱线是具有一定宽度、轮廓（形状）、占据一定频率（波长）范围的光谱线。由于其宽度很窄，一般难以看清其形状，习惯上称之为谱线。图 7.1 为吸收系数 K_ν 随频率 ν 的变化曲线，即原子吸收线的轮廓。表示原子吸收线轮廓的特征量是吸收线的特征频率 ν_0（波长 λ_0）和宽度，特征频率 ν_0（波长 λ_0）是指吸收系数最大值 K_0 所对应的频率（波长）。吸收线的宽度是指吸收系数最大值的一半 $K_0/2$ 处吸收线轮廓间的频率（波长）差，又称为半宽度，常以 $\Delta\nu(\Delta\lambda)$ 表示。

原子吸收线的宽度受多种因素影响，其中主要有以下几种。

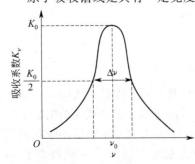

图 7.1 原子吸收线的轮廓

7.2.3.1 自然宽度

在无外界影响时，谱线的宽度称自然宽度（natural width，$\Delta\nu_N$）。自然宽度与激发态原子的平均寿命有关，寿命越长，谱线宽度越小，一般约为 10^{-5} nm。

7.2.3.2 多普勒变宽

多普勒变宽（Doppler broadening，$\Delta\nu_D$）是由原子不规则的热运动引起的，故又称为热变宽。在原子蒸气中，原子处于杂乱无章的热运动状态，当趋向光源方向运动时，原子将吸收频率较高的光波，当背离光源方向运动时，原子将吸收频率较低的光波，相对中心频率而言，既有紫移（向高频方向移动），又有红移（向低频方向移动），这种现象称多普勒变宽或热变宽。其范围一般为 $1\times10^{-3}\sim5\times10^{-3}$ nm，影响其变宽的因素可用下式表示：

$$\Delta\nu_D = \frac{2\nu_0}{c}\sqrt{\frac{2RT\ln2}{A}} = 7.16\times10^{-7}\nu_0\sqrt{\frac{T}{A}} \tag{7.3}$$

式中，R 为气体常数；A 为吸光原子的摩尔质量；c 为光速；T 为热力学温度；ν_0 为谱线的中心频率。

上式表明，多普勒变宽与热力学温度的平方根成正比，与吸收质点的摩尔质量的平方根成反比。摩尔质量越小，温度越高，变宽程度就越大。

7.2.3.3 压力变宽

吸收原子与外界气体分子之间的相互作用引起的变宽，称为压力变宽（pressure broadening）。它是由于碰撞使激发态寿命变短所致。压力变宽包括劳伦兹（Lorents）变宽 $\Delta\nu_L$ 和赫鲁兹马克（Holtsmark）变宽 $\Delta\nu_H$ 两种。前者指待测原子与其他粒子相互碰撞而产生的变宽；后者是指待测原子之间相互碰撞而产生的变宽，也称为共振变宽。共振变宽在待测元素浓度不很高时可忽略不计，这时，原子吸收谱线的变宽仅取决于劳伦兹变宽。影响其变宽的因素可用下式表示：

$$\Delta\nu_L = 2N_A\sigma^2 p\sqrt{\frac{2}{\pi RT}\left(\frac{1}{A_r}+\frac{1}{M_r}\right)}\nu_0 \tag{7.4}$$

式中，N_A 为阿伏伽德罗常数，6.02×10^{23} mol^{-1}；σ 为吸光原子与外来粒子间碰撞的有效截面积；p 为外界气体压力；A_r 为吸光原子的相对原子质量；M_r 为外界气体分子的相对分子质量。

由式（7.4）可以看出，劳伦兹变宽随外界气体压力、碰撞粒子的有效截面积的增加而增大；随温度、外界分子质量、吸光原子质量的增大而减小。例如，在原子吸收光谱法常用的锐线光源空心阴极灯内，气体的压力很低，劳伦兹变宽可以忽略不计，但在产生吸收的原子蒸气中，因为火焰中外来气体的压力较大，劳伦兹变宽不可忽略。

在通常原子吸收实验条件下，吸收线的轮廓主要受多普勒变宽和劳伦兹变宽的影响。对火焰原子吸收，主要受劳伦兹变宽（$\Delta\nu_L$）影响；而对石墨炉原子吸收，主要受多普勒变宽（$\Delta\nu_D$）影响，两者具有相同数量级，一般为 10^{-3} nm。

7.2.4 原子吸收线的测量

7.2.4.1 积分吸收

原子的发射线与吸收线本身都是具有一定宽度（频率）范围的谱线。要对其吸收进行准确测量，人们最初想到的就是求算吸收曲线所包含的整个吸收峰面积的方法，即求积分吸收 $\int_0^{\infty} K_\nu d\nu$ 的方法。

积分吸收值可由下式表示：

$$\int_0^\infty K_\nu \mathrm{d}\nu = aN_0 \tag{7.5}$$

对于一定的元素，a 为一常数。式(7.5)表明，积分吸收与单位体积原子蒸气中吸收辐射的基态原子数 N_0 呈线性关系，而与频率无关，只要测得积分吸收即可求得 N_0，再根据 N_0 与待测物中原子总数 N 以及待测物浓度 c 的关系，即可求出待测物的绝对含量，不需与标准比较。

而事实上，由于原子吸收谱线的宽度仅有 10^{-3} nm，要在这样狭窄的范围内准确测量积分吸收，一方面需要分辨率极高的单色器，制造这种单色器尚存在着技术上的困难；另一方面，即使制造出这种单色器，采用普通分光光度法所用的传统光源（氘灯、钨灯等连续光源），测定积分吸收也是行不通的。原因是原子吸收光谱法采用氘灯、钨灯等连续光源经单色器分光后，分出的是相对单色的光谱带。而在原子吸收光谱分析中，该辐射通过带有普通单色器的原子吸收分光光度计（狭缝最小可调至 0.10mm）后，分离所得的通带宽度约为 0.2nm，而吸收该谱线的原子吸收谱线宽度约为 10^{-3} nm（见图 7.2），吸收前后，入射光的强度减小仅为 0.5%（即 0.001/0.2×100%），与一般仪器分析的误差相近，不可能准确测定。

7.2.4.2 峰值吸收

澳大利亚物理学家瓦尔西（Walsh A）于 1955 年提出了采用锐线光源作为辐射源测量谱线吸收，称为峰值吸收的新见解。吸收线中心波长处的吸收系数 K_0 为峰值吸收系数，简称峰值吸收。

锐线光源就是能辐射出谱线宽度很窄的原子线光源，该光源的使用不仅可以避免采用分辨率极高的单色器，而且使吸收线和发射线变成了同类线，强度相近，吸收前后发射线的强度变化明显，测量能够准确进行。如图 7.3 所示。

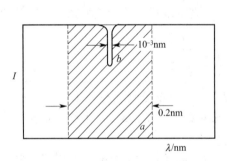

图 7.2　连续光源 a 与原子吸收线 b 的通带宽度示意

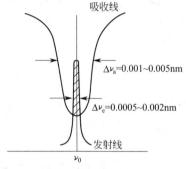

图 7.3　峰值吸收测量示意
（阴影部分表示被吸收的发射线）

为了使通过原子蒸气的发射线特征（极大）频率恰好能与吸收线的特征（极大）频率相一致，通常用待测元素的纯物质作为锐线光源的阴极，这样发射与吸收为同一物质，产生的发射线与吸收线特征频率完全相同，可以实现峰值吸收。

当频率为 ν，强度为 I_0 的平行光，通过厚度为 L 的基态原子蒸气时，基态原子对其产生吸收，使透射光 I 的强度减弱。根据比耳定律：

$$I = I_0 \mathrm{e}^{-K_\nu L}$$

或

$$A = \lg(I_0/I) = \lg \mathrm{e}^{K_\nu L} = 0.4343 K_\nu L$$

当发射线的半宽度远小于吸收线的半宽度 $\Delta\nu_\text{发} \ll \Delta\nu_\text{吸}$ 时，在积分界限内可以认为 K_ν 为常数，并近似等于 K_0，此时

$$A = 0.4343 K_\nu L = 0.4343 K_0 L \tag{7.6}$$

峰值吸收系数 K_0 与谱线的宽度有关，在通常原子吸收的测量条件下，原子吸收线的轮廓仅取决于多普勒变宽 $\Delta\nu_D$，此时有：

$$K_0 = b \frac{2}{\Delta\nu_D} \int K_\nu \mathrm{d}\nu \tag{7.7}$$

将式(7.5) 代入式(7.7)，变换后得：

$$K_0 = b \frac{2}{\Delta\nu_D} a N_0 \tag{7.8}$$

式中，b 为与谱线变宽过程有关的常数。

将式(7.8) 代入式(7.6) 得：

$$A = 0.4343 b a \frac{2}{\Delta\nu_D} N_0 L \tag{7.9}$$

将式(7.2) 代入式(7.9) 得：

$$A = 0.4343 a b K' L c \frac{2}{\Delta\nu_D} \tag{7.10}$$

在具体测定中，式(7.10) 前边各项均为定值，故

$$A = Kc \tag{7.11}$$

由式(7.10) 和式(7.11) 可知，在特定条件下，吸光度 A 与待测元素的浓度 c 呈线性关系，A 与多普勒变宽呈反比，说明在原子吸收测量中，应尽量避免谱线变宽因子的影响，以保证测定具有较高的灵敏度和准确性。

7.3 原子吸收分光光度计

用于测量和记录待测物质在一定条件下形成的基态原子蒸气对其特征光谱线的吸收程度并进行分析测定的仪器，称为原子吸收光谱仪或原子吸收分光光度计。按原子化方式分，有火焰原子化和非火焰原子化两种；按入射光束分，有单光束型和双光束型两种；按通道分，有单通道型和多通道型两种。不论型号如何，其光源、原子化器、分光系统和检测系统这四大部件都是必不可少的。现以单光束火焰原子吸收分光光度计的基本结构为例（见图7.4），讨论各部件的作用及测定原理。

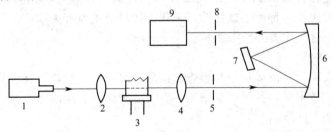

图 7.4　单光束火焰原子吸收分光光度计示意
1—光源；2,4—透镜；3—(火焰)原子化器；5,8—入射与出射狭缝；
6—凹面反射镜；7—光栅；9—检测系统

光源发射的待测元素的特征谱线，通过原子化器中待测元素的原子蒸气时，部分被吸收，透过部分经分光系统和检测系统即可得该特征谱线被吸收的程度，即吸光度。根据吸光度与浓度呈线性关系的原理，即可求出待测物的含量。

7.3.1　光源

原子吸收光源的作用是发射待测元素的特征谱线，为了测定待测元素的峰值吸收，必须使用待测元素制成的锐线光源。通常对锐线光源的要求如下。

① 发射线的宽度要明显小于吸收线的半宽度，即 $\Delta\nu_e \ll \Delta\nu_a$；
② 辐射应有足够的强度，以保证有足够高的信噪比；
③ 辐射应有足够的稳定性；
④ 光谱纯度要高，在光源通带内无其他干扰光谱。

能够符合上述条件的锐线光源主要有蒸气放电灯、无极放电灯和空心阴极灯。其中空心阴极灯锐线明晰，发光强度大，输出光谱稳定，结构简单，操作方便，获得广泛应用。

常用的空心阴极灯是由一个圆柱形空心阴极和一个棒状阳极组成的气体放电灯。空心阴极可由待测元素的金属或合金直接制作而成。阳极可用钨、钛、锆等纯金属制作，但最常用的是钨棒。阴极和阳极同时被封装在充有低压惰性气体的玻璃套管内，空心阴极腔应面对能透射辐射的石英窗口。这样放电的能量可集中在较小的面积上，使辐射强度更大。如图7.5所示。

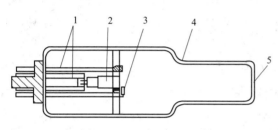

图7.5 空心阴极灯示意图
1—电极支架；2—空心阴极；
3—阳极；4—玻璃管；5—光窗

在放电管的两个极加足够高的电压（300～500V）时，电子将从空心阴极的内壁射向阳极，并在运动过程中与充入的惰性气体原子相互碰撞而使之电离，产生带正电荷的惰性气体离子。该正离子在电场作用下，高速射向阴极，使阴极表面金属原子溅射出来。溅射出来的金属原子再与电子、惰性气体原子及离子发生碰撞而被激发。处于激发态的粒子不稳定，很快就会返回基态，并以光的形式释放出多余的能量，产生待测元素的特征光谱线。

由于灯的工作电流一般在几毫安至几十毫安，阴极温度不高，所以 Doppler 变宽不明显，自吸现象小。且灯内的气压很低，Lorentz 变宽也可忽略。因此，在正常工作条件下，空心阴极灯发射出半宽度很窄的特征谱线。

7.3.2 原子化器

原子化器的作用是将试样中的待测元素转化为基态原子，以便对特征光谱线进行吸收。由于原子化器的性能将直接影响测定的灵敏度和测定的重现性，因此要求具备原子化效率高、噪声低、记忆效应小等特性。试样的原子化方法目前主要有火焰原子化、石墨炉原子化和低温原子化三类，这里主要介绍前两种。

7.3.2.1 火焰原子化器

火焰原子化器实际上是由雾化器和燃烧器两部分组成的。燃烧器又可分为全消耗型和预混合型。前者原子化效率低，目前很少采用。后者由雾化器、预混室、燃烧器和供气系统四部分组成。结构如图7.6所示。

试样经喷雾器喷雾形成雾珠，较大的雾珠在预混室内经撞击球撞击成较小的雾珠（约$10\mu m$），未撞击到的大雾珠经冷凝后沿废液管流出。较小的雾珠在预混室内与燃气、助燃气混匀后，一起进入燃烧器燃烧，形成层流火焰，预混合型原子化器虽然试样利用率较低，但火焰稳定，干扰少，因此应用较普遍。

试样中待测元素的原子化过程是一个复杂的理化过程，可大致示意如下：

$$MX(试液) \rightleftharpoons MX(气态) \rightleftharpoons \begin{array}{l} \nearrow M^*(激发态原子) \\ M^0(基态原子) + X^0(气态) \\ \searrow M^+(离子) + e^- \end{array}$$

火焰温度是影响原子化程度的重要因素。温度过高，会使试样原子激发或电离，基态原子

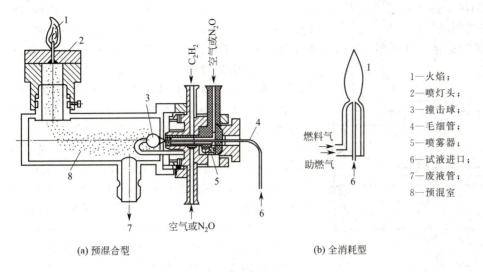

图 7.6 火焰原子化器示意图

数减少,吸光度下降。温度过低,试样中盐类不能解离或解离度太小,测定的灵敏度也会受到影响,如果存在未解离分子的吸收,干扰就会更大。因此,必须根据实际情况,选择合适的火焰温度。常见的火焰及温度见表 7.2。

表 7.2 常用火焰的燃烧特性

燃气	助燃气	着火温度/K	燃烧速率/cm·s^{-1}	火焰温度/K
乙炔	空气	623	158	2500
	氧气	608	1140	3160
	笑气(N_2O)		160	2990
氢气	空气	803	310	2318
	氧气	723	1400	2933
	笑气		390	2880
丙烷	空气	510	82	2198
	氧气	490		3123

由表 7.2 可知,火焰的种类有多种,但最常用的是乙炔-空气火焰和乙炔-笑气火焰。前者最高温度约为 2500K,适用于多数元素的测定;后者最高温度 2990K,适用于耐高温、难解离和激发电位较高的元素的原子化。

同种火焰又分为贫燃焰、富燃焰和化学计量焰三种类型。所谓化学计量焰(又称中性焰),是指助燃气与燃气按照它们的化学计量关系提供的,一般温度高,适用于多数元素的原子化。燃气量大于化学计量的火焰称富燃焰。其颜色呈黄色,其特点是燃烧不完全,温度略低于化学计量焰,具有还原性,适用于易形成难解离氧化物的元素的测定。再就是它的干扰较多,背景高。助燃气大于化学计量的火焰称贫燃焰,其特点是颜色呈蓝色,氧化性较强,温度较低,适用于测定易解离、易电离的元素,如碱金属。

火焰原子化的优点是重现性好,操作简便,但不足之处是喷雾气体对试样的稀释严重,待测元素易受燃气和火焰周围空气的氧化,生成难溶氧化物,使原子化效率降低,灵敏度下降。为克服火焰原子化的缺点,发展了石墨炉原子化器。

7.3.2.2 石墨炉原子化器

石墨炉原子化器与火焰原子化器的加热方式有着本质的区别。前者是靠电加热,而后者则是靠火焰加热。石墨炉原子化器通常是用一个长 30～60mm、外径 8～9mm、内径 4～6mm 的石墨管制成（见图 7.7），管上留有直径为 1～2mm 的小孔（有三孔和单孔两种），以供注射试样和通惰性气体用。管两端有可使光束通过的石英窗和连接石墨管的金属电极。通电后，石墨管迅速发热，使注入的试样蒸发和原子化。为了保护管体，管外设计有水冷外套。管上小孔通入的惰性气体，如 N_2、Ar 等可使已形成的基态原子和石墨管本身不被氧化。

测定时，试样用微量进样器注入石墨管，先通入小电流，在 380K 左右干燥试样，除去溶剂；再升温到 400～1800K 灰化试样，除去基体；然后升温到 2300～3300K，将待测元素高温原子化，并记录吸光度值；最后升温到 3300K 以上，使管内遗留的待测元素挥发掉，消除其对下一试样产生的记忆效应，即清残。

石墨炉原子化器的原子化效率高，气相中基态原子浓度比火焰原子化器高数百倍，且基态原子在光路中的停留时间更长，因而灵敏度高得多，特别适用于低含量样品的分析，取样量少，

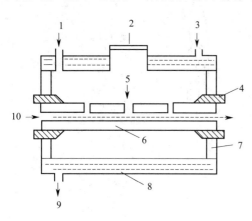

图 7.7 石墨炉原子化器示意图
1—保护气入口；2—进样窗；3,9—冷却水进出口；
4—电极；5—进样孔；6—石墨管；7—绝缘体；
8—金属夹套；10—光路

能直接分析液体和固体样品。但石墨炉原子化器操作条件不易控制，重现性、准确性均不如火焰原子化器，且设备复杂，费用较高。

7.3.2.3 低温原子化法

低温原子化技术包括氢化物发生法和冷原子化法。氢化物发生法，是利用某些待测元素易生成熔沸点均低于 273K，且加热易分解的共价氢化物这一特性，用 $NaBH_4$ 等强还原剂将试样中待测元素还原为共价氢化物，接着用惰性气体导入电热石英管原子化器（或 Ar-H_2 火焰原子化器）中，在低于 1200K 的温度下进行原子化。氢化物发生法只限于 Sn、As、Se、Sb、Ge、Pb 等几个元素的分析。冷原子化法只限于汞的分析，其原理是在常温下用 $SnCl_2$ 等还原剂将无机汞化合物还原为气态汞原子，再由惰性气体导入石英管中测定，不必加热。

低温原子化技术本身就是一个分离富集过程，灵敏度比火焰原子化技术高得多，但精密度差些，且应用范围很有限。

7.3.3 分光系统

分光系统的作用就是将待测元素的分析线与干扰线分开，使检测系统只接收分析线。它主要由入射狭缝、反射镜、色散元件（光栅、棱镜等）和出射狭缝等组成（图 7.4）。光源发出的特征光经第一透镜聚集在待测原子蒸气时，部分被基态原子吸收，透过部分经第二透镜聚集在单色器的入射狭缝，经反射镜反射到单色器上进行色散后，再经出射狭缝，反射到检测器上。

分光系统的分辨能力取决于色散元件的色散率和狭缝宽度。每台仪器色散元件的色散率是固定的，故分辨能力仅与仪器的狭缝宽度有关。减小狭缝宽度，可提高分辨能力，有利于消除干扰谱线。但狭缝宽度太小，会导致透过光强度减弱，分析灵敏度下降。一般狭缝宽度调节为 0.01～2mm。

7.3.4 检测系统

原子吸收检测系统是由光电转换器、放大器和显示器组成，它的作用就是把单色器分出

的光信号转换为电信号,经放大器放大后以透光率或吸光度的形式显示出来。

(1) 光电转换器　原子吸收法中常用的光电转换器为光电倍增管。光电倍增管的结构和原理见本书 2.3.4 节内容。

描述光电倍增管质量特性的指标主要有光谱灵敏度、暗电流和输出稳定性。用 Ga-As 作光敏材料的光电倍增管在较广的波长范围内均有较好的光谱灵敏度,应用较普遍。暗电流是没有光照射到光电阴极时光电倍增管输出的电流。暗电流愈小,噪声愈小,光电倍增管的质量愈高。

光电倍增管在使用时应尽量避免非信号光照射和长时间无间隙使用,并尽量不用过高的电压,以确保光电管的良好工作特性。

(2) 放大器与显示器　光源发出的特征光经原子化器和单色器后已经很弱,虽然通过光电倍增管放大,往往还不能满足测量要求,需要进一步放大才能在显示器上显示出来。原子吸收常用同步解调放大器。它既有放大的作用,又能滤掉火焰发射以及光电倍增管暗电流产生的无用直流信号,从而有效地提高信噪比。较先进的原子吸收显示器一般同时具有数字打印和显示、浓度直读、自动校准和微机处理数据的功能。

7.3.5　测定条件的选择

(1) 狭缝宽度　狭缝宽度的确定一般是调节不同的狭缝宽度测量试液的吸光度。当狭缝增宽到一定程度时,由于其他谱线或非吸收光出现在光谱通带内,使吸光度减小,因此,不引起吸光度减小的最大狭缝宽度就是最合适的狭缝宽度。

(2) 分析线　原子吸收分析线的选择应从灵敏度高、干扰少两方面考虑,大多数分析线选用主共振线,因为主共振线具有激发能量低、测定灵敏度高等特点。如果某分析线附近有其他光谱干扰时,人们可以选用灵敏度稍低的谱线作分析线。

适宜的分析线可由以下实验方法确定。首先扫描空心阴极灯的发射光谱,了解有几条可供选择的谱线,然后喷入相应的溶液,观察这些谱线的吸收情况,选用吸光度最大的谱线为分析线。常用的分析线可查阅有关手册。

(3) 灯电流　空心阴极灯的发射特性依赖于工作电流。灯的工作电流过低,光输出稳定性差,强度弱;灯的工作电流过大,放电不稳定,谱线变宽严重,灵敏度下降,校正曲线弯曲,灯的寿命缩短,实际工作中,选择原则是在保证输出稳定和适当光强的条件下,尽量选用低的工作电流。

(4) 试样用量　根据朗伯-比耳定律,原子吸收的吸光度与待测元素的原子浓度成正比。但进样量大到一定程度时,吸光度不但不会增加,反而会因溶剂的冷却效应和大粒子散射使吸收值下降,背景增大。因此合适的取样量应由实验确定,其具体方法是在合适的燃烧器高度下,调节毛细管出口的压力,以改变进样速率,达到最大吸光度值的进样量即为合适的试样用量。

7.4　干扰及消除方法

7.4.1　物理干扰及消除

物理干扰是指试样在转移、蒸发和原子化过程中,由于溶质或溶剂的物理化学性质改变而引起的干扰。如在火焰原子吸收光谱中,试样黏度和雾化气体压力的变化直接影响试样的提升量和基态原子的浓度;表面张力影响气溶胶雾滴的大小;溶剂的蒸气压不同,影响溶剂的挥发和冷凝;吸样毛细管的直径、长度及浸入试液的深度,也将影响进样速率。大量基体元素对待测元素蒸发也有影响。

物理干扰的消除办法是配制与待测溶液组成相似的标准溶液或采用标准加入法，使试液与标准溶液的物理干扰相一致，从而达到抵消误差的作用。

7.4.2 化学干扰及消除

化学干扰是指在溶液或原子化过程中待测元素与其他组分发生化学反应而使其原子化效率降低或升高而引起的干扰。它是原子吸收法的主要干扰。

某些物质在原子化前的雾化室内相互混合时，由于小环境发生了变化，常温常压下不发生化学反应的物质，此时往往会生成新的难溶解物质而使其原子化效率发生改变，有些元素易生成难熔氧化物，使其解离度下降，原子化效率降低。

产生化学干扰的原因较复杂，消除干扰最常用的措施是加入释放剂与保护剂。

（1）加释放剂　在测定钙时，若试液中存在磷酸根，则钙易在高温下与磷酸根反应生成难解离的 $Ca_2P_2O_7$，加入释放剂 $LaCl_3$ 后，La^{3+} 与 PO_4^{3-} 可生成更稳定的 $LaPO_4$，从而抑制了磷酸根对钙的干扰。使测定的灵敏度大大提高。其反应为：

$$2CaCl_2 + 2H_3PO_4 == Ca_2P_2O_7 + 4HCl + H_2O$$
$$H_3PO_4 + LaCl_3 == LaPO_4 + 3HCl$$

（2）加保护剂　保护剂（或配位剂）是能与待测元素形成稳定的但在原子化条件下又易于解离的化合物的试剂。例如，在测定钙时加入 EDTA，可有效防止磷酸根对钙测定的干扰。这是因为 Ca^{2+} 与 EDTA 形成更稳定的 Ca-EDTA 配合物，而 Ca-EDTA 在火焰中很容易被原子化，既达到了消除干扰的目的，又实现了钙的测定。配位剂，特别是有机配位剂对消除化学干扰的有效性，主要是由于有机物在火焰中更易被破坏，从而使与配位剂结合的金属元素迅速释放并原子化。

若采用上述办法仍不能消除化学干扰时，只好采用萃取、沉淀、离子交换等分离办法，提前将干扰或待测元素分离出去，然后再进行测定。

7.4.3 电离干扰及消除

电离干扰是待测元素在形成自由原子后进一步失去电子，从而使基态原子数减少，测定结果和灵敏度降低的现象。这种干扰在火焰温度高、待测元素电离电位低的情况下最容易发生。

为了避免和消除电离干扰，在实际测量中，常常加入一定量的比待测元素更易电离的其他元素（即消电离剂），以达到抑制电离的目的。如在测定钙时，常加入一定量的钾盐溶液（钾和钙的电离电位分别为 4.34eV 和 6.11eV），由于溶液中存在大量的钾电离出的自由电子，使待测元素钙的电离被抑制。

7.4.4 光谱干扰及消除

光谱干扰主要来自光源和原子化器。原子吸收法要求光源发射的共振线要落在原子化器中待测元素的吸收线中，两者的最大吸收频率要完全一致。但由于吸收线要远比发射线宽，而且能够发射特征辐射的元素很多，在光谱通带内，常常还会存在以下光谱干扰。

7.4.4.1 非共振线干扰

光源在发射待测元素的多条特征谱线时，通常选用最灵敏的共振线作为分析线。若分析线附近有单色器不能分离掉的待测元素的其他特征谱线，它们将会对测量产生干扰。这类情况常出现于谱线多的过渡元素。如镍的分析线（232.00nm）附近还有 231.60nm 等多条镍的特征谱线,这些谱线均能被镍原子吸收。由于其他非共振线的吸收系数均小于共振线的吸收系数,从而导致吸光度降低,标准曲线弯曲。改善和消除这种干扰的办法是缩小狭缝宽度。

7.4.4.2 背景吸收

背景吸收包括分子吸收和光散射引起的干扰。

分子吸收是指试样在原子化过程中,生成某些气体分子、难解离的盐类、难熔氧化物、氢氧化物等对待测元素的特征谱线产生吸收而引起的干扰。例如在测定钡时,钙的存在会生成 $Ca(OH)_2$,它在 $530\sim560nm$ 处有一个吸收带,干扰钡 553.5nm 的测定。

光散射是指原子化过程中产生的固体微粒。光路通过时对光产生散射,使被散射的光偏离光路,不为检测器所检测,测得的吸光度偏高。

在石墨炉原子吸收中,由于原子化过程中形成固体微粒和产生难解离分子的可能性比火焰原子化大,所以,光的散射和分子吸收更为严重。

背景吸收的消除常用空白校正法、氘灯校正法和塞曼效应校正法等几种方法。

(1) 空白校正法 配制一个与待测试样组成浓度相近的空白溶液,则这两种溶液的背景吸收大致相同,测得待测溶液的吸光度减去空白溶液的吸光度即为待测试液的真实吸光度。但此法要配制组成、浓度相近的空白溶液却不容易。

(2) 氘灯校正法 此法是同时使用空心阴极灯和氘灯两个光源,让两灯发出的光辐射交替通过原子化器。空心阴极灯特征辐射通过原子化器时,产生的吸收为待测原子和背景两种组分总的吸收 $A_{总}$,氘灯发出的连续光源通过原子化器时,产生的吸收仅为背景吸收 $A_{背}$(待测原子的吸收可忽略),两者之差 $(A_{总}-A_{背})$ 即为待测元素的真实吸收。这种扣除,在现代仪器中可自动进行。这种方法只能在氘灯辐射较强的 $190\sim350nm$ 范围内使用,且两灯的辐射应严格重合。

(3) 塞曼效应校正法 1986年,塞曼(Zeeman)发现,把产生光谱的光源置于强磁场内时,在磁场的作用下,光源辐射的每条线便可分裂成几条偏振化的分线,这种现象称为塞曼效应并被应用在原子吸收测定中。当在光源上加上与光束方向垂直的磁场时,光源发射的待测元素特征谱线将分裂为 π 和 $σ^+$、$σ^-$ 三条分线。π 分线的偏振方向与磁场平行,波长不变;$σ^+$ 和 $σ^-$ 分线的偏振方向与磁场垂直,且波长分别向长波和短波方向偏移,如图 7.8 所示。当光源的

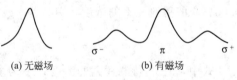

图 7.8 塞曼效应示意图

三条分线通过原子化器时,基态原子仅对 π 分线产生吸收,对 $σ^±$ 分线无吸收;而背景对 π、$σ^±$ 分线均有吸收。用旋转式检偏器把 π、$σ^±$ 分线分开,用 π 分线吸收值减去 $σ^±$ 分线吸收值即为待测元素的真实吸收值。塞曼效应校正法是目前最为理想的背景校正法,许多较先进的原子吸收光谱仪都有该自动校正功能。

7.5 原子吸收光谱法的分析方法

7.5.1 标准曲线法

配制一系列标准溶液,在给定的实验条件下,分别测得其吸光度 A,以 A 为纵坐标,待测元素相应的浓度 c 为横坐标,绘制 A-c 标准曲线。在相同的实验条件下,测出待测试样溶液的吸光度,在标准曲线上查出其浓度,即可求出待测元素的含量。

标准曲线法的优点是大批量样品测定非常方便。但不足之处是对个别样品测定仍需配制标准系列，手续比较麻烦，特别是组成复杂样品的测定，标准样的组成难以与其相近，基体效应差别较大，测定的准确度欠佳。

7.5.2 标准加入法

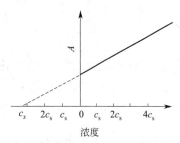

图 7.9　标准加入法工作曲线图

将试样分成体积相同的若干份（一般为 5 份），除一份外，其余各份分别加入已知量的不同浓度的标准溶液，如 c_1、c_2、c_3、c_4，稀释、定容到相同的体积后，分别测量其吸光度 A_x、A_1、A_2、A_3、A_4。以加入待测元素的标准量为横坐标，测得相应的吸光度为纵坐标作图，可得一条直线。将此直线外推至横坐标相交处，此点与原点（0 点）的距离即为稀释后试样中待测元素的浓度（见图 7.9）。标准加入法的最大优点是可最大限度地消除基体影响，但不能消除背景吸收。对批量样品测定手续太繁，对成分复杂的少量样品测定和低含量成分分析，准确度较高。

7.6　灵敏度与检出限

7.6.1　灵敏度

在原子吸收法中，灵敏度 S 可用下式表示：

$$S_c = \frac{\Delta A}{\Delta c} \text{ 或 } S_m = \frac{\Delta A}{\Delta m}$$

式中，S_c 为浓度型检测器的灵敏度；S_m 为质量型检测器的灵敏度。

由此可见，原子吸收法的灵敏度即是标准曲线的斜率，即待测元素的浓度（c）改变一个单位时吸光度（A）的变化量。斜率越大，灵敏度越高。

在火焰原子吸收法中，常用特征浓度 c_0 这个概念来表征仪器对某一元素在一定条件下的分析灵敏度。所谓特征浓度（又称百分灵敏度）是指产生 1% 净吸收（即吸光度为 0.0044）的待测元素的浓度，单位为 $\mu g \cdot (mL \cdot 1\%)^{-1}$。

$$c_0 = \frac{c_x \times 0.0044}{A} = \frac{0.0044}{S_c}$$

式中，c_x 为待测元素的浓度；A 为多次测量吸光度的平均值。

在石墨炉原子吸收法中，常用特征质量 m_c [单位为 $\mu g \cdot (1\%)^{-1}$] 来表征分析灵敏度（又称绝对灵敏度）。所谓特征质量即产生 1% 净吸收（吸光度为 0.0044）的待测元素的质量。

$$m_c = \frac{m_x \times 0.0044}{A} = \frac{0.0044}{S_m}$$

式中，m_x 为待测元素质量。

7.6.2　检出限

原子吸收法中检出限（D）以下式表示：

$$D_c = \frac{3\sigma}{S_c} \text{ 或 } D_m = \frac{3\sigma}{S_m}$$

式中，σ 为用空白溶液进行 10 次以上吸光度测定所计算得到的标准偏差；D_c 为火焰原子化法检出限，$\mu g \cdot mL^{-1}$；D_m 为石墨炉原子化法（绝对）检出限，g。

7.7 原子吸收光谱法的应用

原子吸收光谱法广泛用于环保、材料、临床、医药、食品、冶金、地质、法医、交通和能源等多个方面。原子吸收法可对近 80 种元素进行直接测量，加上间接测量的元素，总量可达百余种。在农、林、水、轻、工等学科中，它主要用于土壤、动植物、食品、饲料、肥料、大气、水体等样品中金属元素和部分非金属元素的定量分析。

7.7.1 直接原子吸收分析

直接原子吸收分析，指试样经适当前处理后，直接测定其中的待测元素。金属元素和少数非金属元素可直接测定。

试样前处理后，含量较高的 K、Na、Ca、Cu、Zn、Fe、Mn 等元素可直接（或适当稀释后）用火焰原子化法测定；含量低的 Cd、Ni、Co、Mo 等元素需萃取富集后用火焰原子化法测定，或者直接用石墨炉原子化法测定；易挥发且含量低的 Se、As、Sb 等元素宜选用氢化物发生法或石墨炉原子化法；汞宜选冷原子化法或石墨炉原子化法。

7.7.2 间接原子吸收分析

间接原子吸收分析，指待测元素本身不能或不容易直接用原子吸收光谱法测定，而利用它与第二种元素（或化合物）发生化学反应，再测定产物或过量的反应物中第二种元素的含量，依据反应方程式即可算出试样中待测元素的含量。大部分非金属元素通常需要采用间接法测定。例如，试液中的氯与已知过量的 $AgNO_3$ 反应生成 $AgCl$ 沉淀，用原子吸收法测定沉淀上部清液中过量的银，即可间接定量氯。此法曾用于尿、酒中 $5\sim10\mu g\cdot mL^{-1}$ 氯的测定。利用 $BaCl_2$ 与 SO_4^{2-} 的沉淀反应，间接定量 SO_4^{2-}，曾用于生物组织和土样中 SO_4^{2-} 的测定。

有关原子吸收法在农林水科学、生理生化、环境监测、农副产品加工及食品检验中的具体应用，可参考相关的文献资料，有的已成为标准分析方法。表 7.3 列出了原子吸收法中部分元素的常用分析线。

表 7.3 原子吸收法中部分元素的常用分析线

测定元素	分析线 λ/nm	测定元素	分析线 λ/nm	测定元素	分析线 λ/nm
Ag	328.07,338.29	Cs	852.11,455.54	Pb	216.70,283.31
Al	309.27,308.22	Cu	324.75,327.40	Pt	265.95,306.47
As	193.64,197.20	Fe	248.33,352.29	Sb	217.58,206.83
Au	242.80,267.60	Hg	253.65	Se	196.09,703.99
B	249.68,249.77	K	766.49,769.90	Si	251.61,250.69
Be	234.86	Li	670.78,323.26	Sn	224.61,286.33
Bi	223.06,222.83	Mg	285.21,279.55	Sr	460.73,407.77
Ca	422.67,239.86	Mn	279.48,403.68	W	255.14,294.74
Cd	228.80,326.11	Mo	313.26,317.04	Zn	213.86,307.59
Co	240.71,242.49	Na	589.00,330.30		
Cr	357.87,359.35	Ni	232.00,341.48		

7.7.3 原子吸收光谱法的应用实例

【例 7.1】 原子吸收分光光度法测定 Ca

分析样品	自来水
分析项目	Ca
分析方法	标准曲线法及标准加入法

分析条件	(1)火焰原子吸收分光光度计,燃助比 1:3 (2)测定波长 422.7nm (3)钙空心阴极灯,灯电流 4mA,光谱通带 0.1nm
分析结果	(1)绘制标准曲线,由未知试样的吸光度值求出自来水中 Ca 的含量 (2)以标准加入法绘制工作曲线,将曲线外推至吸光度 $A=0$,求出自来水中 Ca 的含量

【例 7.2】 原子吸收分光光度法测定 Zn

分析样品	(人和动物)毛发、土壤以及各类农林作物(如玉米、柑橘、油桐等)
分析项目	Zn
分析方法	标准曲线法
分析条件	(1)用湿消化法或干灰化法处理样品,制成试液 (2)火焰原子吸收分光光度计,燃助比 1:4 (3)测定波长 213.9nm (4)空心阴极灯,灯电流 3mA,光谱通带 0.2nm (由于型号各异,以上测定条件仅供参考)
分析结果	绘制标准曲线,由未知试样的吸光度值求出试样中 Zn 的含量。在备有计算机数据处理(软件)系统的原子吸收分光光度计,可据实验测得的吸光度 A 及输入相应的标准溶液浓度数据,即可绘出标准曲线

【例 7.3】 原子吸收分光光度法测定 Cu

分析样品	水样
分析项目	Cu
分析方法	标准曲线法(适用浓度范围 $0.05\sim 5\text{mg}\cdot\text{L}^{-1}$)
分析条件	(1)火焰原子吸收分光光度计,乙炔-空气,氧化型 (2)测定波长 324.7nm (3)空心阴极灯,灯电流 3mA,光谱通带 0.5nm
分析结果	绘制标准曲线,根据未知样的吸光度值计算水样中铜的含量

7.8 原子荧光光谱法

原子荧光光谱法 (atomic fluorescence spectrometry, AFS) 是一种通过测量待测元素的原子蒸气在辐射能激发下所产生荧光的发射强度,进行定量分析的发射光谱分析方法。

原子荧光光谱法从机理上来看属于发射光谱分析,但所用仪器及操作技术与原子吸收光谱法相近,故在本章讨论。

7.8.1 基本原理

7.8.1.1 原子荧光光谱的产生

气态自由原子吸收光源的特征辐射后,原子的外层电子跃迁到较高能级,然后又跃迁返回基态或较低能级,同时发射出与原激发辐射波长相同或不同的辐射即为原子荧光。原子荧光属光致发光,也是二次发光。当激发光源停止照射后,再发射过程立即停止。

7.8.1.2 原子荧光的类型

原子荧光可分为共振荧光、非共振荧光与敏化荧光三种类型。

(1) 共振荧光 气态自由原子吸收共振线被激发后,再发射出与原激发辐射波长相同的辐射即为共振荧光,见图 7.10(a)。例如锌原子吸收 213.86nm 的光,它发射的荧光波长也为 213.86nm。这是原子荧光分析中最常用的一种荧光。就大多数元素来说,虽然观察到的最强荧光是共振荧光,但在基态和激发态之间还有稳定的电子能级,所以还能观察到其他类型的荧光。若原子受热激发处于亚稳态,再吸收辐射进一步激发,然后再发射相同波长的共振荧光,此种原子荧光称为热助共振荧光。

(2) 非共振荧光 当荧光与激发光的波长不相同时,产生非共振荧光。非共振荧光又分为直跃线荧光、阶跃线荧光和 anti-Stokes 荧光。阶跃线荧光,见图 7.10(b),有两种情况,正常阶跃线荧光为被光照激发的原子,以非辐射形式去激发返回到较低能级,再以辐射形式返回基态而发射的荧光。其荧光波长大于激发线波长,例如钠原子吸收 330.30nm 的光,发射的荧光波长为 589.00nm。热助阶跃线荧光为被光致激发的原子,跃迁至中间能级,又发生热激发至高能级,然后返回至低能级发射的荧光。例如铬原子被 359.35nm 的光激发后,会产生很强的 357.87nm 荧光。

直跃线荧光,激发态原子跃迁回高于基态的亚稳态时所发射的荧光称为直跃线荧光,见图 7.10(c)。由于荧光能级间隔小于激发线的能级间隔,所以荧光的波长大于激发线的波长。例如铊原子吸收 337.60nm 的光后,除发射 337.60nm 的共振荧光线,还发射 535.0nm 的直跃线荧光。如果荧光线激发能大于荧光能,即荧光线的波长大于激发线的波长称为 Stokes 荧光。反之,称为 anti-Stokes 荧光。直跃线荧光为 Stokes 荧光。

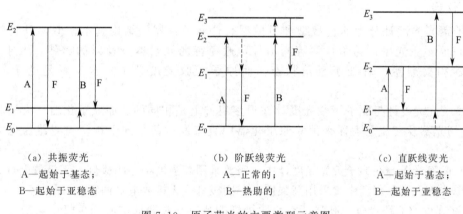

图 7.10 原子荧光的主要类型示意图
A、B—吸收;F—荧光;---为非辐射跃迁

(3) 敏化荧光 受光激发的原子与另一种原子碰撞时,把激发能传递给另一个原子使其激发,后者再以辐射形式去激发而发射荧光即为敏化荧光。火焰原子化器中观察不到敏化荧光,在非火焰原子化器中才能观察到。

在以上各种类型的原子荧光中,共振荧光强度最大,最为常用。

7.8.1.3 荧光强度

共振荧光,荧光强度 I_f 正比于基态原子对某一频率激发光的吸收强度 I_a:

$$I_f = \Phi_f I_a$$

式中,Φ_f 为荧光量子效率,它表示发射荧光光量子数与吸收激发光量子数之比。

若激发光源是稳定的,入射光是平行而均匀的光束,自吸可忽略不计,则基态原子对光吸收强度 I_a 用吸收定律表示:

$$I_a = AI_0(1 - 10^{-\varepsilon l N_0})$$

式中,I_0 为原子化器内单位面积上接收的光源强度;A 为受光源照射在检测器系统中观察到的有效面积；l 为吸收光程长；ε 为峰值吸收系数；N_0 为单位体积内的基态原子数。整理可得：

$$I_f = \Phi_f A I_0 \varepsilon l N_0$$

当仪器与操作条件一定时，除 N_0 外，其他为常数，N_0 与试样中被测元素浓度 c 成正比。

$$I_f = Kc$$

上式为原子荧光定量分析的依据。

7.8.1.4 量子效率与荧光猝灭

受光激发的原子，可能发射共振荧光，也可能发射非共振荧光，还可能无辐射跃迁至低能级，所以量子效率一般小于 1。

受激原子和其他粒子碰撞，把一部分能量变成热运动与其他形式的能量，因而发生无辐射的去激发过程，这种现象称为荧光猝灭。荧光猝灭会使荧光的量子效率降低，荧光强度减弱，从而降低测定灵敏度。实验证明，烃类火焰具有较强的猝灭作用，单原子惰性气体 Ar、He 的猝灭截面比 N_2、CO、CO_2 等原子化器中常见的气体要小得多，因此宜用以 Ar 作雾化气体的氢-氧火焰，或以 He 为保护气体（代替 N_2）的石墨炉原子化器。

7.8.2 仪器

原子荧光光度计分为非色散型和色散型。这两类仪器的结构基本相似，只是单色器不同。在原子荧光中，为了检测荧光信号，避免待测元素本身发射的谱线，要求光源、原子化器和检测器三者处于直角状态。而原子吸收光度计中，这三者是处于一条直线上。

原子荧光光度计与原子吸收光度计在很多组件上是相同的。如原子化器（火焰和石墨炉）；用切光器及交流放大器来消除原子化器中直流发射信号的干扰；检测器为光电倍增管等。

(1) 激发光源 在原子荧光光度计中，需要采用高强度空心阴极灯、无极放电灯、激光和等离子体等。商品仪器中多采用高强度空心阴极灯、无极放电灯两种。

① 高强度空心阴极灯 高强度空心阴极灯的特点是在普通空心阴极灯中，加上一对辅助电极。辅助电极的作用是产生第二次放电，从而大大提高金属元素的共振线强度（对其他谱线的强度增加不大）。

② 无极放电灯 无极放电灯比高强度空心阴极灯的亮度高，自吸小，寿命长。特别适用于在短波区内有共振线的易挥发元素的测定。

(2) 原子化器 与原子吸收法相同。

(3) 色散系统 色散型的色散元件是光栅。非色散型用滤光器来分离分析线和邻近谱线，可降低背景。

(4) 检测系统 色散型原子荧光光度计用光电倍增管，非色散型的多采用日盲光电倍增管。

(5) 多元素原子荧光分析仪 原子荧光可由原子化器周围任何方向的激发光源激发而产生，因此设计了多道、多元素同时分析仪器。它也可分为非色散型和色散型。

7.8.3 定量分析方法

常用的是标准曲线法。

7.8.4 干扰及消除

原子荧光的主要干扰是猝灭效应。这种干扰可采用减少溶液中其他干扰离子的浓度来避免。其他干扰因素如光谱干扰、化学干扰、物理干扰等与原子吸收光谱法相似。

在原子荧光法中由于光源的强度比荧光强度高几个数量级，因此散射光可产生较大的正干扰。减少散射干扰，主要是减少散射微粒。采用预混火焰、增高火焰观测高度和火焰温度，或使用高挥发性的溶剂等，均可以减少散射微粒。也可采用扣除散射光背景的方法消除其干扰。

7.8.5 氢化法在原子荧光中的应用

氢化法是原子荧光光度法中的重要分析方法，主要用于易形成氢化物的金属，如砷、碲、铋、硒、锑、锡、锗和铅等，汞生成汞蒸气。

氢化法是以强还原剂硼氢化钠（$NaBH_4$）在酸性介质中与待测元素反应，生成气态的氢化物后，再引入原子化器中进行分析。

由于硼氢化钠在弱碱性溶液中易于保存，使用方便，反应速度快，且很容易将待测元素转化为气体，所以在原子吸收和原子荧光光度法中得到了广泛的应用。

7.8.6 原子荧光光谱法的特点

原子荧光光谱法具有如下优点：

① 高灵敏度、低检出限，特别对 Cd、Zn 等元素有相当低的检出限，Cd 可达 0.001 $ng·mL^{-1}$、Zn 为 0.04$ng·mL^{-1}$。由于原子荧光的辐射强度与激发光源成正比，采用新的高强度光源可进一步降低其检出限。

② 谱线简单、干扰少。

③ 分析校准曲线线性范围宽，可达 3～5 个量级。

④ 多元素同时测定。

虽然原子荧光法有许多优点，但由于荧光猝灭效应，导致在测定复杂基体的试样及高含量样品时，尚有一定的困难。此外，散射光的干扰也是原子荧光分析中的一个麻烦问题。因此，原子荧光光谱法在应用方面不及原子吸收光谱法和原子发射光谱法广泛，但可作为这两种方法的补充。

思考题与习题

7.1 影响原子吸收谱线宽度的因素有哪些？其中最主要的因素是什么？

7.2 通常为什么不用原子吸收光谱法进行物质的定性分析？

7.3 原子吸收光谱法，采用峰值吸收进行定量的条件和依据是什么？

7.4 原子吸收光谱仪主要由哪几部分组成？各有何作用？

7.5 使用空心阴极灯应注意什么？如何预防光电倍增管的疲劳？

7.6 与火焰原子化相比，石墨炉原子化有哪些优缺点？

7.7 光谱干扰有哪些，如何消除？

7.8 简述原子吸收光谱法比原子发射光谱法灵敏度高、准确度高的原因？

7.9 背景吸收是怎样产生的？对测定有何影响？如何扣除？

7.10 比较标准加入法与标准曲线法的优缺点。

7.11 原子吸收光谱仪三挡狭缝调节，以光谱通带 0.19nm、0.38nm 和 1.9nm 为标度，对应的狭缝宽度分别为 0.1mm、0.2mm 和 1.0mm，求该仪器色散元件的线色散率倒数；若单色仪焦面上的波长差为 2.0$nm·mm^{-1}$，狭缝宽度分别为 0.05mm、0.1mm、0.2mm 及 2.0mm 四挡，求所对应的光谱通带各为多少？

7.12 测定植株中锌的含量时，将三份 1.00g 植株试样处理后分别加入 0.00mL、1.00mL、2.00mL 0.0500$mol·L^{-1}$ $ZnCl_2$ 标准溶液后稀释定容至 25.0mL，在原子吸收光谱仪上测定吸光度分别为 0.230、0.453、0.680，求植株试样中锌的含量。（3.33×$10^{-3}$$g·g^{-1}$）

7.13 用原子吸收法测定钴获得如下数据：

$\rho_{标}/\mu g \cdot mL^{-1}$	2.00	4.00	6.00	8.00	10.0
$T/\%$	62.4	38.8	26.0	17.6	12.3

(1) 绘制 A-c 校正曲线；

(2) 某一试液在同样条件下测得 $T=20.4\%$，求其试液中钴的质量浓度。

7.14 原子荧光光谱是怎样产生的？有几种类型？

7.15 试从原理、仪器、应用三方面对原子吸收、原子荧光光谱法进行比较。

第 7 章 拓展材料

第 8 章 电分析化学引论
Introduction of Electroanalytical Chemistry

【学习要点】
① 掌握化学电池表示方法。
② 理解电极电位的产生，掌握电极反应和电池反应的能斯特方程。
③ 了解电极的类型，理解电极电位表达式。
④ 理解电分析化学相关术语。

8.1 电分析化学概述

电分析化学是仪器分析的一个重要分支，它是应用电化学的基本原理和实验技术，依据物质的电化学性质及其变化规律来进行分析的一类方法。

8.1.1 电分析化学方法的分类

(1) 按照国际纯粹与应用化学联合会（IUPAC）推荐，电分析化学方法可分为三类。
① 第一类：既不涉及双电层，也不涉及电极反应，如电导分析及高频滴定。
② 第二类：涉及双电层现象，但不涉及电极反应，如表面张力及非法拉第阻抗的测定。
③ 第三类：涉及电极反应，如电位分析法、电解分析法、库仑分析法、极谱和伏安分析法。
(2) 按测量方式分类，电分析化学法可分为三类。
① 第一类是根据待测试液的浓度与某一电参数之间的关系求得分析结果的。电参数可以是电导、电位、电流、电量等。这一类方法是电分析化学的最主要类型，它包括电导分析、电位分析、库仑分析、伏安分析及极谱分析法等。
② 第二类是通过测量某一电参数突变来指示滴定分析终点的方法，又称为电滴定分析法，它包括电导滴定、电位滴定、电流滴定等。
③ 第三类是通过电极反应，将待测组分转入第二相，然后再用重量法或滴定法进行分析，主要有电解分析法。
物质的电化学性质，一般发生于化学电池中，所以不论哪一种电分析化学法都是将试液作为电池的一部分，通过测量其某种电参数来求得分析的结果。

8.1.2 电分析化学方法的特点

电分析化学方法与其他各类仪器分析方法相比，具有如下特点。
(1) 分析速度快　电分析化学方法一般都具有快速的特点，如极谱分析法有时一次可以同时测定数种元素；试样预处理手续一般也比较简单。
(2) 灵敏度高　电分析化学方法适用于痕量甚至超痕量组分的分析，如溶出伏安法、极谱催化波等都具有非常高的灵敏度，检测下限可达 $10^{-10} \sim 10^{-12}\ \mathrm{mol \cdot L^{-1}}$。
(3) 选择性好　这也是使分析快速和易于自动化的一个有利条件。
(4) 所需试样的量较少，适用于进行微量操作　如超微电极，可直接刺入生物体内，测定细胞内原生质的组成，进行活体分析和监测。

(5) 仪器简单，适于在线分析　电分析化学方法的仪器设备较其他仪器分析法简单、小型化，价格比较便宜，并易于实现自动化和连续分析，适用于生产过程中的在线分析。

(6) 测定与应用范围广　电分析化学方法不仅能进行成分分析，也可用于结构分析，如进行价态和形态分析；还可作为科学研究的工具，如研究电极过程动力学、氧化还原过程、催化过程、有机电极过程、吸附现象等。电分析化学法在科学研究和生产控制中是一种很重要的分析方法。

近年来，电分析化学在方法、技术和应用方面得到长足发展，并呈蓬勃上升的趋势。在方法上，寻求超高灵敏度和超高选择性的倾向导致由宏观向微观尺度前进，出现了不少新型的电极体系；在技术上，随着表面科学、纳米技术和物理谱学等的兴起，利用交叉学科的方法将声、光、电、磁等功能有机地结合到电化学界面，从而达到实时、现场和活体监测的目的，并延伸到分子和原子水平；在应用上，侧重生命科学领域中有关问题的研究，如生物、医学、药物、人口与健康等，在生命现象中的某些基本过程和分子识别作用等方面显示出潜在的应用价值，已引起生物学界的关注。

化学电池的基本原理及有关电分析化学的一些基本知识是各种电分析化学方法的基础，也是本章的主要内容。

8.2　化学电池

8.2.1　原电池和电解池

电分析化学是通过化学电池内的电化学反应来实现的。化学电池是化学能与电能相互转换的装置。简单的化学电池是由两组金属-电解质溶液体系组成，这种金属-电解质溶液体系称为电极（electrode）或半电池（half cell）。两电极的金属部分与外电路连接，它们的溶液必须相互沟通。根据电极与电解质的接触方式不同，化学电池分为两类：无液体接界电池和有液体接界电池。无液体接界电池的两电极共在同一种电解质溶液中［见图 8.1(a)］；有液体接界电池的两电极分别与不同电解质溶液接触，电解质溶液用烧结玻璃隔开或用盐桥（salt bridge）连接［见图 8.1(b)］，其中，烧结玻璃或盐桥是为了避免两种电解质溶液很快地机械混合，同时又能让离子通过。

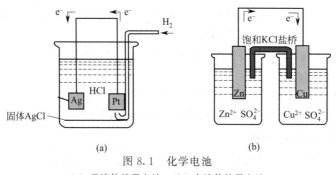

图 8.1　化学电池
(a) 无液体接界电池；(b) 有液体接界电池
(a) 中 $p(H_2)=101.325\,kPa$，$c(HCl)=0.1\,mol\cdot L^{-1}$

根据化学能与电能能量转换方式的不同，化学电池也可分为两类：原电池和电解池。原电池是将化学能转化为电能的装置，在外电路接通的情况下，反应可自发进行，并向外电路供给电能；而电解池则是将电能转化为化学能的装置，它需要从外部电源提供电能迫使电流通过，使电池内部发生电极反应，如图 8.2 所示。当电池工作时，电流必须在电池内部和外部流通，构成回路。电流是电荷的流动。外部电路是金属导体，移动的是带负电的电子；电池内部是电解质溶液,移动的分别是正、负离子。为使电流能在整个回路中通过,必须在两个电极和溶液界面处发生有电子迁移的电极反应,即离子或分子从电极上取得电子,或将电子交给电极。

任何电池中都有两个电极。根据电极反应的性质来区分阳极和阴极,凡是发生氧化反应的电极(离子或分子失去电子)称为阳极,发生还原反应的电极(离子或分子得到电子)称为阴极。

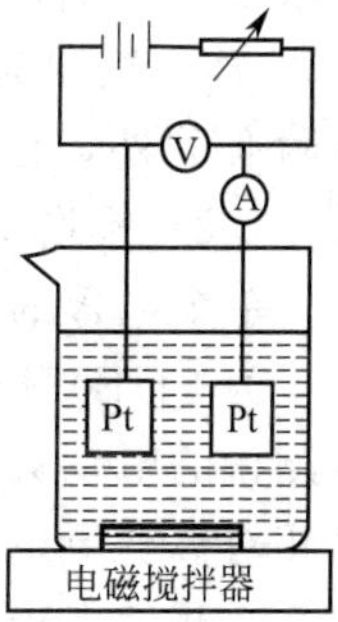

8.2.2 电池的表示方法

IUPAC 规定电池用图解表示式来表示。如铜-锌原电池的图解表示式为:

$$Zn|ZnSO_4(a_1)\|CuSO_4(a_2)|Cu$$

并规定如下:

① 发生氧化反应的一极(阳极)写在左边,发生还原反应的一极(阴极)写在右边。

② 电池组成的每一个接界面用单竖线"|"将其隔开。两种溶液通过盐桥连接时,用双竖线"‖"表示。

③ 电解质溶液位于两电极之间,并应注明浓(活)度。如有气体,则应注明压力、温度,若不注明,系指 25℃ 及 101.325kPa。

电池的电动势 $E_{电池}$ 定义为:

$$E_{电池} = \varphi_右 - \varphi_左 \tag{8.1}$$

图 8.2 电解池示意图

根据上式计算出的电池电动势若为正值,表示电池反应能自发进行,该电池为原电池;若为负值,表示电池反应不能自发进行,必须外加能量,该电池为电解池。

8.3 基础概念与重要术语

8.3.1 电极电位

8.3.1.1 电极电位的产生

单个电极与电解质溶液界面的相间电位就是电极电位。而相间电位是如何产生的?又与哪些因素有关呢?这是由于在金属与溶液交界面发生了电荷交换的结果。

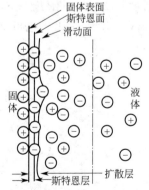

图 8.3 双电层结构

当电极插入溶液中时,在电极和溶液之间便存在一个界面,在界面处的溶液和溶液本体的溶液的性质存在差别。金属可以看成是由离子和自由电子组成的。金属离子以点阵排列,电子在其间运动。如果把金属(例如锌片)浸入合适的电解质溶液(如 $ZnSO_4$)中,由于金属中 Zn^{2+} 的化学势大于溶液中 Zn^{2+} 的化学势,锌就不断溶解进入溶液。Zn^{2+} 进入溶液中,电子被留在金属片上,其结果是在金属与溶液的界面上金属带负电,溶液带正电,两相间形成了双电层。由于双电层的电性相反,故两相间必然存在一定的界面电位差,也称为相间电位差。这种双电层将排斥 Zn^{2+} 继续进入溶液,而金属表面的负电荷对溶液中的 Zn^{2+} 又有吸引,当双方达到动态平衡时,便在电极和溶液之间形成稳定的相间电位。由于分子热运动的原因,双电层结构具有一定的分散性,它可分为紧密层(也称为斯特恩层)和扩散层两部分,如图 8.3

所示。前者指溶液中与金属表面结合得比较牢固的那层离子，后者则为紧密层外侧的疏松部分。紧密层的厚度一般只有 0.1nm 左右，而扩散层的厚度与金属的本性、溶液性质和浓度、表面活性物吸附以及溶液中分子的热运动有关，所以其变动范围通常为 $10^{-10} \sim 10^{-6}$ m。正因为如此，双电层的相间电位除与金属本性、溶液性质和浓度、表面活性物吸附有关外，还与温度有关。

8.3.1.2 标准电极电位

单个电极的电极电位值，目前尚无法测定。但可以选择一个标准电极（如标准氢电极，简写为 SHE）作为标准，让它与被测电极组成电池，并且规定标准氢电极的电位为零，这样测得的电动势即为待测电极的电极电位。因此，目前采用的标准电极电位值都是相对值，是相对标准氢电极的电位而言的。

在测定电极电位时，指定标准氢电极作为负极，与待测电极组成电池：

$$\text{Pt}, \text{H}_2(101.325\text{kPa}) | \text{H}^+(a=1) \| 待测电极$$

当待测电极上实际进行的是还原反应时，则电池的电动势为正值，待测电极的电位比标准氢电极正，其电极电位为正值。如果待测电极上进行的是氧化反应，则电动势为负值，待测电极的电位比标准氢电极负，其电极电位为负值。大多数电极的标准电极电位都是采用上述方法测定的，但也有些氧化还原电对组成的电极，其标准电极电位不便用此法测定，这些电极的标准电极电位是根据化学热力学的原理进行计算得来的。

在化学电池中，通常根据电极电位的正负程度来区分正极和负极，即比较两个电极的实际电位，凡是电位较正的电极称为正极，电位较负的电极称为负极。

8.3.1.3 Nernst 方程式

对于任一电极反应

$$\text{Ox} + n\text{e}^- \rightleftharpoons \text{Red}$$

电极电位为

$$\varphi = \varphi^\ominus + \frac{RT}{nF} \ln \frac{a_{\text{Ox}}}{a_{\text{Red}}}$$

$$= \varphi^\ominus + S \lg \frac{a_{\text{Ox}}}{a_{\text{Red}}} \tag{8.2}$$

式中，$\varphi^\ominus$ 为标准电极电位；R 为摩尔气体常数，$8.314\text{J} \cdot \text{mol}^{-1} \cdot \text{K}^{-1}$；$T$ 为热力学温度；F 为 Faraday 常数，$96485\text{C} \cdot \text{mol}^{-1}$；$n$ 为电子转移数；a 为活度。$S = 2.303RT/(nF)$ 称为理论电极斜率。当 25℃时，对于 $n=1$ 的电极反应，S 为 59.2mV；对于 $n=2$ 的电极反应，S 为 29.6mV。

在常温（25℃）下，Nernst 方程为

$$\varphi = \varphi^\ominus + \frac{0.0592\text{V}}{n} \lg \frac{a_{\text{Ox}}}{a_{\text{Red}}} \tag{8.3}$$

上述方程式称为电极反应的 Nernst 方程。

若电池的总反应为

$$a\text{A} + b\text{B} \rightleftharpoons c\text{C} + d\text{D}$$

电池电动势

$$E = E^\ominus - \frac{0.0592\text{V}}{n} \lg \frac{(a_{\text{C}})^c (a_{\text{D}})^d}{(a_{\text{A}})^a (a_{\text{B}})^b} \tag{8.4}$$

该式称为电池反应的 Nernst 方程。其中 $E^\ominus$ 为所有参加反应的组分都处于标准状态时的电动势。当电池反应达到平衡时，$E=0$，此时

$$E^{\ominus} = \frac{0.0592\text{V}}{n}\lg\frac{(a_C)^c(a_D)^d}{(a_A)^a(a_B)^b} = \frac{0.0592\text{V}}{n}\lg K \tag{8.5}$$

利用此式可求得反应的平衡常数 K。

在此需要注意的是：若反应物或产物是纯固体或纯液体时，其活度定义为 $1\text{mol}\cdot\text{L}^{-1}$；在测量中要测量待测物浓度 c_i，其与活度 a_i 的关系为

$$a_i = \gamma_i c_i \tag{8.6}$$

式中，γ_i 为 i 离子的活度系数，它与离子电荷、离子半径 r 及离子强度 I 有关。

$$\lg\gamma_{\pm} = -0.512 z_i^2 \frac{\sqrt{I}}{I + B\mathring{a}\sqrt{I}} \tag{8.7}$$

式中，z_i 为 i 离子的电荷；I 为溶液的离子强度；B 为常数，25℃时为 3.28；$\mathring{a}$ 为离子的体积参数，约等于水化离子的有效半径，以 nm 为单位，其数值可从有关手册中查到。

8.3.1.4 条件电极电位

工作中实际测得的电位值与用 Nernst 方程计算得到的电位值常常不符。产生误差的原因有两个，一是由热力学平衡理论导出的 Nernst 方程，其电极电位取决于溶液中离子活度，而不是溶液的实际浓度。在无限稀释的理想溶液中，$\gamma \approx 1$，这时可以用浓度代替活度。而电池中进行反应的电解质溶液并不是理想溶液，离子之间、溶液分子之间以及离子和分子之间的作用力不能忽略，受离子强度的影响，$\gamma < 1$。这时用浓度代替活度计算，就出现明显差别；二是按 Nernst 方程式计算时并没有考虑离子在溶液中的构型，包括离子与溶剂分子间的缔合、分解等。由于离子性质改变了，实验得到的电极电位值和理论计算必然存在差别。例如电池：

$$(-)\text{Pt}|\text{H}_2(p)|\text{HCl}(a)\parallel\text{AgCl}(s)|\text{Ag}(+)$$

溶液中存在着 Ag、AgCl(s)、AgCl(aq)、AgCl_2^-、AgCl_3^{2-}、AgCl_4^{3-} 碎片，使 Ag^+ 平衡浓度减小，而影响电极电位。

为了消除以浓度代替活度及离子构型等副反应而引起的误差，引入了"条件电位"的概念。所谓条件电位是指电池反应中各物质浓度均为 $1\text{mol}\cdot\text{L}^{-1}$（或者它们的浓度之比为1），活度系数及副反应系数均为常数时，在特定介质中测得的电极电位用 $\varphi^{\ominus\prime}$ 表示。在电极电位表中也常列出某些电极反应在常用介质中的条件电位。

应该注意，在用条件电位时，相应的电极反应物用浓度表示，不再考虑酸度等实验条件的影响。即

$$\varphi^{\ominus} = \varphi^{\ominus\prime} + S\lg\frac{c_{\text{Ox}}}{c_{\text{Red}}}$$

用标准电极电位时，电极反应物必须用平衡活度表示 [见式(8.2)]，同时还要考虑实验条件的影响。可见用条件电位进行计算比用标准电极电位更切合实际。但条件电位的数据还很缺乏，所以在无条件电位数据时仍然使用标准电极电位。

8.3.2 液体接界电位与盐桥

当两种不同种类或不同浓度的溶液直接接触时，由于浓度梯度或离子扩散使离子在相界面上产生迁移。当这种迁移速率不同时，产生的电位差称为液接电位。

如图 8.4 所示，如果用一张隔膜（离子可以自由通过）将不同浓度的 HCl 溶液隔开，左边为 $0.1\text{mol}\cdot\text{L}^{-1}$，右边为 $0.01\text{mol}\cdot\text{L}^{-1}$。起始时，由于两边浓度不等，溶质将从高浓度部分穿过隔膜扩散到低浓度部分，即从左向右扩散。扩散时，H^+ 比 Cl^- 有更快的迁移速率，最后在界面右侧出现过量的 H^+，左侧出现过量的 Cl^-，由于静电吸引的原因，正、

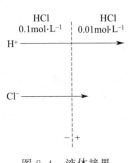

图 8.4 液体接界电位的产生

负离子将集中于界面两侧,从而形成双电层。由于双电层右侧带正电荷,使 H^+ 继续向右迁移的速率减慢;而 Cl^- 被右侧的正电荷吸引而加快迁移,最终达到两者速率相同,同样会建立起一定的界面电位差。计算证明,正负离子的扩散速率差异较大的溶液中的液接电位要比扩散速率相近的溶液中的液接电位大得多。例如,由于 H^+ 的扩散速率比 Cl^- 的大,对于 $0.1\text{mol} \cdot L^{-1}$ HCl 和 $0.01\text{mol} \cdot L^{-1}$ HCl,其液接电位可达 40mV。而对于 $0.1\text{mol} \cdot L^{-1}$ KCl 和 $0.01\text{mol} \cdot L^{-1}$ KCl,由于 K^+ 和 Cl^- 的扩散速率相近,因而液接电位很小,仅为 1.2mV。

在电分析化学中,由于经常使用有液接界面的参比电极,所以液接电位是一个普遍存在的现象。实际的液接电位往往是难以准确测量的,为了减小液接电位的影响,在实际工作中通常是在两个溶液之间用盐桥连接,使液接电位降低或接近消除。

盐桥是一个盛满饱和 KCl 溶液和 3% 琼脂的 U 形管,用盐桥将两溶液连接,由于饱和 KCl 溶液的浓度很高(一般为 3.5~4.2mol·L^{-1}),因此,K^+ 和 Cl^- 向外扩散成为这两个液接界面上离子扩散的主要部分。由于 K^+ 和 Cl^- 的扩散速率几乎相等,所以在两个液接界面上只会产生两个数值很小且几乎相等、方向相反的液接电位。因此使用盐桥就能在很大程度上减小液接电位,使之近于完全消除。

8.3.3 极化和过电位

极化是指电流通过电极与溶液的界面时,电极电位偏离平衡电位的现象,电极电位与平衡电位之差称为过电位。按照产生极化的原因,可分为浓差极化和电化学极化。

8.3.3.1 浓差极化

浓差极化是由于电解过程中电极表面附近溶液的浓度与主体溶液的浓度差别引起的。电解时,若发生阳极反应:

$$Cd \rightleftharpoons Cd^{2+} + 2e^-$$

该反应产生的 Cd^{2+} 在紧靠电极周围的液层中,如果这些离子迅速地扩散或搅拌使它们迁离电极,Cd^{2+} 浓度在整个溶液中将基本上保持不变。假设主体溶液镉离子浓度为 $[Cd^{2+}]$,紧靠电极表面附近的离子浓度为 $[Cd^{2+}]_0$,如果扩散或搅拌很迅速,则 $[Cd^{2+}] = [Cd^{2+}]_0$;反之,则 $[Cd^{2+}]_0$ 大于 $[Cd^{2+}]$,而阳极电位取决于 $[Cd^{2+}]_0$,不是 $[Cd^{2+}]$,故 25℃下阳极电位为

$$\varphi_{阳} = \varphi^{\ominus} + \frac{0.0592\text{V}}{2} \lg[Cd^{2+}]_0 \tag{8.8}$$

由于阳极反应使电极表面附近的离子浓度迅速增加,使阳极电位变得更正些,这种由浓度差别所引起的极化,称为浓差极化。如果发生的是阴极反应,则阴极电位更负一些。浓差极化与溶液的搅拌、电流密度等因素有关,增大电极面积,减小电流密度,强化机械搅拌均可减小浓差极化。

8.3.3.2 电化学极化

电化学极化是由于电极反应速率较慢引起的。很多电极反应过程是分步进行的,当某一步反应较慢时,就限制了整个电极反应的速率,这一步反应需给予相当高的活化能才能使之顺利进行。对于阴极反应,必须使阴极电位比平衡电位更负一些,增加活化能才能使电极反应进行。对于阳极反应,则必须使阳极电位比平衡电位更正一些,电极反应才能进行。这种因电极反应迟缓所引起的极化现象,称为电化学极化。一般来说,析出金属时的过电位较小,但当析出物为气体时,尤其是 H_2 和 O_2 时,过电位都很大。在各种电极上氢、氧的过电位列于表 8.1。

表 8.1 在各种电极上 25℃ 时形成氢和氧的过电位 η

电极材料	η/V					
	电流密度 0.001A·cm^{-2}		电流密度 0.01A·cm^{-2}		电流密度 1A·cm^{-2}	
	H_2	O_2	H_2	O_2	H_2	O_2
光 Pt	0.00	0.72	0.16	0.85	0.68	1.49
镀 Pt	0.00	0.40	0.03	0.52	0.05	0.77
Au	0.02	0.67		0.96	0.24	1.63
Cu		0.42		0.58	0.48	0.79
Ni	0.14	0.35	0.30	0.52	0.56	0.85
Hg	0.80		0.93		1.07	
Pb	0.40		0.40		0.52	
Bi	0.39		0.40		0.78	
Zn	0.48		0.75		1.23	

8.4 电极的分类

电分析化学通常使用的电极可按电极反应的机理、工作方式及用途进行分类。

8.4.1 根据电极反应的机理分类

按电极电位形成的机理可将电极分为金属基电极和膜电极两大类。

8.4.1.1 金属基电极

(1) **第一类电极** 是由金属浸入含有该金属离子的溶液组成,也称为金属电极,如 $Ag^+|Ag$ 组成的银电极,电极反应是:

$$Ag^+ + e^- \rightleftharpoons Ag$$

25℃下电极电位可表示为:

$$\varphi = \varphi^\ominus + 0.0592\text{V}\lg a_{Ag^+} \tag{8.9}$$

(2) **第二类电极** 由金属、该金属的难溶盐的阴离子溶液组成的电极。例如银-氯化银电极:

$$AgCl + e^- \rightleftharpoons Ag + Cl^-$$

25℃下电极电位为:

$$\varphi = \varphi^\ominus_{AgCl/Ag} - 0.0592\text{V}\lg a_{Cl^-} \tag{8.10}$$

(3) **第三类电极** 指金属与两种具有共同阴离子的难溶盐(或难解离的络离子)组成的电极体系。例如汞-草酸亚汞-草酸钙-钙离子电极,该电极可用符号记为:

$$Hg|Hg_2C_2O_4|CaC_2O_4|Ca^{2+}$$

因为存在如下化学平衡:

$$Hg_2^{2+} + 2e^- \rightleftharpoons 2Hg$$
$$Hg_2C_2O_4 \rightleftharpoons Hg_2^{2+} + C_2O_4^{2-}$$
$$C_2O_4^{2-} + Ca^{2+} \rightleftharpoons CaC_2O_4$$

三式相加可得

$$Hg_2C_2O_4 + Ca^{2+} + 2e^- \rightleftharpoons 2Hg + CaC_2O_4$$

25℃下电极电位可表示为:

$$\varphi = \varphi^\ominus_{Hg_2^{2+}/Hg} + \frac{0.0592\text{V}}{2}\lg K_{sp_1, Hg_2C_2O_4} - \frac{0.0592\text{V}}{2}\lg K_{sp_2, CaC_2O_4} + \frac{0.0592\text{V}}{2}\lg a_{Ca^{2+}} \tag{8.11}$$

令

$$K = \varphi^\ominus_{Hg_2^{2+}/Hg} + \frac{0.0592\text{V}}{2}\lg \frac{K_{sp_1, Hg_2C_2O_4}}{K_{sp_2, CaC_2O_4}} \tag{8.12}$$

所以
$$\varphi = K + \frac{0.0592\text{V}}{2} \lg a_{Ca^{2+}} \tag{8.13}$$

（4）零类电极　由惰性金属与含有可溶性的氧化和还原物质的溶液组成的电极，称为零类电极。例如 $Pt|Fe^{2+},Fe^{3+}$ 电极，电极反应为

$$Fe^{3+} + e^- \rightleftharpoons Fe^{2+}$$

25℃下电极电位为：

$$\varphi = \varphi^{\ominus}_{Fe^{3+}/Fe^{2+}} + 0.0592\text{V}\lg\frac{a_{Fe^{3+}}}{a_{Fe^{2+}}} \tag{8.14}$$

这类电极本身不参与电极反应，仅作为氧化态和还原态物质传递电子的场所。

8.4.1.2　膜电极

具有敏感膜并能产生膜电位的电极，称为膜电极。这类电极不同于金属基电极，它是由特殊材料的固态或液态敏感膜构成对溶液中特定离子有选择性响应的电极，其膜电位是由于离子的交换或扩散而产生，没有电子转移，其膜电位与特定的离子活度的关系符合 Nernst 方程式。

除上述两大类电极外，还有修饰电极和超微电极等。关于膜电极、修饰电极和超微电极的内容将分别在第 9 章和第 12 章讨论。

8.4.2　根据电极所起的作用分类

8.4.2.1　指示电极和工作电极

电化学中把电位随溶液中待测离子活度（或浓度）变化而变化，并能反映出待测离子活度（或浓度）的电极称为指示电极。根据 IUPAC 建议，指示电极用于测量过程中溶液主体浓度不发生变化的情况，如电位分析法中的离子选择性电极是最常用的指示电极。而工作电极用于测量过程中溶液主体浓度发生变化的情况。如伏安法、电解分析以及库仑分析中，由于待测离子在电极上沉积或溶出，导致溶液主体浓度发生了改变，所用的相应电极称为工作电极。

8.4.2.2　参比电极

在测量过程中，电极电位恒定，不受溶液组成或电流流动方向变化影响的电极称为参比电极。重要的参比电极有标准氢电极、银-氯化银电极、饱和甘汞电极等（图 8.5）。

标准氢电极是所有电极中重现性最好的电极。新制备的标准氢电极，其电位偏差一般小于 $10\mu\text{V}$。但是，由于标准氢电极难以制备，特别是易受各种因素的干扰，故在实际工作中，一般不采用它作为参比电极。

银-氯化银电极是在细银棒或银丝上镀一层氯化银制得，属于金属-金属难溶盐电极。除了标准氢电极外，银-氯化银电极重现性最好，对

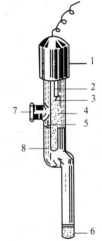

图 8.5　饱和甘汞电极结构

1—电极帽；2—铂丝；3—汞；4—汞与甘汞混合的糊状物；5—棉絮塞；6—素瓷芯；7—加液口；8—饱和 KCl 溶液

温度最不敏感。银-氯化银电极的标准电极电位为 $+0.2223\text{V}$（25℃）。

甘汞电极（$Hg_2Cl_2|Hg$）是最常用的参比电极之一，其构造有多种多样，但基本原理是相同的。图 8.5 是饱和甘汞电极的基本构造，它是由汞、糊状的氯化亚汞和氯化钾饱和溶液所组成。使用时，借助盐桥与试液相连，通过导线与测量仪器连接。

甘汞电极上的电极反应如下：

$$Hg_2Cl_2(\text{固}) + 2e^- \rightleftharpoons 2Hg + 2Cl^-$$

电极电位为

$$\varphi_{Hg_2Cl_2/Hg} = \varphi^{\ominus}_{Hg_2Cl_2/Hg} - \frac{2.303RT}{F}\lg a_{Cl^-} \tag{8.15}$$

因此，甘汞电极的电极电位取决于氯离子活度，使用不同浓度的 KCl 溶液可以得到不

同电极电位的甘汞电极（见表 8.2）。

表 8.2　甘汞电极的电极电位

电极类型	KCl 溶液的浓度 /mol·L^{-1}	代表符号	电极电位(25℃, vs. SHE)/V
0.1mol 甘汞电极	0.1	0.1mol CE	0.3356
1mol 甘汞电极	1.0	NCE	0.2830
饱和甘汞电极	≥3.5	SCE	0.2445

8.4.2.3　辅助电极和对电极

辅助电极（对电极）是指与工作电极组成电池，形成通路，但该电极上进行的电化学反应并非实验所需研究或测试的，它们只是提供电子传递的场所。当通过的电流很小时，一般直接由工作电极和参比电极组成电池，但当电流较大时，则需采用辅助电极构成三电极系统来测量。在不用参比电极的系统中，如电解分析，与工作电极配对的电极称为对电极，但有时辅助电极也称为对电极，两者常不严格区分。

8.4.2.4　极化电极和去极化电极

在电解过程中，插入试液中电极的电位完全随着外加电压的变化而变化，或当电极的电位改变很大而电流改变很小时，这一类电极称为极化电极。当电极电位不随外加电压的变化而改变，或当电极的电位改变很小而电流改变很大时，这一类电极称为去极化电极。电位分析法中所用的饱和甘汞电极和离子选择性电极为去极化电极，而普通极谱法中所用的滴汞电极为极化电极。

思考题与习题

8.1　解释下列名词

原电池；电解池；电极电位；液接电位；极化；浓差极化；电化学极化；过电位；指示电极；工作电极；参比电极；辅助电极；极化电极；去极化电极；正极；负极；阳极；阴极。

8.2　化学电池由哪几部分组成？如何书写电池的图解表示式？

8.3　标准电极电位是如何获得的？标准电极电位为正值或负值分别代表什么含义？

8.4　液接电位是怎样产生的？利用盐桥为什么可以消除液接电位？

8.5　写出下列电池的半电池反应及电池反应，计算其电动势，该电池是原电池还是电解池？

$$Zn|ZnSO_4(0.1mol·L^{-1})\|AgNO_3(0.01mol·L^{-1})|Ag$$

8.6　计算 $[Cu^{2+}]=0.0001mol·L^{-1}$ 时，铜电极的电极电位。（已知 $\varphi^{\ominus}_{Cu^{2+}/Cu}=0.337V$）

8.7　下述电池的电动势为 0.387V，

$$Pt,H_2(101.325kPa)|HA(0.265mol·L^{-1}),NaA(0.156mol·L^{-1})\|SCE$$

计算弱酸 HA 的解离常数。（已知 $\varphi_{SCE}=0.2445V$）

8.8　下述电池的电动势为 0.921V，

$$Cd|CdX_4^{2-}(0.200mol·L^{-1}),X^-(0.150mol·L^{-1})\|SCE$$

计算 CdX_4^{2-} 的形成常数。（已知 $\varphi^{\ominus}_{Cd^{2+}/Cd}=-0.403V$，$\varphi_{SCE}=0.2445V$）

8.9　下述电池的电动势为 0.893V

$$Cd,CdX_2|X^-(0.020mol·L^{-1})\|SCE$$

计算 CdX_2 的溶度积常数。（已知 $\varphi^{\ominus}_{Cd^{2+}/Cd}=-0.403V$，$\varphi_{SCE}=0.2445V$）

第 8 章　拓展材料

第 9 章　电位分析法与离子选择性电极
Potentiometry and Ion Selective Electrode

【学习要点】
① 理解离子选择性电极的基本构造、分类、电极电位的表示方法及性能参数。
② 熟悉 pH 玻璃电极及氟离子选择性电极的构造、原理及使用注意事项。
③ 掌握直接电位法定量分析的依据及定量方法。
④ 理解电位滴定法的基本原理和装置,熟悉电位滴定终点的确定方法。

9.1　电位分析法概述

电位分析法(potentiometry)是利用电极电位与电解质溶液中被测离子浓度之间的定量关系进行测定的电分析化学方法。在测定中,选择一支指示电极和一支参比电极插入被测溶液中,构成化学电池,在零电流条件下测量该电池的电动势,通过电池电动势的大小来分析待测物质的含量。测量装置包括测量仪器和电池体系两部分(见图 9.1)。

例如以参比电极为负极,指示电极为正极组成电池(指示电极既可以是正极也可以是负极,视测量装置而定):

参比电极‖试液│指示电极

其电池电动势为:

$$E_{电池} = \varphi_{指示} - \varphi_{参比} + \varphi_{液接} \tag{9.1}$$

式中,$\varphi_{指示}$ 为指示电极的电极电位;$\varphi_{参比}$ 为参比电极的电极电位;$\varphi_{液接}$ 为液接电位。指示电极的电极电位与电极活性物

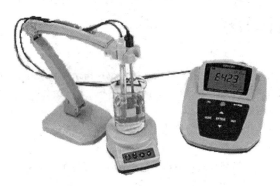

图 9.1　电位分析法测量装置

质的活度之间的关系符合 Nernst 方程式:

$$\varphi_{指示} = k \pm \frac{2.303RT}{nF} \lg a \tag{9.2}$$

"±"号视阳、阴离子而定。将式(9.2)代入式(9.1),在参比电极电位及液接电位保持不变的情况下,得到电池电动势与电极活性物质活度的关系式:

$$E_{电池} = K \pm \frac{2.303RT}{nF} \lg a \tag{9.3}$$

这就是电位分析法的理论依据。电位分析法具有选择性好、灵敏度高、测定时不受试样颜色、浑浊、悬浮物的影响,仪器设备简单、操作简便、分析速度快、易实现现场自动连续监测等特点。

电位分析法通常分为两类:直接电位法和电位滴定法。

直接电位法是通过测定待测溶液的电池电动势,根据电池电动势与被测离子活度(或浓度)间的函数关系,直接计算得出待测离子活度(或浓度)的方法。

电位滴定法是利用在滴定过程中电池电动势或电极电位的变化来确定滴定终点,从而间

接计算得出待测离子活度（或浓度）的方法。

无论是直接电位法还是电位滴定法，测定都需要用到一支性能优良并且对待测离子选择敏感的指示电极。因此本章首先介绍电位分析法常用的指示电极——离子选择性电极，然后对直接电位法和电位滴定法测定原理、测量仪器和测量方法进行讨论。

9.2 离子选择性电极的构造与分类

离子选择性电极（ion selective electrode，ISE）也称膜电极，是 20 世纪 60 年代迅速发展起来的一种电化学传感器，它是电位分析法用得最多的指示电极。

9.2.1 离子选择性电极的基本构造

离子选择性电极的品种有很多，其外观各异［见图 9.2(a)］，但基本构造相同，由敏感膜、内参比溶液和内参比电极所构成，如图 9.2(b) 所示。电极的敏感膜固定在电极管的底部，将内部参比溶液与外部的待测离子溶液分开，是电极的关键部件。管内放内参比溶液和一支内参比电极，一般选用含有敏感膜响应离子的强电解质和氯化物溶液作内参比溶液，Ag-AgCl 作内参比电极。其电极组成可表示为：

$$\text{内参比电极}|\text{内参比溶液}|\text{敏感膜}\|\text{试液}$$

由于敏感膜的电阻很高，所以电极需要很好的绝缘，以免发生漏电而影响测定。各类离子选择性电极的构造随敏感膜的不同而略有不同。

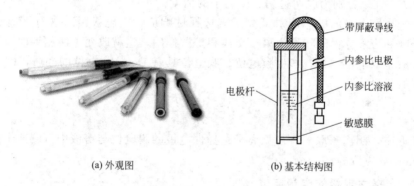

(a) 外观图　　　　　(b) 基本结构图

图 9.2　离子选择性电极

9.2.2 离子选择性电极的分类

1976 年，IUPAC 根据膜电位响应机理、膜的组成和结构，建议将离子选择性电极分为原电极和敏化电极两大类。原电极是指敏感膜直接与试液接触的电极，敏化电极是通过界面某种反应将试液中待测物质转化为原电极能响应离子的电极。分类如下：

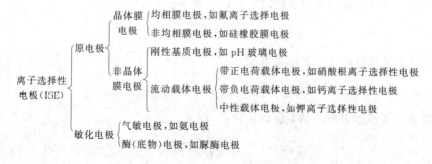

9.3 离子选择性电极的膜电位和电极电位

9.3.1 离子选择性电极的膜电位

当离子选择性电极和含待测离子的溶液接触时，在它的敏感膜和溶液的相界面上产生膜电位，膜电位产生的机理是一个复杂的理论问题，对不同类型的敏感膜，其膜电位产生有不同的理论，目前对这个问题仍在进行深入研究中。一般认为，膜电位（membrane potential）是膜内扩散电位和膜与电解质溶液形成的内外界面的 Donnan 电位的代数和。

(1) 扩散电位　在两种不同离子或离子相同而活度不同的液液界面上，由于离子扩散速率的不同，形成的液接电位，也可称为扩散电位。离子通过界面时，它没有强制性和选择性。扩散电位不仅存在于液液界面，也存在于固体膜内。在离子选择性电极的膜中可产生扩散电位。

(2) Donnan 电位　若有一种选择性渗透膜，它能让被选择的离子通过，其他离子不能通过。当膜与溶液接触时，膜仅允许被选择的阳离子（或阴离子）通过，而不让其他阴离子（或阳离子）通过，造成两相界面电荷分布不均匀，从而形成双电层，产生电位差，这种具有强制性和选择性的扩散产生的电位，称为 Donnan 电位。在离子选择性电极中，膜与溶液两相界面上的电位具有 Donnan 电位的性质。

$$\varphi_D = \frac{2.303RT}{nF} \lg \frac{a_\pm}{a'_\pm} \tag{9.4}$$

式中，$a_\pm$、$a'_\pm$ 分别为膜两边阴、阳离子的活度。

若离子选择性电极的敏感膜对某离子有选择性响应，当电极浸入含有该离子的试液中时，在电极膜和溶液界面间将发生离子交换和扩散作用，这就改变了两相界面原有的电荷分布，因而形成了双电层结构，产生膜电位。膜电位具有 Donnan 电位的性质，因为膜内离子活度恒定，故膜电位为：

$$\varphi_{膜} = k' \pm \frac{2.303RT}{nF} \lg a_{\pm,试} \tag{9.5}$$

阳离子取＋，阴离子取－。可见离子选择性电极的膜电位与溶液中待测离子活度之间的关系符合 Nernst 方程式。

9.3.2 离子选择性电极的电极电位

离子选择性电极的电位 φ_{ISE} 是内参比电极的电位 $\varphi_{内参}$ 与膜电位 $\varphi_{膜}$ 之和，即

$$\varphi_{ISE} = \varphi_{内参} + \varphi_{膜} \tag{9.6}$$

将式(9.5)代入式(9.6)：

$$\varphi_{ISE} = \varphi_{内参} + k' \pm \frac{2.303RT}{nF} \lg a_{\pm,试} \tag{9.7}$$

由于内参比电极电位固定，所以式(9.7)可以表示为：

$$\varphi_{ISE} = k \pm \frac{2.303RT}{nF} \lg a_{\pm,试} \tag{9.8}$$

对于阳离子选择性电极，其电极电位为：

$$\varphi_{ISE} = k + \frac{2.303RT}{nF} \lg a_{M^{n+},试} \tag{9.9}$$

对于阴离子选择性电极，其电极电位为：

$$\varphi_{ISE} = k - \frac{2.303RT}{nF} \lg a_{R^{n-},试} \tag{9.10}$$

9.4 离子选择性电极的性能参数

9.4.1 电位选择性系数

理想的离子选择性电极只对被测离子产生响应,但实际上电极对溶液中共存的干扰离子也可能产生响应。例如,用 pH 玻璃电极测定 pH>9 或 Na^+ 浓度较高的溶液时,测得的 pH 值将小于实际值,原因就是由于 pH 玻璃电极对溶液中的 Na^+ 同样产生响应,使测得的 H^+ 活度大于实际活度,产生"钠差"。这说明 pH 玻璃电极不仅对 H^+ 有响应,对 Na^+ 也有响应,只是响应很弱。

这也说明离子选择电极除对某特定离子有响应外,溶液中共存离子对电极电位也有贡献。这时,离子选择性电极的电位可用 Nernst 方程式表示如下:

$$\varphi = k \pm \frac{2.303RT}{nF} \lg [a_i + K_{i,j}(a_j)^{n_i/n_j} + K_{i,k}(a_k)^{n_i/n_k} + \cdots] \tag{9.11}$$

式中,n_i、n_j 和 n_k 分别为 i 离子、j 离子和 k 离子的电荷数;$K_{i,j}$、$K_{i,k}$ 为 i 离子选择性电极对 j、k 离子的电位选择性系数,表示共存离子 j、k 对被测离子 i 干扰的程度,$K_{i,j}$、$K_{i,k}$ 越小,表示 j、k 离子对 i 离子测定的干扰越小,该电极的选择性越好。

$K_{i,j}$ 表示能提供相同电位时被测离子的活度 a_i 和干扰离子活度 a_j 之比,即

$$K_{i,j} = \frac{a_i}{(a_j)^{n_i/n_j}} \tag{9.12}$$

例如,$K_{H^+,Na^+} = 10^{-11}$,其物理含义是 $1 mol \cdot L^{-1}$ Na^+ 在玻璃电极上产生的响应相当于 $10^{-11} mol \cdot L^{-1}$ H^+ 所产生的响应。一般 $K_{i,j}$ 值小于 10^{-4},j 离子不呈现干扰,$K_{i,j}$ 值应至少接近于 10^{-2},否则不宜使用。

电位选择性系数 $K_{i,j}$ 是衡量离子选择性电极性能的一个重要的性能参数,通过实验测得,其值受测定方法和溶液中离子活度及测定条件的影响,所以不能用它来校正因干扰离子存在引起的误差。但是可以用来估量某一种干扰离子所造成的误差,可用下式计算:

$$相对误差 = K_{i,j} \times \frac{(a_j)^{n_i/n_j}}{a_i} \times 100\% \tag{9.13}$$

如某一离子选择性电极 $K_{i,j} = 10^{-2}$,当测定离子的活度等于干扰离子的活度($a_i = a_j$),且都为一价离子时,测定 i 离子可能产生的相对误差为 1%。

【例 9.1】 某硝酸根选择性电极的离子选择性系数 $K_{NO_3^-, SO_4^{2-}} = 4.1 \times 10^{-5}$,现欲在 $1.0 mol \cdot L^{-1}$ Na_2SO_4 溶液中测定硝酸根离子,如要求硫酸根离子造成的相对误差不大于 5%,试计算待测硝酸根离子的活度至少应为多少?

解 根据式(9.13),相对误差 $= K_{NO_3^-, SO_4^{2-}} \times \frac{(a_{SO_4^{2-}})^{1/2}}{a_{NO_3^-}} \times 100\%$

则 $a_{NO_3^-} = K_{NO_3^-, SO_4^{2-}} \times \frac{(a_{SO_4^{2-}})^{1/2}}{相对误差} \times 100\%$

$= 4.1 \times 10^{-5} \times \frac{1.0^{1/2}}{5\%}$

$= 8.2 \times 10^{-4} (mol \cdot L^{-1})$

故硝酸根的活度至少应为 $8.2 \times 10^{-4} mol \cdot L^{-1}$。

9.4.2 线性范围和检测下限

以离子选择性电极的电极电位对响应离子活度的对数作图（见图 9.3），所得曲线称为校正曲线。此曲线的直线部分所对应的离子活度范围称为离子选择性电极响应的线性范围，在实际测定时，应将待测离子的活度控制在电极的线性范围内。直线的斜率称为电极的实际响应斜率。若实际响应斜率与理论斜率相同，即响应服从式(9.8)，称该电极具有 Nernst 响应。

当活度较低时，曲线就逐渐弯曲，CD 和 BA 延长线的交点 G 所对应的活度 a_1，称为该电极的检测下限。溶液的组成、电极的情况、搅拌速度、温度等因素，均影响检测下限值。

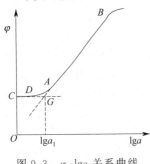

图 9.3 φ-$\lg a$ 关系曲线

9.4.3 响应时间

响应时间是指将一对电极插入待测试液开始至达到稳定（波动在 1mV 以内）电位值所需的时间。响应时间的长短与被测离子到达电极表面的速率、被测离子的浓度、介质的离子强度、参比电极的稳定性、膜的厚度及粗糙度等因素有关。常常通过搅拌溶液来加快响应速率，缩短响应时间。

9.4.4 有效 pH 值范围

电极对待测定离子产生 Nernst 响应的 pH 值范围称为电极的有效 pH 值范围。一般来说，酸度过大，有可能会使难溶盐固态电极膜溶解，碱浓度过大，有可能会在电极表面形成氢氧化物，这都会影响离子选择性电极的测量，因而电极均有一个有效 pH 值范围。

9.4.5 电极寿命

电极使用寿命除取决于电极制作材料、结构和使用保管情况外，通常与被测定溶液的浓度有关。测高溶液浓度时电极寿命变短。一般固膜电极比液膜电极寿命要长些。目前，国内商品电极在保管使用良好的情况下，晶体膜电极寿命可达 1~2 年以上，液膜电极则为数月至半年。

9.4.6 电极内阻

离子选择性电极内阻（R）包括膜内阻、内参比溶液和内参比电极的内阻，因为膜内阻远远大于内参比溶液和内参比电极的内阻，所以电极内阻主要是指膜内阻。由于各种类型的电极膜材料不同，电极内阻相差很大，一般晶体膜电极的内阻较低（从数千欧到数兆欧），玻璃膜电极的内阻较高（高达 $10^8 \Omega$ 以上）。

电极内阻是选择测量仪器输入阻抗的重要参数，一般要求仪器的输入阻抗为电极内阻的 10^3 倍以上。

下面介绍几种常用的离子选择性电极及其响应机理。

9.5 几种常用的离子选择性电极

9.5.1 pH 玻璃电极

9.5.1.1 pH 玻璃电极的构造

pH 玻璃电极属于非晶体膜电极中的刚性基质电极。它是出现最早、至今仍然应用最广的一类离子选择性电极。pH 玻璃电极的核心部分是玻璃敏感膜，pH 玻璃电极敏感膜的成分为 22% Na_2O、6% CaO、72% SiO_2，可以是球状，也可以是平板或锥状的玻璃敏感膜，膜厚度为 0.05～0.1mm。图 9.4(a) 是普通 pH 玻璃电极的结构示意，图 9.4(b) 是复合式 pH 玻璃电极的结构示意。

普通 pH 玻璃电极的结构是在玻璃球内装有 $0.1\text{mol}\cdot\text{L}^{-1}$ 的盐酸或含有氯化钠的缓冲溶液作为内参比溶液，插入一根 Ag-AgCl 电极作为内参比电极。复合式 pH 玻璃电极除此之外，还另外有一参比电极体系通过陶瓷塞与试液接触，由此可见，复合式 pH 玻璃电极是集指示电极和参比电极于一体，使用时不再需要外参比电极。

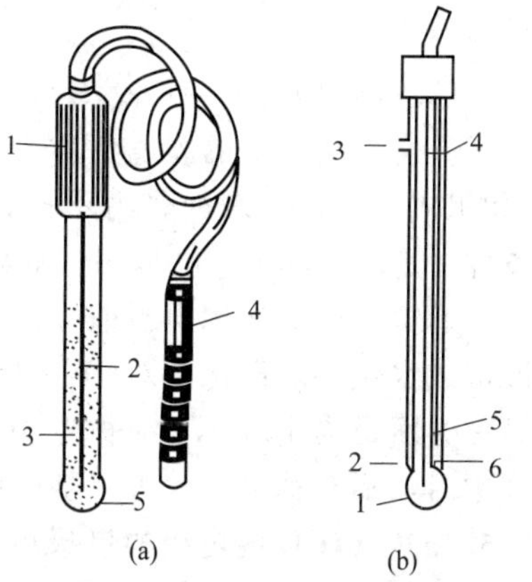

9.5.1.2 pH 玻璃电极的膜电位

pH 玻璃电极对 H^+ 产生选择性响应，主要是由玻璃膜的成分决定的，纯 SiO_2 制成的石英玻璃对氢离子不具有响应功能，如果在石英玻璃中加入 Na_2O，使部分硅氧键断裂，形成带负电荷的硅氧交换点位：

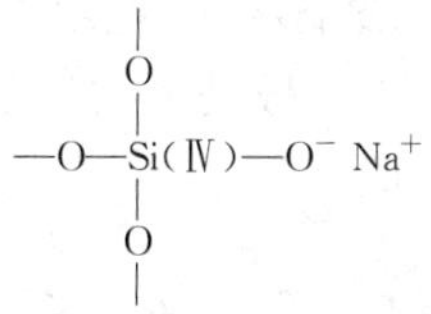

$$-\text{O}-\text{Si(IV)}-\text{O}^-\text{Na}^+$$

带负电性的硅酸根对 H^+ 有较强的选择性。当玻璃膜浸入水溶液中时，溶液中的 H^+ 可进入玻璃膜与 Na^+ 交换而占据 Na^+ 的点位。其交换反应为：

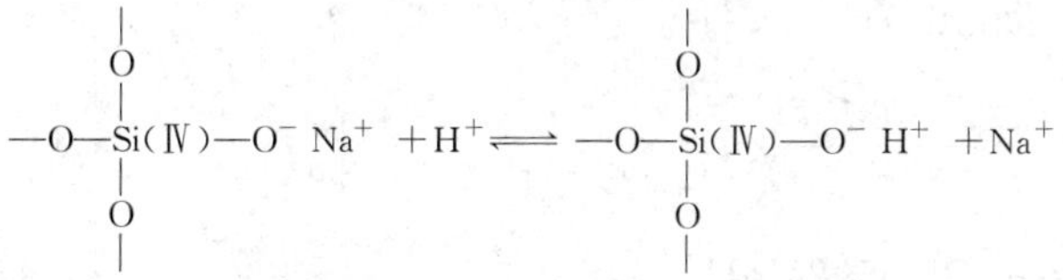

$$-\text{O}-\text{Si(IV)}-\text{O}^-\text{Na}^+ + \text{H}^+ \rightleftharpoons -\text{O}-\text{Si(IV)}-\text{O}^-\text{H}^+ + \text{Na}^+$$

图 9.4 pH 玻璃电极结构
(a) 普通 pH 玻璃电极
1—电极帽；2—内参比电极；3—内参比溶液；4—插头；5—玻璃敏感膜
(b) 复合式 pH 玻璃电极
1—玻璃敏感膜；2—陶瓷塞；3—充填侧口；4—内参比电极；5—内参比溶液；6—参比电极体系

这个交换反应的平衡常数很大，当交换达到平衡时，玻璃表面形成很薄的硅酸结构的水化层。因此在水中浸泡（水化）后的玻璃膜由三部分组成：内、外水化层和一个干玻璃层，如图 9.5 所示。

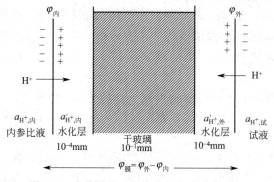

图 9.5 水化后的 pH 玻璃电极膜分层图解

当浸泡好的电极浸入被测试液中时，由于膜外水化层表面与试液中的 H^+ 活度不同，就发生了 H^+ 的扩散迁移，其结果是破坏了膜外表面与试液两相界面间原来的电荷分布，形成了双电层，从而产生了外相界电位（$\varphi_{外}$）。同理，膜内表面与内参比液也产生内相界电位（$\varphi_{内}$）。根据热力学，相界电位与 H^+ 活度符合下述关系：

$$\varphi_{外} = k_{外} + \frac{2.303RT}{F} \lg \frac{a_{H^+,试}}{a'_{H^+,外}} \quad (9.14)$$

$$\varphi_{内} = k_{内} + \frac{2.303RT}{F} \lg \frac{a_{H^+,内}}{a'_{H^+,内}} \quad (9.15)$$

式中，$a_{H^+,试}$、$a_{H^+,内}$ 分别为被测试液和内参比液的 H^+ 活度；$a'_{H^+,内}$、$a'_{H^+,外}$ 分别为膜内、外表面水化层中的 H^+ 活度；$k_{外}$、$k_{内}$ 为玻璃外、内膜性质决定的常数。

由于玻璃内、外表面的结构相同，故内、外膜的性质基本相同，所以 $k_{外} = k_{内}$，膜内外

水化层中可被 H^+ 交换的点位数相同，$a'_{H^+,内}=a'_{H^+,外}$，因此 pH 玻璃电极的膜电位为：

$$\varphi_{膜}=\varphi_{外}-\varphi_{内}=\frac{2.303RT}{F}\lg\frac{a_{H^+,试}}{a_{H^+,内}} \quad (9.16)$$

因为 $a_{H^+,内}$ 是内参比溶液的 H^+ 活度，其值恒定，故：

$$\varphi_{膜}=k'+\frac{2.303RT}{F}\lg a_{H^+,试} \quad (9.17)$$

由式(9.16)可知，若当 $a_{H^+,试}=a_{H^+,内}$ 时，$\varphi_{膜}=0$，但实际上在仪器上测得 $\varphi_{膜}$ 并不等于零，这种情况下的膜电位称为不对称电位（$\varphi_{不对称}$），是由于膜内外两个表面情况不一致（如组成不均匀，表面张力不同，水化程度不同等）而引起的。对于同一个玻璃电极来说，条件一定时，$\varphi_{不对称}$ 也是一个常数。

通常在使用玻璃电极前，必须将电极在纯水中浸泡 24h 以上，一方面是为了使其表面溶液形成水化层，以保持对 H^+ 的灵敏响应，因为干燥的玻璃膜不能稳定响应 pH 值的变化；另一方面是为了减小不对称电位并使电极达到稳定，对于一般类型的玻璃电极，在刚浸入溶液中时，不对称电位较大，随时间的加长降到一个固定值。

9.5.1.3 pH 玻璃电极的电极电位

将 pH 玻璃电极浸入待测氢离子试液中，其电极表示为：

$$Ag\text{-}AgCl(s)|HCl(0.1mol\cdot L^{-1})|玻璃膜 \parallel H^+(a_{试})$$

作为玻璃电极的整体，其电极电位应包括内参比电极 Ag-AgCl 的电极电位和膜电位，根据式(9.9)可知，pH 玻璃电极的电极电位为：

$$\varphi_{玻}=k+\frac{2.303RT}{F}\lg a_{H^+,试} \quad (9.18)$$

25℃时
$$\varphi_{玻}=k-0.0592V\text{pH}_{试液} \quad (9.19)$$

这说明在一定温度下，玻璃电极的电极电位与溶液的 pH 值呈直线关系。

pH 玻璃电极使用时应注意的事项如下：

(1) 碱差和酸差 如前所述，pH 玻璃电极的 φ-pH 值关系曲线只有在一定范围内呈线性。普通 pH 玻璃电极的膜材料为 Na_2O、CaO、SiO_2，其最佳使用范围为 pH 1~9。若用此电极测定 pH>9 或 Na^+ 浓度较高的溶液，pH 值的测定值将低于真实值，称为碱差或钠差。而当 pH 玻璃电极测定 pH<1 的强酸溶液时，pH 值的测定值将高于真实值，称为酸差。

玻璃膜组成不同的 pH 玻璃电极，所适用的 pH 值范围也不同，如用 Li_2O 代替 Na_2O 的 pH 玻璃电极（膜材料为 Li_2O、Cs_2O、La_2O_3、SiO_2），其测定范围为 pH 1~14，可解决测定强碱溶液时的钠差问题。

(2) 不对称电位 由于 pH 玻璃电极一般存在着 1~30mV 的不对称电位，因此，在使用电极前将玻璃电极放在水溶液中充分浸泡（一般浸泡 24h 以上），使 $\varphi_{不对称}$ 降至最低并趋于恒定，同时也使玻璃膜表面充分水化，有利于对 H^+ 的响应。

(3) 电极的内阻 玻璃电极的内阻很大，为 50~500MΩ，所以，必须使用高输入阻抗的测量仪器测量。

除了 pH 玻璃电极外，还有 pNa、pK 及 pLi 等玻璃电极，它们的结构和响应机理与 pH 玻璃电极相似，但玻璃膜的组成成分不同，玻璃膜由 $Na_2O\text{-}Al_2O_3\text{-}SiO_2$ 组成，适当改变三者的比例，电极的选择性也不同。表 9.1 列出了 pNa、pK 玻璃电极膜的组成及性能。

表 9.1　pNa、pK 玻璃电极膜的组成

电极	玻璃电极膜的组成(摩尔比)/%			电位选择性系数
	Na_2O	Al_2O_3	SiO_2	
pNa 玻璃电极	11	18	71	$K_{Na^+,K^+}=3.6\times10^{-4}$ (pH=11) $K_{Na^+,K^+}=3.3\times10^{-3}$ (pH=7)
pK 玻璃电极	27	5	68	$K_{K^+,Na^+}=5\times10^{-2}$

9.5.2　氟离子选择性电极

9.5.2.1　氟离子选择性电极的构造

氟离子选择性电极属于晶体膜电极，其敏感膜为掺有 EuF_2（有利于导电）的 LaF_3 单晶薄片。将膜封在硬塑料管的底端，管内一般装 $0.1 mol \cdot L^{-1}$ NaCl 和 $0.01 \sim 0.1 mol \cdot L^{-1}$ NaF 混合溶液作内参比溶液，以 Ag-AgCl 作内参比电极。氟离子选择性电极的结构如图 9.6 所示。

9.5.2.2　氟离子选择性电极的膜电位

由于 LaF_3 的晶格有空穴，在晶格上的 F^- 可以移入晶格邻近的空穴而导电：

$$LaF_3 + 空穴 \rightleftharpoons LaF_2^+ + F^-$$

而空穴的大小、形状和电荷的分布，只能容纳特定的可移动的晶格离子，其他离子不能进入空穴，故不能参与导电过程。因此，在晶体敏感膜中，只有晶格离子（待测离子）能进入膜相参与导电，从而使晶体敏感膜具有选择性。例如，硫化银晶体膜对银离子和硫离子有选择性响应，卤化银晶体膜对卤离子和银离子有选择性响应。晶体敏感膜表面不存在离子交换作用，所以电极在使用前不需要浸泡活化。

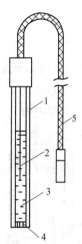

图 9.6　氟离子选择性电极的结构
1—塑料管；2—Ag-AgCl 内参比电极；3—内参比溶液（NaF+NaCl）；4—掺 EuF_3 的 LaF_3 单晶膜；5—引线

当氟离子选择性电极插入含氟溶液中时，F^- 在电极表面进行交换。如溶液中 F^- 活度较高，则溶液中 F^- 可以进入单晶的空穴。反之，单晶表面的 F^- 可以进入溶液。由此产生的膜电位与溶液中 F^- 活度的关系，符合 Nernst 方程式，即

$$\varphi_{膜} = k' - \frac{2.303RT}{F} \lg a_{F^-,试} \tag{9.20}$$

9.5.2.3　氟离子选择性电极的电极电位

将氟离子选择性电极浸入待测氢离子试液中，其电极表示为：

Ag-AgCl(s)|NaCl($0.1 mol \cdot L^{-1}$)，NaF($0.1 mol \cdot L^{-1}$)｜LaF_3 单晶膜｜F^-（$a_{试}$）

根据式(9.8)可知，氟离子选择性电极的电极电势 φ_{F^-} 为

$$\varphi_{F^-} = k - \frac{2.303RT}{F} \lg a_{F^-,试} \tag{9.21}$$

氟离子选择性电极的线性响应范围为 $10^{-1} \sim 10^{-6} mol \cdot L^{-1}$，电极的选择性较高，1000 倍于 F^- 量的 Cl^-、Br^-、I^-、SO_4^{2-}、NO_3^- 等的存在无明显干扰，但测试溶液的 pH 值需控制在 5~7（为什么？）。此外，溶液中能与 F^- 生成稳定配合物或难溶化合物的离子（如 Al^{3+}、Ca^{2+}、Mg^{2+} 等）也有干扰，通常可通过加掩蔽剂来消除干扰，实际工作中，通常用柠檬酸盐的缓冲溶液来控制试液的 pH 值。

除了氟离子选择性电极外，晶体膜电极品种还有很多，如 CuS-Ag_2S 压制成的铜离子选

择性电极；用 AgCl、AgBr、AgI 分别添加 Ag_2S 压片制成的氯、溴、碘离子选择性电极等，具体见表 9.2。

表 9.2 晶体膜电极的品种和性能

电极	膜材料	线性范围 /mol·L^{-1}	pH 值适用范围	主要干扰离子
F^-	EuF_3+LaF_3	$5×10^{-7}\sim1×10^{-1}$	5~6.5	OH^-
Cl^-	$AgCl+Ag_2S$	$5×10^{-5}\sim1×10^{-1}$	2~12	Br^-、I^-、S^{2-}、CN^-、$S_2O_3^{2-}$
Br^-	$AgBr+Ag_2S$	$5×10^{-6}\sim1×10^{-1}$	2~12	I^-、S^{2-}、CN^-、$S_2O_3^{2-}$
I^-	$AgI+Ag_2S$	$1×10^{-7}\sim1×10^{-1}$	2~11	S^{2-}
Ag^+、S^{2-}	Ag_2S	$1×10^{-7}\sim1×10^{-1}$	2~12	Hg^{2+}
Cu^{2+}	$CuS+Ag_2S$	$5×10^{-7}\sim1×10^{-1}$	2~10	Ag^+、Hg^{2+}、Fe^{3+}、Cl^-
Pb^{2+}	$PbS+Ag_2S$	$5×10^{-7}\sim1×10^{-1}$	3~6	Cd^{2+}、Ag^+、Hg^{2+}、Fe^{3+}、Cu^{2+}、Cl^-
Cd^{2+}	$CdS+Ag_2S$	$5×10^{-7}\sim1×10^{-1}$	3~10	Pb^{2+}、Ag^+、Hg^{2+}、Fe^{3+}、Cu^{2+}

9.5.3 气敏电极

气敏电极是一种气体传感器，是 20 世纪 70 年代发展起来的一种新型离子选择性电极，属于复膜电极，常用于测定溶解于水中的 NH_3、NO_2、SO_2、CO_2 等气体的含量。气敏电极的构造见图 9.7。

以氨电极为例。它的内部有一支平底的 pH 玻璃电极作为指示电极，浸泡在中介溶液中。内充液由 $0.01mol·L^{-1}$ NH_4Cl 和惰性电解质如 NaCl、KCl 等组成。中介溶液与试液之间是用一层极薄的透气聚偏氟乙烯膜隔开。它只允许透过氨气，而不允许溶液中其他物质通过。Ag-AgCl 电极作为参比电极，插入到中介溶液中，因此，它与 pH 玻璃电极装在同一体内，组成氨气敏电极。

使用氨气敏电极测量强碱性试液时，试液中 NH_4^+ 生成气体氨分子（$NH_4^+ + OH^- \rightleftharpoons NH_3 + H_2O$），通过透气膜扩散并溶于中介溶液时，发生如下反应：

$$NH_3 + H_2O \rightleftharpoons NH_4^+ + OH^-$$

产生的 OH^- 将改变中介溶液的 pH 值，pH 玻璃电极电位的变化可指示中介溶液 $[OH^-]$ 的变化，从而直接反映 NH_3 的变化。几种气敏电极及性能见表 9.3。

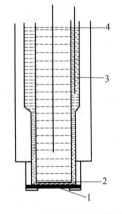

图 9.7 气敏电极的构造
1—气体渗透膜；2—中介溶液；3—参比电极；4—指示电极

表 9.3 气敏电极的种类和性能

气敏电极	指示电极	中介溶液	化学反应平衡	检出限 /mol·L^{-1}	试液 pH 值
CO_2	pH 玻璃电极	$0.01mol·L^{-1}$ $NaHCO_3$	$CO_2 + H_2O \rightleftharpoons HCO_3^- + H^+$	10^{-5}	<4
NH_3	pH 玻璃电极	$0.01mol·L^{-1}$ NH_4Cl	$NH_3 + H_2O \rightleftharpoons NH_4^+ + OH^-$	10^{-6}	>11
NO_2	pH 玻璃电极	$0.02mol·L^{-1}$ $NaNO_2$	$NO_2 + H_2O \rightleftharpoons NO_3^- + NO_2^- + 2H^+$	$5×10^{-7}$	柠檬酸缓冲液
SO_2	pH 玻璃电极	$0.01mol·L^{-1}$ $NaHSO_3$	$SO_2 + H_2O \rightleftharpoons HSO_3^- + H^+$	10^{-6}	<5
H_2S	硫离子电极	柠檬酸盐缓冲液（pH=5）	$H_2S + H_2O \rightleftharpoons HS^- + H^+$	10^{-8}	<7

9.5.4 酶电极

将生物酶涂布在离子选择性电极的敏感膜上，见图 9.8，酶能促使待测物质发生某种化学反应，产生能被离子选择性电极膜所响应的离子，由此可间接测定试液中物质的含量。由于酶的专一性强，故酶电极具有极高的选择性。

例如把脲酶溶于丙烯胺溶液中，涂在铵离子选择性电极的敏感膜上，再包上微孔性尼龙网固定，就成为一支测定脲的酶电极。脲酶催化脲分解产生铵离子：

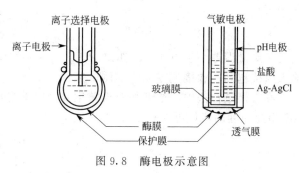

图 9.8 酶电极示意图

$$CO(NH_2)_2 + H_3O^+ + H_2O \xrightleftharpoons{\text{脲酶}} 2NH_4^+ + HCO_3^-$$

产物 NH_4^+ 在铵电极上产生电位响应，从而间接测定了试样中脲的含量。酶电极稳定性差，其制备有一定困难，目前酶电极可应用于测定血液与其他体液中的氨基酸、葡萄糖、尿素、胆固醇等有机物质。

9.6 直接电位法

9.6.1 测量原理

选择一支指示电极和一支参比电极插入被测溶液中，构成化学电池：

a. 参比电极‖试液│指示电极

或　　　　b. 指示电极│试液‖参比电极

根据式(9.3)可知，电池 a 的电池电动势为：

$$E_{\text{电池}} = K \pm \frac{2.303RT}{nF} \lg a_i \tag{9.22}$$

离子选择性电极响应的是离子活度 a_i，而通常分析测定的是离子浓度 c_i，由于 $a_i = \gamma_i c_i$，当被测离子溶液的总离子强度恒定时，活度系数保持不变，所以式(9.22)中的离子活度就可以用浓度代替，得

$$E_{\text{电池}} = K' \pm \frac{2.303RT}{nF} \lg c_i \tag{9.23}$$

这就是电位分析法的定量分析依据。〔思考：如果按电池 b 进行测定，式(9.23)有何变化？〕

在电位分析中，通常采用加入总离子强度调节缓冲溶液（total ionic strength adjustment buffer，TISAB）的方法来控制溶液的总离子强度。TISAB 的组成一般由保持溶液离子强度恒定的惰性强电解质、调节溶液 pH 值的缓冲溶液、掩蔽干扰离子的络合剂等组成。不同测定离子所需要的 TISAB 的组成由实验研究来确定。

9.6.2 测量仪器

从以上的学习可知，电位分析法的核心问题就是准确测量由指示电极和参比电极组成的电池电动势，通常使用的测量仪器是离子计或酸度计。由于离子选择性电极内阻较高，因此要求测量仪器的输入阻抗大于电极内阻的 10^3 倍以上。仪器的输入阻抗可按下式估算：

$$|测量误差| = \frac{R_{电极内阻}}{R_{电极内阻} + R_{仪器阻抗}} \times 100\% \tag{9.24}$$

当要求测量误差小于 0.1%，如果 $R_{电极内阻} = 10^8 \Omega$，则仪器的输入阻抗应该不小于 $10^{11} \Omega$。输入阻抗越高，愈接近零电流的测试条件。

在直接电位法中，浓度相对误差主要由电池电动势测量误差决定。电池电动势测量误差 ΔE 引起浓度的测量可对式(9.23)微分，得：

$$\Delta E = \pm \frac{RT}{nF} \frac{\Delta c}{c} \tag{9.25}$$

25℃时，浓度的相对误差为：

$$相对误差 = \frac{\Delta c}{c} \times 100\% = (\pm 3900 n \cdot \Delta E)\% \tag{9.26}$$

由式(9.26)可见，当电池电动势测量误差 $\Delta E = \pm 0.001\text{V}$ 时，对于一价离子浓度的相对误差为 $\pm 3.9\%$，对于二价离子为 $\pm 7.8\%$。

从以上讨论可见，使用离子选择性电极进行直接电位分析，对测量仪器要求较高，应该根据测定时要求的精度来选择合适的离子计或酸度计。

离子计或酸度计的型号很多，但相对都较简单、轻便，如图 9.9。有通用离子计、专用离子计、数字式离子计、直读浓度式数字离子计、精密离子计、带微电脑处理的智能离子计和便携式离子计等。离子计配上相应的离子选择性电极就能测定多种离子活度（浓度）。

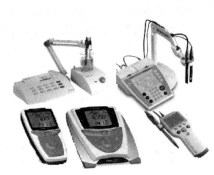

图 9.9　几种离子计外观图

9.6.3　直接电位法的定量方法

9.6.3.1　标准曲线法

配制一系列浓度的标准溶液，各溶液中均加入同样量的总离子强度调节缓冲溶液，按同样方法配制试液。选择合适的电极置于溶液中，分别测量各溶液的电池电动势 E，以 E 对 $\lg c$ 作图，得到标准曲线，如图 9.10 所示。再根据所测得试液的电池电动势 E_x 的数值，从标准曲线上查找相应的 $\lg c_x$ 值，从而求得 c_x。

标准曲线法适用于组成比较简单的大量样品的例行分析，而不适用于组成复杂的样品。

9.6.3.2　标准加入法

当待测试液的成分较复杂、离子强度比较大时，难以控制试液与标准溶液中待测离子的活度系数一致，这种情况，宜采用标准加入法进行定量分析，即将标准溶液加到样品溶液中进行测定。分为一次标准加入法和连续标准加入法。

（1）一次标准加入法　先测定体积为 V_x，浓度为 c_x 的样品溶液的电动势 E_x。然后在样品溶液中加入体积为 V_s，浓度为 c_s 的标准溶液（要求 $V_s \ll V_x$），同样的方法测定其电动势 E，根据式(9.23)：

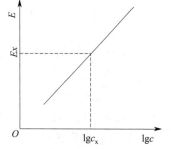

图 9.10　电位分析的标准曲线

$$E_x = K' + S \lg c_x \tag{9.27}$$

$$E = K' + S \lg \frac{c_x V_x + c_s V_s}{V_x + V_s} \tag{9.28}$$

式中，$S = \pm \dfrac{2.303RT}{nF}$，为电极的响应斜率。将式（9.28）减式（9.27），且考虑 $V_s \ll V_x$，得：

$$\Delta E = E - E_x$$
$$= S\lg \dfrac{c_x V_x + c_s V_s}{V_x c_x}$$
$$= S\lg \left(1 + \dfrac{\Delta c}{c_x}\right) \tag{9.29}$$

式中，$\Delta c = \dfrac{c_s V_s}{V_x}$，将式（9.29）两边取反对数，得：

$$10^{\frac{\Delta E}{S}} = 1 + \dfrac{\Delta c}{c_x}$$

即：
$$c_x = \dfrac{\Delta c}{10^{\frac{\Delta E}{S}} - 1} \tag{9.30}$$

根据电动势的变化值（ΔE）、电极的响应斜率（S）和溶液浓度的增量（Δc），即可计算样品溶液中被测离子的浓度（c_x）。此法关键是标准溶液的加入量，一般控制 c_s 约为 c_x 的 100 倍，V_s 约为 V_x 的 10^{-2} 倍。加入标准后，ΔE 等于 20～50mV 为宜。

（2）连续标准加入法 在样品溶液中加入不同体积的标准溶液后，分别测定其电动势。根据式（9.28），得：

$$(V_x + V_s) 10^{E/S} = K''(c_x V_x + c_s V_s) \tag{9.31}$$

以 $(V_x + V_s) 10^{E/S}$ 对相应的 V_s 作图，得到一直线，延长直线使之与横坐标相交得 V_0，见图 9.11。

由式（9.31）可得：$K''(c_x V_x + c_s V_0) = 0$

$$c_x = -\dfrac{c_s V_0}{V_x} \tag{9.32}$$

为了避免计算 $(V_x + V_s) 10^{E/S}$ 的麻烦，连续标准加入法可采用一种专用的半反对数格氏作图纸作图。由于计算机的普及应用，现在一般用 Excel 或 Origin 等软件来绘图。

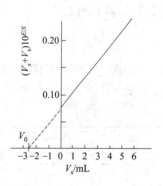

图 9.11 连续标准加入法

9.6.3.3 直接比较法

直接比较法是配制一个与试液浓度接近的标准溶液，在同样条件下，测定两溶液的电池电动势。可得：

$$E_x = K' \pm S\lg c_x$$
$$E_s = K' \pm S\lg c_s$$

解该方程组即可求得试液的浓度。酸度计就是依据这一原理设计而成的。实际操作是先调节温度补偿器，使仪表的每一个 pH 值相当于 $2.303RT/nF$，例如，25℃时每改变一个 pH 单位，相当于电动势要改变 59.2mV。再将离子选择性电极插入已知浓度的标准溶液中，调节仪器的定位调节器，使仪表的读数为该标准溶液的 pH 值，然后将电极插入未知试液中，则仪表上显示的数值就是试液的浓度 pH 值，用两点定位法更为准确。该方法又称直接法。

9.6.4 直接电位法的应用

9.6.4.1 直接电位法测定溶液 pH 值

以 pH 玻璃电极为指示电极，饱和甘汞电极为参比电极，插入试液中组成测量电池（也可以选用pH复合电极插入试液中），如下所示：

$$\text{pH 玻璃电极}|\text{试液}\parallel\text{KCl(饱和)}|\text{Hg}_2\text{Cl}_2(\text{s})|\text{Hg}$$

测量电池的电动势为

$$E = \varphi_{\text{SCE}} - \varphi_{\text{玻}} + \varphi_{\text{液接}} \tag{9.33}$$

将式(9.20)代入，得

$$E = \varphi_{\text{SCE}} - k_{\text{玻}} + \frac{2.303RT}{F}\text{pH}_{\text{试}} + \varphi_{\text{液接}} \tag{9.34}$$

在一定条件下，φ_{SCE}、$\varphi_{\text{液接}}$为常数，则

$$E = K' + \frac{2.303RT}{F}\text{pH}_{\text{试}} \tag{9.35}$$

由式(9.35)可知，在一定条件下，测量电池的电动势与被测试液的pH值呈线性关系。通常采用直读比较法进行测定。即在同样条件下，分别测得标准pH缓冲溶液和被测溶液对应的电池电动势，代入式(9.35)得：

$$E_s = K' + \frac{2.303RT}{F}\text{pH}_s \tag{9.36}$$

$$E_x = K' + \frac{2.303RT}{F}\text{pH}_x \tag{9.37}$$

将式(9.37)减去式(9.36)得：

$$\text{pH}_x = \text{pH}_s + \frac{E_x - E_s}{2.303RT/F} \tag{9.38}$$

标准pH缓冲溶液是pH值测量的基准，它的pH值的准确度直接影响测定结果的准确度。表9.4中列出了常用的标准pH缓冲溶液在0~60℃的pH值。

表9.4 常用标准pH缓冲溶液的pH值

温度/℃	四草酸氢钾 (0.05mol·L^{-1})	25℃饱和酒石酸氢钾	邻苯二甲酸氢钾 (0.05mol·L^{-1})	混合磷酸盐 (0.025mol·L^{-1})	硼砂 (0.05mol·L^{-1})
0	1.67	—	4.01	6.98	9.46
5	1.67	—	4.00	6.95	9.39
10	1.67	—	4.00	6.92	9.33
15	1.67	—	4.00	6.90	9.28
20	1.68	—	4.00	6.88	9.23
25	1.68	3.56	4.00	6.86	9.18
30	1.68	3.55	4.01	6.85	9.14
35	1.69	3.55	4.02	6.84	9.10
40	1.69	3.55	4.03	6.84	9.07
45	1.70	3.55	4.04	6.83	9.04
50	1.71	3.56	4.06	6.83	9.02
55	1.71	3.56	4.07	6.83	8.99
60	1.72	3.57	4.09	6.84	8.97

测定pH值的仪器称酸度计（也称pH计）。酸度计品种和型号很多，性能也有所不同，

但其结构原理和使用方法大致相同,现以 pHS-2 型酸度计为例进行介绍。

图 9.12 为 pHS-2 型酸度计方框原理图。pHS-2 型酸度计把电池的直流电势,输入到参量振荡深度负反馈直流放大器中放大,最后由电表以 pH(或 mV)值显示出来(为了使用方便,酸度计已将所测得的电动势换算为 pH 值,电表是以 pH 值作为标度的)。

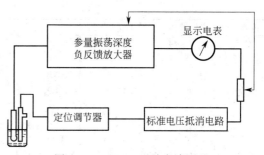

图 9.12 pHS-2 型酸度计原理

使用酸度计测定 pH 值时,先把电极安装好,用校正调节器调节,使温度补偿器指示到溶液温度,然后用一已知 pH 值的标准缓冲溶液对仪器进行定位(标准溶液与待测试液温度相同)。调节定位调节器使指示对应标准缓冲溶液的 pH 值,然后,换上另一已知 pH 的标准缓冲溶液,调节斜率调节器指示其对应 pH,最后,换上待测试液,就可直接读出待测液的 pH 值。

9.6.4.2 直接电位法测定氟离子

将氟离子选择性电极与饱和甘汞电极置于待测的 F^- 试液中组成电池,若指示电极为正极,则电池表示为:

$$Hg|Hg_2Cl_2(s)|KCl(饱和)\|试液|氟离子选择性电极$$

电池电动势为:

$$E = \varphi_{F^-} - \varphi_{SCE} + \varphi_{液接} \tag{9.39}$$

将式(9.21)代入,得:

$$E = k - \frac{2.303RT}{F}\lg a_{F^-} - \varphi_{SCE} + \varphi_{液接} \tag{9.40}$$

在一定条件下,φ_{SCE}、$\varphi_{液接}$ 为常数,则

$$E = K - \frac{2.303RT}{F}\lg a_{F^-} \tag{9.41}$$

通常采用标准曲线法或标准加入法进行分析测定。测定时注意:①溶液酸度控制在 pH 5~7 的范围内;②加入 TISAB(氯化钠 58g,柠檬酸钠 10g 溶于 800mL 蒸馏水中,再加入冰醋酸 57mL,用 40%的氢氧化钠调 pH=5,稀释至 1L),以保持溶液中的离子强度固定不变,活度系数为常数;③氟离子选择性电极可测 F^- 的浓度范围通常为 $10^{-1} \sim 10^{-6}$ mol·L^{-1};④测量时应注意达到响应时间后进行读数。

例如土壤中氟含量的测定。土壤中氟的测定一般分为:水溶性氟、速效性氟和难溶性氟。水溶性氟:土样于 70℃ 热水中搅拌浸提 30min,离心过滤吸取上清液,加入 TISAB 后测定。速效氟:以 0.5mol·L^{-1} NaOH 或 0.1mol·L^{-1} EDTA-0.5mol·L^{-1} NaOH 在 90℃ 搅拌浸提土样 1h,取上清液用醋酸调 pH 值至约 5.5,必要时添加适量柠檬酸钠后进行测定。难溶氟:以 25% $AlCl_3$-0.01mol·L^{-1} HCl 在 90℃ 搅拌浸提经速效氟处理后的残渣 30min,取上清液用高浓度柠檬酸钠作络合剂进行测定。

直接电位法的其他应用情况见表 9.5。

表 9.5 直接电位法应用示例

被测离子	离子选择性电极	pH 范围	离子强度调节剂	应用
Ag^+	银	2~9	$NaNO_3$	冶金、矿产、地质
Br^-	溴	2~12	$NaNO_3$	牛奶、乳制品
Ca^{2+}	钙	6~8	KCl 或 NaAc	饲料、牙釉、生物培养基、血清、土壤

续表

被测离子	离子选择性电极	pH 范围	离子强度调节剂	应 用
Cu^{2+}	铜	3～7	$NaNO_3$	废水、废渣、地矿
Cl^-	氯	2～11	$NaNO_3$	水、电镀液、食品分析、植物组织、动物饲料
F^-	氟	5～8	TISAB	水、土壤、牙膏、牙釉、矿物、植物组织、食品饮料
Hg^{2+}	汞	2～3	$NaClO_4$	废水、废渣、环境检测
I^-	碘	3～12	$NaNO_3$	牛奶、乳制品、药物分析
K^+	钾	3～10	NaCl	土壤、饲料、医学检验
Na^+	钠	9～11	$NH_3 \cdot H_2O + NH_4Cl$	土壤、饲料、医学检验
NO_2^-	氧化氮气敏电极	0～2	$Na_2SO_4 + H_2SO_4$	食品、水、腌制品
NO_3^-	硝酸根	3～10	$K_2SO_4 + Ag_2SO_4 + H_2SO_4$	土壤、电镀、冶金、饲料
S^{2-}	硫	13～14	NaOH+水杨酸钠+抗坏血酸	环境监测

9.7 电位滴定法

电位滴定法与普通滴定分析法的区别在于指示滴定终点的方法不同。普通滴定分析法是采用指示剂的颜色变化来指示滴定终点,而电位滴定法则采用指示电极的电极电位变化来确定滴定终点。

9.7.1 电位滴定方法的基本原理及装置

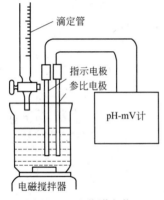

图 9.13 电位滴定装置

在滴定过程中,随着滴定剂的加入,被测离子的浓度不断发生变化,指示电极的电位也相应改变。在化学计量点附近,离子浓度变化较大,引起电极电位的突跃。电位滴定法就是利用电极电位的突跃来确定终点的方法。电位滴定法的装置见图9.13,在被测溶液中插入一支指示电极和一支参比电极组成一个原电池,在烧杯上方固定一支滴定管,用电磁搅拌器进行搅拌,每加入一定量的滴定剂后,测量一次电池电动势,记录测量数据,直到超过化学计量点为止。以测得的电池电动势对滴定剂加入的体积作图,绘制得到滴定曲线,由滴定曲线的突跃部分确定滴定的终点。

9.7.2 电位滴定终点的确定方法

以 $0.1000mol \cdot L^{-1}$ $AgNO_3$ 溶液滴定 NaCl 溶液为例,介绍几种电位滴定终点确定的方法。由银电极作指示电极,饱和甘汞电极作参比电极组成测量电池,测定滴定过程的有关数据见表 9.6。

表 9.6 以 $0.1000mol \cdot L^{-1}$ $AgNO_3$ 溶液滴定 NaCl 溶液的滴定数据

加入 $AgNO_3$ 的体积 V/mL	E /mV	$\Delta E/\Delta V$ (mV/mL)	$\Delta^2 E/\Delta V^2$	加入 $AgNO_3$ 的体积 V/mL	E /mV	$\Delta E/\Delta V$ (mV/mL)	$\Delta^2 E/\Delta V^2$
5.00	62	2.30		24.20	194	390	2.80
15.0	85	4.40		24.30	233	830	4.40
20.0	107	8.00		24.40	316	240	-5.90
22.0	123	15.0		24.50	340	110	-1.30
23.0	138	16.0		24.60	351	70.0	-0.40
23.50	146	50.0		25.00	373	50.0	
23.58	161	65.0		25.00	373	24.0	
24.00	174	90.0		25.50	385	22.0	
24.10	183	110					

根据表 9.6 所列数据，采用以下方法确定滴定终点。

9.7.2.1 作图法

(1) E-V 曲线法　以电池电动势 E 为纵坐标，加入 $AgNO_3$ 的体积 V 为横坐标，绘制 E-V 曲线，如图 9.14 所示，曲线的形状与化学分析中氧化还原滴定法的滴定曲线相似。曲线突跃的中点为滴定的终点，对应的体积即为滴定至终点时所需的体积。

(2) $\Delta E/\Delta V$ -V 曲线法　根据实验数据计算 $\Delta E/\Delta V$（一阶微商），ΔV 是相邻两次滴入标准溶液的体积差，ΔE 是相对应的两次电池电动势差，与 $\Delta E/\Delta V$ 相应的 V 是相邻两次滴入标准溶液体积的平均值，例如在 24.10mL 和 24.20mL 之间，体积 24.15mL 相应的

$$\frac{\Delta E}{\Delta V} = \frac{0.194V - 0.183V}{24.20mL - 24.10mL} = 0.110 V \cdot mL^{-1}$$

用表 9.6 中 $\Delta E/\Delta V$ 值绘成 $\Delta E/\Delta V$-V 曲线，如图 9.15 所示。曲线的最高点（$\Delta E/\Delta V$ 取极大值）对应的体积为滴定终点所需标准溶液的体积。

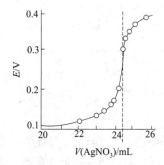

图 9.14　E-V 曲线

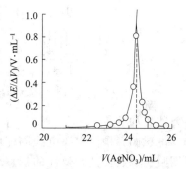

图 9.15　$\Delta E/\Delta V$-V 曲线

9.7.2.2 计算法

用作图法求终点比较繁琐，也不是很准确。因此，常用二阶微商（$\Delta^2 E/\Delta V^2$）计算法来确定终点。

这种方法是基于 $\Delta E/\Delta V$-V 曲线的最高点正是二阶微商 $\Delta^2 E/\Delta V^2$ 等于零处，见图 9.16。通过计算求得 $\Delta^2 E/\Delta V^2$，在数值出现正负号时所对应的两个体积之间，必然有 $\Delta^2 E/\Delta V^2 = 0$ 的一点，该点对应的滴定体积即为滴定终点。其值根据表 9.6 的实验数据，用内插法计算。计算方法如下：

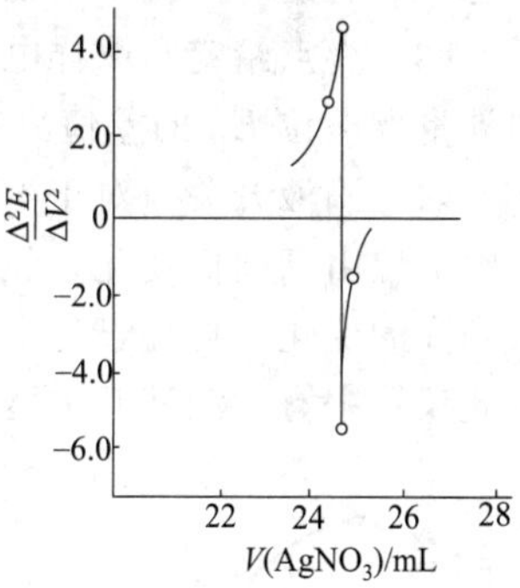

对应于 24.30mL❶，有

$$\frac{\Delta^2 E}{\Delta V^2} = \left[\left(\frac{\Delta E}{\Delta V}\right)_2 - \left(\frac{\Delta E}{\Delta V}\right)_1\right] / \Delta V$$

$$= \frac{0.83 - 0.39}{24.30 - 24.20} = 4.4$$

对应于 24.40mL，有

$$\frac{\Delta^2 E}{\Delta V^2} = \frac{0.240 - 0.830}{24.40 - 24.30} = -5.90$$

用内插法算出对应于 $\Delta^2 E/\Delta V^2 = 0$ 时的体积：

$$V = 24.30 + 0.10 \times \frac{4.4}{4.4 + 5.9} = 24.34 mL$$

图 9.16　$\Delta^2 E/\Delta V^2$-V 曲线

---

❶ 为简便计算，$\Delta^2 E/\Delta V^2$ 之间可用表 9.6 中第三栏内 $\Delta E/\Delta V$ 的后一数值减去前一数值而得到。

这就是滴定终点时消耗标准溶液的体积。

9.7.3 自动电位滴定仪

随着计算机技术与电子技术的发展,各种自动电位滴定仪相继出现。但其工作方式不外乎有两种,即为自动记录滴定曲线的方式和自动终点停止方式。现在实验室中普遍使用的是 ZD-2 型自动电位滴定仪,属于自动终点停止方式。ZD-2 型自动电位滴定仪是利用预设化学计量点电位到达时自动停止滴定剂的加入,实现自动滴定的分析仪器。可配合使用各种电极,进行 pH 值及 mV 值的自动滴定。其电子线路的控制原理基本装置如图 9.17 方框图。

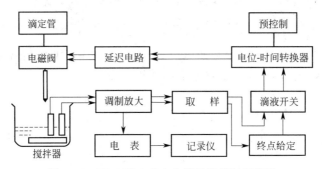

图 9.17 ZD-2 型自动电位滴定仪控制原理图

主要装置如下。

(1) 电磁阀 是根据通电线圈能吸引磁性物质的原理进行工作的。当直流电压供给线圈,线圈吸引磁铁,具有弹性的橡皮管打开,液体自动流下;无电压加入线圈,阀自动关闭,滴液停止。

(2) E-t 转化器 是供给电磁阀电源的装置,也是一个脉冲电压发生器。它的作用是产生开通和关闭电磁阀两种状态的脉冲电压,此电压是一个周期电压,从开通到关闭整个周期为 5s 左右。在一个周期内开通时间的长短是由电路输入电压自动控制调节的,当输入电压大时,开通的时间长,所以这个装置可将输入电压 E 转换成开通时间 t。

(3) 终点给定和取样电路 E-t 转化器的输入电压由滴定过程中溶液的实际电位 E 和化学计量点电位 E_0 的差值决定,由差减法可得到 ΔE,如图 9.18 所示。

(4) 滴液开关 对于不同的滴定对象,滴定曲线的形状不同。如图 9.18(a) 所示,滴定中电位由高向低变化,经过化学计量点,即 $\Delta E > 0$;而图 9.18(b) 所示为滴定中电位由低到高的变化,再经过化学计量点,即 $\Delta E < 0$。而 E-t 转化器只在 ΔE 为正时才正常工作,因此仪器中有一滴液开关装置,根据实际滴定情况选择其方向"+"或"−"。

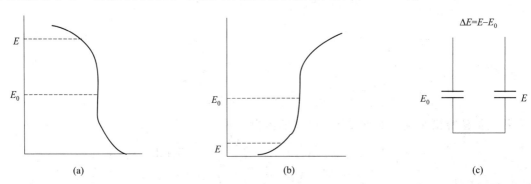

图 9.18 滴定过程中的 ΔE

(5) 预控调节器 可利用此装置选择合适的滴定速度,但必须满足分析准确度的要求。一般电位突跃较大或精密度要求不高时,可选择较快的滴定速度;反之,则选较慢的滴定速度。

用手动滴定法将化学计量点的电位 E_0 求出后,将仪器的终点调节到所求出的 E_0 电位值处,被测溶液的浓度由电极转变为电位信号,经调制放大器放大后,一方面送至电表指示出来,另一方面由取样回路取出正比于电极信号的电位 E,与给定的化学计量点电位 E_0 比较,其差值 ΔE 送至 E-t 转化器作为控制信号,通过脉冲电压控制电磁阀开启和关闭时间,以调节滴定液流出的速度。当滴定远离 E_0 时,ΔE 相差较大,脉冲电压开通时间长,滴定液流出速度快;当滴定接近 E_0 时,滴定液流出速度减慢;当滴定恰好到达 E_0 时,$E=E_0$,此时脉冲电压为 0,电磁阀自动关闭,停止滴定。

全自动电位滴定仪还包括反馈控制系统、自动取样系统和数据处理系统,外形如图 9.19。

图 9.19 全自动电位滴定仪

9.7.4 电位滴定法的应用

9.7.4.1 酸碱滴定

通常选用的测定电池为:pH 玻璃电极|测定试液‖饱和甘汞电极。在酸碱滴定时,可检测出零点几个 pH 值单位的变化,因此它更适合于测定弱酸(碱)或不易溶于水而溶于有机溶剂的酸(碱)。如在 HAc 介质中可以用 $HClO_4$ 溶液滴定吡啶;在乙酸介质中可以用 HCl 溶液滴定三乙醇胺;在丙酮介质中可以滴定高氯酸、盐酸、水杨酸的混合物;在有机溶剂中用氢氧化钾的酒精溶液测定润滑剂、防腐剂、有机工业原料等物质中游离酸的混合物。

9.7.4.2 沉淀滴定

根据不同的沉淀反应,选用不同的指示电极。最常用的是用银电极作指示电极,甘汞电极或玻璃电极作参比电极,测定卤素离子浓度、SCN^-、S^{2-}、CN^- 等以及一些有机酸的阴离子。当滴定剂与数种待测离子生成的沉淀的溶度积差别很大时,可以进行连续滴定而不需事先进行分离。例如,用 $AgNO_3$ 作滴定剂可对 Cl^-、Br^- 和 I^- 的混合物可以进行连续滴定。

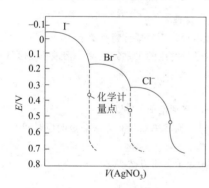

图 9.20 用 $0.1\,mol\cdot L^{-1}$ $AgNO_3$ 溶液连续滴定 Cl^-、Br^- 和 I^-
(各 $0.1\,mol\cdot L^{-1}$)
混合液的理论滴定曲线
虚线表示单独滴定 I^- 和 Br^- 的曲线

图 9.20 所示采用银电极作指示电极,用 $AgNO_3$ 溶液连续滴定氯化物、溴化物、碘化物混合液的滴定曲线。由于 AgI 的溶度积最小,I^- 的滴定突跃最先出现,然后是 Br^-,最后是 Cl^-。

9.7.4.3 氧化还原滴定

惰性铂电极被用来作氧化还原滴定的指示电极,铂电极可以快速响应许多重要的氧化还原电对并产生与电对的活度有关的电位。采用铂电极系统,可以用 $KMnO_4$ 溶液滴定 I^-、NO_2^-、Fe^{2+}、V^{4+}、Sn^{2+}、Sb^{3+} 等;用 $K_2Cr_2O_7$ 溶液滴定 Fe^{2+}、I^-、Sb^{3+}、Sn^{2+} 等。

9.7.4.4 配位滴定

金属电极和离子选择性电极均可作为配合物形成滴定的指示电极,但至今为止,应用最多的是以 J 型 Hg 电极作为指示电极用于 EDTA 滴定金属离子。如用 EDTA 滴定 Bi^{3+}、Cd^{2+} 和 Ca^{2+} 的混合物溶液,先将溶液 pH 值调至 1.2,可滴定溶液中的 Bi^{3+};在 Bi^{3+} 被完全滴定之后,再将溶液 pH 值调至 4 左右,加入 HAc-NaAc 缓冲溶液,可继续滴定 Cd^{2+} 至终点,最后将溶液调至碱性,加入 NH_3-NH_4Cl 缓冲溶液可滴定 Ca^{2+} 至终点。

以氟离子选择性电极作指示电极,可以用镧滴定氟化物,可以用氟化物滴定铝;以钙离子选择电极作指示电极,可用 EDTA 滴定 Ca^{2+} 等。

电位滴定分析与普通滴定分析相比较,具有以下特点:
① 能用于浑浊或有色溶液的滴定与缺乏合适指示剂的滴定;
② 能用于非水溶液中某些有机物的滴定;
③ 能用于测定热力学常数,诸如弱酸、弱碱的电离常数,配合物的稳定常数;
④ 能用于连续滴定和自动滴定,适用于微量分析;
⑤ 准确度较直接电位法高,测定的相对误差与普通滴定分析一样,可低至 0.2%。

思考题与习题

9.1 什么是直接电位法和电位滴定法?

9.2 离子选择性电极分为哪几类?

9.3 描述离子选择性电极的基本结构,离子选择性电极的性能参数有哪些?

9.4 讨论 pH 玻璃电极的膜电位产生机理。玻璃电极在使用前,需要在水中浸泡 24h 以上,其目的主要是什么?

9.5 普通 pH 玻璃电极的适用 pH 值范围是多少?什么是酸差、碱差?

9.6 讨论氟离子选择性电极的膜电位产生机理。氟离子选择性电极使用时要注意什么?

9.7 写出测定溶液 pH 值时所需组成的原电池及电池电动势与电极电位的关系式。测定溶液 pH 值常用什么方法定量?

9.8 讨论膜电位、电极电位和电池电动势三者之间的关系。

9.9 什么是电极的电位选择性系数 $k_{i,j}$?离子选择性电极响应斜率理论值是多少?

9.10 哪些因素影响离子选择性电极的响应时间?在实际测定时,通常采取什么方法缩短响应时间?

9.11 什么是 TISAB?测定 F^- 浓度时加入 TISAB 的作用是什么?

9.12 在直接电位法测量中,如何解决活度与浓度的关系?常用定量分析方法有哪些?

9.13 电位滴定法的基本原理是什么?如何确定滴定终点?

9.14 在下列各电位滴定中,应选择什么样的电极来组成测量电池,测量下列物质:
(1) NaOH 滴定 H_3PO_4;(2) $KMnO_4$ 滴定 NO_2^-;(3) EDTA 滴定 Ca^{2+};
(4) $AgNO_3$ 滴定 Cl^-、Br^-、I^- 的混合物。

9.15 当下述电池中的溶液是 pH=5.00 的缓冲溶液时,在 25℃,测得下列电池的电动势为 0.218V:
$$\text{玻璃电极} | H^+(a=x) \| \text{饱和甘汞电极}$$
当缓冲溶液由未知溶液代替时,测得的电池电动势为 0.06V,试计算未知溶液的 pH 值。

9.16 以 SCE 为参比电极,氟离子选择性电极为指示电极组成电池如下:
$$\text{氟离子选择性电极} | F^-(a=x) \| \text{饱和甘汞电极}$$
当氟离子溶液浓度为 $0.001 mol \cdot L^{-1}$ 时,测得 $E=-0.159V$。于同样的电池换用含氟离子试液,测得 $E=-0.212V$。计算试液中氟离子浓度。

9.17 某钠离子选择性电极,$K_{Na^+,H^+}=30$,用该电极测定 pNa=3 的 Na^+ 溶液,要求测定误差小于 3%,试液的 pH 值必须大于多少?

9.18 用钙离子选择性电极测得浓度为 $1.00 \times 10^{-4} mol \cdot L^{-1}$ 和 $1.00 \times 10^{-5} mol \cdot L^{-1}$ 的钙离子标准溶液的电动势为 0.208V 和 0.180V。在相同条件下测得试液的电动势为 0.195V,计算试液中 Ca^{2+} 的浓度。

9.19 25℃时,测量下述电池
$$\text{Mg 离子电极} | Mg^{2+}(a=1.8 \times 10^{-3} mol \cdot L^{-1}) \| \text{饱和甘汞电极}$$

的电动势为 0.411V。用含 Mg^{2+} 试液代替已知溶液,测得电动势为 0.439V,试求试液中 pMg 值。

9.20 25℃时,下述电池

$$NO_3^- \text{离子电极} | NO_3^- (a = 6.87 \times 10^{-3} \text{mol·L}^{-1}) \| \text{饱和甘汞电极}$$

的电动势为 0.367V,用含 NO_3^- 试液代替已知活度的 NO_3^- 溶液,测得电动势为 0.446V,求试液的 pNO_3^- 值。

9.21 用标准加入法测定铜离子浓度时,于 100mL 铜盐溶液中加入 1.0mL 0.1mol·L^{-1} 的 $Cu(NO_3)_2$ 溶液后,测得的电动势减少 4mV,求铜溶液的原来浓度。

9.22 应用离子选择性电极进行定量分析时,如电位的测量误差为 0.5mV,对二价离子来说分析的相对误差是多少?

9.23 用一次标准加入法测定水样中氟的含量。取水样 10.00mL,加入 TISAB 25.00mL,用蒸馏水定容至 50mL,测得电位值为 +129.7mV(vs. SCE);另取水样 10.00mL,加入 TISAB 25.00mL,再加入 0.0100mg·mL^{-1} 氟离子标准溶液 5.00mL,用蒸馏水稀释至 50mL,测得电位值为 +98.2mV(vs. SCE)。氟离子选择性电极的响应斜率 58.0mV,求水样中氟的含量。

第 9 章 拓展材料

第 10 章　电解与库仑分析法
Electrolytic Analysis and Coulometry

【学习要点】
① 理解电解分析法的基本原理。
② 学会判断电解时离子的析出次序及完全程度。
③ 掌握电重量法的原理、装置和应用。
④ 掌握库仑分析的基本原理和法拉第电解定律。
⑤ 掌握控制电位库仑分析法和恒电流库仑滴定法的基本原理及应用。

电池中有较大电流流过情况下的分析方法，包括电解分析法（electrolytic analysis）和库仑分析法（coulometry）。

电解分析法是经典的电分析化学方法，包括电重量法（electrolytic gravimetry）和电解分离法（electrolytic separation）。把待测物质纯净而完全地从溶液中电解析出，然后称取其质量的分析方法称为电重量法。电重量法只能用来测定高含量物质。将电解分析用于物质的分离，则称为电解分离法，如汞阴极分离法。汞阴极分离法虽然选择性不太好，但在一些测定技术的前处理中，较广泛地用于分离大部分的干扰物质。

库仑分析法是在电解分析法的基础上发展起来的，它是根据电解过程中消耗的电量求得待测物质的含量。库仑分析法精密度高，广泛应用于微量成分分析和标准物质的测定。

电重量法和库仑分析法的共同特点是：分析时不需要基准物质和标准溶液，是一种准确度极高的绝对分析法。

10.1　电解分析法

10.1.1　电解分析的基本原理

电解是在外电源作用下非自发进行的、物质在电极上发生氧化还原反应而引起物质分解的过程。现以电解 $CuSO_4$ 溶液为例来说明电解过程。图 10.1 是电解装置，电解液为 0.5mol·L^{-1} H_2SO_4-0.1mol·L^{-1} $CuSO_4$ 溶液。电极材质均为 Pt，为便于金属在阴极上均匀析出，阴极采用网状结构，阳极由电机带动，进行搅拌。变阻器用于调节两电极上的电压。如果将电解池的电流强度 i 对所通过的外加电压 U 作图，可得 i-U 曲线，如图 10.2 所示的 ABC 曲线。从曲线上可以看出，当外加电压很小时，有一个逐渐增加的微小电流通过电解池，这个微小电流称为残余电流，主要由电解液中微量杂质在电极上电解所致。当外加电压增大到某一数值时，电流迅速增大，并随着电压的增大，直线上升，这时电解池内发生了明显的电极反应：

阴极：　　　　　　　　$Cu^{2+} + 2e^- \rightleftharpoons Cu$
阳极：　　　　　　　　$2H_2O \rightleftharpoons O_2 + 4H^+ + 4e^-$

电解池中与外电源负极相连的一极为负极，电解时在该电极上发生还原反应，起阴极作用；与外电源正极相连的一极为正极，电解时在该电极上发生氧化反应，起阳极作用。

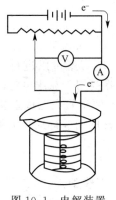

图 10.1 电解装置

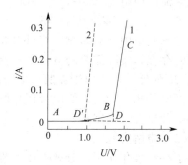

图 10.2 电解 Cu^{2+} 溶液的 i-U 曲线
1—实验曲线；2—理论曲线

10.1.1.1 分解电压和析出电位

在电解时，能够使被电解物质在两电极上产生迅速、连续的电解反应，所需的最低外加电压称为分解电压。图 10.2 中 D 点所示。上述电解过程中，电解发生后，电解产物铜和氧气分别沉积和被吸附在阴极和阳极上，形成铜电极和氧电极构成的原电池，该原电池的电动势与外加电压方向相反，它阻止电解作用的进行，被称为电解池的反电动势。只有当外加电压达到能克服此电解池的反电动势时，电解才能继续进行，i-U 曲线上的电解电流才能随外加电压的增大显著上升。各种电解质的分解电压是不同的，对于电化学可逆过程，理论上的分解电压在数值上等于电解池的反电动势。

实际上，当外加电压达到理论上的分解电压时，即图 10.2 中 D' 所示，电解并未发生。如以 i 表示电解电流，R 表示电解池的内阻，E 表示电解池的反电动势，U_d 表示理论上的分解电压，则外加电压 U 与 U_d 有如下关系：

$$U = U_d + iR = -E + iR \tag{10.1}$$

在电解分析中，往往只考虑某一电极的电位，即析出电位。析出电位是指物质在阴极上还原析出时所需最正的阴极电位，或阳极氧化析出时所需最负的阳极电位。对于可逆电极反应，某物质的析出电位就等于电极的平衡电位。

由于理论分解电压等于电解池的反电动势，而电解池的反电动势 E 可由两个电极的平衡电位求得。在上例中，铜电极为阴极，氧电极为阳极，25℃下其阴极平衡电位 φ_c 和阳极平衡电位 φ_a 分别为：

$$\varphi_c = \varphi^{\ominus}_{Cu^{2+}/Cu} + \frac{0.0592\text{V}}{2}\lg a_{Cu^{2+}}$$
$$= 0.34\text{V} + \frac{0.0592\text{V}}{2}\lg 0.1$$
$$= 0.31\text{V}$$

若铜和氧气原电池的氧气分压 p_{O_2} 为 21.278kPa，则

$$\varphi_a = \varphi^{\ominus}_{O_2/H_2O} + \frac{0.0592\text{V}}{4}\lg(a^4_{H^+} p_{O_2})$$
$$= 1.23\text{V} + \frac{0.0592\text{V}}{4}\lg\left[(2\times 0.5)^4 \times \frac{21278}{101325}\right]$$
$$= 1.22\text{V}$$

因此，电解硫酸铜溶液时，理论分解电压由下式求得：

$$U_d = -E = \varphi_a - \varphi_c \tag{10.2}$$

$$U_d = 1.22V - 0.31V = 0.91V$$

如果电解池的内阻为 0.5Ω，电解电流 i 为 $0.1A$，则

$$U = U_d + iR = -E + iR = 0.91V + 0.05V = 0.96V$$

如果不考虑其他因素的影响，当外加电压 U 稍大于 $0.96V$，电解就可以进行。然而，由于过电位的存在，实际需要的分解电压高达 $1.68V$，外加电压除要用于克服电池的反电动势及电解池 iR 降外，还要用于克服过电位。过电位的存在，使各种物质在电极上析出的顺序与标准电极电位相差较大，给电分析化学增加了复杂性，是电分析化学特别是电解分析时必须考虑的一种重要影响因素。

10.1.1.2 电解方程式

由于存在极化作用，分解电压的理论值式（10.2）应做如下修正：

$$U_d = (\varphi_a + \eta_a) - (\varphi_c + \eta_c) \tag{10.3}$$

式中，η_a 和 η_c 分别表示阳极过电位和阴极过电位。

将式（10.3）代入式（10.1）得：

$$U = (\varphi_a + \eta_a) - (\varphi_c + \eta_c) + iR \tag{10.4}$$

式（10.4）称为电解方程式，它表明实际的分解电压是理论分解电压、电池的过电压和电解池中 iR 降之和。

在上述的电解硫酸铜溶液的例子中，阳极的过电位 η_a 为 $0.72V$（参见表 8.1），铂阴极的过电位 η_c 忽略不计，根据式（10.4），计算电解时外加电压值为：

$$U = (1.22V + 0.72V) - 0.31V + 0.05V = 1.68V$$

10.1.2 电解分析方法和应用

电解分析方法有两种，一种是在电解电流保持恒定的情况下进行的电解，称为控制电流电解，也叫恒电流电解；另一种是控制工作电极的电位为一定数值或在一定范围内的电解，称为控制电位电解。

10.1.2.1 控制电流电解法

控制电流电解是在电解过程中不断地调节外加电压，使通过电解池的电流恒定在 $0.5 \sim 5A$ 范围内进行电解，其装置如图 10.3 所示。以串联的蓄电池为直流电源，电源通过可调电阻与两电极相连。电解池中使用的电极系统如图 10.4 所示。阴极为网状铂电极，网状铂电极具有较大的表面积，在允许的电流密度下可以使用较大的电解电流，以加快电解速率。另外，网状铂电极也有利于溶液的搅拌，减小浓差极化。阳极一般为螺旋状铂电极。电解时，将阳极插在阴极中间，并转动阳极起搅拌作用。

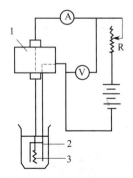

图 10.3 控制电流电解装置
1—搅拌电机；2—阴极；3—阳极

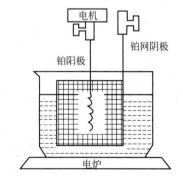

图 10.4 电极系统装置

在控制电流电解分析中，阴极电位 φ_c 与电解时间 t 的关系曲线如图 10.5 所示。由图可

知，随着电解的进行，阴极表面附近 M^{n+} 浓度不断降低，阴极电位逐渐变负。经过一段时间后，因 M^{n+} 浓度较低，使得阴极电位改变的速率变慢，φ_c-t 曲线上出现平坦部分。与此同时电解电流也不断降低，为了维持电解电流恒定，就必须增大外加电压，使阴极电位更负。这样由于静电引力作用使 M^{n+} 以足够快的速度迁移到阴极表面，并继续发生电极反应以维持电解电流恒定，M^{n+} 继续在阴极上还原析出，直到电解完全，这就是控制电流电解的原理。

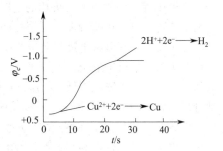

图 10.5　在 1.5A 电流下电解铜的 φ_c-t 曲线

对于控制电流电解法，一般将外加电压一次加到足够大的数值，因此电解效率高，分析速度快，但当第一种反应物的浓度减小到其量不能满足该电流下的电极反应速率时，第二种物质就要补充，参与第一种物质的电极反应，引起共放电现象。由此可见该反应的选择性不高。为了克服此缺点，一般加入络合剂，改变干扰物质的析出电位或采用"电位缓冲法"，避免共放电现象的产生，以提高选择性。

在酸性溶液中，控制电流电解法只能用于测定金属活动顺序氢后面的金属，氢前面的金属不能在此条件下析出，从而实现分离金属活动顺序氢两侧的金属元素。控制电流电解法具有较高的准确度，至今仍是纯铜、铜合金中大量铜测定的较为精密的方法之一。此外，它还可应用于镉、钴、铁、镍、铜、锡、银、锌和铅等元素的测定（表 10.1）。

表 10.1　常用控制电流电解法测定的元素

测定离子	测定形式	条　件	测定离子	测定形式	条　件
Cd^{2+}	Cd	碱性氰化物溶液	Pb^{2+}	Pb	HNO_3 溶液
Co^{2+}	Co	氨性硫酸盐溶液	Ag^+	Ag	氰化物溶液
Ni^{2+}	Ni	氨性硫酸盐溶液	Sn^{2+}	Sn	$(NH_4)_2C_2O_4$-$H_2C_2O_4$ 溶液
Cu^{2+}	Cu	$HNO_3 + H_2SO_4$ 溶液	Zn^{2+}	Zn	氨性或 NaOH 溶液
Fe^{3+}	Fe	$(NH_4)_2CO_3$ 溶液			

10.1.2.2　控制电位电解法

若溶液中含有两种以上的金属离子，要使被测离子精确析出而不发生共放电现象，电解过程中必须严格控制工作电极电位在某一预定值（此预定值应为被测离子析出之后，干扰离子析出之前的电位值），使仅有被测定的金属沉积在电极上，其他离子留在溶液中，从而达到分离和测定的目的，这种方法称为控制电位电解法。

在控制阴极电位电解过程中，要随时测定阴极电位，随时调节电压以控制阴极电位为一恒定值。图 10.6 是机械式自动控制阴极电位电解仪。甘汞电极和阴极组成的原电池与一个电位计反向串联。调节电位计的输出电压使之与设定的阴极电位（相对于甘汞电极）相等。例如，如果要把阴极电位控制在 −0.35V，则电位计的输出电压就调节到 0.35V。在电解过程中，只要阴极电位保持在 −0.35V，标准电阻 R 就没有电流通过，当阴极电位偏离所需的电位值时，就有电流通过电阻 R，R 上的电压经放大器放大后，驱动可逆电机调节 R'，控制电解池的外加电压，使阴极电位回到应该控制的数值（−0.35V），这样就实现了阴极电位的自动控制。

随着电子技术的发展，一种价廉可靠的电控制电解仪代替了机械式控制电解仪。该设备由电解池、电解电源、触发器、控制电位调节器和放大器等部分组成。电解池内装有电解液，并采用三电极系统（即工作电极、辅助电极和参比电极）。电解电源的电位大小由触发电路控制，它通过控制电位调节器，供给电解到某一程度的一个额定控制电位。当阴极电位随被测离子浓度降到上述额定电位时，加入电压降至最低值，以保证单一金属离子进行电解。放大器把阴极电位的变化信号放大后,并输送给触发电路,以控制电解电位的大小。

溶液中存在两种以上可沉积的金属离子时,进行电解就应考虑干扰和分离问题。如果两种金属离子的还原电位相差较大,可用控制阴极电位电解法使两种金属分离。例如,溶液中有 A、B 两种金属离子,其电解电流与阴极电位 (i-φ_c) 曲线如图 10.7 所示。图中 a、b 两点分别为 A、B 两种金属离子的析出电位,d、c 两点分别为 A、B 两种金属离子析出完全时电极的平衡电位(一般认为,当某离子浓度降低 10^5 倍或降到 1×10^{-6} mol·L^{-1} 时,就已定量析出这种离子,可认为达到分离和分析的要求)。可见,只要将阴极电位控制在 db 之间进行电解,就可以使 A 离子定量析出,而 B 离子仍然保留在溶液中,从而实现 A、B 离子的分离和 A 离子的测定。待 A 离子测定完毕后,再将阴极电位控制在 c 点进行电解,就可以实现 B 离子的测定。

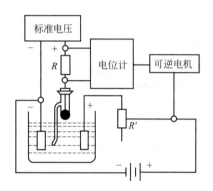

图 10.6 机械式自动控制阴极电位电解仪

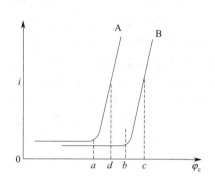

图 10.7 分离 A、B 金属离子的 i-φ_c 曲线

在控制电位电解过程中,由于被测金属离子在阴极上不断析出,所以,电流随着时间增长而不断减小,在某金属离子完全析出后,电流应降至零。但由于残留电流的存在,电流最后达到恒定的背景电流值。对于仅有一种离子在电极上还原,电流效率为 100% 时,电流和时间的关系为:

$$i_t = i_0 \times 10^{-kt} \tag{10.5}$$

浓度和时间的关系为:

$$c_t = c_0 \times 10^{-kt} \tag{10.6}$$

式中,i_t 为 t 时的瞬时电流;i_0 为初始电流;c_t 为 t 时刻的浓度;c_0 为未电解时的初始浓度;k 为常数,它与电极表面积、溶液体积、搅拌速度以及电极反应类别等因素有关。

控制电位电解法是一种选择性较高的电解方法,比控制电流电解法应用得广。例如,应用控制阴极电位电解法对铜、铋、铅、锡四种共存离子进行分离和测定就是一个很好的例子。在中性的酒石酸盐溶液中,阴极电位为 -0.2V (vs. SCE) 时,铜首先析出。经称量后,再将镀了铜的电极放回溶液,在 -0.4V 电位下电解,使铋定量析出。再将阴极电位调到 -0.6V 电解,此时铅定量析出。然后酸化溶液,使锡的酒石酸络合物分解,在 -0.65V 阴极电位下电解,锡就定量沉积下来。

控制电位电解法的一些应用见表 10.2。

表 10.2 控制电位电解法应用实例

测定元素	分离的干扰元素	测定元素	分离的干扰元素
Ag	Cu 和碱金属	Pb	Cd、Sn、Ni、Zn、Mn、Al、Fe
Cu	Ni、Bi、Sb、Pb、Sn、Zn、Cd	Cd	Zn
Bi	Cu、Pb、Zn、Sb	Rh	Ir
Sb	Pb、Sn	Ni	Zn、Al、Fe
Sn	Zn、Cd、Mn、Fe		

10.1.2.3 汞阴极电解分离法

以汞作为阴极的电解叫汞阴极电解法。但由于汞在常温下易挥发，有剧毒，不适合于干燥和称量等原因，限制了它在电解分析中的应用。但汞作为电极又有很多优点。

① 许多金属离子容易与汞形成汞齐，使其析出电位变正，有利于还原反应的进行，易于分离。

② 氢在汞阴极上过电位较大（约 0.8V），因此，在酸性溶液中，除那些很难还原的金属离子，如铝、钛、碱金属和碱土金属离子外，许多重金属离子都可以先于氢在汞阴极上还原析出。在碱性溶液中，甚至碱金属也可以在汞阴极上析出。

③ 极谱分析中也使用汞作阴极，故可参考极谱分析中所提供的数据和资料（如汞阴极上金属离子的析出电位、各种极谱特性等），选择有关金属离子电解分离的条件。

基于上述优点，以汞为阴极进行适宜的装配，即构成了一种较好的分离设备。一般常用的汞阴极电解分离装置的电源和控制系统与控制电流电解法及控制电位电解法相似，仅电解池系统不同。该电解池所选用的底液常是硫酸、磷酸、乙酸、酒石酸等，不能用硝酸，因为硝酸根离子的还原会降低反应的电流效率，且对阳极有较大的腐蚀作用。电解中搅拌使汞表面不断更新，可加速金属离子的析出。

汞阴极分离法常用于提纯分析用的试剂，也可以除去被测样品中的基体成分，以便进行微量、痕量元素的测定，也可以将试样中痕量元素从基体成分中除去。汞阴极电解分离法可采用控制电流方式，也可以采用控制阴极电位方式。采用后者对金属离子分离，用汞作阴极比用铂作为阴极的效果要好。

10.1.2.4 其他方法

随着各个学科、各种技术的迅速发展及相互渗透，在电解分析的基础上又发展起来了库仑分析方法、有机物的电解分析方法。为了适应流动状态下的电解分析，也发展起来了流动电解分析，并已从单电极体系扩展到双电极或多电极体系。有些学者已进一步将这种电解分析引入色谱分析和光谱分析领域，创出了色谱-电化学和光谱-电化学等。

10.2 库仑分析法

根据待测物质在电解过程中所消耗的电量来进行物质含量测定的方法称为库仑分析法，又称电量分析法。库仑分析法的基本条件是反应电极必须单纯，用于测定的电极反应必须具有 100% 的电流效率，而无其他副反应发生。库仑分析法的基本依据是法拉第电解定律。

10.2.1 库仑分析的基本原理和法拉第电解定律

法拉第电解定律表示电解反应时，在电极上析出物质的质量 m 与通过电解池的电量 Q 的计量关系，用数学式表示为

$$m = \frac{M}{nF}Q = \frac{M}{nF}it \tag{10.7}$$

式中，m 为电解析出物质的质量，g；M 为析出物质的摩尔质量，g·mol^{-1}；Q 为电量，以 C（库仑）为单位；n 为电极反应中的电子转移数；F 为 Faraday 常数，其值为 96485C·mol^{-1}；i 是通过电解池的电流，A；t 为电解进行的时间，s。

法拉第电解定律是自然科学中最严密的定律之一，它不受温度、压力、电解质浓度、电极材料、溶剂性质及其他因素的影响。

库仑分析法的先决条件是电流效率为 100%。电流效率是指待测物质所消耗的电量（Q_s）与通过电解池的总电量（Q_t）之比，即

$$\eta_e = \frac{Q_s}{Q_t} \times 100\% \tag{10.8}$$

实际应用中由于副反应的存在，使100%的电流效率很难实现，其主要原因如下。

(1) 溶剂的电极反应　常用的溶剂为水，其电极反应主要是H^+的还原和水的电解。利用控制工作电极电位和溶液pH值的办法能防止氢或氧在电极上析出。若用有机溶剂及其他混合溶液作电解液，为防止它们的电解，应事先取空白溶液绘制i-U曲线，以确定适宜的电压范围及电解条件。

(2) 电活性杂质在电极上的反应　试剂及溶剂中微量易还原或易氧化的杂质在电极上反应会影响电流效率。可以用纯试剂作空白加以校正消除；也可以通过预电解除去杂质，即用比所选定的阴极电位负0.3~0.4V的阴极对试剂进行预电解，直至电流降低到残余电流为止。

(3) 溶液中可溶性气体的电极反应　溶解气体只要是空气中的氧气，它会在阴极上还原为H_2O或H_2O_2。除去溶解氧的方法是在电解前通入惰性气体（如N_2）数分钟，必要时应在惰性气氛下电解。

(4) 电极自身参与反应　如电极本身在电解液中溶解，可用惰性电极或其他材料制成的电极。

(5) 电解产物的再反应　常见的是两个电极上的电解产物会相互反应，或一个电极上的反应产物又在另一个电极上反应。防止的方法是选择合适的电解液或电极；采用隔膜套将阴极或阳极隔开；将辅助电极置于另一个容器中，用盐桥相连接。

(6) 共存元素的电解　若试样中共存元素与被测离子同时在电极上反应，则应预先进行分离。

显然，使用纯度较高的试剂和溶剂，设法避免电极副反应的发生，可以保证电流效率达到或接近100%。如果电流效率低于100%，只要损失电量是可知和重现的，则可以给予校正。

10.2.2　控制电位库仑分析法

10.2.2.1　基本原理和装置

控制电位库仑分析法是将工作电极的电极电位控制在某一范围内，使主反应的电流效率接近100%，即在该条件下，只有主反应发生而无其他副反应，电解至电解电流降到背景电流时电解终止，从整个电解过程所需电量便可得到待测物质的质量。在控制电位电解的线路中，串联一个能测量通过电解池电量的库仑计，就构成了一个控制电位库仑分析装置，如图10.8所示。

电量测量的准确度是决定库仑分析准确度的重要因素之一。在要求不严格的条件下，可以根据i-t曲线计算电量。如果需精确测量电量，就只能通过库仑计或积分仪进行测量。

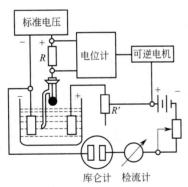

图10.8　控制电位库仑分析装置

10.2.2.2　电量的测量

(1) 化学库仑计　它是一种最基本、最简单而又最准确的库仑计。它是通过与某一标准的化学过程相比较而进行测定的。库仑计本身就是一个与样品池串联的电解池，在100%的电流效率下，根据库仑计内化学反应进行的程度即可计算出通过样品池的电量，从而得到待测物质的量。常用的化学库仑计有体积式、滴定式等。

① 气体（体积式）库仑计　它的结构如图10.9所示。它是由一个带有旋塞和两个铂电极的玻璃电解管与一支刻度管以橡皮管相连接。电解管外为一恒温水浴套，管内装有0.5mol·L^{-1} K_2SO_4溶液。使用时将库仑计与电解池串联，当电流通过刻度管中的电解质

时,在铂阳极和铂阴极上分别析出 O_2 和 H_2。两种气体都进入刻度管内,从电解前后刻度管中的液面差就可以读出氢氧混合气体的体积。在 0℃、101.325kPa 下,每库仑电量析出 0.1741mL 混合气体。如果实验中生成的气体在标准状况下为 V mL,则通过的电量为 $\dfrac{V}{0.1741}$ C。根据法拉第电解定律,样品池中待测物的质量为:

$$m = \dfrac{VM}{0.1741\text{mL}\cdot\text{C}^{-1} \times 96485\text{C}\cdot\text{mol}^{-1} \times n} = \dfrac{VM}{16798\text{mL}\cdot\text{mol}^{-1} \times n}$$

这种库仑计能测量 10C 以上的电量,准确度达 $\pm 0.1\%$,使用简便,但灵敏度差。

注意,使用这种库仑计电流密度不应低于 $50\text{mA}\cdot\text{cm}^{-2}$,否则会产生负误差。这可能是由于阳极生成 O_2 的同时,也产生少量的 H_2O_2,当电流密度较低时,它来不及进一步氧化就转移到阴极还原为水:

$$H_2O_2 + 2H^+ + 2e^- \longrightarrow 2H_2O$$

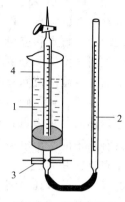

图 10.9 气体库仑计
1—玻璃电解管;2—刻度管;
3—铂电极;4—恒温水浴套

如果电流密度较大,H_2O_2 便可氧化形成 O_2。

若将 K_2SO_4 改用 $0.1\text{mol}\cdot\text{L}^{-1}$ 硫酸肼,阴极仍析出 H_2,而阳极将析出 N_2,其反应如下:

$$N_2H_5^+ \longrightarrow N_2\uparrow + 5H^+ + 4e^-$$

这就变成了所谓的氢氮库仑计,这种库仑计可在低电流密度下使用,准确度可达 $\pm 1\%$。

② 滴定式库仑计 其用标准溶液滴定库仑池中生成的某种物质,然后计算通过电解池的电量。例如用银丝作阳极,铂片作阴极,在圆形玻璃器皿中充以 $0.03\text{mol}\cdot\text{L}^{-1}$ KBr + $0.2\text{mol}\cdot\text{L}^{-1}$ K_2SO_4 进行电解,其反应如下:

$$\text{阳极}:\quad Ag + Br^- \longrightarrow AgBr + e^-$$
$$\text{阴极}:\quad 2H_2O + 2e^- \longrightarrow 2OH^- + H_2$$

生成的 OH^- 用 $0.01\text{mol}\cdot\text{L}^{-1}$ HCl 标准溶液滴定至 pH=7.0,根据消耗的 HCl 的量即可计算出生成的 OH^- 的量,从而计算出通过电解池的电量。这种库仑计装置简单,准确度也较高。测定 10C 的电量,准确度可达 $\pm 0.1\%$;测定 0.1C 的电量,准确度可达 $\pm 1\%$。

碘式库仑计也是滴定式库仑计的一种,在两个相连的玻璃器皿中各放置一根螺旋状铂丝,分别作为阳极和阴极。以 $0.5\text{mol}\cdot\text{L}^{-1}$ KI 为电解液,在电解过程中碘离子在阳极上氧化生成 I_2。电解结束后,放出阳极区的 I_2 溶液,用 $Na_2S_2O_3$ 标准溶液进行滴定,根据消耗的 $Na_2S_2O_3$ 的量可计算出生成的 I_2 的量,从而计算出通过电解池的电量。这类库仑计的准确度可达 $\pm 2\%$。

(2) 作图法 在控制电位电解过程中,根据式(10.5),电解电流随时间的增长而逐渐减小。将该式对时间积分得:

$$Q = \int_0^t i_t\,dt = \int_0^t i_0 \times 10^{-kt}\,dt = \dfrac{i_0}{2.303k}(1 - 10^{-kt}) \tag{10.9}$$

当 $kt > 3$ 时,10^{-kt} 可忽略不计,则

$$Q = \dfrac{i_0}{2.303k} \tag{10.10}$$

对式(10.5)两边取对数,得:

$$\lg i_t = \lg i_0 - kt \tag{10.11}$$

如果用 $\lg i_t$ 对 t 作图,可得一直线,该直线的斜率为 $-k$,截距为 $\lg i_0$。将 k 和 i_0 代入式(10.10),即可求出 Q 值。作图法比较麻烦,准确度也较差。

（3）电子积分仪　借助于电子技术的发展，现代仪器已经可以将适当的电子积分仪串联到电解电路中，自动积分总电量并将其直接读出。该法结果准确，应用方便。

10.2.2.3　特点和应用

控制电位库仑分析法灵敏度高，可测定至 $0.01\mu g$ 量级；选择性好；准确度高；不需要基准物。控制电位库仑分析法已用于 50 多种元素的测定和研究，这些元素包括氢、氧、卤素、银、铜、铋、砷、铁、铅、镉、镍、锂、铂以及锔、锫、稀土元素、铀和钍等。

以钚的测定为例：钚在水溶液中以 Pu^{3+}、Pu^{4+}、PuO_2^+ 和 PuO_2^{2+} 等多种离子存在，这几种离子的平衡电位很接近，难以电解分离。其中 Pu^{3+} 和 Pu^{4+} 两种离子比较稳定，其反应定量进行并可逆，但 Fe^{2+} 干扰严重。本例用铂网作工作电极，先控制工作电极电位在 $+0.25V$ (vs. SCE)，使样品中各种价态的钚离子均还原为 Pu^{3+}，然后再进行两次氧化。第一次控制电位在 $+0.57V$ (vs. SCE)，氧化 Fe^{2+}，除去 Fe^{2+} 的干扰，第二次在 $+0.68V$ (vs. SCE)，将 Pu^{3+} 氧化为 Pu^{4+}，反应定量进行。用此法测定核燃料材料中 5 mg 钚的相对标准偏差小于 0.1%，50 余种金属离子均无干扰。

控制电位库仑分析法还可用于一些有机化合物的分析，如硝基化合物、脂肪胺等。此外，控制电位库仑分析法还常用于电极过程反应机理的研究，以确定反应中电子转移数和分布反应情况。

控制电位库仑分析法的不足之处是实验仪器复杂，杂质和背景电流的影响不易消除，电解所需时间也较长。

10.2.3　库仑滴定法

10.2.3.1　基本原理和装置

库仑滴定法是建立在控制电流电解过程基础上的库仑分析法。测定时，恒定的电流 (i) 通过电解池，由工作电极上的电极反应产生的一种"滴定剂"与待测物质进行定量反应。当待测物质反应完全后，终点指示系统发出终点信号，电解立即停止。从计时器获得电解所用的时间 (t)，根据法拉第电解定律式(10.7)，即可计算出待测物质的质量 (m)。

库仑滴定法很难保证电流效率为 100%。为保证 100% 的电流效率，通常需在滴定溶液中加入大量的辅助电解质。辅助电解质优先于干扰物质在电极上发生反应，使电极反应稳定在发生干扰反应的电位以下，并且电解产生能与待测物质进行化学反应的"滴定剂"。例如，在恒电流条件下电解 Fe^{2+} 溶液。电解开始时，Fe^{2+} 在阳极反应的电流效率可能达到 100%，但是，随着电解的进行，阳极表面 Fe^{3+} 的浓度逐渐增大，Fe^{2+} 的浓度相应地减小，因此，阳极电位逐渐正移。当电极反应达到氧的析出电位时，就会在阳极上发生析氧的副反应：

$$2H_2O \longrightarrow O_2 + 4H^+ + 4e^-$$

这就使 Fe^{2+} 反应的电流效率降低，产生测定误差。所以这种方法很少使用。

如果在上述溶液中加入大量辅助电解质 $Ce_2(SO_4)_3$，那么，在阳极电位低于氧的析出电位时，Ce^{3+} 就在阳极上被氧化成 Ce^{4+}。生成的 Ce^{4+} 立即与溶液中的 Fe^{2+} 反应：

$$Fe^{2+} + Ce^{4+} \Longleftrightarrow Fe^{3+} + Ce^{3+}$$

此反应快速而且稳定。显然，达到终点时，Fe^{2+} 消耗的电量与直接在阳极上氧化所消耗的电量相同。

用上述方法不仅可以稳定电极反应，防止干扰反应的发生，保证 100% 的电流效率，而且由于大量电解质的存在，还可以使控制电流库仑滴定在电流密度较高的情况下进行，大大缩短了分析时间。

库仑滴定装置如图 10.10 所示，主要由电解系统和终点指示系统两部分组成。电解系统是由电解池、计时器和恒电流电源组成。指示系统可采用化学指示剂法或电化学的方法。

10.2.3.2 指示滴定终点的方法

库仑滴定终点的指示方法有许多，如化学指示剂法、电流法、电位法、电导法、分光光度法等。下面介绍常用的几种方法。

(1) **化学指示剂法** 普通容量分析法所用的化学指示剂如甲基橙、酚酞、百里酚蓝等，都可用于库仑滴定中。如用库仑滴定法测定肼（NH_2-NH_2）含量时，用 KBr 作为辅助电解质，用甲基橙作指示剂。电解时的电极反应为：

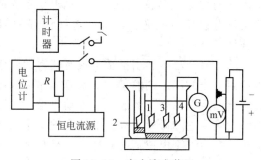

图 10.10 库仑滴定装置
1—工作电极；2—辅助电极；3,4—指示电极

$$\text{阴极：} \quad 2H^+ + 2e^- \longrightarrow H_2$$
$$\text{阳极：} \quad 2Br^- \longrightarrow Br_2 + 2e^-$$

电极上产生的 Br_2 与溶液中的肼起反应：$NH_2-NH_2 + 2Br_2 \Longrightarrow N_2 + 4HBr$

当溶液中的肼反应完全后，过量的 Br_2 就使甲基橙褪色，指示滴定终点的到达。由于化学指示剂的变色范围较宽，对 10^{-3} 数量级以下的物质测定误差较大，因此化学指示剂法仅适用于常量物质的库仑滴定。选择指示剂时应注意所用指示剂不仅不起电极反应，而且与电极上产生的滴定剂（称电生滴定剂）发生的反应必须在待测物质与电生滴定剂完全反应后发生。

(2) **电流法** 在两个指示电极间加上一个小的恒电压，在终点前后，由于试液存在一对可逆电对或原来的一对可逆电对消失，此时指示电极的电流迅速发生变化或变化立即停止，则表示到达终点。例如，在 0.1mol·L^{-1} $H_2SO_4 + 0.2\text{mol·L}^{-1}$ KBr 介质中，以电解产生的滴定剂 Br_2 滴定 AsO_3^{3-} 时，工作电极（Pt 电极）上的反应为

$$\text{阴极：} \quad 2H^+ + 2e^- \longrightarrow H_2$$
$$\text{阳极：} \quad 2Br^- \longrightarrow Br_2 + 2e^-$$

电解生成的 Br_2 与溶液中的 AsO_3^{3-} 立即反应：

$$AsO_3^{3-} + Br_2 + H_2O \Longrightarrow AsO_4^{3-} + 2Br^- + 2H^+$$

化学计量点前，溶液中只有 Br^- 而不存在 Br_2，即只有可逆电对的一种状态，此时指示电极（Pt 电极）上只有很小的残留电流通过。如果使铂指示电极上有电流通过，必须发生下述反应：$2Br^- \longrightarrow Br_2 + 2e^-$，而发生此反应的外加电压至少要 0.89V。现指示电极上所加电压很小（0.2V），故上述反应不能发生。化学计量点后，溶液中有剩余的 Br_2，便产生一对可逆电对 $2Br^-/Br_2$。此时，指示电极上所加电压即使很小，Br_2 和 Br^- 在指示电极上仍然能发生下述反应而产生很大的电流：

$$\text{指示阴极：} \quad Br_2 + 2e^- \longrightarrow 2Br^-$$
$$\text{指示阳极：} \quad 2Br^- \longrightarrow Br_2 + 2e^-$$

根据指示电极上电流的突跃即可判断滴定终点的到达，这种方法也常称为永停终点法。

(3) **电位法** 电位法指示终点的原理与普通电位滴定法相似，在滴定过程中每隔一定时间停止电解，记录指示电极的电极电位。以电位值为纵坐标，电解时间为横坐标作图，由该图确定到达终点所需的时间，从而计算出待测物质的含量。如果电位突跃不明显或由于其他原因造成终点难以判断，可用一阶或二阶微商技术加以处理。

10.2.3.3 动态库仑法

动态库仑法也称为微库仑法，是近年来发展起来的库仑分析新方法之一。它既不同

于传统的控制电位库仑法,也不同于传统的库仑滴定法,而是一种动态库仑分析技术。该法具有快速、准确、灵敏、选择性好和能自动指示终点等优点,目前已广泛应用于各个领域。

动态库仑法是利用指示电极所获得的电信号经放大后,去控制工作电极的电解电流,借以控制生成的滴定剂的量。如果有样品进入电解池,就要消耗一定量的滴定剂,这时指示电极便会产生电信号,经放大后推动电极产生适量的滴定剂,以补充消耗的滴定剂。仪器是由微库仑滴定池和微库仑放大器组成的一个循环自动控制系统。由参比电极和指示电极组成电极对,产生一个电位信号。这一信号与外加偏压反向串联后输入微库仑放大器。当指示电极的电位信号与外加偏压信号相等时,放大器的输入信号为零。这时在工作电极间没有电流通过,仪器处于平衡状态。当有任何能与滴定剂发生反应的物质进入电解池时,滴定剂将被消耗掉而使滴定剂浓度降低,这时指示电极的电位也会发生变化,结果使指示电极的输出信号与偏压信号失去平衡,放大器有了输入信号。该信号经放大后,加到工作电极上,这时就会有电流在微库仑池中通过,并有适量的滴定剂产生。这一过程连续进行,直至滴定剂浓度恢复到原始浓度为止。这时指示电极的电位也恢复到与偏压信号大小相等的状态,仪器又回到了原来的平衡状态。微库仑法实际上是利用偏压的大小来调节平衡所需的指示电极对的电位,以确定滴定的终点。由此可见,该法属于变电流库仑滴定法,其电量可由仪器记录、显示。

10.2.3.4 库仑滴定的特点和应用

库仑滴定法具有以下几个特点。

① 不需要基准物质。它的原始标准是电流源和计时器,目前两者的准确度都很高,因此库仑滴定法的准确度很高。

② 库仑滴定法的应用范围广。该法不存在滴定剂的配制、标定、储存及其是否稳定等问题。即使是不稳定的物质如 Mn^{3+}、Br_2、Cl_2、Cu^{2+} 等,也可以作为滴定剂使用。

③ 库仑滴定法既能测定常量物质,又能测定痕量物质。常量分析可以鉴定物质的纯度,痕量物质测定中当待测物质少至 10^{-9} 数量级时仍可准确地测定。

④ 库仑滴定法的灵敏度高而且取样量少,分析成本低,易于实现自动化。

库仑滴定法的应用广泛,适用于普通容量分析的各类滴定法,如酸碱滴定、氧化还原滴定、络合滴定以及沉淀滴定。在钢铁快速分析(C、S、N 的测定)及环境监测的某些项目(如大气中 SO_2、O_3、氮的氧化物、COD 等)中,它都能进行准确的测定。在各种物质的纯度测定及痕量物质的分析中也有较高的准确度。除此之外,它还能作为检测器与色谱结合在一起,其灵敏度、准确度及选择性都很好。

思考题与习题

10.1 什么是分解电压?为什么实际分解电压的数值比按电解产物所形成的原电池的反电动势要大?

10.2 控制电流电解分析和控制电位电解分析各有何优缺点?

10.3 库仑分析与电解分析在原理、装置上有何异同点?

10.4 库仑分析的基本依据是什么?为什么在库仑分析法中要保证电流效率为 100%?如何保证电流效率 100%?

10.5 某溶液含有 2mol·L^{-1} Cu^{2+} 和 0.01mol·L^{-1} Ag^+,若以 Pt 为电极进行电解。(1) 在阴极上首先析出的是铜还是银?(2) 能否使两种金属离子完全分离?若可以完全分离,阴极电位控制在多少?铜和银在 Pt 电极上的过电位可忽略不计。($\varphi^{\ominus}_{Cu^{2+}/Cu}=0.337\text{V}$,$\varphi^{\ominus}_{Ag^+/Ag}=0.799\text{V}$)

10.6 用两只 Pt 电极组成一电解池,电解池的内阻为 0.50Ω,Pt 电极的面积均为 150cm^2。将两只 Pt

电极分别插入 200.00mL 0.500mol·L^{-1} H$_2$SO$_4$ 和 0.100mol·L^{-1} CuSO$_4$ 溶液中进行电解，如果通入的电解电流为 1.00A，计算开始沉积 Cu^{2+} 时需要的外加电压是多少？

($\varphi^{\ominus}_{Cu^{2+}/Cu}$=0.337V，$\varphi^{\ominus}_{O_2/H_2O}$=1.23V，$\eta_{O_2}$=0.85V 铜在 Pt 电极上的过电位忽略不计)

10.7 用镀铜的铂网电极作阴极，电解 $1.000×10^{-2}$mol·L^{-1} Zn^{2+} 溶液，试计算金属锌析出的最低 pH 值。

($\varphi^{\ominus}_{Zn^{2+}/Zn}$=-0.763V，$\eta_{H_2(Cu)}$=-0.40V)

10.8 用控制阴极电位法电解某物质，初始电流为 2.50A，电解 10min 以后，电流降至 0.23A，计算该物质浓度降至原浓度 0.01% 时所需的时间？

10.9 用铂电极电解 CuCl$_2$ 试液，通过的电流为 20A，电解时间为 15min，计算阴极上析出的铜和阳极上析出的氯气各为多少克？

10.10 用库仑滴定法测定某有机酸的摩尔质量。称取 0.0450g 该有机酸试样溶于乙醇和水的混合溶剂中，以电解产生的 OH$^-$ 进行滴定，用酚酞作指示剂，通过 0.0480A 的恒定电流，经 7.20min 到达滴定终点，求该有机酸的摩尔质量（已知电子转移数为 1）。

第 10 章 拓展材料

第 11 章 伏安与极谱分析法
Voltammetry and Polarography

【学习要点】
① 理解极谱波的形成原理和极谱过程的特殊性。
② 理解极谱法的干扰电流及其消除方法。
③ 掌握极谱定量和定性依据，循环伏安法的原理和应用。
④ 理解单扫描极谱法、脉冲极谱法、溶出伏安法、极谱催化波等现代极谱新技术的原理、特点和应用。

伏安与极谱分析法是根据测量特殊形式的电解过程中电流-电压（电极电位）曲线来进行分析的方法。根据工作电极的不同，分为两类：一类是用液态电极（如滴汞电极）作工作电极，其电极表面做周期性的连续更新，称为极谱法（polarography）；另一类是用固定或固态电极（如悬汞电极、汞膜电极、玻碳电极、金电极、铂电极等）作工作电极，称为伏安法（voltammetry）。广义的伏安法包含极谱法，极谱法是伏安法的特例。

自 1922 年 J. Heyrovsky 开创极谱学以来，极谱分析在理论和实际应用上发展迅速，同时促进了各种伏安法的出现和发展。继直流极谱法后，相继出现了单扫描极谱法、脉冲极谱法、卷积伏安法等各种快速、灵敏的现代极谱分析方法，使极谱分析成为电分析化学的重要组成部分。极谱分析法不仅可用于痕量物质的测定，而且还可用于研究化学反应机理及动力学过程，测定络合物组成及化学平衡常数等。

极谱分析法分为控制电位极谱法（如直流极谱法、单扫描极谱法、脉冲极谱法和溶出伏安法等）和控制电流极谱法（如交流示波极谱法和计时电位法等）两大类。本章在重点讨论经典极谱的基础上，适当介绍一些常用的现代极谱新技术。

11.1 极谱分析法的基本原理

11.1.1 极谱法的装置

直流极谱法也称恒电位极谱法，其装置如图 11.1 所示。它包括外加电压装置、测量电流装置和极谱电解池三部分。滴汞电极的上部为贮汞瓶，下接一塑料管，塑料管的下端接一毛细管，汞自毛细管中一滴一滴地有规则地滴落。电解池由滴汞电极和饱和甘汞电极组成，通常滴汞电极为负极，饱和甘汞电极为正极。电解时利用电位器接触片的变动来改变加在电解池两极上的外加电压，用灵敏度很高的检流计记录流经电解池的电流。将待测试液加入电解池中，在试液中加入大量的 KCl 等惰性电解质。通入 N_2 或 H_2，以除去溶解于溶液中的氧，然后使汞滴以每滴 3～5s 的速度滴下，记下各个不同电压下相应的电流值，以电压为横

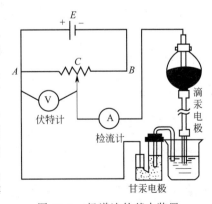

图 11.1 极谱法的基本装置

坐标，电流为纵坐标绘图，即得电流-电压曲线（i-E 曲线，极谱波）。

11.1.2 极谱波的形成

以测定 5.0×10^{-4} mol·L^{-1} Pb^{2+} 为例来说明极谱波的形成过程。

(1) 残余电流部分（见图 11.2 中 AB 段） 外加电压未达到 Pb^{2+} 分解电压时，滴汞电极的电位较 Pb^{2+} 的析出电位正，电极上没有 Pb^{2+} 被还原，此时，随外加电压的增加，只有一微小电流通过电解池，该电流称为残余电流（i_r）。

(2) 电流上升部分（见图 11.2 中 BD 段） 当外加电压继续增加，使滴汞电极的电位达到 Pb^{2+} 的析出电位时，Pb^{2+} 开始在滴汞电极上还原析出金属铅，并生成铅汞齐，电极反应式如下：

阴极： Pb^{2+} + 2e$^-$ + Hg $\rightleftharpoons$ Pb(Hg)

此时有电流通过电解池，滴汞电极的电位（φ_{de}）符合 Nernst 方程：

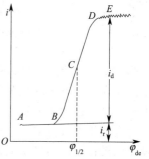

图 11.2 铅的极谱图

$$\varphi_{de} = \varphi^{\ominus} + \frac{0.0592 \text{V}}{2} \lg \frac{[\text{Pb}^{2+}]_0}{[\text{Pb(Hg)}]_0} \quad (11.1)$$

式中，[Pb^{2+}]$_0$ 及 [Pb(Hg)]$_0$ 分别为铅离子和铅汞齐在滴汞电极表面的浓度；$\varphi^{\ominus}$ 为铅汞齐电极的标准电极电位。

继续增加外加电压，使滴汞电极的电位较 Pb^{2+} 的析出电位更负，滴汞电极表面的 Pb^{2+} 迅速还原，电流急剧增加，即图 11.2 中的 BD 段。由于 Pb^{2+} 在电极上的还原，滴汞电极表面的 Pb^{2+} 浓度低于溶液主体的 Pb^{2+} 浓度，产生所谓"浓差极化"，于是 Pb^{2+} 就要从主体溶液向电极表面扩散，扩散到电极表面的 Pb^{2+} 立即在电极表面还原，产生持续不断的电流，这种电流的大小由 Pb^{2+} 扩散到电极表面的扩散速度决定，所以称为扩散电流（i）。由于 Pb^{2+} 在电极上的还原，在电极表面附近存在离子浓度变化的液层，该液层称为扩散层（图 11.3），其厚度约为 0.05 mm。在扩散层内随着离开汞滴表面距离的增加，Pb^{2+} 浓度从小到大，扩散层外的 Pb^{2+} 浓度等于主体溶液中 Pb^{2+} 的浓度。由于电极反应的速率远比扩散速率快，因此扩散电流的大小与扩散层中的浓度梯度成正比，即：

$$i \propto \frac{[\text{Pb}^{2+}] - [\text{Pb}^{2+}]_0}{\delta}$$

或

$$i = K([\text{Pb}^{2+}] - [\text{Pb}^{2+}]_0) \quad (11.2)$$

式中，K 为比例常数。

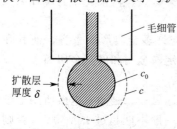

图 11.3 滴汞电极周围的浓差极化
c_0—滴汞表面的 Pb^{2+} 浓度；
c—溶液中 Pb^{2+} 浓度

(3) 极限扩散电流部分（见图 11.2 中 DE 段） 外加电压继续增加，当滴汞电极电位负到一定数值后，滴汞电极表面的 Pb^{2+} 迅速还原，[Pb^{2+}]$_0$ 趋近于零，由式(11.2)可知，此时电流达极限值，该电流称为极限电流 i_l，如图 11.2 曲线中台阶的平坦部分。极限电流扣除残余电流后为极限扩散电流（i_d）：

$$i = i_l - i_r = i_d = K[\text{Pb}^{2+}] \quad (11.3)$$

该极限扩散电流 i_d 与待测物质的浓度成正比，这是极谱定量分析的基础。

在极谱波上除可以测得极限扩散电流 i_d 外，同时还可测得另一个重要参数——半波电位（$\varphi_{1/2}$）。半波电位是指扩散电流为极限扩散电流值一半时的滴汞电极的电位。当溶液的组分和温度一定时，各种物质的 $\varphi_{1/2}$ 为定值，它与待测物质浓度无关，可作为定性分析的依据。

11.1.3 极谱过程的特殊性

极谱过程是一特殊的电解过程，其特殊性主要表现如下。

11.1.3.1 电极的特殊性

在极谱分析中，外加电压与两个电极的电位有如下关系：

$$U_{外} = \varphi_a - \varphi_{de} + iR \tag{11.4}$$

式中，φ_a 代表大面积的饱和甘汞电极的电位（阳极）；φ_{de} 代表小面积的滴汞电极的电位（阴极）；i 为电解电流；R 为回路中的电阻；$U_{外}$ 为外加电压。在极谱分析中，因为电流很小，所以 iR 项可以忽略不计，以饱和甘汞电极为参比电极，其电位可视为常数，则滴汞电极相对于饱和甘汞电极的电位为：

$$\varphi_{de}(\text{vs. SCE}) = -U_{外}$$

由此可见，作为工作电极的滴汞电极的电位完全随外加电压的改变而改变，它就成为极化电极。作为参比电极的饱和甘汞电极由于其面积大、电流密度小，电极表面的氯离子活度又很大，所以单位面积上氯离子活度的变化就可以忽略，从而使饱和甘汞电极的电位基本不变，成为去极化电极。因此，在极谱分析中，使用一大一小的电极，大的为饱和甘汞电极，属去极化电极；小的为滴汞电极，属极化电极。而在电位分析中，两个电极都是去极化电极。

11.1.3.2 电解条件的特殊性

极谱分析中待测物质的浓度一般较小，因为浓度过高，例如大于 $0.1 \text{mol} \cdot \text{L}^{-1}$ 时，就会因为电流过大，而使汞滴无法正常滴落。另外，离子到达电极表面除扩散外，还有迁移和对流，后两者引起的电流与待测物质的浓度没有定量关系，所以应该严格除去。消除迁移电流的方法是在被测试液中加入大量支持电解质，消除对流电流的方法是保持溶液静止。因此，电解条件的特殊性表现在待测物质浓度低，电解过程中溶液要静止，并且要加入大量支持电解质。

11.1.4 滴汞电极

极谱分析可以使用固体微电极作为极化电极，但一般情况下使用滴汞电极，因为它具有以下特点。

① 由于汞滴不断下落，电极表面不断更新。可以减少或避免杂质的吸附污染，而且前一次电极反应产物不影响下一次金属的析出，具有极好的重现性。

② 氢在汞电极上的过电位比较高，滴汞电极电位负到 1.20V（vs. SCE）还不会有氢气析出，所以可在酸性溶液中测定很多物质。

③ 汞是液态金属，不仅具有均匀的表面性质，而且还能与许多金属形成汞齐，使其在滴汞电极上的析出电位变正，因而在碱性溶液中，极谱法可测定碱金属和碱土金属离子。

④ 在合适的条件下可以一份试液中同时测定几种元素。

滴汞电极也有许多缺点：一是汞蒸气有毒，实验室要注意通风；二是滴汞电极所用毛细管易堵塞，制备也较麻烦；三是当用滴汞电极作阳极时，电位一般不能超过 $+0.40\text{V}$，否则汞将被氧化。因而寻找一种能具有滴汞电极的优点而又能克服其缺点的合适电极，仍有待极谱工作者继续探索。

11.1.5 极谱波类型

在普通极谱中，根据不同的电活性物质（能发生电化学反应的物质）在电极表面电化学过程的不同，极谱波可以分为可逆波（电解过程完全受扩散控制）、不可逆波（兼受电子传递及扩散控制）、动力波（受偶联的化学反应速率控制）和吸附波（受吸附过程控制）四类。极谱波类型也可以根据电极反应是氧化过程还是还原过程分为氧化波或还原波。

对于可逆电极反应，其反应速率很快，不表现出明显的过电位，在任一电位下电极表面均能迅速达到电化学平衡，电极电位完全符合 Nernst 方程。这时，电极反应速率大于电活性物质向电极表面的扩散速率，极谱波上任何一点的电流都是受扩散速率控制的，电流随着电压增大很快达到极限扩散电流，这样的极谱波叫可逆波。

对于不可逆电极反应，由于电化学极化，产生明显的过电位，要使电活性物质在电极上反应，就需要增加额外的电压以克服过电位，电极反应速率比电活性物质向电极表面扩散速率慢，极谱波上的电流受电极反应速率控制，电流随电压的增大缓慢升高。只有当电极电位足够负时，过电位完全被克服，电极反应才变得很快，电流才完全为扩散所控制并达到极限扩散电流，这样的极谱波称为不可逆波。

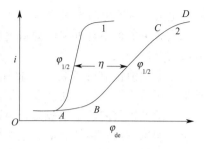

图 11.4　可逆波和不可逆波
1—可逆波；2—不可逆波

如图 11.4 所示，可逆波与不可逆波的半波电位之差，等于不可逆电极过程所需的过电位 η，不可逆波延伸很长，不便测量，而且易受其他极谱波的干扰。但其极限扩散电流同样与电活性物质的浓度成正比。波的波形较倾斜，这是因为对于不可逆体系，需要有较大的过电位才能使电化学反应速率加快，当电位足够负时，也能形成完全浓差极化，形成极限扩散电流。值得注意的是，在实际情况下，不可逆波与可逆波并无截然的界限，在一定的条件下，二者可以互相转化，可以选择合适的底液，使其可逆性增加，甚至使其转化为可逆波。

11.2　极谱法的干扰电流及消除方法

在极谱分析中，除前面讨论的扩散电流外，还有其他原因所引起的电流，这些电流与待测物质的浓度无关或不成比例，它们的存在将干扰测定，因此，实验时必须选择合适的方法消除这些干扰。

11.2.1　残余电流

在进行极谱分析时，外加电压虽未达到待测物质的分解电压，但仍有微小的电流通过电解池，这种电流称为残余电流。

残余电流的产生有两个原因，一是由于电解电流由溶液中存在的微量易在滴汞电极上还原的杂质所致。例如溶解在溶液中的微量氧、普通蒸馏水及试剂中的微量金属离子等。因此在分析微量组分的含量时，必须十分注意所用试剂、水的纯度，以避免过高的空白值。另一个是由于电容电流（或称充电电流），它是残余电流的主要部分。

应用图 11.5 的装置电解已除氧的 $0.1\text{mol}\cdot\text{L}^{-1}$ KCl 溶液，由此得到如图 11.6 的电容电流曲线。由图 11.6 可见，由 a 到 b 是残余电流，当溶液中没有可以在电极上起反应的杂质时，

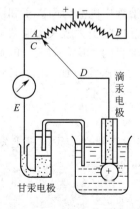

图 11.5　电容电流的产生

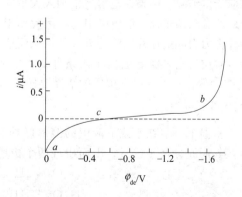

图 11.6　$0.1\text{mol}\cdot\text{L}^{-1}$ KCl 溶液的电容电流曲线

残余电流全部是电容电流。b 以上是 K^+ 的还原电流。

当滴汞电极不与外加电源或电极相连接时，滴汞电极是不带电荷的，这时汞滴的电位和溶液的电位一致。

当电解池接上极谱装置，而外加电压的装置的接触点 C 和 A 点接触时（见图11.5），外加电压虽为零，但却使滴汞电极与甘汞电极短路。由于甘汞电极具有较正的电极电位，此时，甘汞电极就向滴汞电极充正电而使汞滴表面带正电荷，并从溶液中吸引负离子而形成双电层。如果汞滴不继续滴落，这个充电过程在一瞬间即告完成，即当双电层上充电而使其具有甘汞电极的电位时，甘汞电极上的正电荷便停止流入，因此这个电流只是瞬时的。但是在滴汞电极上，由于汞滴面积是不断改变的，所以必须继续不断地向滴汞电极充电，方能使其电荷密度保持一定的数值，并使其电极电位具有甘汞电极的电位，这样，便形成了连续不断的电容电流。此电流的方向与通常的还原电流的方向相反。

当外加电压逐渐增大时（即加电压装置的接触点 C 由 A 向 B 端移动时），由于滴汞电极与外电源的负极相连，汞滴从外电源取得负的电荷，抵消了一部分正电荷，所以汞滴的正电荷逐渐减小，因而电容电流逐渐减小。当电压达到图11.6上的 c 点时，汞滴上的正电荷完全消失，汞滴不带电荷（这一点称为零电荷点），电容电流就消失。当外加电压继续增大时，汞滴上带负电荷，电容电流又产生了，不过这时电容电流的方向与上述在零电荷点前所产生的相反。以后，外加电压愈大，电容电流也相应地增加。

由上述所见，所谓电容电流是由于汞滴表面与溶液间形成的双电层，再与参比电极连接，随着汞滴表面的周期性变化而发生的充电现象所引起的。通常电容电流可达 10^{-7} A 量级，与浓度为 10^{-5} mol·L^{-1} 的待测物质产生的扩散电流相当，因此，在测定小于 10^{-5} mol·L^{-1} 的物质时，电容电流的影响很大，因此限制了普通极谱法的灵敏度。现代一些新的极谱方法排除了电容电流的干扰，灵敏度大大提高。极谱分析法中，对残余电流一般采取作图法扣除。

11.2.2 迁移电流

在极谱分析中，要使电流完全受扩散速率所控制，必须消除溶液中待测离子的对流和迁移运动。在滴汞电极上，只要使溶液保持静止，一般不会有对流作用发生。迁移运动来源于电解池的正极和负极对待测离子的静电吸引或排斥力，例如用极谱法测定 Cd^{2+} 时，由于浓差极化，溶液中的 Cd^{2+} 受扩散力的作用向电极表面移动，产生扩散电流。另一方面，由于存在电场的库仑引力，作为负极的滴汞电极对阳离子具有静电吸引作用，由于这种吸引力，使得在一定时间内，有更多的 Cd^{2+} 趋向滴汞电极表面而被还原，因而观察到的电流比只有扩散电流时为高。这种由于静电吸引力而产生的电流称为迁移电流，它与被分析物质的浓度之间并无定量关系，故应予以消除。如果在电解池中加入大量的电解质，它们在溶液中电离为阳离子和阴离子，负极对所有阳离子都有静电吸引力，因此作用于被分析离子的静电吸引力就大大地减弱了，以致由静电力引起的迁移电流趋近于零，从而达到消除迁移电流的目的。这种加入的电解质称为支持电解质，它是能导电但在该条件下不能起电解反应的惰性电解质，如 KCl、KNO_3、HCl、H_2SO_4 等。一般支持电解质的浓度要比待测物质的浓度大 50~100 倍。

11.2.3 氧波

室温下，氧在水或溶液中的溶解度约为 8mg·L^{-1}。溶解氧能在滴汞电极上发生电极反应，其还原分两步进行，因而出现两个极谱波，电极反应如下：

$$O_2 + 2H^+ + 2e^- \rightleftharpoons H_2O_2$$
$$H_2O_2 + 2H^+ + 2e^- \rightleftharpoons 2H_2O$$

第一个波的半波电位约为 $-0.2V$，第二个波的半波电位为 $-0.8V$，如图11.7所示。两个还原波所覆盖的电位范围正是大多数金属离子还原的电位范围,因此干扰许多元素的测定,应预先除去。除去溶液中 O_2 的方法如下:

① 在强酸性介质中,加入 Na_2CO_3 使生成 CO_2,或加入还原铁粉与酸作用生成 H_2,可驱除溶液中的氧。

② 在碱性或中性溶液中加入少量 Na_2SO_3 来还原氧,发生以下反应:

$$2SO_3^{2-} + O_2 \rightleftharpoons 2SO_4^{2-}$$

③ 无论是酸性还是碱性溶液,都可用通 N_2 除 O_2,这是最常用的除氧方法。

11.2.4 极谱极大

在极谱分析中,常常会出现一种特殊现象,即在电解开始后,电流随电压的增加而迅速增大到一个很大的数值,然后下降到扩散电流区域,电流恢复正常,这种现象称为极谱极大(见图 11.8)。

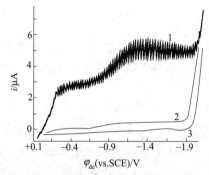

图 11.7 $0.1mol·L^{-1}$ KCl 溶液的极谱图
1—用空气饱和的,出现氧的双波;
2—部分除氧;3—完全除氧

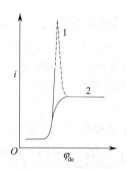

图 11.8 极谱极大
1—不加明胶;2—加明胶

极大的产生是由于滴汞电极毛细管末端时,汞滴上部有屏蔽作用而使被测离子不易接近,汞滴下部被测离子则可无阻碍地接近,因而在离子还原时,汞滴下部的电流密度将较上部为大,这种电荷分布的不均匀会导致汞滴表面张力的不均匀,表面张力小的部分要向表面张力大的部分运动,这种切向运动会搅动汞滴附近的溶液,加速被测离子的扩散和还原而形成极大电流,当电流上升至极大值后,可还原的离子在电极表面浓度趋近于零,达到完全浓差极化,电流就立即下降到极限电流区域。

由于极大的发生,将影响半波电位及扩散电流的正确测量,因此必须设法除去。消除极大,可在溶液中加入少量极大抑制剂。常用的有动物胶、聚乙烯醇、羧甲基纤维素等表面活性剂。应该注意,加入极大抑制剂的量不能太大,否则将影响扩散电流。极大抑制剂的用量一般在 $0.002\%\sim0.01\%$ 范围内较合适。

11.2.5 叠波、前波和氢波

(1) 叠波 如果两种物质极谱波的半波电位相差太小(小于 0.2V),这两个极谱波就会产生重叠,称为叠波。一般采用下列方法消除叠波:

① 使用合适的配位剂,改变两种物质的半波电位,使其分开;

② 采用化学分离方法分离干扰物质,或改变价态使其不再干扰。

(2) 前波 如果待测物半波电位较负,而试液中又有大量半波电位较正、易还原的物质,由于共存物质先于待测物在滴汞电极上还原,产生一个较大的极谱波,称为前波。前波的存在可能使得半波电位较负物质的极谱波被掩盖而无法测定。其干扰一般采用化学方法加以消除,例如在酸性底液中测定镉和铅,若溶液存在大量的铜离子,由于铜离子先在电极上还原,将使镉、铅的测定受到干扰。

(3) 氢波　酸性溶液中,氢离子在-1.2~-1.4V(与酸度有关)电位范围内在滴汞电极上还原产生氢波,产生很大的还原电流。所以半波电位较负的离子,如 Co^{2+}、Ni^{2+}、Zn^{2+} 等的极谱波位于一个很大的氢波之后,无法测得,因而它们就不能在酸性溶液中测定,而一般应在碱性溶液中进行极谱测定。

在上述各种干扰电流中,除了残余电流可用作图法扣除外,其他干扰电流都要在实验中加入适当的试剂后分别予以消除。另外,为了改善波形、控制试液的酸度,还需加入其他一些辅助试剂。这种加入各种适当试剂后的溶液,称为极谱分析的底液。

11.3　极谱定量定性方法

11.3.1　扩散电流方程式

极谱分析是根据极谱波的极限扩散电流来进行定量分析的。1934 年,前捷克极谱工作者尤考维奇(Ilkovic D)从理论上推导出在滴汞电极上的瞬时扩散电流的近似公式(方程式的详细推导可参照有关文献):

$$i_\tau = 708nD^{1/2}q_m^{2/3}\tau^{1/6}c \tag{11.5}$$

式中,n 为电极反应中的电子转移数;D 为被测组分的扩散系数,$cm^2 \cdot s^{-1}$;q_m 为汞滴流速,$mg \cdot s^{-1}$;τ 为滴汞时间,s;c 为待测物质浓度,$mmol \cdot L^{-1}$;i_τ 为任一瞬间的电流,μA。

因为滴汞是周期性生长和滴落的,当 $\tau=0$ 时,$i_\tau=0$;在滴汞临将滴落前,即当 $\tau=t$ 时(t 为汞滴从开始生成到滴下所需的时间,称为滴汞时间),i_τ 达到最大值,用 $i_{d(max)}$ 表示。

$$i_{d(max)} = 708nD^{1/2}q_m^{2/3}t^{1/6}c$$

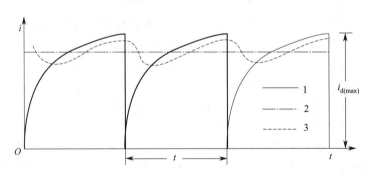

图 11.9　扩散电流随时间的变化

1—真正的电流-时间曲线;2—平均扩散电流;3—记录仪上得到的振荡曲线

当汞滴滴下后,电流立即降为零。随着汞滴的成长,电流逐渐上升到最大值,如此反复进行。在经典极谱分析中使用长周期(3~6s)的检流计指示电流信号,记录的电流是在平均电流附近的小的振荡信号,如图 11.9 所示。因此,得到的平均扩散电流 $\bar{i}_d$ 为

$$\bar{i}_d = \frac{1}{t}\int_0^t i_\tau d\tau = \frac{6}{7}i_{d(max)}$$

25℃时

$$\bar{i}_d = 607nD^{1/2}q_m^{2/3}t^{1/6}c \tag{11.6}$$

式(11.6)就是著名的尤考维奇方程式。由该式可见,在一定的实验条件下,平均极限扩散电流与待测物质的浓度成正比:

$$\bar{i}_d = Kc$$

这是极谱定量分析的基本关系式。

11.3.2 影响扩散电流的因素

11.3.2.1 毛细管特性

由尤考维奇方程式可知，$\bar{i}_d$ 与 $q_m^{2/3} t^{1/6}$ 成正比，方程中的 q_m、t 取决于毛细管的直径、长度和汞柱压力，它们均为毛细管特性，所以 $q_m^{2/3} t^{1/6}$ 称为毛细管特性常数。

汞滴流速与汞柱压力 p 成正比，而汞柱压力又与汞柱高度 h 成正比，滴汞时间与 h 成反比，即有：$q_m = K_1 h$，$t = K_2/h$。则毛细管特性常数 $q_m^{2/3} t^{1/6} = Kh^{1/2}$，即与 $h^{1/2}$ 成正比。

因此，在待测物浓度和其他条件一定时，极限扩散电流与汞柱高度的平方根成正比。在实际操作中，应保持汞柱高度不变，同时，由于毛细管的内径难以测定，要用同一支毛细管并在同一高度下测定标液和样品的极谱，以减少测量误差。此外，极限扩散电流与汞柱高度的平方根成正比的关系是受扩散控制的极谱电流的一个特征，实验中常用于检验电极过程是否受扩散控制。

11.3.2.2 溶液组成的影响

从尤考维奇方程式可知，扩散电流与被测离子在溶液中的扩散系数的平方根成正比，而扩散系数与溶液的黏度有关。黏度愈大，物质的扩散系数就愈小，因此扩散电流也随之减小。

溶液组成不同，其黏度也不同，对扩散电流的影响也随之不同。同时物质的扩散系数还与其是否生成络合物有关。如果溶液中有与被测物生成络合物的组分，就会由于生成络合物，使其大小发生变化，这样扩散系数也随之发生变化，从而影响扩散电流的数值。

11.3.2.3 温度

在尤考维奇方程中除 n 外，其他各项均受温度影响，其中扩散系数受温度影响最为显著。温度升高，扩散系数增大。实验证明，温度每增加 1℃，扩散电流增加约 1.3%。故控温精度需在 ±0.5℃，以使扩散电流因温度变化引起的误差不大于 1%。

11.3.3 极谱定性分析依据——半波电位

11.3.3.1 简单金属离子的可逆波方程式和半波电位

极谱波是反映电活性物质在电极表面电解极化过程中电流-电压之间关系的曲线，这种电流与电压的关系也可以用数学方程式来表示，称为极谱波方程式。由于不同的极谱与伏安分析法中的电压施加方式有所不同，所得到的极谱波方程也不相同。

对于普通极谱中简单金属离子的可逆波，其极谱波方程可表示为：

$$\varphi_{de} = \varphi_{1/2} + \frac{0.0592\text{V}}{n} \lg \frac{i_d - i}{i} \quad (25℃) \tag{11.7}$$

式中，$\varphi_{1/2} = \varphi^{\ominus} + \frac{0.0592\text{V}}{n} \lg \frac{D_a^{1/2}}{D_s^{1/2}}$，即为半波电位；$D_a$ 和 D_s 分别为金属在汞齐中的扩散系数和金属离子在溶液中的扩散系数；其余符号意义同前。

由于 D_a 和 D_s 在溶液组成与温度一定时为常数，由式(11.7)可知，物质的可逆极谱波的半波电位（$\varphi_{1/2}$）是在一定底液及实验条件下的特征常数。不同的物质在一定条件下具有不同的半波电位，因此，半波电位在原理上是极谱法定性分析的依据。氧化态物质的半波电位愈负，它的氧化能力就愈弱，它就愈难被还原；还原态物质的半波电位愈正，它的还原能力就愈弱，它就愈难被氧化。

当金属离子与配位体形成络离子时，其极谱波形状将发生变化，半波电位将发生移动，其移动的方向和大小，与络离子的稳定常数、配位数以及配位体的浓度等因素有关。

11.3.3.2 半波电位的特性及其影响因素

半波电位（$\varphi_{1/2}$）是极谱分析中的重要参数。对于一定的电极反应，当支持电解质的种类、浓度及温度一定时，半波电位为一恒定值。它在设计实验方案、确定实验条件、预测干扰以及消除干扰方面是非常有用的。影响半波电位的因素主要有以下几种。

(1) 支持电解质的种类和浓度　同一种物质在不同的支持电解质溶液中，其半波电位往往有差别，例如，Pb^{2+} 在 $1mol \cdot L^{-1}$ 的 KCl 中，其 $\varphi_{1/2}$ 为 $-0.44V$，而在 $1mol \cdot L^{-1}$ 的 NaOH 中则为 $-0.75V$。当支持电解质的种类相同、浓度不同时，同一物质的半波电位也不同，原因是支持电解质的浓度改变时，溶液的离子强度随之改变，被测离子的活度系数发生变化，从而影响其半波电位。因此，在提到某物质的半波电位时，必须注明底液。

(2) 温度　半波电位随温度而变化，一般温度升高 1K，$\varphi_{1/2}$ 向负方向移动 1mV，可见温度对半波电位的影响不大。但是，在温度变化较大时，应对半波电位进行校正。

(3) 形成络合物　在极谱分析中若被测离子与溶液中其他组分络合，生成了络合物，则在 $\varphi_{1/2}$ 中包含了该络合物的稳定常数项，使得 $\varphi_{1/2}$ 向负方向移动，络合物越稳定，则 $\varphi_{1/2}$ 越负。因此，可以利用络合效应将原来重叠的两个波分开。

(4) 溶液的酸度　酸度影响许多物质的半波电位。当有 H^+ 参加电极反应时，对半波电位的影响更大。例如，$HBrO_3$ 在 pH 值为 2 的缓冲溶液中还原时，半波电位为 $-0.60V$。而在 pH 值为 4.7 的缓冲溶液中则为 $-1.16V$。

表 11.1 列举了部分金属离子在不同底液中的半波电位数据。更为详尽的数据可查阅手册及有关极谱分析的专著。必须指出，在实际应用中，由于极谱分析可以使用的电极电位的范围有限，在一张极谱图上可以同时出现的极谱波只有几个，而且许多物质的半波电位有时相差不多或甚至重叠，因此用极谱半波电位作定性分析的实际意义不大，极谱分析主要是一种定量分析方法。但通过半波电位，可以了解在某种溶液体系下，各种物质产生极谱波的电

表 11.1　部分金属离子的极谱半波电位（25℃）

金属离子	底液	$\varphi_{1/2}$(vs. SCE)/V
Al^{3+}	$1mol \cdot L^{-1}$ KCl	-1.75
As^{3+}	$2mol \cdot L^{-1}$ HAc+$2mol \cdot L^{-1}$ NH_4Ac	-0.25
Cd^{2+}	$1mol \cdot L^{-1}$ NH_3+$1mol \cdot L^{-1}$ NH_4Cl	-0.81
	$0.1mol \cdot L^{-1}$ KCl	-0.64
Co^{2+}	$0.1mol \cdot L^{-1}$ KCl	-1.20
	$1mol \cdot L^{-1}$ NH_3+$1mol \cdot L^{-1}$ NH_4Cl	-1.32
Co^{3+}	$2.5mol \cdot L^{-1}$ NH_3+$0.1mol \cdot L^{-1}$ NH_4Cl	-0.53
Cu^{2+}	$1mol \cdot L^{-1}$ NH_3+$1mol \cdot L^{-1}$ NH_4Cl	$-0.24, -0.50$
Fe^{2+}	$0.1mol \cdot L^{-1}$ KCl	-1.3
Fe^{3+}	$0.5mol \cdot L^{-1}$ 酒石酸盐,pH9.4	$-1.20, -1.73$
Mn^{2+}	$1mol \cdot L^{-1}$ KCl	-1.51
Ni^{2+}	$1mol \cdot L^{-1}$ KCl	-1.1
	$1mol \cdot L^{-1}$ NH_3+$1mol \cdot L^{-1}$ NH_4Cl	-1.10
O_2	缓冲溶液,pH1~10	$-0.2, -0.9$
Pb^{2+}	$1mol \cdot L^{-1}$ KCl	-0.44
	$1mol \cdot L^{-1}$ NaOH	-0.75
	$0.05mol \cdot L^{-1}$ EDTA+$1mol \cdot L^{-1}$ HAc+$1mol \cdot L^{-1}$ NaAc,pH4	-1.10
Sb^{3+}	$1mol \cdot L^{-1}$ HCl	-0.15
Sn^{2+}	$1mol \cdot L^{-1}$ HCl	-0.47
Zn^{2+}	$0.1mol \cdot L^{-1}$ KCl	-0.99
	$2mol \cdot L^{-1}$ NH_3+$1mol \cdot L^{-1}$ NH_4Cl	-1.33
	$1mol \cdot L^{-1}$ NaOH	-1.53

位，因此，选择合适的分析条件、避免共存物质的干扰等，对定量分析的正常进行是很重要的。

11.3.4 极谱定量分析

由 $i_d=Kc$ 可知，只要测得极限扩散电流就可以确定待测物质的浓度。极限扩散电流为极限电流与残余电流之差，在极谱图上通常以波高来表示其相对大小，而不必测量其绝对值，于是有

$$h = Kc \tag{11.8}$$

式中，h 为波高；K 为比例常数；c 为待测物浓度。因此，只要测出波高，根据式(11.8)就可以进行定量分析。

11.3.4.1 标准曲线法

先配制一系列浓度不同的标准溶液，在相同测定条件下（相同的底液和同一滴汞电极等）分别测定各溶液的波高（或扩散电流），绘制波高-浓度曲线，然后在相同条件下测定试液的波高，再从标准曲线上查出相应的浓度。此法适用于大批量同一类试样的分析，但实验条件必须保持一致。

11.3.4.2 标准加入法

首先测量浓度为 c_x、体积为 V_x 的待测试液的波高 h_x；然后在同一条件下，测量加入浓度为 c_s、体积为 V_s 的标准溶液后的波高 H。由极谱电流公式得：

$$h_x = Kc_x$$

$$H = K\left(\frac{V_x c_x + V_s c_s}{V_x + V_s}\right)$$

两式相除，可得到：

$$c_x = \frac{V_s c_s h_x}{(V_s + V_x)H - V_x h_x} \tag{11.9}$$

标准加入法的准确度较高，因为加入的标准溶液体积很小（一般试液的体积为10mL时，加入的标准溶液的体积以0.5～1.0mL为宜），避免了底液不同所引起的误差。但是，如果标准溶液加入的太少，波高增加的值很小，则测量误差大；若加入的量太大，则引起底液组成的变化。所以使用这一方法时，加入标准溶液的量要适当。另外要注意的是，只有波高与浓度成正比关系时才能使用标准加入法。

11.3.5 普通极谱分析法的特点及存在问题

11.3.5.1 普通极谱分析法的特点

普通极谱分析法的特点如下：
① 普通极谱法的测量浓度范围为 10^{-2}～10^{-5} mol·L^{-1}；
② 准确度高，重现性好，相对误差一般在±2%以内；
③ 在合适的条件下，可不经分离而同时测定4～5种物质，具有一定的选择性；
④ 由于极谱电解电流很小，分析结束后浓度几乎不变，试液可以连续反复使用；
⑤ 仪器较为简单、价廉，凡能在电极上起氧化还原反应的有机物或无机物均可采用，有的物质虽不能在电极上反应，但也可以间接测定，因而应用比较广。

11.3.5.2 普通极谱分析法的缺点

普通极谱分析方法（通常称为经典极谱方法，以与以后发展起来的新技术区别）虽然作为一种新型分析方法，有着划时代的意义，但由于方法本身固有的缺陷，使其逐渐被一些极谱分析新技术所取代。首先是它的灵敏度受到一定的限制，如前所述，直流电容电流与

10^{-5} mol·L^{-1} 的待测组分产生的电流相当，因此普通极谱测定的灵敏度不高；普通极谱法的另一个缺点是它的分辨率低，除非两种被测物的半波电位相差 100mV 以上，否则要准确测量各个波高会有困难；另外，完成一个极谱波需耗数百滴汞，而每滴汞寿命周期内加的电压变化慢，因此经典极谱法费汞费时。为解决上述存在的这些问题，发展了一些新的极谱技术，其中已得到比较广泛应用的有单扫描极谱法、交流极谱法、方波极谱法、脉冲极谱法、循环伏安法、溶出伏安法以及极谱催化波、络合物吸附波等。

11.4 单扫描极谱法

单扫描极谱法（single sweep polarography）是用阴极射线示波器作为电信号的检测工具，过去曾称为示波极谱法，它是对常规极谱法的一种改进。单扫描极谱法与普通极谱法最大的区别是：单扫描极谱法扫描速度要快得多（约为 250mV·s^{-1}，而普通极谱法的扫描速度一般小于 5mV·s^{-1}），每一滴汞将产生一个完整的极谱图，得到的谱图呈峰形。因为单扫描极谱法电流比普通极谱电流大，加上峰状曲线易于测量，所以灵敏度相应比较高，检出限一般可达 10^{-7} mol·L^{-1}。

单扫描极谱法中，所施加的电压是在汞滴的生长后期，这时电极的表面积几乎不变，可以把滴汞电极替换为固体电极（如碳、金、铂等）或表面积不变的汞电极（显然，这时不需考虑汞滴的生长期），那么所得到的极化曲线及电流大小等都与上述单扫描极谱法完全一样。这时称之为线性扫描伏安法。

11.4.1 单扫描极谱波的基本电路和装置

单扫描极谱中汞滴表面积（A）、极化电压（U_0）及电流（i）随时间（t）而变化的相互关系见图 11.10。

在单扫描极谱法中，汞滴滴下时间一般约为 7s，考虑到汞滴的表面在汞滴成长的初期变化较大，故在滴下时间的最后约 2s 内，才加上一次扫描电压，幅度一般为 0.5V（扫描的起始电压可任意控制），仅在这一段时间内记录 i-φ 曲线。为了使滴下时间与电压扫描周期取得同步，在滴汞电极上装有敲击装置，在每次扫描结束时，振动敲击器，把汞滴敲脱。以后汞滴又开始生长，到最后 2s 期间，又进行一次扫描。每进行一次电压扫描，荧光屏上就重复绘出一次 i-φ 图。这种极化曲线是在汞滴面积基本不变化的情况下得到的，所以为平滑的曲线，没有普通极谱图的电流振荡现象。

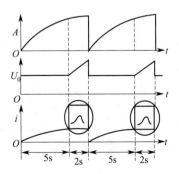

图 11.10 汞滴表面积（A）、极化电压（U_0）及电流（i）与时间（t）的关系

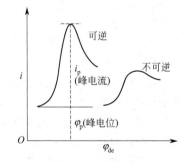

图 11.11 单扫描极谱图

11.4.2 定量分析原理

在单扫描极谱中,对于电极反应可逆的物质,极谱图出现明显的尖峰状(见图11.11),如果电极反应不可逆,由于电极反应速率慢,则尖峰不明显,有时甚至不起波。出现尖峰状的原因,是由于极化电压变化的速度快,当达到可还原物质的分解电压时,该物质在电极上迅速还原,产生很大的电流。因此,极谱电流急剧上升,由于还原物质在电极上还原,使它在电极表面附近的浓度剧烈降低,本体溶液中的还原物质来不及扩散至电极表面,当电压进一步增加时,电流反而减小,所以形成尖峰状。对于可逆的电极反应,峰电流方程式可以表示如下(25℃):

$$i_p = 2.69 \times 10^5 n^{3/2} D^{1/2} v^{1/2} Ac \tag{11.10}$$

式中,i_p 为峰电流,A;n 为电极反应电子转移数;D 为扩散系数,$cm^2 \cdot s^{-1}$;v 为扫描速率,$V \cdot s^{-1}$;A 为电极面积,cm^2;c 为待测物质浓度,$mol \cdot L^{-1}$。从上式可以看出,在一定的实验条件下,峰电流与待测物质的浓度成正比。而且,随扫描速率 v 增加,峰电流增加。但扫描速率过大,电容电流将增加,即信噪比将减小,灵敏度反而下降。对单扫描极谱曲线作导数处理,可进一步提高分辨率。

11.4.3 单扫描极谱法的特点及应用

单扫描极谱法的原理与普通极谱法基本相同,一般来讲,用普通极谱法能测定的物质用单扫描极谱法也能测定。但普通极谱法需要许多滴汞(50~80滴)才获得一条呈S形的极谱曲线,而单扫描极谱法的峰形曲线可在一滴汞上完成。除此之外,单扫描极谱法还具有以下特点。

① 快速简便。由于极化速度快,数秒便可完成一次测量,并可直接在荧光屏上读取峰高值。

② 灵敏度较高。对可逆波来说,检出限可达 $10^{-7} mol \cdot L^{-1}$。

③ 分辨率高。两物质的峰电位相差0.1V以上,就可以分开,采用导数单扫描极谱,分辨率更高。

④ 前放电物质的干扰小。在数百甚至近千倍前放电物质存在时,不影响后续还原物质的测定,这是由于在扫描前有大约5s的静止期,相当于在电极表面附近进行了电解分离。

⑤ 由于氧波为不可逆波,其干扰作用也大为降低,往往可不除去溶液中的氧而进行测定。

⑥ 特别适合于络合物吸附波和具有吸附性的催化波的测定,从而使得单扫描极谱法成为测定许多物质的有力工具。

11.5 循环伏安法

11.5.1 基本原理

循环伏安法(cyclic voltammetry)是将等腰三角形脉冲线性扫描电压施加在电极上,扫描电压 U 与时间 t 的关系,如图11.12所示。从起始电压 U_i 沿某一方向扫描到终止电压 U_s 后,再以同样的速度反方向扫至起始电压,完成一次循环。当电位从正向负扫描时,电活性物质在电极上发生还原反应,产生还原波,其峰电流为 i_{pc},峰电位为 φ_{pc}(见图11.13);当逆向扫描时,电极表面上的还原态物质发生氧化反应,其峰电流为 i_{pa},峰电位为 φ_{pa}。根据实际需要,可以进行连续循环扫描。

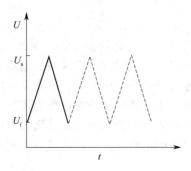
图 11.12 三角波扫描电压

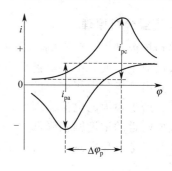
图 11.13 循环伏安曲线

11.5.2 应用

循环伏安法是一种很有用的电化学研究方法,可用于研究电极反应的性质、机理和电极过程动力学参数等。

11.5.2.1 判断电极过程的可逆性

对于可逆反应,循环伏安图的上下曲线是对称的,两峰的峰电流之比为 $i_{pa}/i_{pc}=1$。两峰的峰电位之差为:

$$\Delta\varphi_p=\varphi_{pa}-\varphi_{pc}=\frac{2.2RT}{nF}=\frac{56.5}{n}\text{mV}(25℃) \tag{11.11}$$

$\Delta\varphi_p$ 与循环电压扫描中换向时的电位有关,也与实验条件有一定的关系,其值会在一定范围内变化。一般认为当 $\Delta\varphi_p$ 为 $55/n$ 至 $65/n$ mV 时,即可判断该电极反应是可逆过程。应该注意:可逆电流峰的峰电位与电压扫描速率 v 无关,且 $i_{pc}=i_{pa}\propto v^{1/2}$($v$ 为扫描速率)。

对于不可逆电极反应,除上下两条曲线不对称外,其阳极峰与阴极峰的电位之差比上式要大,因此,循环伏安法可以用来判断电极反应的可逆性。

11.5.2.2 电极反应机理的研究

循环伏安法还可用来研究电极反应的机理。例如,研究化合物 $[Ru(NH_3)_5Cl]^{2+}$ 的电极反应机理时,得到如图 11.14 所示的循环伏安曲线。

在扫描速率很快的情况下,从图 11.14(a) 可以看出,只有一对还原波和氧化波出现;当扫描速率比较慢的情况下,在较正的电位下出现了一对新的还原波和氧化波[见图 11.14(b)]。其机理解释如下:在扫描速率很快的情况下,$[Ru(NH_3)_5Cl]^{2+}$ 在电极上发生还原反应,在反向扫描时,产物发生氧化反应。电极反应如下:

$$[Ru(NH_3)_5Cl]^{2+}+e^-\rightleftharpoons[Ru(NH_3)_5Cl]^+$$

在慢速扫描时,反应产物 $Ru(NH_3)_5Cl^+$ 生成水合络离子:

$$[Ru(NH_3)_5Cl]^++H_2O\rightleftharpoons[Ru(NH_3)_5H_2O]^{2+}+Cl^-$$

由于有较长的时间使这一化学反应得以进行,所以在电极表面的溶液中形成较多的水合络离子,能在较正的电位下产生氧化还原反应,出现一对新的氧化还原波。电极反应如下:

$$[Ru(NH_3)_5H_2O]^{3+}+e^-\rightleftharpoons[Ru(NH_3)_5H_2O]^{2+}$$

而在快速扫描时,没有足够的时间生成水合络离子,所以只有一对氧化还原波。图

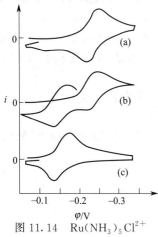
图 11.14 $Ru(NH_3)_5Cl^{2+}$ 的循环伏安曲线
(a) 10^{-3} mol·L^{-1} $[Ru(NH_3)_5Cl]^{2+}$,扫描时间 100ms;(b) 溶液同 (a),扫描时间 500ms;(c) 10^{-3} mol·L^{-1} $[Ru(NH_3)_5H_2O]^{3+}$,扫描时间 100ms

11.14(c) 是 $[Ru(NH_3)_5H_2O]^{3+}$ 溶液的循环伏安曲线，它证实了在图 11.14(b) 中较正电位处的极谱波是水合钌络离子的极谱波。

11.6 脉冲极谱法

脉冲极谱法（pulse polarography）是 1960 年由 Barker 提出的，它是为克服普通极谱法中电容电流和毛细管噪声电流的影响而建立的一种新极谱技术，它具有灵敏度高、分辨力强等特点，它是极谱法中灵敏度较高的方法之一。

11.6.1 基本原理

脉冲极谱是在滴汞生长的后期才在滴汞电极的直流电压上叠加一个周期性的脉冲电压，脉冲持续的时间较长，并在脉冲电压的后期记录极谱电流。每一滴汞只记录一次由脉冲电压所产生的电流，该电流基本上是消除电容电流后的电解电流。这是因为加入脉冲电压后，将对滴汞电极充电，产生相应的电容电流 i_c，这像对电容器充电一样，电容电流会很快衰减至零，而另一方面，如果加入的脉冲电压，使电极的电位足以引起待测物质发生电极反应时，便同时产生电解电流（即法拉第电流）i_f。i_f 是受电极反应物质的扩散所控制的，它将随着反应物质在电极上的反应而慢慢衰减，但速度比电容电流的衰减慢得多。理论研究及实践均说明，在加入脉冲电压约 20ms 之后，i_c 已几乎衰减到零，而 i_f 仍有相当大的数值，因此在施加脉冲电压的后期进行电流取样，测得的就几乎完全是电解电流。

按照施加脉冲电压及记录电解电流的方式不同。脉冲极谱法可分为常规脉冲极谱（NPP）和微分（示差）脉冲极谱（DPP）两种。

常规脉冲极谱是在设定的直流电压上，在每一滴汞生长的末期施加一个矩形脉冲电压，脉冲的振幅随时间而逐渐增加，脉冲宽度为 40～60ms。两个脉冲之间的电压回复至起始电压。在每个脉冲的后期（一般为后 20ms）进行电流取样，测得的电解电流放大后记录，所得的常规脉冲极谱波呈台阶形，与直流极谱波相似，如图 11.15 所示。

常规脉冲极谱的极限电流方程式为

$$i = nFAD^{1/2}(\pi t_m)^{-1/2}c \tag{11.12}$$

式中，t_m 为加脉冲到测量电流之间的时间间隔，其他各项的意义同前。式(11.12) 对可逆、不可逆过程的极谱均可适用，而对于可逆过程来说，还原极限电流与氧化极限电流之比为 1，利用此关系可以判断可逆与不可逆过程。

微分脉冲极谱是在缓慢线性变化的直流电压上，于每一滴汞生长的末期叠加一个等振幅为 5～100mV、持续时间为 40～80ms 的矩形脉冲电压，如图 11.16(a) 所示。在脉冲加入前 20ms 和脉冲终止前 20ms 内测量电流，如图 11.16(b) 所示。而记录的是这两次测量的电流差值 Δi。由于采用了两次电流取样的方法，故能很好地扣除因直流电压引起的背景电流。微分脉冲极谱的极谱波是对称的峰状，如图 11.16(c) 所示。这是由于当脉冲电压叠加在普通极谱的残余电流或极限电流部分时，脉冲电压的加入所引起的滴汞电极电位改变，都不会使电解电流发生显著变化，故两次电流取样值的差值很小。但当脉冲电压叠加在普通极谱的 $\varphi_{1/2}$ 附近时，由脉冲电压所引起的电位变化将导致电解电流发生很大的变化，故两次电流取样值的差值就比较大，并在靠近半波电位处达到最大值。极谱波的峰电流最大值为：

$$\Delta i = \frac{n^2 F^2 D^{1/2}}{4RT} A \Delta U (\pi t_m)^{-1/2} c \tag{11.13}$$

式中，ΔU 为脉冲振幅，其他各项的意义同前。

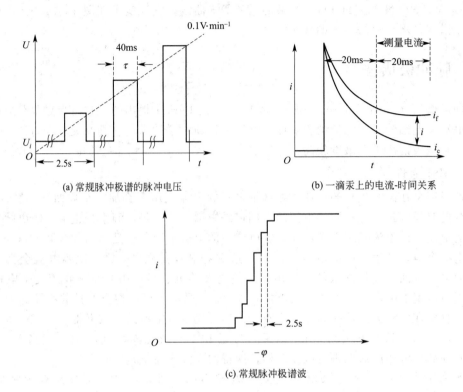

图 11.15 常规脉冲极谱图

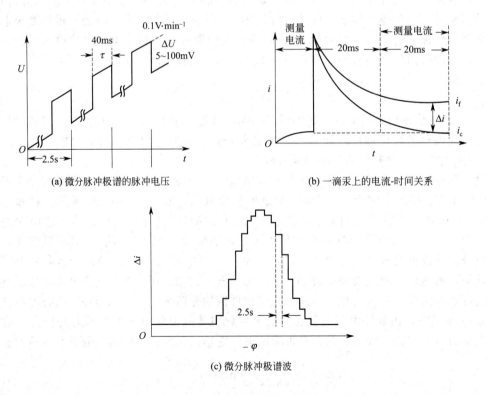

图 11.16 微分脉冲极谱图

11.6.2 特点和应用

脉冲极谱法具有如下特点。

① 由于对可逆物质可有效减小电容电流及毛细管的噪声电流,所以灵敏度高,可达 10^{-8} mol·L^{-1}。对不可逆的物质,亦可达 $10^{-6} \sim 10^{-7}$ mol·L^{-1}。如果结合溶出技术,灵敏度可达 $10^{-10} \sim 10^{-11}$ mol·L^{-1}。

② 由于微分脉冲极谱波呈峰状,所以分辨力强,两个物质的峰电位只要相差 25mV 就可以分开;前放电物质的允许量大,前放电物质的浓度比待测物质高 5000 倍,亦不干扰。

③ 若采用单滴汞微分脉冲极谱法,则分析速度可与单扫描极谱法一样快。

④ 由于它对不可逆波的灵敏度也比较高,分辨力也较好,故很适合于有机物的分析。

⑤ 脉冲极谱法也是研究电极过程动力学的有力工具。

11.7 溶出伏安法

溶出伏安法 (stripping voltammetry) 是以电解富集和溶出测定相结合的一种电化学测定方法。它首先将工作电极(例如汞膜电极)固定在产生极限电流的电位(见图 11.17 中 C 点)进行电解,使待测物质富集在电极上,然后反方向改变电位,让富集在电极上的物质重新溶出。溶出过程中,可以得到一种尖峰形状的伏安曲线。伏安曲线的高度与待测物质的浓度、电解富集时间、溶液搅拌的速度、电极的面积以及溶出时电位变化的速度等因素有关。当所有因素固定时,峰高与溶液中待测物质浓度呈线性关系,故可用于定量分析。由于本方法是通过电解将溶液中痕量物质富集起来后再进行测定,因此灵敏度比一般极谱法高 3~4 个数量级。

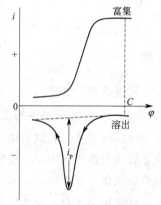

图 11.17 溶出伏安曲线

溶出伏安法按照溶出时工作电极上发生反应的性质不同,可分为阳极溶出伏安法和阴极溶出伏安法。如果溶出时工作电极上发生的是氧化反应就称为阳极溶出伏安法;如果溶出时工作电极上发生的是还原反应,则称为阴极溶出伏安法。

11.7.1 阳极溶出伏安法

阳极溶出伏安法是将被测离子(例如 Pb^{2+})在阴极上(例如悬汞电极或汞膜电极)预电解还原为铅汞齐,反向扫描时,铅汞齐发生氧化反应而重新溶出,产生氧化电流。其电极过程如下:

$$Pb^{2+} + Hg + 2e^{-} \underset{溶出}{\overset{预电解}{\rightleftharpoons}} Pb(Hg)$$

预电解的目的是富集,它可分为全部电解法和部分电解法。全部电解法是将溶液中的待测物质通过电化学反应 100% 地沉积到电极上,它具有较高的灵敏度,但需要较长的电解时间。部分电解法是每次只电解一定百分数的待测物,该方法电解时间短,分析速度快,所以溶出伏安法常采用部分电解法。

必须指出的是,由于溶出伏安法一般采用部分电解法,为了确保待测物质电解部分的量与溶液中的总量之间有恒定的比例关系,其实验条件(例如电解时间、搅拌速度以及电极位置等)会影响溶出电流的大小,因此,在每一次实验中必须严格保持相同的实验条件。溶出技术常采用线性扫描溶出法。图 11.18 是在 $1.5\,\text{mol}\cdot\text{L}^{-1}$ HCl 底液中用悬汞电极测定微量镉、铅、铜的线性扫描伏安图。在悬汞电极上溶出峰电流公式可表示为

$$i_p = -K_1 n^{3/2} D_0^{2/3} \omega^{1/2} \nu^{-1/6} D_R^{1/2} r v^{1/2} t c_0 \tag{11.14}$$

式中，D_0 为金属离子在溶液中的扩散系数；D_R 为金属在汞齐中的扩散系数；r 为悬汞滴的半径；ν 为溶液的黏度；ω 为富集搅拌的角频率；v 为扫描速度；t 为预电解时间；K_1 为常数；c_0 为溶液中被测离子浓度。由式(11.14) 可以看出，当实验条件一定时，$i_p \propto c_0$，即峰电流与待测物质浓度成正比，这是溶出伏安法的定量基础。

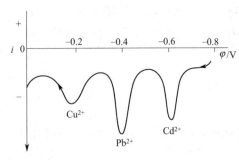

图 11.18　镉、铅、铜的溶出伏安曲线

11.7.2　阴极溶出伏安法

阴极溶出伏安法的电极过程与阳极溶出伏安法相反。例如，用阴极溶出伏安法测定溶液中痕量 S^{2-}，以 $0.1\,\text{mol}\cdot\text{L}^{-1}$ NaOH 溶液为底液，于 -0.40V 电解一定时间，这时悬汞电极上便形成难溶性的 HgS：

$$Hg + S^{2-} \longrightarrow HgS\downarrow + 2e^-$$

溶出时，悬汞电极的电位由正向负方向扫描，当达到 HgS 的还原电位时，由于下列还原反应得到阴极溶出峰。

$$HgS\downarrow + 2e^- \longrightarrow Hg + S^{2-}$$

阴极溶出伏安法可用来测定 Cl^-、Br^-、I^-、S^{2-}、$C_2O_4^{2-}$ 等阴离子。

11.7.3　溶出伏安法中的工作电极

（1）机械挤压式悬汞电极　其结构类似于滴汞电极，但玻璃毛细管的上端储汞瓶为密封的金属储汞器，使用时，旋转金属储汞器顶部的旋转顶针，挤压使汞从毛细管中流出，并使汞滴悬挂在毛细管口上，汞滴体积以旋转顶针圈数控制。

（2）挂汞电极　是用一根半径 0.2mm 的铂丝或银丝封闭在电极杆上，下端经过抛光，使用时将铂丝或银丝的抛光面洗净，即可蘸取汞，形成悬挂着的汞滴。

这类电极的优点是操作简单，再现性好。但如果待测离子浓度很低，电积需要很长的时间。另外，由于电积在表面的金属扩散到汞滴内部，溶出时汞滴内部的金属来不及扩散到电极表面，因而灵敏度并不随电积时间的增加而提高。

（3）汞膜电极　以铂、银或玻碳为基体，在其表面镀上一层很薄的汞，就制成了汞膜电极。例如，银基汞膜电极是在银基体上涂敷一层汞膜，由于汞膜电极表面积大，汞膜很薄，溶出时电极表面沉积的金属浓度高，而金属从内部到膜表面扩散的速率快，因而汞膜电极的灵敏度比挂汞电极高 1~2 个量级。

11.8　极谱催化波和络合物吸附波

在极谱电流中有一种电流，其大小不是取决于待测组分的扩散速率或电极反应速率，而是取决于在电极周围反应层内进行化学反应的速率，使电极过程受化学反应动力学的控制，这类电流称为动力电流，这种极谱波称为动力波。化学反应平行于电极反应的动力波，称为催化动力波（极谱催化波）。催化动力波包括平行催化波、氢催化波和其他类型的催化波。由于极谱催化波比普通极谱法灵敏度高得多，因而在痕量物质的分析方面，受到人们的重视，并得到日益广泛的应用。

11.8.1 平行催化波

平行催化波的产生是由于某一电活性物质 O 在电极上被还原,生成还原产物 R,溶液中存在的另一种物质 Z 能将 R 重新氧化成 O,而 Z 本身在一定电位范围内不会在滴汞电极上直接还原,再生出来的 O 在电极上又一次被还原。如此循环往复,使极谱电流大为增加,其反应式如下:

$$O + ne^- \longrightarrow R \text{(电极反应)}$$
$$R + Z \rightleftharpoons O \text{(化学反应)}$$

电极反应和化学反应平行进行的结果,电活性物质 O 在反应前后浓度没有发生变化,消耗的是氧化剂 Z。物质 O 的作用相当于一种催化剂,它催化了 Z 的还原,这样产生的电流称为催化电流。催化电流与催化剂 O 的浓度成正比,可用来测定物质 O 的含量。

过氧化氢就是这样一种很好的氧化剂,它在电极上还原时有很大的过电位,H_2O_2 与 $Mo(Ⅵ)$、$W(Ⅵ)$ 或 $V(V)$ 共存时产生催化电流。例如:

$$MoO_4^{2-} + H_2O_2 \rightleftharpoons MoO_5^{2-} + H_2O$$
$$MoO_5^{2-} + 2H^+ + 2e^- \longrightarrow MoO_4^{2-} + H_2O$$

钼酸离子先被过氧化氢氧化为过钼酸离子,过钼酸离子在电极上还原后又生成钼酸离子。在 pH 值为 5 的磷酸缓冲溶液中,用所产生的催化电流可测量浓度低至 2×10^{-7} mol·L^{-1} 的钼、2×10^{-8} mol·L^{-1} 的钒和 1×10^{-6} mol·L^{-1} 的钨。

对于平行催化波,催化电流方程式为:

$$i_c = 0.51 nFD^{1/2} q_m^{2/3} t^{2/3} K^{1/2} c_O^{1/2} c \tag{11.15}$$

式中,i_c 为催化电流;K 为化学反应的速率常数;c_O 为氧化剂的浓度。其余各项意义同前。在一定条件下:

$$i_c = K'c$$

这是平行催化波进行定量分析的理论依据。

从式(11.15)可以看出,催化电流的大小,主要决定化学反应的速率常数 K 值。另外,由于 q_m 与汞柱高度 h 成正比,t 则与 h 成反比,所以

$$i_c \propto q_m^{2/3} t^{2/3} \propto h^{2/3} h^{-2/3} \propto h^0$$

即催化电流与汞柱高度无关。而扩散电流与汞柱高度的平方根成正比,由此判断催化电流和扩散电流。

11.8.2 氢催化波

除了上述化学反应与电极反应并行的催化波外,尚有一类由于氢离子在滴汞电极上被催化放电引起的氢催化波。例如在 0.1 mol·L^{-1} HCl 溶液中,氢在 -1.25V 处开始起波。但若溶液中有 5×10^{-6} mol·L^{-1} 铂($PtCl_4$)时,在 -1.05V 处出现一个氢催化波,该波随铂的浓度增加而增大,故可用于测量痕量的铂。这种催化波的机制是由于铂族元素以金属状态沉积于滴汞电极上,而氢在铂族金属上的过电位远小于在汞电极上的过电位。故氢离子能在较正的电位下放电,产生氢催化波。但这类氢催化波由于选择性和灵敏度都不理想,故应用不多。利用金属离子与某些有机含氮或含硫化合物形成的络合物,可产生灵敏度和选择性都很高的氢催化波,已应用于矿石分析中,例如锗(Ⅲ)在六亚甲基四胺(0.005mol·L^{-1})的醋酸-醋酸铵缓冲液中(pH=5.6),当有 HCO_3^- 存在时,可在 -1.1V 处得到一个极为灵敏的

氢催化波，最低可测至 1×10^{-10} mol·L^{-1}，其他铂族元素共存时干扰不大。

11.8.3 络合物吸附波

利用某些金属络合物吸附于电极表面，能产生灵敏度很高的极谱波，这类极谱波称为络合物吸附波。由于它既不发生催化循环反应，也不析出 H_2，因此，它不同于平行催化波和氢催化波。如 Pb^{2+} 在醋酸-醋酸钠-邻二氮菲（phen）的底液中，能得到 $Pb(phen)^{2+}$ 络合物吸附波，其电极过程如下：

$$Pb^{2+}+phen \rightleftharpoons [Pb(phen)]^{2+}$$

$$[Pb(phen)]^{2+} \rightleftharpoons [Pb(phen)]^{2+}_{吸}$$

$$[Pb(phen)]^{2+}_{吸}+2e^-+Hg \rightleftharpoons Pb(Hg)+phen$$

络合物吸附波灵敏度很高，一般可达 $10^{-7}\sim 10^{-9}$ mol·L^{-1}，可测定数十种金属离子，应用十分广泛。

思考题与习题

11.1 极谱法与普通电解分析法有哪些方面的差异？为什么说极谱分析是在特殊条件下进行的电解分析？

11.2 进行极谱测定时，为什么一份溶液进行多次测定后其浓度不发生显著变化？

11.3 极谱分析中的主要干扰电流有哪些？应如何消除？

11.4 什么是极谱分析的底液？它的组成是什么？

11.5 为什么单扫描极谱波呈平滑峰形？

11.6 循环伏安法的原理是什么？如何利用循环伏安法判断电极过程的可逆性？

11.7 脉冲极谱法为什么能提高灵敏度？

11.8 溶出伏安法的原理和特点是什么？

11.9 在被测离子浓度相同时，平行催化波产生的电流为什么比扩散电流大得多？

11.10 采用标准加入法测定微量锌，取试样 0.5000g 溶解后，加入 NH_3-NH_4Cl 底液，稀释定容至 50mL，取试液 10.00mL，在极谱仪上测得波高为 4.0 格；加入 0.50mL 浓度为 1.00×10^{-2} mol·L^{-1} 的锌标准溶液后，测得波高为 9.0 格，求试样中锌的质量分数。

11.11 极谱法测定镍的含量，得到如下数据：

溶　液	$i/\mu A$
25.00mL 0.20mol·L^{-1} NaCl,定容至 50mL	8.4
25.00mL 0.20mol·L^{-1} NaCl,加 10.00mL 试样,定容至 50mL	46.3
25.00mL 0.20mol·L^{-1} NaCl,加 10.00mL 试样及 0.50mL 2.30$\times 10^{-2}$ mol·L^{-1} Ni^{2+},定容至 50mL	68.4

计算试样中镍的质量浓度。

第 11 章　拓展材料

第 12 章 电导分析法与电分析化学新进展
Conductometric Analysis and Advances in Electroanalytical Chemistry

【学习要点】
① 掌握电导分析法的原理。
② 理解电导率和摩尔电导率的概念。
③ 了解溶液电导的测量方法。
④ 掌握直接电导法和电导滴定法的应用。
⑤ 了解化学修饰电极、超微电极、生物电化学传感器的发展和应用。

12.1 电导分析法

电导分析法（conductometric analysis）是将被分析溶液放在固定面积、固定距离的两个电极所构成的电导池中，通过测定电导池中电解质溶液的电导值来确定物质的含量的分析方法。电解质溶液的导电过程是通过溶液中所有离子的迁移运动来进行的。在外电场的作用下，携带不同电荷的微粒向相反的方向移动形成电流的现象称为导电。溶液的导电能力与溶液中正负离子的数目、离子所带的电荷数、离子在溶液中的迁移速率等因素有关。电导分析法分为直接电导法（conductometry）和电导滴定法（conductometric titration）。

电导分析法的灵敏度很高，而且装置简单。但由于溶液的电导是溶液中各种离子单独电导的总和，因此它只能测量离子的总量，不能鉴别和测定某一离子及其含量，不能测定非电解质溶液，因此在分析中应用不广泛，它的主要用途是用于监测水的纯度、测定大气中有害气体的含量及某些物理常数等。近年来，用电导池作离子色谱的检测器，使其应用得到发展。

12.1.1 基本原理

12.1.1.1 电导和电导率

电解质溶液的导电能力用电导（G）表示，单位为西门子（S）。电导是电阻（R）的倒数，同样遵守欧姆定律

$$G=\frac{1}{R}=\frac{1}{\rho}\times\frac{A}{L}=\kappa\frac{A}{L} \tag{12.1}$$

式中，ρ 为电阻率，$\Omega \cdot cm$；A 为电极的面积，cm^2；L 为两电极间的距离，cm；κ 为电解质溶液的电导率，$S \cdot cm^{-1}$，相当于距离为 1cm、面积为 $1cm^2$ 的两个平行电极间所具有的电导。

对于一定的电导电极，面积（A）与电极间的距离（L）是固定的，即 $\frac{L}{A}$ 为定值，称为电导池常数，以符号 θ 表示。代入式(12.1)中，得

$$G=\kappa\frac{1}{\theta} \tag{12.2}$$

由于两电极间的距离及电极面积不易准确测量,因此电解质溶液的电导率不能直接准确测得,一般是通过测定已知电导率的标准溶液的电导,先求出电导池常数 θ,再通过测定待测溶液的电导,计算出待测溶液的电导率。表 12.1 所示为 KCl 标准溶液的电导率。

表 12.1　KCl 溶液的电导率

浓度 /mol·L^{-1}	电导率/S·cm^{-1}		
	0℃	18℃	25℃
1.000	0.06543	0.09820	0.11173
0.1000	0.007154	0.011192	0.012886
0.01000	0.0007751	0.0012227	0.0014114

电导率与电解质溶液的浓度及性质有关:在一定范围内,离子浓度越大、单位体积内离子的数目越多、离子的价数越高、离子迁移速率越快,电导率越大。因此,电导率不但与离子种类有关,还与影响离子迁移速率的外部因素如温度、溶剂、黏度等有关。

对于同一电解质,当外部条件一定时,溶液的电导取决于溶液的浓度。因为电导率的概念中规定溶液的体积为 $1cm^3$,所以电导率实际上取决于溶液中所含电解质的物质的量。为了比较和衡量不同电解质溶液的导电能力,从而引入"摩尔电导率"的概念。

12.1.1.2　摩尔电导率和无限稀释摩尔电导率

摩尔电导率是指在两个相距 1cm 的平行电极之间,溶液中电解质的物质的量为 1mol 时所具有的电导。

$$\Lambda_m = \frac{\kappa}{c} \times 1000 \tag{12.3}$$

式中,Λ_m 为摩尔电导率,$S·cm^2·mol^{-1}$;c 为电解质的物质的量浓度,$mol·L^{-1}$;κ 为电解质溶液的电导率,$S·cm^{-1}$。

由于电解质溶液的导电是由溶液中正、负离子共同承担的,根据离子独立移动定律,电解质的摩尔电导率为

$$\Lambda_m = n^+ \Lambda_{m+} + n^- \Lambda_{m-} \tag{12.4}$$

式中,n^+、n^- 分别为电解质溶液中所含正、负离子的物质的量;Λ_{m+}、Λ_{m-} 分别为正、负离子的摩尔电导率。

对于混合电解质溶液,离子摩尔电导率具有加和性,即

$$\Lambda_m = \sum n^+ \Lambda_{m+} + \sum n^- \Lambda_{m-} \tag{12.5}$$

由于摩尔电导率规定了在两电极间电解质的物质的量是 1mol,若通过改变电极面积来改变电极间的电解质溶液的浓度,则随着溶液浓度的增大,离子间的相互作用力加大,离子的迁移速率降低,摩尔电导率随之减小。对弱电解质而言,浓度增大,电离度减小,实际参与导电的离子数目减少,摩尔电导率也随之减小;相反,溶液的浓度越稀,离子间的相互作用越小,摩尔电导率越大。溶液在无限稀释时,溶液中各离子间的相互作用力几乎为零;弱电解质的电离度也几乎达到 100%,溶液的摩尔电导率达到最大值。此时,电解质溶液的摩尔电导率称为无限稀释摩尔电导率,以 Λ_m^0 表示

$$\Lambda_m^0 = n^+ \Lambda_{m+}^0 + n^- \Lambda_{m-}^0 \tag{12.6}$$

各种离子在一定温度和溶剂中的无限稀释摩尔电导率是个常数,这是由离子的某些性质决定的,是离子的特征参数,在一定程度上反映了各离子导电能力的大小。表 12.2 列出了常见离子在水溶液中的无限稀释摩尔电导率。

表 12.2　常见离子在水溶液中的无限稀释摩尔电导率（25℃）

正离子	$\Lambda_{m+}^0 / S \cdot cm^2 \cdot mol^{-1}$	负离子	$\Lambda_{m-}^0 / S \cdot cm^2 \cdot mol^{-1}$
H^+	349.8	OH^-	197.6
Li^+	38.7	Cl^-	76.3
Na^+	50.1	Br^-	78.1
K^+	73.5	I^-	76.8
NH_4^+	73.4	NO_3^-	71.4
Ag^+	61.9	ClO_4^-	67.3
Mg^{2+}	106.2	CH_3COO^-	40.9
Ca^{2+}	119.0	HCO_3^-	44.5
Sr^{2+}	119.0	SO_4^{2-}	160.0
Ba^{2+}	127.2	CO_3^{2-}	138.6
Pb^{2+}	139.0	PO_4^{3-}	240.0
Cu^{2+}	107.2	$Fe(CN)_6^{3-}$	303.0
Zn^{2+}	105.6	$Fe(CN)_6^{4-}$	442.0
Fe^{3+}	204.0		
La^{3+}	208.8		

12.1.1.3　电导与电解质溶液浓度的关系

联解式(12.2) 和式(12.3)，得

$$G = \frac{c\Lambda_m}{\theta} \tag{12.7}$$

当电极和温度一定时，θ 和 Λ_m 都是常数，溶液的电导与其浓度成正比，即

$$G = Kc \tag{12.8}$$

式(12.8) 仅适用于稀溶液。在浓溶液中，由于离子相互作用，使电解质溶液的电离度小于 100%，并影响离子的运动速率，Λ_m 不为常数，因此电导 G 与浓度 c 不呈简单的线性关系。

12.1.2　电极及测量仪器

电导是电阻的倒数，因此测定溶液电导，实际上就是测定溶液的电阻。

测定时，应以交流电作为电源，不能使用直流电。因为，如果用直流电源进行测量，当电流通过溶液时，两电极上会发生电极反应形成一个电解池，电极附近溶液的组成发生改变，产生极化，使测量产生误差。因此，宜采用 1000～2500Hz 的较高频率的交流电测量电导以降低极化效应。电导的测量装置包括电导池和电导率仪两个部分。

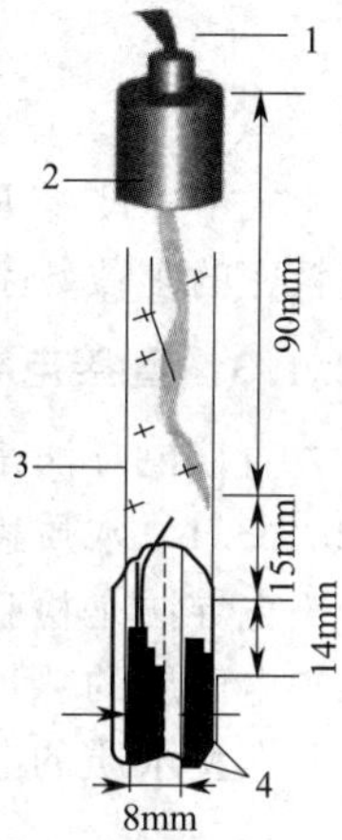

12.1.2.1　电导池

电导电极一般是由两片平行的铂（石墨、钽、镍金或不锈钢等）制成的，其结构如图 12.1 所示。电导池中电极片的形状、面积及两片间的距离可根据不同的要求进行设计（图 12.2）。

图 12.1　电导电极结构图
1—电极引线；
2—电极帽；
3—有机玻璃管；
4—不锈钢片

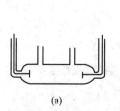
(a)
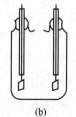
(b)
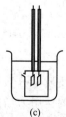
(c)

图 12.2　电导池结构图
(a) 精密测量池；(b) 电导滴定池；(c) 浸入式电导池

为了减少交流电的极化效应,可在铂电极表面上覆盖颗粒很细的"铂黑",铂黑电极由于有较大的表面积,电流密度较小,因而极化较少,一般用于测量电导率高的溶液。在测量低电导率溶液时,由于铂黑对电解质有强烈的吸附作用,使测定值不稳定,此时可采用光亮铂电极。

12.1.2.2 电导率仪

电导率仪是溶液电导测量的专用设备,根据作用原理可分为平衡电桥式和直读式两类。

测量电导的最简单仪器是平衡电桥式,其作用原理如图 12.3 所示。

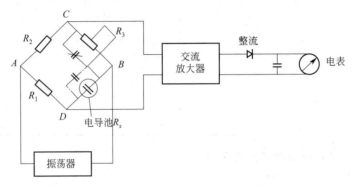

图 12.3 平衡电桥法测定电导作用原理

将电导池插入盛装待测溶液的容器中,由标准电阻 R_1、R_2、R_3 和电导池 R_x 构成惠斯登电桥。在 A、B 间接上正弦波振荡器,产生 1000Hz 的交流电压作为电源。电流从 A、B 两端通过电桥,经交流放大器放大后,再整流将交流信号变成直流信号推动电表,当电桥平衡时电表指零,C、D 两端的电位相等,此时

$$R_x = \frac{R_1}{R_2} \times R_3 \tag{12.9}$$

式中,R_1、R_2 为比例臂,可选择 $R_1/R_2 = 0.1$、1.0、10;R_3 是带刻度盘的可读电阻或精密的多位数字电阻箱。

12.1.3 直接电导法

直接电导法是通过直接测定溶液的电导以求得溶液中电解质含量的方法。

12.1.3.1 水质监测

电导法是检验水质纯度的最佳方法之一。电导率是水质的一个很重要的指标,它反映了水中电解质的总量。但电导率不能反映水中有机物、细菌、藻类及其他悬浮杂质等的含量。一些典型水质的电导率如图 12.4 所示。

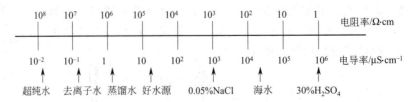

图 12.4 一些典型水质的电导率

应注意:强电解质质量分数低于 20% 时,电导率值随浓度的增加呈线性增加。但在高浓度溶液中,离子间的作用力增加,线性关系不成立。

12.1.3.2 大气监测

测定大气污染气体如 CO_2、CO、SO_2、N_xO_y 等时,可利用气体吸收装置,通过反应前后吸收液电导率的变化来间接反映所吸收的气体浓度。该法灵敏度高、操作简单,并可获

得连续读数，在环境监测中广泛应用。例如，大气中的 SO_2 可用酸性 H_2O_2 作吸收液，被 H_2O_2 氧化为 H_2SO_4 后使溶液的电导率明显增加，其增加量在一定范围内与 SO_2 气体的浓度成正比，由此计算出 SO_2 的含量。反应式为

$$H_2O_2 + SO_2 \rightleftharpoons H_2SO_4$$

在气体进口处设一气体净化装置，如用 Ag_2SO_4 固体可除去 H_2S、$KHSO_4$ 及 HCl 等的干扰。

12.1.4 电导滴定法

滴定分析过程中，伴随着溶液离子浓度和种类的变化，溶液的电导也发生变化，利用被测溶液电导的突变指示滴定终点的方法称为电导滴定法。例如，以 C^+D^- 滴定 A^+B^-，强电解质的电导滴定曲线如图12.5所示。设反应式为

$$(C^+ + D^-) + (A^+ + B^-) \longrightarrow AD + C^+ + B^-$$

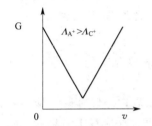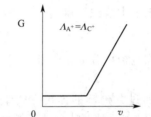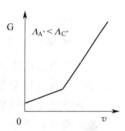

图12.5 强电解质的电导滴定曲线

滴定开始前，溶液的电导由 A^+、B^- 决定。从滴定开始到化学计量点之前，溶液中 A^+ 逐渐减少，而 C^+ 逐渐增加。这一阶段的溶液电导变化取决于 Λ_{A^+} 和 Λ_{C^+} 的相对大小。当 $\Lambda_{A^+} > \Lambda_{C^+}$ 时，随着滴定的进行，溶液电导逐渐降低；当 $\Lambda_{A^+} < \Lambda_{C^+}$ 时，溶液电导逐渐增加；当 $\Lambda_{A^+} = \Lambda_{C^+}$ 时，溶液电导恒定不变。在化学计量点后，由于过量 C^+ 和 D^- 的加入，溶液的电导明显增加。电导滴定曲线中两条斜率不同的直线的交点就是化学计量点。

有弱电解质参加的电导滴定情况要复杂一些，但确定滴定终点的方法是相同的。

电导滴定时，溶液中存在的所有离子，无论是否参加反应，都对电导值有影响。因此，为使测量准确可靠，试液中不应含有不参加反应的电解质。为避免在滴定过程中产生稀释作用，所用标准溶液的浓度要高（通常为待测溶液的10倍），以使滴定过程中溶液的体积变化不大。

对于滴定突跃很小或有几个滴定突跃的滴定反应，电导滴定可以发挥很大作用，如弱酸弱碱的滴定、混合酸碱的滴定、多元弱酸的滴定以及非水介质的滴定等。电导滴定法一般用于酸碱滴定和沉淀滴定，而不适用于配位滴定和氧化还原滴定，因为在配位滴定或氧化还原滴定中，往往需要加入大量的其他试剂以维持和控制酸度，所以在滴定过程中溶液电导的变化就不太显著，不易确定滴定终点。

与其他滴定方法相比，电导滴定具有以下特点：
① 电导变化十分灵敏，特别适合极稀酸（碱）或混合酸（碱）的滴定；
② 可以在有色或浑浊溶液中进行；
③ 装置简单，电极具有通用性，适用于各种离子的测定。

12.2 化学修饰电极

12.2.1 概述

在电分析化学中，使用较普遍的电极（如汞、铂、金和碳等），它们长期以来仅仅为电

化学反应提供一个得失电子的场所,但很多离子在电极上电子迁移的速率较慢。化学修饰电极(chemically modified electrode,CME)是利用化学和物理的方法在电极表面进行分子设计,将具有优良化学性质的分子、离子、聚合物等固定在电极表面,使其形成某种微结构,赋予电极某种特定的化学和电化学性质,从而改变或改善了电极原有的性质,实现了电极的功能设计——在电极上可进行某些预定的、有选择性的反应,并提供了更快的电子迁移速率。这种修饰包括对电极界面区的化学改变,因此它所呈现的性质与电极材料本身表面上的性质不同。

1973 年,Lane 和 Hubbard 将各类烯烃吸附到铂电极的表面,用于结合多种氧化还原体。这项开拓性研究促进了化学修饰电极的问世。

化学修饰电极的基底材料主要是碳(石墨、热解石墨和玻碳)、贵金属和半导体。这些固体电极在修饰之前必须进行表面的清洁处理。用金刚砂纸、α-Al_2O_3 粉末在粒度降低的顺序下机械研磨,抛光,再在超声水浴中清洗,得到一个平滑光洁的、新鲜的电极表面。

12.2.2 化学修饰电极的类型

按修饰方法的不同,化学修饰电极可分成共价键合型、吸附型和聚合物型三大类。

12.2.2.1 共价键合型修饰电极

这类电极是将被修饰的分子通过共价键的连接方式结合到电极表面。修饰的一般步骤为:电极表面预处理(氧化、还原等),引入键合基,然后再通过键合反应接上官能团。这类电极较稳定,寿命长。电极材料有碳电极、金属和金属氧化物电极。

例如,Anson 将磨光的碳电极在高温下与 O_2 作用形成较多的含氧基团,如羟基、羧基、酸酐等,然后用 $SOCl_2$ 与这些含氧基团作用,形成化合物Ⅰ。它再与需要接上去的化合物Ⅱ反应。

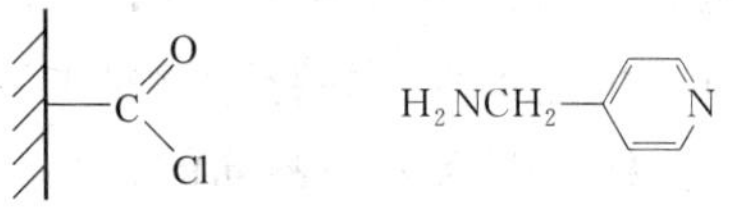

通过酰胺键把吡啶基接到了电极表面,再用电活性物质 $[(NH_3)_5RuH_2O]^{2+}$ 与吡啶基配合,得到活性的电极表面(见图 12.6)。

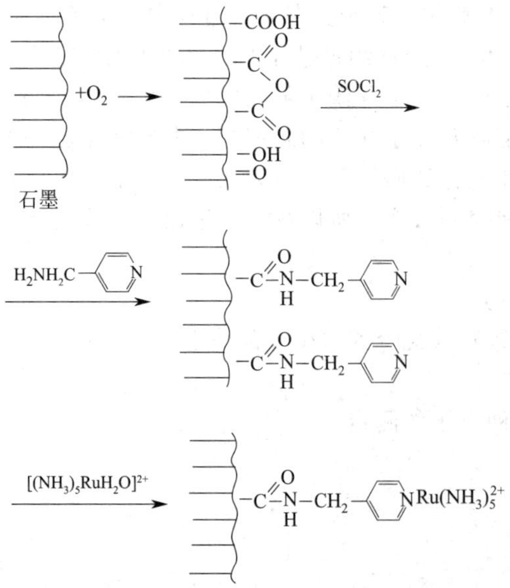

金属和金属氧化物电极的表面一般有较多的羟基—OH,它可以被利用来进行有机硅烷化,引入—NH_2 等活性基团,然后再结合上电活性的官能团。

Murray 在 Pt 电极表面,利用—OH 与硅烷化试剂乙二胺烷氧基硅烷的作用生成伯氨基。它能与含羧基或酸性氯化物的化合物反应,将电活性物质键合到电极表面(见图 12.7)。其中 DCC 是双环己基二亚胺,它是生成酰胺键的促进剂。

共价键合的单分子层一般只有 $(0.1 \sim 1) \times 10^2$ nm 厚,修饰后的电极导电性好,官能团接着较牢固,只是修饰步骤较繁琐、费时,最终能接上的官能团的覆盖量也较低。

图 12.6 用 $SOCl_2$ 的分子接着过程

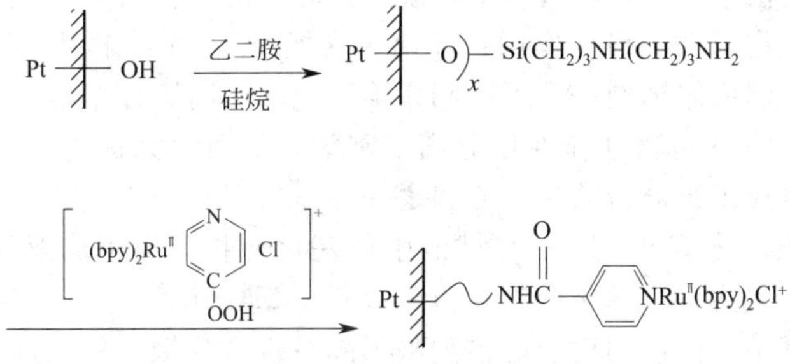

$$\text{Pt}\!-\!\text{OH} \xrightarrow[\text{硅烷}]{\text{乙二胺}} \text{Pt}\!-\!\text{O}\!-\!\text{Si(CH}_2)_3\text{NH(CH}_2)_3\text{NH}_2$$

$$\left[\text{(bpy)}_2\text{Ru}^{II}\!-\!\underset{\underset{\text{OOH}}{\overset{\|}{\text{C}}}}{\text{N}}\!-\!\text{Cl}\right]^{+} \longrightarrow \text{Pt}\!-\!\text{NHC}\!-\!\underset{\text{O}}{\overset{\|}{}}\!\!-\!\!\text{N Ru}^{II}\text{(bpy)}_2\text{Cl}^{+}$$

图 12.7　用硅烷化试剂的分子接着过程

12.2.2.2　吸附型修饰电极

吸附型修饰电极是利用基体电极的吸附作用将有特定官能团的分子修饰到电极表面。它可以是强吸附物质的平衡吸附，也可以是离子的静电引力，还可以是 LB 膜（Langmuir-Blodhett 膜，LB 膜）的吸附方式。LB 膜的吸附是将不溶于水的表面活性物质在水面上铺展成单分子膜后，其亲水基伸向水相，而疏水基伸向气相。当该膜与电极接触时，若电极表面是亲水性的，则表面活性物质的亲水基向电极表面排列，得到高度有序排列的分子（见图 12.8）。

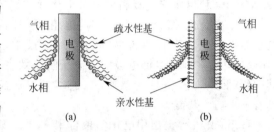

图 12.8　LB 膜修饰电极的制作
(a) 在固体基底电极表面制作
单层修饰膜；(b) 复合膜的制作

吸附型修饰电极的修饰物通常含有不饱和键，特别是苯环等共轭双键结构的有机试剂和聚合物，因其 π 电子能与电极表面交叠、共享而被吸附，硫醇、二硫化物和硫化物能借 S 原子与金的作用在金电极表面形成有序的单分子膜，称为自组装（self assembling，SA）膜。

被吸附修饰的试剂很多是配合剂，它对溶液中的组分可进行选择性富集，可大大提高测定的灵敏度。如玻碳电极修饰 8-羟基喹啉后可用于 Tl^+ 的测定。修饰物也能对某些反应起催化作用，如 Anson 将双面钴卟啉吸附于石墨电极表面，它能在酸性溶液中催化还原 O_2 为 H_2O。自组装膜能组成有序、定向、密集、完好的单分子层，为研究电极表面分子微结构和宏观电化学响应提供了一个很好的实验场所。

12.2.2.3　聚合物型修饰电极

这种电极的聚合层可通过电化学聚合、有机硅烷缩合和等离子体聚合连接而成。

（1）电化学聚合　是将单体在电极上电解氧化或还原，产生正离子自由基或负离子自由基，它们再进行缩合反应制成薄膜。

（2）有机硅烷缩合　是利用有机硅烷化试剂易水解的特点，发生水解聚合生成分子层。

（3）等离子体聚合　是将单聚体的蒸气引入等离子体反应器中进行等离子放电，引发聚合反应，在基体上形成聚合物膜。

除以上方法外，将聚合物稀溶液浸涂电极，或滴加到电极表面，待溶剂挥发后也可制得聚合物膜。该法常用于离子交换型聚合物修饰电极的制备。

12.2.3　化学修饰电极在电分析化学中的应用

12.2.3.1　使用修饰电极可以提高分析的灵敏度和选择性

当修饰剂选择具有离子交换、配合富集能力的有机物或聚合物时，修饰电极便可用作溶出伏安法、电位溶出法中的工作电极。电极表面接着的活性基团与溶液中的待测物有四种相互作用：①离子交换作用；②络合作用；③离子交换-络合协同作用，既可以将某些配位试剂与离子交换剂混合制成修饰剂，也可以利用溶液中的协同络合作用；④选择性吸附。正是由于这些不同的作用使被测物选择性地分离、富集，从而大大提高了分析的灵敏度和选择性，这是化学修饰电极用于分析的主要原因之一。

Price 等利用修饰有氨基的 CME 与试液中羰基化合物反应生成亚氨基基团，借反应时电极上产生的电流定量测定醛基化合物，方法灵敏。Martin 等研究了 Nafion 修饰电极对阳离子可进行选择性富集，使被测离子的检测限下降一定数量级。聚乙烯吡啶是 CME 中应用的阴离子交换剂，它对 $[Fe(CN)_6]^{3-}/[Fe(CN)_6]^{4-}$ 及其他金属络阴离子有很好的交换作用。柄山正树等在玻碳电极上分别以共价键合修饰了亚胺二乙酸（IDA）、乙二胺四乙酸（EDTA）和 3,6-二氧环辛基-1,8-乙氨基-N,N,N',N'-四乙酸（GEDTA）。这类修饰电极用于循环伏安法测定 Ag(Ⅰ)时，可以大大提高分析的灵敏度。

12.2.3.2　利用修饰电极制成各种电化学传感器

近年来，化学修饰电极已广泛地用于 pH 传感器、电位传感器、电流传感器、离子敏感电子器件、生物物质和药物等的传感电极中，很多情况下是利用修饰膜的选择透过特性〔如聚(3-甲基噻吩)修饰电极的"离子闸"效应〕以及催化特性（如修饰酶的催化作用）等。其中研究最多的是 pH 传感器，一些含羟基、N 原子的芳香化合物经聚合到电极表面后，都具有 pH 响应功能。

Heineman 等提出用电化学聚合聚 1,2-二氨基苯修饰铂电极，由于聚合物中胺链的质子化，可以形成 pH 传感器。在 pH 4～10 之间呈 Nernst 响应，斜率为 53mV。董绍俊等研制了聚合物掺杂阴离子传感器，对 Cl^-、Br^-、ClO_4^-、NO_3^- 呈现 Nernst 响应。聚酚、聚苯胺、聚噻吩类修饰电极都具有电位传感效应，因此可作为新型广谱响应的电位传感器。利用吸附法、化学沉积法、共价键合法、聚合物包埋法、组织切片等方法制备的酶、生物、组织传感器，可增强电极响应，提高灵敏度，降低检测限。Iarmello 和 Yacynych 将 L-氨基氧化酶（LAAO）共价键合在玻碳电极表面形成化学修饰的酶电极。它可作为 L-氨基酸的电位传感器。电极对 L-苯基丙氨酸、L-蛋氨酸、L-亮氨酸在 $10^{-2} \sim 10^{-7} mol \cdot L^{-1}$ 的范围内有线性的响应。

12.2.3.3　化学修饰电极在流动体系中的应用

许多物质在空白电极上表现为反应迟缓、过电位大、可逆性差等缺点，而将含有 Redox 活性中心的物质修饰于电极表面，就能大大地降低电极反应的自由能，加快反应的速率，增加反应可逆性，即化学修饰电极具有电催化作用。该电催化作用用于分析目的具有如下功能：降低底物过电位，使可能的干扰及背景降至最小；增大电流响应，降低检测限；防止被测物及产物在电极表面的吸附。由于流动注射（FIA）、液相色谱（LC）常用来分离测定一些有机物，而这些物质往往具有较大的过电位，因此化学修饰电极的这一电催化性能使其非常适合于流动注射、液相色谱的电化学检测（LCEC）。

国内外化学工作者在这方面做了大量的工作。金利通等聚苯胺修饰铂电极作为 HPLC 的电流检测器，对市售各种饮料中的维生素 C 进行测定，不仅结果稳定可靠，而且排除了复杂基体的干扰。Anson 等用四苯基钴(Ⅱ)卟啉进行氧分子的电催化还原，指出四苯基钴(Ⅱ)不能接触电极接受电子，所以将六氨钌(Ⅱ)的配合物加到 Nafion 中去，这种钌的氧化还原中心很快从电极上接受电子，通过自身交换和物理扩散将电子转送给钴(Ⅱ)卟啉，使具有特殊结构的 Nafion 膜修饰电极电催化还原氧的反应得以进行下去。J. Wang 等在这方面也做过很多报道。

12.2.3.4 纳米材料修饰电极

纳米材料是指三维空间中至少有一维处于纳米尺度（1～100nm）范围内的材料或由它们作为基本单元组装而成的结构材料，包括金属、氧化物、无机化合物和有机化合物等。该尺寸处在原子、分子为代表的微观世界和宏观物体交界的过渡区域（介观体系），处于该尺寸的材料表现出许多既不同于微观粒子又不同于宏观物体的特性，突出表现为四大效应。

(1) 表面效应 指纳米粒子的表面原子数与总体原子数之比随粒径的变小而急剧增大，当粒径降至1nm时，表面原子数与总体原子数之比超过90%，原子几乎全部集中到粒子的表面，表面悬空键增多，化学活性增强。此时粒子的比表面积、表面能和表面结合能都发生很大的变化。

(2) 体积效应 亦称小尺寸效应。当纳米粒子的尺寸与传导电子的波长及超导态的相干长度等物理尺寸相当或更小时，周期性的边界条件将被破坏，熔点、磁性、光吸收、热阻、化学活性、催化性能等与普通粒子相比都有很大变化，这种特殊的现象通常称之为体积效应。该效应为其应用开拓了广阔的新领域。

(3) 量子尺寸效应 颗粒尺寸下降到一定值时可将大块材料中连续的能带分裂成分立的能级，能级间的间距随颗粒尺寸减小而增大，这种现象称为量子尺寸效应。当热能、电场能或磁能比平均的能级间距还小时，就会呈现一系列与宏观物质截然不同的反常特性。

(4) 宏观量子隧道效应 隧道效应是基本的量子现象之一，即当微观粒子的总能量小于势垒高度时，该粒子仍能穿越这势垒。近年来，人们发现一些宏观量，例如微颗粒的磁化强度、量子干涉器件中的磁通量以及电荷等亦具有隧道效应，它们可以穿越宏观系统的势垒而产生变化，故称之为宏观的量子隧道效应。纳米粒子也具有这种贯穿势垒的能力。

用作修饰电极的纳米材料有：纳米颗粒（如金纳米颗粒）、纳米管、纳米线与纳米棒（如ZnO纳米棒）、纳米片以及纳米阵列等，其中因为碳纳米管（carbon nanotube，CNT）的优异性能，使得基于碳纳米管的纳米材料修饰电极发展极为迅速。

碳纳米管是最富特征的一维纳米材料，其长度为微米级，直径为纳米级，具有极高的纵横比和超强的力学性能。它可以认为是石墨管状晶体，是单层或多层石墨片围绕中心按照一定的螺旋角卷曲而成的无缝纳米级管。每层纳米管是一个由碳原子通过sp^2杂化与周围3个碳原子完全键合所构成的六边形平面所组成的圆柱面。碳纳米管分为多壁碳纳米管和单壁碳纳米管两种。多壁碳纳米管是由石墨层状结构卷曲而成的同心、且封闭的石墨管，直径一般为2～25nm。单壁碳纳米管是由单层石墨层状结构卷曲而成的无缝管，直径为1～2nm。单壁碳纳米管常常排列成束，一束可由几十到几百根碳纳米管相互平行地聚集在一起。

碳纳米管中有大量离域电子沿管壁游动，在电化学反应中对电子传递有良好的促进作用。用碳纳米管去修饰电极，可以提高对反应物的选择性，从而制成电化学传感器。利用碳纳米管对气体吸附的选择性和碳纳米管良好的导电性，可以做成气体传感器。

将碳纳米管修饰到扫描隧道电子显微镜（STM）的针尖上可制成新型的电子探针，利用它可观察到原子缝隙底部的情况，可以得到分辨率极高的生物大分子图像。如果在多壁碳纳米管的另一端修饰不同的基团，这些基团可以用来识别一些特种原子，使STM从表征一般的微区形貌上升到实际的分子。如果在探针针尖上装上一个阵列基团，完全能够对整个表面的分子进行识别。这对研究生物薄膜、细胞结构和疾病诊断等是非常有意义的。

12.3 超微电极

12.3.1 概述

当今诸多科学领域的研究对象正在不断地由宏观转向微观，生物体的研究中常以细胞作为研究对象。分析工作者必须寻求高灵敏度、高选择性的微观、快速测试工具，这些工具既不会损坏组织，又不会因电解而破坏体系的平衡。超微电极（ultramicroelectrode）因此而产生。近年来，其研究及应用取得了令人瞩目的成就，成为电分析化学的一个重要分支领域。

超微电极有时又简称为微电极，区别于滴汞等微电极，它的直径在微米或更小甚至为纳米级（$100\mu m \sim 1nm$），其大小已接近扩散层的厚度。伏安微电极首先因生命科学的需要，率先由 Adams 将其植入动物脑内用来监测神经递质的变化，实现了特殊的测试与表征。

微电极的种类很多，按其材料不同，可分为微铂、铱、金、银、铜、汞电极和碳纤维电极等；按其形状不同，可分为微盘电极、微柱电极、微环电极、微球电极和组合式微电极。微盘电极制作简单，表面易于处理，结果重现性好，理论处理也较容易，因而在实际工作中报道最多。组合式微电极是由众多的微电极组合而成的，具有微电极的特征，但总的电流比较大。

微电极的制作是微电极技术发展的关键问题之一。由于超细纤维、超细金属丝的制备成功，光刻技术特别是计算机控制光刻技术及微电子技术的发展，为微电极的研制提供了条件，使微电极的尺寸由通常的几十微米发展到亚微米级，甚至纳米级。微电极的类型及所用材料的不同，制作方法也不尽相同。经常使用的 Pt、Au、碳纤维电极等是将这些材料的极细的丝封入玻璃毛细管中，然后抛光露出盘形端面而制成。

12.3.2 超微电极的基本特征

（1）**具有极小的电极半径** 一般情况下，它的半径在 $50\mu m$ 以下，最小的已制成半径小于 $0.1\mu m$ 的圆盘铂微电极。这么小的半径，在对生物活体测试研究过程中，可以插入单个细胞而不使其受损，并且不破坏体内原有的平衡。它可成为研究神经系统中传导机理、生物体循环和器官功能跟踪检测的很好手段。

（2）**具有很强的边缘效应，传质速率快** 微电极表面扩散呈球形扩散，具有很强的边缘效应，在很短的时间内电极表面就建立起稳态的扩散平衡。因此用微电极可以研究快速的电荷转移或化学反应，以及对短寿命物质的监测。

球形电极的非稳态扩散过程的还原电流为

$$i = 4\pi nFDc_O \left(r + \frac{r^2}{\sqrt{\pi Dt}} \right) \tag{12.10}$$

式中，c_O 为氧化态物质在溶液中的浓度；r 为球形电极的半径；D 为扩散系数。扩散电流 i 为时间 t 的函数，i 随着 t 的增加而减小，$t \to \infty$，i 达到稳定。对于微电极来说，r 很小，t 很快就能满足 $\sqrt{\pi Dt} \gg r^2$，第二项可忽略不计，则得

$$i = 4\pi nFDc_O r \tag{12.11}$$

这时电流为稳态电流。因此，用微电极得到的 i-φ 曲线呈 S 形，而不呈峰形。

（3）**具有很小的双电层电容电流** 双电层电容电流的影响是限制快速电位扫描的重要因素，它歪曲了短时间内的计时电流，因而在常规电极上最高电位扫描速度受到限制，使许多领域中的研究无法进行。由于微电极面积极小，而电极的双电层电容又正比于电极面积，因

而微电极上的电容非常低,这大大提高了响应速度和信噪比,为提高检测灵敏度提供了有利条件。

(4) 具有很小的 iR 降　在常规电极上,为了防止由于 iR 降扭曲伏安曲线,影响测量精密度,通常采用三电极系统来补偿 iR 降的影响。而对于微电极,由于其表面积很小,相应电流的绝对值也很小,因此,电解池的 iR 降常小至可以忽略不计。因而,微电极可用于高阻介质中的电化学测量,也可应用于有机体系、气相、固相、玻璃共熔体及低温体系的电化学研究;另外,微电极作工作电极的电解池可采用简单的二电极系统,这样既简化了实验装置,又降低了噪声。

12.3.3　超微电极的应用

目前,微电极已用于生物电化学、金属电结晶、快速电极过程动力学、微量电分析、色谱电化学、能源电化学、非水体系、暂态过程、动态跟踪、生命科学以及微生物生态学等领域。

在生物电化学方面,由于微电极的体积很小,制成微探针后,可方便地插入活体组织,又不会损坏组织且不因电解破坏体系的原有平衡,能适应动物体内错综复杂的生理环境。微电极响应速度快,能快速响应生物体内物质的瞬间变化,使微电极成为活体分析的重要工具。主要用于测定神经递质,如多巴胺(DA)、肾上腺素(E)、5-羟色胺(5-HT)、高香草酸(HVA)、去肾上腺素(NE)及多巴酸(DOPAC)等。通过铂微电极测定血清中抗坏血酸,确定生物器官循环的障碍。用微型碳纤维电极植入动物体内进行活体组织的连续测定,如对 O_2 的连续测定时间可达一个月之久。使用微电极测量时用样量极少,使得超微量分析成为可能。

微电极的特色使它在分析化学方面可用于微小的区域,有机试剂或高阻的电化学体系。微电极能很快得到稳定的电流,使它可用于快速电极反应的研究,测定反应速率常数和电沉积的机理。

12.4　生物电化学传感器

12.4.1　概述

生物电化学传感器(electrochemical biosensor)是将生物化学反应能转换成电信号的一种装置。它是将生物活性材料(敏感元件)与电化学换能器(即电化学电极)结合起来,以电位或电流为特征检测信号的传感器。

早在1962年,Clark和Lyons就提出将生物和传感器联用的这一设想,制得一种新型分析装置"酶电极"(enzyme electrode),这为生命科学打开了一扇新的大门,酶电极也成为发展最早的一类生物电化学传感器。随后,在1967年,Updike和Hicks把含葡萄糖氧化酶的聚丙烯酰胺膜固定到氧电极上,研制出了第一支葡萄糖传感器。自此,生物电化学传感器这一新技术引起生物医学、环境科学、农业科学等领域科学家的重视,使之在国际上开始广泛研究。时至今日,生物电化学传感器已发展成为现代生物技术的重要领域之一。

12.4.2　生物电化学传感器的类型

根据作为敏感元件所用生物材料的不同,生物电化学传感器分为酶电极传感器、微生物电极传感器、组织电极与细胞器电极传感器、电化学免疫传感器、电化学 DNA 传感器等;根据生物材料的修饰(或固定)到电极上的方法不同,则有共价键合法、LB膜法、自组装膜法、化学免疫法、静电吸附结合法、表面富集法等。

(1) 酶电极传感器　酶传感器是最早问世的生物传感器，它是将酶作为生物敏感基元，通过各种物理、化学信号转换器捕捉目标物与敏感基元之间的反应所产生的与目标物浓度成比例关系的可测信号，实现对目标物定量测定的分析仪器。Clark 和 Updike 等制成的酶电极就属这类传感器，它是把无机离子或小分子气体作为测量对象而发展起来的电化学器件，并与同时期发展起来的酶固定技术相结合而产生的传感器。

(2) 微生物电极传感器　微生物传感器是由载体结合的微生物细胞和电化学器件组成，已发展了两种传感器：一种是以微生物呼吸活性为指标的呼吸型传感器，另一种是以微生物的代谢产物为指标的电活性物质测定型传感器。用微生物代替酶作为识别元件是因为微生物具有稳定性高、选择性好、廉价实用等优点，并可广泛用于许多酶反应系统、辅酶和能量再生系统。

(3) 组织电极传感器　直接采用动植物组织薄片作为敏感元件的电化学传感器称组织电极传感器。其原理是利用动植物组织中的酶作为生物敏感基元，优点是酶活性及其稳定性均比离析酶高、材料易于获取、制备简单、使用寿命长等。但在选择性、灵敏度、响应时间等方面还存在不足。

(4) 细胞器电极传感器　细胞器传感器是 20 世纪 80 年代末出现的一种以真核生物细胞、细胞器作为识别元件的生物传感器。1987 年，Blondin 等提出了固定线粒体评价水质。Carpentier 及其合作者用类囊体膜构建的生物传感器，可在 $mg \cdot L^{-1}$ 浓度下测定铅与镉的毒性，也可对银或铜进行快速测定。Rouillon 等用特殊的固定化技术将叶绿体与类囊体膜包埋在光交联的苯乙烯基吡啶聚乙烯醇中，可以在 $\mu g \cdot L^{-1}$ 浓度水平下检测到汞、铅、镉、镍、锌和铜等离子的存在。

(5) 电化学免疫传感器　免疫传感器是依赖抗原和抗体之间特异性和亲和性，利用抗体检测抗原或利用抗原检出抗体的传感器。并非所有的化合物都有免疫原性，一般分子量大、组成复杂、异物性强的分子，如生物战剂和部分毒素具有很强的免疫原性；而小分子物质，如化学战剂和某些毒素则没有免疫原性。但免疫传感器更适合于研制能连续、重复使用的毒剂监测器材。免疫分析法选择性好，如一种抗体只能识别一种毒剂，可以区分性质相似的同系物、同分异构体，甚至立体异构体，且抗体比酶具有更好的特异性，抗体与抗原的复合体相对稳定，不易分解。

(6) 电化学 DNA 传感器　DNA 是一类重要的生命物质，是大多数生物体遗传信息的载体，对 DNA 的研究是生命科学研究领域中极为重要的内容。随着人类基因组计划的顺利实施，基于 DNA 探针的基因传感器、基因芯片的研究正成为基因组研究的一个热点。电化学 DNA 传感器是一种能将目标 DNA 的存在转化为可检测的电信号的装置。所检测的是核酸的杂交反应，因此也可以称它为核酸杂交生物传感器（nucleic acid hybridization biosensor）。每种生物体内都含有其独特的核酸序列，因此检测特定核酸序列的关键是要设计一段寡核苷酸序列作为探针。这段探针能够专一性地与其进行杂交，而与其他非特异性序列不杂交，对靶序列杂交的特异性和敏感性，一直是核酸检测工作者的研究主题。电化学 DNA 传感器的结构包括一个靶序列识别层和一个信号换能器。识别层通常由固定在换能器上的探针 DNA 以及一些其他的辅助物质组成，它可以特异性地识别靶序列并与其杂交。换能器可将此杂交过程所产生的变化转变为可识别的电信号，根据杂交前后信号量的变化，可以对靶 DNA 进行准确定量。电化学 DNA 传感器对基因序列的明确分析近年来得到了快速发展，随着 DNA 合成技术以及与微电子技术的发展，其发展更趋于完善。

12.4.3　生物电化学传感器的发展

生物电化学传感器的发展主要经历了三个阶段，根据所用电子传递剂的不同，生物电化学传感器共可以分成三代。

(1) 第一代生物电化学传感器 第一代生物电化学传感器以自然物质（如氧气）作为电子传输媒介。最早的 Clark 型生物电化学传感器，其基本原理就是借助于溶液中溶解 O_2 进行酶与电极间的电子传递，从而实现酶的再生。底物的测定是通过检测产物 H_2O_2 的浓度变化或氧的消耗量来进行。由于此类传感器中被检测物的响应信号对氧气的分压有很强的依赖性，且被分析物所在体系中氧气的分压很容易发生变化。因此，该类传感器电极稳定性不够好，寿命较短，灵敏度较低，抗干扰能力差，难以微型化等。这些缺点大大地限制了生物电化学传感器的推广和应用。

(2) 第二代生物电化学传感器 20 世纪 70 年代起，为克服第一代生物电化学传感器的诸多缺点，人们开始用小分子的人造电子传递媒介来代替氧作为媒活中心与电极间的电子通道，通过检测媒介体的电流变化来反映底物浓度的变化，从而构造出了第二代生物电化学传感器。第二代生物电化学传感器可用作电子媒介体的物质通常有铁氰化物、二茂铁及其衍生物、甲基紫精、四硫富瓦烯（TTF）、染料分子、Ru、Os 的化合物、苯醌等。该类电极有许多优点，可以在无氧环境中检测生物组分的浓度，解决了传感器对氧气的依赖问题。

如 Sato 等以吩嗪衍生物为媒介体制成了甲胺脱氢酶传感器，效果较好。Wang 等将 TTF 与葡萄糖氧化酶包埋于溶胶-凝胶与聚乙烯醇和 4-乙烯基吡啶接枝共聚物的复合载体中，制成了葡萄糖传感器。用于血液中葡萄糖的测定，结果与分光光度法非常接近。唐芳琼等利用 Ag 粉作电子媒介体，制成了葡萄糖传感器，改善了酶电极的电流响应性能，性能提高了 40 倍。

这些媒介体虽可直接吸附于电极表面，但往往由于吸附不牢而易于流失；同时，媒介体也具有潜在的毒性，这些因素都限制了第二代传感器的发展。为改善上述问题，国内外学者进行了许多研究工作，从不同角度、不同途径，对其加以改进。如利用某些离子交换聚合物膜，这些电极修饰膜自身可牢固地黏附于电极表面，通过自身的荷电基团对一些荷电物质产生亲和或排斥作用，能较好地改善酶等生物敏感组织以及媒介体的固定牢度；同时，其离子交换特性还赋予电极预富集、离子交换、防污染等性能，这类介体型生物电化学传感器有效寿命有的可达数月之久。

(3) 第三代生物电化学传感器 随着生物传感技术的不断进步，发展新型简单便携、准确可靠、灵敏耐用的生物电化学传感器已成为当务之急。第三代生物电化学传感器的研究应运而生，它是以氧化还原蛋白质和酶直接电化学行为为理论基础，以酶与电极之间的直接电子转移为特征的新型生物电化学传感器。这种传感器无需引入媒介体，与氧及其他电子受体无关，因此其固定化相对简单，无外加毒性物质，是当前最理想的生物电化学传感器，也称为第三代无媒介的生物电化学传感器。

对于构建第三代生物电化学传感器的酶和蛋白质必须能在电极上表现出直接电子传输性质（即氧化还原活性），符合上述要求的蛋白质和酶通常有过氧化物酶、血红蛋白、肌红蛋白、细胞色素 c、葡萄糖氧化酶、氯化血红素等。若要实现酶和电极之间有效直接的电子传输，必须构建一个合适的薄膜界面，在这个薄膜电极的构建中，材料的选择至关重要。只有那些生物相容性好且又能对酶和电极之间进行直接电子传输有促进作用的材料才是研究者的首选材料。这类材料包括某些天然和人造聚合物、表面活性剂、无机和有机溶胶-凝胶、自组装单层和多层膜、双层磷脂膜等。近年来，随着材料科学的发展，材料的种类越来越多，在众多新材料中离子液体和纳米材料为研究者所偏爱。

12.4.4 生物电化学传感器的应用

生物电化学传感器的高度自动化、微型化与集成化，减少了对使用环境和技术的要求，适合野外现场分析的需求，在生物医学、环境监测、食品、医药及军事医学等领域有着重要的应用价值。

(1) 在生物医学上的应用　生物电化学传感器可实时检测生物大分子之间的相互作用。借助于这一技术动态观察抗原、抗体之间结合与解离的平衡关系，可较为准确地测定抗体的亲和力及识别抗原表位。Gebbert 等将免疫球蛋白（IgG）抗体通过硅烷化固定到钽电极上，在流通体系中检测 IgG。他们还将这种传感器用于在线监测灌注反应器中培养杂化细胞过程中产生的单克隆抗体，其结果与流动注射荧光免疫测定法和离线酶联免疫吸附测定法相近，由于无需标记试剂，这种方法更简单，而且能监测分析物的动态变化，较常规方法省时、省力，结果也更为客观可信，在生物医学研究方面已有较广泛的应用。Erdem 等将合成的 ss-DNA 探针固定到碳糊电极表面，以 $[Co(Phen)_3]^{3+}$ 作为杂交指示剂，采用差示脉冲伏安法检测肝炎 B 病毒。Wang 等用 DNA 电化学传感器进行了与人体免疫缺陷病毒（HIV）有关的短 DNA 序列的测定研究，为临床艾滋病检测提供了一种简便的方法。

用葡萄糖传感器测定人体血糖是生物电化学传感器最重要的应用之一，目前市售的家用血糖测定仪就是由以电化学电极为基元件的葡萄糖传感器构成的。乳酸测定仪则是迄今最成功的商品酶传感器之一。

(2) 环境监测中的应用　利用环境中的微生物细胞，如细菌、酵母、真菌作识别元件，作为生物电化学传感器在环境监测中多应用于水质分析。如发酵工艺排水中 NH_3 的测定，传统方法多使用玻璃电极，但它易受挥发性氨或离子的影响，于是有人研制出微生物电化学传感器来测定 NH_3。所用的微生物包括硝化单胞菌和硝化杆菌，将它们吸附在多孔醋酸纤维素膜上，然后把此微生物膜紧贴在氧电极端部，并在其上覆盖一层透气膜即制成测定 NH_3 的微生物电化学传感器。该传感器测量的线性范围为 $0.1\sim42mg\cdot L^{-1}$，相对误差为 $\pm4\%$，整个测量过程只需几分钟。

(3) 食品工业中的应用　在食品工业中，为保证产品质量，必须实现生产过程的自动监控。以发酵生产啤酒为例，为确保啤酒的质量，必须对啤酒中的几种主要成分进行在线监测。生物电化学传感器已用于啤酒中乙醇的检测，这种传感器由固定的微生物膜和氧电极组成，当它与乙醇溶液接触时，膜上的微生物具有把乙醇分解成 CO_2 和水的功能，在反应中消耗了氧，由氧电极测出氧的消耗，进而测出样品中乙醇的浓度。Plomer 等研究了一种可以检测饮水中常见肠道细菌如大肠杆菌、志贺菌、沙门菌等的压电免疫传感器。Volpe 等以氧化酶为生物敏感材料，结合过氧化氢电极，通过测定鱼降解过程中产生的一磷酸肌苷（IMP）、肌苷（HXR）和次黄嘌呤（HX）的浓度，从而评价鱼的鲜度。

(4) 在军事上的应用　现代战争往往是在核武器、化学武器、生物武器威胁下进行的战争。在未来的高科技战争中，生物战剂将是仅次于核武器而严重威胁国家安全的高科技武器。生物细菌战剂的防御显得尤为重要，简便、快速，适于野外作业的生物战剂监测用传感器是各国国防研究的重点。侦检、鉴定和监测是整个"三防"医学中的重要环节，是进行有效化学战和生物战防护的前提。由于具有高度特异性、灵敏性和能快速地探测化学战剂和生物战剂（包括病毒、细菌和毒素）等的特性，生物电化学传感器将是最重要的一类生物战剂侦检器材。用生物电化学传感器检测生物战剂、化学战剂具有经济、简便、迅速、灵敏的特点。目前的研究虽仅限于实验阶段，但从迅猛的发展趋势和现有的实验结果看，其实际应用的阶段很快就可能到来。单克隆抗体的出现及其与微电子学的联系，使发展众多的小型、超敏感生物电化学传感器成为可能，因此，生物电化学传感器在军事上的应用前景将更为广阔。

思考题与习题

12.1 电解质溶液导电与金属导电有什么不同？

12.2 普通电导法测量中，为什么以交流电源对电导池供电为好？

12.3 在25℃时，用面积为 $1.11cm^2$、相距 $1.00cm$ 的两个平行的铂黑电极来测定纯水的电导，其理论值为多少？

12.4 已知 $0.0200mol·L^{-1}$ KCl 溶液在25℃时的电导率 $\kappa=0.002765 S·cm^{-1}$，实验测得此溶液电阻为 240Ω，测得 $0.0100mol·L^{-1}$ 磺胺水溶液电阻为 60160Ω，试求电导池常数 θ 和磺胺水溶液的 κ 及 Λ_m。

12.5 某电导池内装有两个直径为 $4.0\times10^{-2}cm$ 并相互平行的圆形电极，电极之间的距离为 $0.12cm$，若池内盛满浓度为 $0.1mol·L^{-1}$ 的 $AgNO_3$ 溶液，并施加20V电压，则所测电流强度为0.1976A。试计算电导池常数、溶液的电导、电导率和 $AgNO_3$ 的摩尔电导率。

12.6 绘出用 $0.10mol·L^{-1}$ NaOH 滴定 $0.010mol·L^{-1}$ HCl 的电导滴定曲线，并解释曲线的形状。

12.7 什么是化学修饰电极？常用的电极修饰方法有哪些？

12.8 超微电极与普通电极相比具有哪些突出特点？

12.9 构成生物电化学传感器分子识别元件的生物活性物质有哪些？有哪几种常用固定化方法？

12.10 第一代、第二代及第三代生物电化学传感器有什么区别？

第12章 拓展材料

第 13 章　色谱法引论
Introduction to Chromatography

【学习要点】
① 了解色谱法的发展简史及基本原理。
② 掌握常见色谱法分离机理。
③ 理解常见色谱术语，掌握相比保留值、分配比、柱效、分离度的计算。
④ 了解色谱分离的理论，掌握影响柱效的因素及影响分离度的因素。
⑤ 掌握色谱定性分析方法及定量分析方法。

13.1　概述

13.1.1　色谱法的发展历史

色谱法自提出至今已有 100 多年的时间。1903 年，俄国植物学家茨维特（Tswett，1872—1919）在一次学术演讲中发表了他的实验发现，第一次描述了色谱分离的过程和现象。1906 年，他发表了两篇应用色谱法分离植物色素的学术论文，并正式提出了"色谱法"这样一种分离方法。茨维特将植物叶片的石油醚提取液倒入装有碳酸钙粉末的玻璃管（称为色谱柱）中，并用石油醚自上而下淋洗，由于不同的色素在碳酸钙颗粒表面的吸附力不同，随着淋洗的进行，不同色素向下移动的速度不同，形成一圈圈不同颜色的色带，使各色素成分得到分离（见图 13.1）。

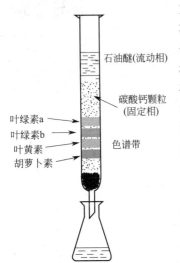

图 13.1　植物色素分离示意图

茨维特将这种分离方法命名为色谱法（chromatography）。但在此后的 20 多年里，很少有人应用这一技术用于分离混合物。直到 1931 年，Kuhn 等用同样的方法成功地分离了胡萝卜素和叶黄素，从此，色谱法开始为人们所重视。1942 年，汉斯（Hesse）以氮气为流动相，硅胶为固定相，分离了当时很难分离的苯与环己烷。马丁（Martin）和欣格（Synge）则将液体有机化合物涂渍在多孔性固体表面上作为固定相，被分离组分通过分离柱时在气-液两相间进行分配，不但使色谱法分离能力提高了很多，而且有机固定相的使用也使得分析对象的范围极大扩展，并建立了系统的色谱分析理论，极大地推动了色谱分析法的发展，二人由此而获得了 1952 年诺贝尔化学奖。在此之后，色谱的分离理论及相关技术发展很快，相继出现了各种色谱分析方法。

在仪器分析领域，色谱法是一个相对出现较晚的分支学科。早期的色谱技术只是一种分离技术而已，与萃取、蒸馏等分离技术不同的是其分离效率高得多，较少用于定量分析。当这种高效的分离技术与各种灵敏的检测技术结合在一起，克服传统光学分析方法、质谱分析法的缺点，即分析之前需要复杂的样品处理和分离过程，因而成为最重要的一种分析方法，几乎可以分析所有已知物质,在所有学科领域都得到了广泛的应用,不管是气体、液体还是固体样品,都能找到合适的色谱法进行分离和分析。目前色谱法已广泛应用于许多领域,成为十分重要的分离分析手段,因此,色谱法也被称为分离分析法,是目前仪器分析方法中发展速度最快、应用最为广泛的分析方法之一。

色谱分析法在化学、生物、医学等各学科中均有广泛的应用,表 13.1 为对色谱法起过关键作用的诺贝尔奖研究工作。

表 13.1 对色谱法起过关键作用的诺贝尔奖研究工作

年 份	获 奖 学 科	获奖研究工作
1937	化学	类胡萝卜素化学,维生素 A 和维生素 B
1938	化学	类胡萝卜素化学
1939	化学	聚甲烯和高萜烯化学
1950	生理学、医学	性激素化学及其分离、肾皮素化学及其分离
1951	化学	超铀元素的发现
1955	化学	脑下腺激素的研究和第一次合成聚肽激素
1958	化学	胰岛素的结构
1961	化学	光合作用时发生的化学反应的确认
1970	生理学、医学	关于神经元触处迁移物质的研究
1970	化学	糖核苷酸的发现及其在生物合成碳水化合物中的作用
1972	化学	核糖核酸化学酶结构的研究
1972	生理学、医学	抗体结构的研究

从表 13.1 中可以发现,一旦茨维特的理论为科学界所广泛接受和掌握,马上产生了大量的研究成果并推动了相关学科的产生和发展,这也充分说明了色谱法的重要作用和广泛的应用范围。

13.1.2 色谱法的优点和缺点

13.1.2.1 色谱法的优点

(1) 分离效率高　几十种甚至上百种性质类似的化合物可在同一根色谱柱上得到分离,能解决许多其他分析方法无法实现的复杂样品分析。随着色谱分析技术的发展,现代的二维色谱,甚至一次分析可以得到上万种化合物的含量和结构信息。

(2) 分析速度快　一般而言,色谱法可在几分钟至几十分钟的时间内完成一个复杂样品的分析。

(3) 检测灵敏度高　随着信号处理和检测器制作技术的进步,不经过预浓缩可以直接检测 10^{-9} g 量级的微量物质。如采用预浓缩技术,检测下限可以达到 10^{-12} g 量级,可以进行微量分析和痕量分析。

(4) 样品用量少　一次分析通常只需数纳升至数微升的溶液样品。

(5) 选择性好　通过选择合适的分离模式和检测方法,可以只分离或检测感兴趣的部分物质。

(6) 多组分同时分析　在很短的时间内(20min 左右),可以实现几十种成分的同时分离与定量。

(7) 易于自动化　现代色谱仪器已经可以实现从进样到数据处理的全自动化操作。

13.1.2.2 色谱法的缺点

色谱法的主要不足是定性能力较差。为弥补这一不足,已经发展了色谱法与其他多种具有定性能力的分析技术的联用,如色谱法与质谱法的联用,色谱法与红外光谱法的联用等。

13.1.3 色谱法的定义与分类

色谱法又称色层分析法或分离分析法,是一种物理化学分析方法,它利用试样中共存组分间的吸附、分配、交换、迁移速率以及其他性能上的差异，先将它们分离，而后通过检测器按一定顺序进行分析与测定。

色谱法的种类很多，它们共同的特点是都具备两个相，有一相固定不动，称为固定相；另一相携带样品移动，称为流动相。当流动相中样品混合物经过固定相时，就会与固定相发生作用，由于各组分在性质和结构上有差异，与固定相相互作用的方式、强弱就会有差异，因此在同一推动力下，不同组分在固定相中滞留时间长短不同，从而按先后不同的次序从固定相中流出。这种利用各组分在两相中性能上的差异，使混合物中各组分分离的技术，称为色谱法。

色谱法的固定相可以是固体或者液体，也可以将液体涂在固体的表面，甚至是通过化学反应键合在固体的表面。流动相是与固定相处于平衡状态、带动样品向前移动的另一相。流动相可以是液体、气体或者是超临界流体（supercritical fluid，SCF）。

由于固定相和流动相各不相同，分离的过程也有不同的机制，使得色谱法的分类方法较多。

13.1.3.1 按两相状态分类

气体为流动相的色谱称为气相色谱（GC），根据固定相是固体吸附剂还是固定液（附着在惰性载体上的一薄层有机化合物液体），又可分为气固色谱（GSC）和气液色谱（GLC）。

液体为流动相的色谱称液相色谱（LC）。同理，液相色谱亦可分为液固色谱（LSC）和液液色谱（LLC）。超临界流体为流动相的色谱称为超临界流体色谱（SFC）。随着色谱工作的发展，通过化学反应将固定液键合到载体表面，这种化学键合固定相的色谱又称化学键合相色谱（CBPC）。

13.1.3.2 按分离机理分类

根据组分与固定相的相互作用，可将色谱法分为：吸附色谱法、分配色谱法、离子交换色谱法、凝胶色谱法和亲和色谱法等。

（1）吸附色谱法　吸附色谱法通常也称为液-固吸附色谱法，其固定相是一种吸附剂，是利用其对试样中待分离组分吸附能力的差异，而实现试样中各组分分离的色谱法。吸附剂通常是具有较大表面积的活性多孔固体，例如硅胶、氧化铝和活性炭等。早期茨维特用来分离植物色素的方法就是一种吸附色谱法。

（2）分配色谱法　分配色谱法的固定相是液体，或将液体固定相键合在多孔性固体上，利用液体固定相对试样中各组分的溶解能力不同，即试样中各组分在流动相与固定相中分配系数的差异，而实现试样中组分分离的色谱法。

（3）离子交换色谱法　以离子交换树脂作固定相，在流动相带着试样通过离子交换树脂时，由于不同的离子与固定相具有不同的亲和力而获得分离的色谱法。离子交换色谱法不仅适用于无机离子混合物的分离，亦可用于有机物的分离，例如氨基酸、核酸、蛋白质等生物大分子，因此应用范围较广。

（4）凝胶色谱法　凝胶色谱法又称尺寸排阻色谱法。对于分子大小不同的各种分子，在凝胶色谱柱中的分布情况是不同的：分子较大的只能进入孔径较大的那一部分凝胶孔隙内，而分子较小的可进入较多的凝胶颗粒内，这样分子较大的在凝胶床内移动距离较短，而分子较小的移动距离较长。于是分子较大的先通过凝胶床而分子较小的后通过凝胶床，这样就利用了凝胶的"分子筛效应"而将分子量不同的物质进行分离。

（5）亲和色谱法　利用不同组分与固定相（固定化分子）的高专属性亲和力进行分离的技术称为亲和色谱法，常用于蛋白质的分离。

13.1.3.3 按固定相的操作方式分类

固定相装在柱内的色谱法称为柱色谱。固定相呈平板状的色谱法称为平板色谱。根据平板色谱的载体，又可将之分为薄层色谱和纸色谱。

13.2 色谱流出曲线及有关术语

13.2.1 色谱流出曲线

色谱流出曲线也可称为色谱图（chromatogram）。在色谱法中，当样品加入后，样品中各组分随着流动相的不断向前移动而在两相间反复进行溶解、分配，或吸附、解吸的过程。如果各组分在固定相中的分配系数（表示溶解或吸附的能力）不同，就有可能达到分离。分配系数小的组分滞留在固定相中的时间短，在柱内移动的速度快，先流出柱子；分配系数大的组分滞留在固定相中的时间长，在柱内移动的速度慢，后流出柱子；分离后的各组分经检测器转换成电信号而记录下来，得到一条信号随时间变化的曲线，称为色谱流出曲线或色谱图。

色谱图事实上就是色谱柱流出物中溶质浓度随时间的变化曲线，直线部分是没有溶质流出时流动相的背景响应值，称为基线（base line）。在基线平稳后，通常将基线响应值设定为零，再进样分析。溶质开始流出至完全流出所对应的峰形部分称色谱峰（peak），基线与色谱峰组成了一个完整的色谱图（见图13.2），其中1、2、3、4为色谱峰，3和4之间的平直部分为基线。

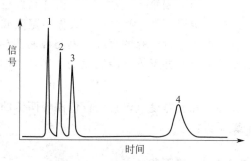

图 13.2 典型色谱流出曲线

13.2.2 色谱峰的描述参数

色谱峰是经过色谱柱分离后的组分流经检测器时所产生连续信号曲线上的突起部分。正常色谱峰近似于对称形正态分布曲线（高斯分布曲线）（见图13.3）。

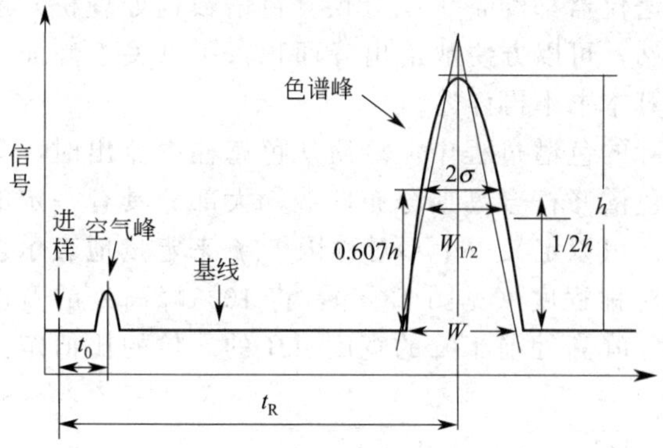

色谱的定性与定量分析均需要利用色谱峰的各种参数，同时，一个色谱分析结果的优劣程度也与色谱峰的参数密切相关，因此，如何描述一个色谱峰，并为定性分析和定量分析提供依据，对于色谱分离过程是很重要的。

图 13.3 色谱峰示意图

13.2.2.1 基线

在色谱图中，当没有样品进入检测器时所给出的流出曲线称为基线。通常的正常基线是一条平行于横轴的直线，其平直程度反映了仪器及操作条件的稳定程度。基线的高低主要由流动相中杂质等因素决定。

如果将基线放大，可以发现平直的基线其实也有很多微小的起伏，这些未知的偶然因素引起基线起伏的现象称为噪声（noise）。噪声的大小可用噪声带（峰-峰值）的宽度来衡量。如果噪声的水平较低，则有利于微量和痕量物质的定量分析，如果噪声的水平高，则相应的分析最低检出浓度会增大。噪声分短期噪声和长期噪声两种。如果基线随时间变化而朝某一方向缓慢变化，称为基线漂移。漂移用单位时间内基线水平的变化来衡量，通常是由于实验条件不稳定所引起的。如图13.4中

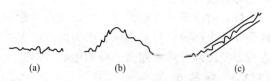

图 13.4 噪声和漂移示意图

(a) 和 (b) 所示，分别为短期噪声和长期噪声，图 (c) 为漂移。漂移往往会造成实验结果不能重复，因此，在开始实验之前，要将基线漂移降低到不影响实验结果的程度。

色谱峰可用峰高、峰宽和峰面积 3 个参数来描述。峰高和峰面积用于定量，峰宽用于衡量色谱分离效率。若是描述一组色谱峰，还需用分离参数表述相邻峰的重叠程度。

13.2.2.2 峰高 h

自基线至色谱峰的顶点之间的距离，称为峰高。

13.2.2.3 峰宽

峰宽即色谱峰的区域宽度，是色谱流出曲线中一个重要的参数，反映了色谱分离的动力学过程及色谱分离效率的高低。从色谱分离角度考虑，希望区域宽度越窄越好。通常度量色谱峰区域宽度有下列三种方法（见图 13.3）。

(1) 标准偏差 σ　为 0.607 倍峰高处色谱峰宽度的一半。

(2) 半峰宽度 ($W_{1/2}$)　又称半宽度或半高峰宽，即峰高为一半处的宽度，它是通过峰高的中点作平行于峰的直线，其与峰两侧相交两点之间的距离。由于色谱峰顶呈圆弧形，色谱峰的半峰宽并不等于峰底宽的一半，它与标准偏差的关系为：

$$W_{1/2} = 2\sigma\sqrt{2\ln 2} = 2.35\sigma \quad (13.1)$$

(3) 峰底宽度 (W)　自色谱峰两侧的转折点所作切线在基线上的截距，它与标准偏差的关系为：

$$W = 4\sigma \quad (13.2)$$

13.2.2.4 峰面积 A

色谱峰与基线之间包含的面积称为峰面积。峰面积和峰高是色谱图上最基本的数据，它们的测量精度将直接影响定量分析的精度。由于现代绝大部分色谱仪器都配备了积分仪（色谱数据处理机）或色谱工作站，可以方便地给出峰面积，所以关于峰面积的手工计算本书不再详述。

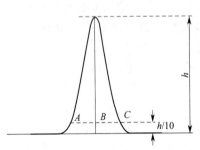

图 13.5　色谱峰的不对称因子示意

在实际的色谱过程中，溶质从色谱柱中流出时，只有很少的色谱峰符合高斯分布曲线，大部分具有一定的不对称性。可以定义一个不对称因子 f 来定量地表示色谱峰的不对称程度（见图 13.5），将 10% 峰高处的宽度 AC 与 10% 峰高处前半峰的宽度 AB 的 2 倍的比值定义为不对称因子 f，即

$$f = \frac{\overline{AC}}{2\overline{AB}}$$

13.2.2.5 不正常色谱峰

不正常的色谱峰主要为拖尾峰和前沿峰。

(1) 拖尾峰　不对称因子大于 1.05 称为拖尾峰。色谱峰的形状是前半部分信号增加快，后半部分信号减小慢。引起峰拖尾的主要原因是溶质在固定相中存在吸附作用，因此，拖尾峰也称为吸附峰。

(2) 前沿峰　又称为伸舌峰，是不对称因子小于 0.95 的色谱峰。它的前半部分信号增加慢，后半部分信号减小快。因为前沿峰主要是固定相不能给溶质提供足够数量合适的作用位置，使一部分溶质超过了峰的中心，即产生了超载，所以也称超载峰。

13.2.3 保留值

在整个色谱分离过程中，流动相始终是以一定的流速（或压力）在固定相中流动，并将溶质带入色谱柱。溶质因分配、吸附等相互作用,进入固定相后,即在固定相表面与活性位点相互作用,从而在固定相中保留。同时,溶质又被流动相洗脱下来,进入流动相。与固定相作用越强的溶质在固定相中的保留值就越大。保留值是组分在色谱体系中的保留行为,反映了组分与固定相作用力的大小,是色谱过程热力学特性的参数。

保留值可以时间表示,或者以流动相的体积表示。以时间表示的称为保留时间,以体积表示的称为保留体积。

(1) 死时间 t_0　指不被固定相吸附或溶解的物质进入色谱柱时,从进样到出现峰极大值所需的时间,以 t_0 表示。死时间正比于色谱柱的空隙体积,因为这种物质不被固定相吸附或溶解,故其流动速度将与流动相的流动速度相同。

(2) 保留时间 t_R　被分离试样从进样到柱后出现该组分浓度极大值时的时间,也就是从进样开始到出现峰极大点时所经过的时间,称为保留时间,用 t_R 表示,常以分(min)或秒(s)为时间单位。保留时间是由色谱过程中的热力学因素决定的,在一定的色谱操作条件下,任何一种物质都有一确定的保留时间,是组分本身所固有的性质,可以作为色谱定性分析的依据,但同一组分的保留时间常受到流动相流速的影响,因此色谱工作者有时用保留体积来表示保留值。

(3) 调整保留时间 t'_R　某组分的保留时间扣除死时间后,称为该组分的调整保留时间,也称为真实保留时间或溶质保留时间,其表达式为

$$t'_R = t_R - t_0 \tag{13.3}$$

调整保留时间反映了被分析的组分与色谱柱中固定相发生相互作用而在色谱柱中滞留的时间,可以看作是被固定相滞留在色谱柱中的时间,因而调整保留时间更确切地表达了被分析组分的保留特性,是色谱定性分析的基本参数之一,比保留时间定性更为可靠。

(4) 死体积 V_0　指色谱柱在填充后,柱管内固定相颗粒间所剩留的空间、色谱仪中管路和连接头间的空间以及检测器的空间的总和,以 V_0 表示。当管路体积检测器的空间很小,可忽略不计时,死体积可由死时间与色谱柱出口的流动相的体积流速 F_0(mL·min^{-1})计算。

$$V_0 = t_0 F_0 \tag{13.4}$$

(5) 保留体积 V_R　指从进样开始到被测组分在柱后出现浓度极大点时所通过的流动相的体积,以 V_R 来表示。保留时间与保留体积关系为:

$$V_R = t_R F_0 \tag{13.5}$$

(6) 调整保留体积 V'_R　某组分的保留体积扣除死体积后,称为该组分的调整保留体积。

$$V'_R = V_R - V_0 = t'_R F_0 \tag{13.6}$$

(7) 相对保留值 $r_{2,1}$　某组分2的调整保留值与组分1的调整保留值之比,称为相对保留值。

$$r_{2,1} = t'_{R_2}/t'_{R_1} = V'_{R_2}/V'_{R_1} \tag{13.7}$$

由于相对保留值只与柱温及固定相性质有关,而与柱径、柱长、填充情况及流动相流速无关,因此,它在色谱法中,特别是在气相色谱法中,广泛用作定性的依据。在定性分析中,通常固定一个色谱峰作为标准(s),然后再求其他峰(i)对这个峰的相对保留值,此时可用符号 α 表示,即

$$\alpha = t'_{R(i)}/t'_{R(s)} \tag{13.8}$$

式中,$t'_{R(i)}$ 为后出峰的调整保留时间,所以 α 总是大于1的。相对保留值往往可作为衡量固定相选择性的指标,又称选择因子。

13.2.4　分配平衡

色谱法主要利用各组分在流动相和固定相之间的分配系数的不同以达到分离的目的。在

一定温度下,组分在流动相和固定相之间所达到的平衡称为分配平衡,为了描述这一分配行为,通常采用分配系数 K 和分配比 k 来表示。

13.2.4.1 分配系数 K

分配色谱分离的过程就是样品组分在固定相和流动相之间反复多次的分配过程,可以用组分在两相间的分配来描述。分配系数是在一定温度和压力下组分在固定相和流动相之间分配达到平衡时的浓度之比,即

$$K = \frac{\text{组分在固定相中的浓度}}{\text{组分在流动相中的浓度}} = \frac{c_s}{c_m} \tag{13.9}$$

分配系数是由组分和固定相的热力学性质决定的,它是每一组分的特征值。分配系数是分配色谱中的重要参数,如果两个组分的分配系数相同,则它们的色谱峰重合;反之,分配系数差别越大,则相应色谱峰分离得越好。

13.2.4.2 分配比 k

分配比又称容量因子,指在一定温度和压力下,组分在两相间分配达平衡时,固定相和流动相中组分的质量比,即

$$k = \frac{\text{组分在固定相中的质量}}{\text{组分在流动相中的质量}} = \frac{m_s}{m_m} \tag{13.10}$$

k 值大小取决于组分本身和固定相的热力学性质,它不仅随柱温、柱压变化,也与流动相及固定相的体积有关。k 值是衡量色谱柱对被分离组分保留能力的重要参数,是组分与色谱柱填料相互作用强度的直接量度,k 值越大,组分在固定相中的量越多,柱的容量越大,保留时间越长,因此 k 又称为容量因子、容量比或分配容量;k 为零时,则表示该组分在固定液中不溶解,因而不能被色谱柱所保留,其保留时间等于死时间。

K 与 k 的关系为

$$K = \frac{c_s}{c_m} = \frac{m_s/V_s}{m_m/V_m} = k \frac{V_m}{V_s} = k\beta$$

式中,β 为相比,是反映各种谱柱柱型特点的又一个参数。V_s、V_m 分别为固定相和流动相的体积。例如,对填充柱,其 β 值一般为 6~35;对毛细管柱,其 β 值为 60~600。

13.2.4.3 分配系数 K 及分配比 k 与相对保留值 α 的关系

两组分的相对保留值 α 决定于分配系数 K 或分配比 k,三者之间的关系如下:

$$\alpha = \frac{t'_{R_2}}{t'_{R_1}} = \frac{k_2}{k_1} = \frac{K_2}{K_1} \tag{13.11}$$

上式表明:如果两组分的 K 或 k 值相等,则 $\alpha=1$,两个组分的色谱峰重合;两组分的 K 或 k 值相差越大,则分离得越好。

13.3 色谱法基本原理

色谱分离理论研究物质在色谱过程中的热力学和动力学规律,如解释色谱流出曲线的形状、谱带展宽的机理,从而为选择和优化色谱分离条件提供理论指导。色谱分离理论用严格的数学公式表述,需要根据溶质在柱内的迁移过程及影响这一过程的各种因素,列出相应的偏微分方程组,求出描述色谱谱带运动的方程式,其数学处理相当复杂,方程组的求解也非常困难。在实际研究中,通常要进行适当的条件假设并作简化的数学处理。本节主要介绍色谱分离的塔板理论及速率理论。

13.3.1 塔板理论

塔板理论是 Martin 和 Synger 首先提出的色谱热力学平衡理论,它把色谱柱看作分馏

塔，把组分在色谱柱内的分离过程看成在分馏塔中的分馏过程，即组分在塔板间隔内的分配平衡过程。塔板理论的基本假设如下：

① 色谱柱内存在许多塔板，组分在塔板间隔（即塔板高度）内完全服从分配定律，并很快达到分配平衡；

② 样品首先加在第 0 号塔板上，样品沿色谱柱轴方向的扩散可以忽略；

③ 流动相在色谱柱内间歇式流动，每次进入一个塔板体积；

④ 在所有塔板上分配系数相等，与组分的量无关。

塔板高度用 H 表示。经过多次平衡，分配系数小的组分先离开色谱柱，分配系数大的后离开色谱柱。由于色谱柱内的塔板数相当多，即使组分的分配系数只有微小差别，仍可获得较好的分离效果。

理论塔板数用 n 表示，当色谱柱长为 L 时，其塔板数 n 为

$$n = \frac{L}{H} \text{ 或 } H = \frac{L}{n} \tag{13.12}$$

当 L 确定时，n 越大或 H 越小，表示柱效率越高，分离能力越强。

由塔板理论可求出理论塔板数 n 的计算公式

$$n = 5.54 \left(\frac{t_R}{W_{1/2}}\right)^2 = 16 \left(\frac{t_R}{W}\right)^2 \tag{13.13}$$

式中，t_R 为组分的保留时间；W 为峰底宽度。

通常使用的高效液相色谱柱的理论塔板数 n 每米超过 10000 以上，理论塔板高度 H 在 0.1mm 左右；毛细管色谱柱 $n = 10^5 \sim 10^6$，H 在 0.5mm 左右。茨维特用来进行分离植物色素的色谱柱的柱效为几十到几百，可以用于简单体系的分离。

由于死时间 t_0 包括在 t_R 中，而实际死时间不参与柱内的分配，所以 n 值尽管很大，H 很小，但与实际柱效相差很大，因而提出了将死时间 t_0 扣除的有效理论塔板数 n_{eff} 和有效塔板高度 H_{eff} 作为柱效能指标

$$n_{eff} = 5.54 \left(\frac{t'_R}{W_{1/2}}\right)^2 = 16 \left(\frac{t'_R}{W}\right)^2 \tag{13.14}$$

$$H_{eff} = \frac{L}{n_{eff}} \tag{13.15}$$

同一色谱柱对不同物质的柱效是不同的，因此在说明柱效时，除注明色谱条件和色谱柱外，还应指出是对何物质而言的。

塔板理论指出了组分在柱内分布的数学模型。组分随着流动相冲洗时间的增加，在柱内迁移过程中浓度呈正态分布。它形象地说明了色谱柱的柱效，理论塔板数是反映柱效能的指标。理论塔板数 n 的物理意义在于说明组分在柱中反复分配平衡的次数的多少，n 越大，平衡次数越多，柱效越高，组分之间的热力学性质差异表现得越充分，组分与固定相的相互作用力越显著，分离得越好。反之，n 越小，平衡次数越少，柱效越小，组分之间的热力学性质的差异难以充分表现，分离得越差。

塔板理论还能很好地解释色谱图，如曲线形状、浓度最大值位置、数值和流出时间，色谱峰的宽度和保留值的关系等。因此，塔板理论具有一定的实用价值。

但是，塔板理论把色谱柱作为分馏塔或蒸馏柱来看待，它的几个假设并不符合色谱柱内的情况。组分在塔板高度 H 内在两相间的质量传递需要一定时间，分配平衡不可能达到瞬时完成，而且在柱前部分和柱后部分的一个塔板高度 H 内，组分的分配平衡是有差异的，达不到完全平衡；分配系数 K 在每个塔板上不是一成不变的常数；组分和流动相在柱内的

流动也不是以跳跃式或脉冲方式进入一个体积,而是连续式的进入。组分沿轴向的扩散也是不可忽略的。因此,塔板理论具有一定的局限性,它不能解释同一色谱柱对不同组分理论塔板数 n 或塔板高度 H 可能不同;不能解释不同操作条件下,同一色谱柱对相同组分的理论塔板数 n 或塔板高度 H 的不同;不能找出影响 n 或 H 的内在因素;不能为操作与应用色谱方法提供改善柱效的途径和方法。这是因为塔板理论只考虑组分热力学因素,而没有考虑组分在柱内的动力学因素。塔板理论无法解释柱效与流动相流速的关系,也不能说明影响柱效有哪些主要因素,这是塔板理论局限性的主要原因所在。

13.3.2 速率理论

为了克服塔板理论的缺陷,1956 年荷兰学者范第姆特(Van Deemter)等在 Martin 等人工作的基础上,提出了色谱过程动力学理论——速率理论,比较完整地解释了色谱的分离过程。后来,Giddings 等又做了进一步的完善。速率理论充分考虑了溶质在两相间的扩散和传质过程,更接近溶质在两相间的实际分配过程。该理论模型对气相、液相色谱都适用。速率理论可用范第姆特方程进行描述,其数学简化式为

$$H = A + \frac{B}{u} + Cu \tag{13.16}$$

式中,u 为流动相的线速度;A、B、C 为常数,分别代表涡流扩散项系数、分子扩散项系数、传质阻力项系数。

13.3.2.1 涡流扩散项 A

在填充色谱柱中,当组分随流动相向柱出口迁移时,流动相由于受到固定相颗粒障碍,不断改变流动方向,组分分子在前进中形成紊乱的涡流,故称为涡流扩散(见图 13.6)。

图 13.6 涡流扩散示意图

在填充柱内,由于填充物颗粒大小的不同及填充物的不均匀性,使同一组分的分子经过多个不同长度的途径流出色谱柱,一些分子沿较短的路径运行,较快通过色谱柱,另一些分子沿较长的路径运行,发生滞后,结果使色谱峰变宽。其程度由下式决定

$$A = 2\lambda d_p \tag{13.17}$$

式中,λ 为固定相填料的不规则因子;d_p 为固定相填料的平均直径。

从上式可以看出,涡流扩散相与固定相的颗粒大小、几何形状及装填紧密程度有关,与流动相的性质、线速度和组分性质无关。为了减小涡流扩散,提高柱效,使用细而均匀的颗粒,并且填充均匀是提高柱效的有效途径。随色谱柱中装填固定相粒度 d_p 的减小,色谱柱的理论塔板高度 H 也越小,色谱柱的柱效也越高。因此,色谱柱中装填固定相的粒度是对色谱柱性能产生影响的最重要的因素,但固定相的粒度也不能无限制地减小,因其阻力会随着粒度的减小而迅速增大。对于空心毛细管,不存在涡流扩散,因此 $A=0$。

13.3.2.2 分子扩散项 B/u(纵向扩散项)

当样品组分被载气带入色谱柱后,以"塞子"的形式存在于柱的很小一段空间中,由于存在纵向的浓度梯度,因而就会发生纵向扩散,引起色谱峰展宽(见图 13.7)。分子扩散项系数为

$$B = 2\gamma D_g \tag{13.18}$$

式中,γ 为填充柱内流动相扩散路径弯曲的因

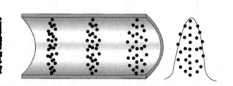

图 13.7 分子扩散示意图

素,称为弯曲因子;D_g 为组分分子在流动相中的扩散系数,$cm^2 \cdot s^{-1}$。

弯曲因子与填充物性质有关,由于在填充柱内有固定相颗粒存在,使分子自由扩散受到阻碍,扩散程度降低。而在空心柱中,扩散不受到阻碍,$\gamma=1$。

由式(13.18)可知,分子扩散项一般与下列因素有关。

(1) 与组分在流动相中的扩散系数 D_g 成正比 D_g 与流动相及组分性质有关,分子量大的组分 D_g 小,D_g 反比于流动相分子量的平方根。D_g 与柱温、柱压有关,随柱温升高而增大,随柱压增大而减小。采用分子量较大的流动相,控制较低的柱温,可使 B 项降低。

(2) 与组分在色谱柱内停留的时间有关 流动相流速小,组分停留时间长。因此气相色谱采用较高的载气流速,以减小分子扩散项。

对于液相色谱,组分在流动相中的纵向扩散可以忽略不计。

13.3.2.3 传质阻力项 Cu

组分在固定相和流动相之间的分配必然有一个组分分子在两相间的交换、扩散过程,这个过程称为质量传递,简称传质。以气液分配色谱为例,当组分进入色谱柱后,由于它对固定液的亲和力,组分分子首先从气相向气液界面移动,进而向液相扩散分布,继而再从液相中扩散出来进入气相(见图13.8),这个过程叫作传质过程。传质过程需要时间,而且在流动状态下,不能瞬间达到分配平衡。当它返回气相时,必然落后于随流动相前进的组分,从而引起色谱峰变宽。这种情况就如同这一部分受到了阻力一样,因此称为传质阻力,用 C 表示。

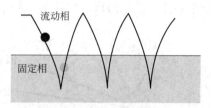

图 13.8 传质阻力示意图

(1) 对于气液色谱 气相传质过程是指试样组分从气相移动到固定相表面的过程。这一过程中试样组分将在两相间进行浓度分配。对于填充柱,气相传质阻力系数 C_g 为

$$C_g = \frac{0.01k^2}{(1+k)^2} \times \frac{d_p^2}{D_g} \tag{13.19}$$

气相传质阻力与填充物粒度 d_p 的平方成正比,与组分在载气流中的扩散系数 D_g 成反比。因此,采用粒度小的填充物和分子量小的载气,可使 C_g 减小,提高柱效。

液相传质过程是指试样组分从固定相的气/液界面移动到液相内部,达到平衡后再返回相界面的传质过程。液相传质阻力系数 C_l 为

$$C_l = \frac{2}{3} \times \frac{k}{(1+k)^2} \times \frac{d_f^2}{D_l} \tag{13.20}$$

固定相的液膜厚度 d_f 薄,组分在液相中的扩散系数 D_l 大,则液相传质阻力就小。降低液膜厚度 d_f,但同时也会减小 k,又会使 C_l 增大。所以可采用增大比表面积的方法(减小粒度)来减小 C_l。但比表面积太大,又会造成拖尾峰。一般可通过控制适宜的柱温来减小 C_l。对于气液色谱,传质阻力系数 C 包括气相传质阻力系数 C_g 和液相传质阻力系数 C_l 两项,即

$$C = C_g + C_l \tag{13.21}$$

(2) 对于液液分配色谱 传质阻力系数 C 包括流动相传质阻力系数 C_m 和固定相传质阻力系数 C_s,即

$$C = C_m + C_s \tag{13.22}$$

对于 C_m,固定相的粒度愈小,微孔孔径愈大,传质速率就愈快,柱效就愈高。对高效液相色谱固定相的设计就是基于这一考虑。

对于 C_s,传质过程与液膜厚度平方成正比,与试样分子在固定液中的扩散系数成反比。

13.3.2.4 流动相线速对塔板高度的影响

测定不同流速下的塔板高度 H,可作气相色谱和液相色谱的 $H\text{-}u$ 的曲线图,可得到如图 13.9 所示的两条曲线。由图 13.9 可见,气相色谱和液相色谱的柱效能与流速的变化关系有相同之处,也有不同之处。

液相色谱中的纵向扩散非常小,u 和 H 的关系较简单。这是因为液相色谱的纵向扩散系数和传质阻力系数都与气相色谱有所不同。液相色谱的范第姆特方程式表示为

$$H = 2\lambda d_p + 2\gamma D_m/u + \delta \frac{d_p^2}{D_m} u + \sigma \frac{d_f^2}{D_s} u \tag{13.23}$$

式中,D_m 为组分在洗脱液中的扩散系数;δ 和 σ 分别为常数。因纵向扩散项 B/u 在液相色谱中很小,所以塔板高度 H 主要由传质阻力项 Cu 决定,也即流速越大,H 越大。而在气相色谱中的纵向扩散明显,在低流速时,纵向扩散尤为明显,在此区域,增大流速可以使 H 降低,如图 13.10 所示。但随着流速的增大,传质阻力增加了,所以在高流速区,Cu 项对 H 的影响更大一些,随着 u 的增加,H 也增大了。在气相色谱中的 $H\text{-}u$ 曲线上存在一个最低点,即对应于 $u_{最佳}$ 和 $H_{最小}$ 的一点,而液相色谱的 $H\text{-}u$ 曲线上几乎没有这一转折现象。

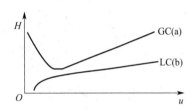

图 13.9 气相色谱和液相色谱的 $H\text{-}u$ 曲线

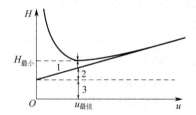

图 13.10 气相色谱中 $H\text{-}u$ 的关系
1—B/u;2—Cu;3—A

气相色谱中的最佳流速可以通过实验和计算方法求出。将式(13.16)微分得

$$dH/du = -B/u^2 + C = 0$$
$$B/u^2 = C$$
$$u_{最佳} = \sqrt{B/C} \tag{13.24}$$
$$H_{最小} = A + \sqrt{BC} + \sqrt{BC} = A + 2\sqrt{BC} \tag{13.25}$$

其中的 A、B、C 的数值可以在一定的色谱条件下测得三种不同流速下对应的 H 值,再根据式(13.25)组成一个三元一次方程式,进而求出 $H_{最小}$ 和 $u_{最佳}$。

除流速以外的其他因素,如柱温、固定液的性质和用量、载体的粒度等对柱效能和分离度的影响将在后面的章节中阐述。

13.4 分离度

在色谱分析中常常遇到的是难分离物质对的分离问题。欲将难分离物质对的两组分进行分离,首先是两峰间的距离要大,即两组分保留时间有足够大的差值;其次是峰要窄。选择性反映了色谱柱对物质保留值的差别,柱效率反映了峰扩展的程度,但都不能表示色谱柱的总分离效能。为了综合考虑保留值的差值和峰宽对色谱分离的影响,需要引入分离度的概念。

13.4.1 分离度的定义

在多组分的色谱分离过程中,经常出现色谱峰部分重叠,甚至是完全重叠的情况。如图

13.11 所示,图 (a) 分离较理想,两色谱峰距离较远且峰形较窄,两峰无重叠,这表示选择性和柱效都很好。图 (b) 虽然两色谱峰距离较近,但峰形仍很窄,说明选择性一般,但柱效很高。图 (c) 两峰之间虽然距离较远,但色谱峰很宽,说明选择性虽好,但柱效很低。图 (d) 的分离度很差,而且选择性也不好。

由此可见,单独用柱效或选择性不能真实地反映组分在色谱柱中的分离情况,故引入一个综合性指标分离度 R,又叫分辨率,它是色谱图中相邻两峰分离程度的量度。要求它既能反映柱效,又能反映选择性的指标。两峰间的分离程度受两峰间的距离和两峰各自峰宽的制约。若保持峰宽不变,加大峰间的距离,则分离程度加大,即分离度与两峰的保留时间之差成正比;若保持两峰间距离不变,使峰的宽度减小,两峰分离宽度也将增大,即分离度与峰宽成反比。因此,分离度为相邻两组分色谱峰保留值之差与两组分色谱峰底宽之和一半的比值。

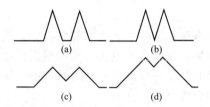

图 13.11 分离度与选择性及柱效之间的关系

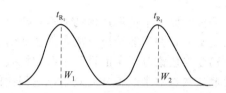

图 13.12 分离度示意图

图 13.12 中,两色谱峰的保留时间分别为 t_{R_1} 和 t_{R_2},其峰底宽度分别为 W_1 和 W_2,则其分离度:

$$R = \frac{t_{R_2} - t_{R_1}}{\frac{1}{2}(W_1 + W_2)} = \frac{2(t_{R_2} - t_{R_1})}{W_1 + W_2} \tag{13.26}$$

一般认为,当分离度 R>0.75(见图 13.13)时,两峰有部分重叠,但定性分析不受太大影响;当 R=1.0 时,峰有 2% 的重叠,分离程度可达 98%,这已适合大多数定量分析的需要;当 R=1.5 时,分离程度可达 99.7%,可以认为两峰已完全分开了。通常用 R=1.5 作为相邻两组分已完全分离的标志。若 R 值更大,分离效果会更好,但会延长分析时间。

在峰形不对称,或者两峰之间有重叠时,峰底宽度很难直接测定,此时可用半峰宽代替

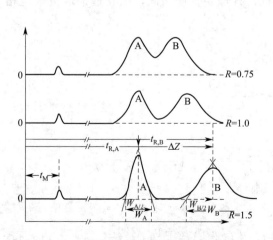

图 13.13 不同分离度下两峰的重叠情况

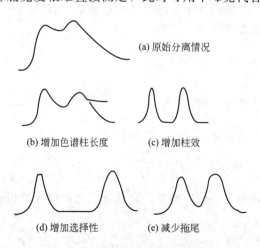

图 13.14 影响分离度的各种因素

峰底宽，并认为 $W \approx 2W_{1/2}$，则公式变形为

$$R = \frac{t_{R_2} - t_{R_1}}{W_{\frac{1}{2}(1)} + W_{\frac{1}{2}(2)}} \tag{13.27}$$

13.4.2 分离度的计算

分离度是评价一个色谱分离过程以及决定如何解决、开发和优化分离方法的依据。在计算 R 值时，组分的保留值与峰底宽度要采用相同的计量单位。两峰的保留值相差越大，峰越窄，分离度越大。但分离度的影响因素较多，柱效、选择性、容量因子等都与分离度有关（见图 13.14）。因此，有必要对分离度与各参数之间的关系式进行探讨。

13.5 基本色谱分离方程式

分离度概括了色谱过程动力学和热力学特性，是衡量色谱柱分离效能的总指标。但分离度的定义公式并不能给出分离条件会如何影响分离结果，无法作为改善分离的根据。必须知道分离度与色谱分析中的重要参数如柱效 n、容量因子 k 和选择因子 α 之间的关系，从而通过控制这些参数来改善分离效果，达到我们所希望的分离度。

13.5.1 基本色谱分离方程式

设有两个性质相近组分的色谱峰 1 和 2，体系的死时间为 t_0，保留时间分别为 t_{R_1} 和 t_{R_2}，峰底宽度为 W_1 和 W_2，根据容量因子的定义式：

$$k = \frac{m_s}{m_m} = \frac{t'_R}{t_0} = \frac{t_R - t_0}{t_0}$$

可以得到
$$t_R = t_0(1+k)$$

对于组分 1 和组分 2，则有

$$t_{R_1} = t_0(1+k_1)$$
$$t_{R_2} = t_0(1+k_2)$$

因两组分的性质相近，可以假定两组分峰宽相等，$W_1 = W_2$，则其分离度为

$$R = \frac{2(t_{R_2} - t_{R_1})}{W_1 + W_2} = \frac{2[t_0(1+k_2) - t_0(1+k_1)]}{2W_2} = \frac{t_0(k_2 - k_1)}{W_2}$$

因组分 1 和组分 2 性质相近，保留时间相近，且峰底宽度相同，则其理论塔板数也相同，以 n 表示。即

$$n = 16\left(\frac{t_{R_2}}{W_2}\right)^2$$

由此可得到
$$W_2 = \frac{4t_{R_2}}{\sqrt{n}} = \frac{4t_0(1+k_2)}{\sqrt{n}}$$

代入分离度公式，得到：

$$R = \frac{\sqrt{n}}{4}\left(\frac{k_2 - k_1}{1+k_2}\right) = \frac{\sqrt{n}}{4}\left(\frac{k_2}{1+k_2}\right)\left(\frac{k_2 - k_1}{k_2}\right) = \frac{\sqrt{n}}{4}\left(\frac{k_2}{1+k_2}\right)\left(\frac{\alpha-1}{\alpha}\right)$$

两组分的性质相近，则其分配系数也近似相同，则
$$k_1 \approx k_2 = k$$

$$R = \frac{\sqrt{n}}{4}\left(\frac{k_2}{1+k_2}\right)\left(\frac{\alpha-1}{\alpha}\right) = \frac{\sqrt{n}}{4}\left(\frac{k}{1+k}\right)\left(\frac{\alpha-1}{\alpha}\right) \tag{13.28}$$

式(13.28)为基本色谱分离方程式,是色谱法中最重要的方程式之一,公式的第一项、第二项和第三项分别说明了分离度 R 与重要色谱参数柱效 n、容量因子 k 以及选择因子 α 之间的关系。

用分离度公式可以计算给定体系所能达到的分离度。由于理论塔板数 n 与柱长 L 成正比,由此可以计算出某一分离度所需要的色谱柱长。通常都希望计算要达到某一预定的分离度所需要的理论塔板数或有效理论塔板数。为此,上式可改写为

$$n = 16R^2 \left(\frac{\alpha}{\alpha-1}\right)^2 \left(\frac{1+k}{k}\right)^2$$

$$n_{\text{eff}} = n\left(\frac{1+k}{k}\right)^2 \tag{13.29}$$

由上面各式可得到

$$n_{\text{eff}} = 16R^2 \left(\frac{\alpha}{\alpha-1}\right)^2 \tag{13.30}$$

$$\left(\frac{R_1}{R_2}\right)^2 = \frac{n_1}{n_2} = \frac{L_1}{L_2} \tag{13.31}$$

说明用较长的柱子可以提高分离度,但较长的色谱柱不但增大了分离的阻力,也延长了分析时间,对大量样品的分析不利。

13.5.2 分离度的优化

在色谱分析中,总是希望在较短的时间内获得较高的分离度。究竟要多大的分离度,要根据分析任务来决定。一般来说,在进行定性分析时,需要准确测量 t_R 值,对分离度的最低要求是 $R=0.8$,在用峰高法进行定量分析时,要求 R 大于 1.0;若用测量峰面积法进行定量分析时,则要求 R 大于 1.25。此外,相邻两组分的响应信号差别越大,所需要的分离度越大。

根据基本色谱分离方程式可知,分离度 R 是 n、k、α 的函数,为了讨论方便,假定这三个参数的变化是各自独立的,下面分别考察其对分离度的影响。

13.5.2.1 分离度与柱效 n 的关系

基本色谱分离方程式说明分离度与理论塔板数的关系受容量因子、选择因子和柱效的影响。当固定相确定,被分离组分的选择因子确定后,分离度将取决于柱效。这时,对于一定理论板高的柱子,分离度的平方与柱长成正比[见式(13.31)]。

增加理论塔板数有两条途径:增加柱长和提高柱效。用长柱的色谱柱可以提高分离度。但对一个具体的色谱分离过程来说,除了要求较好的分离度之外,还要求有较快的分析速度。单纯加长色谱柱的长度并不能减小塔板高度,反而延长了分析时间,柱长增加一倍,分析时间和柱压也增加一倍。因此,提高分离度的好方法是制备出一根性能优良的色谱柱,通过降低塔板高度以提高柱效,进而增加分离度。

根据速率理论,为了提高柱效,首先要采用直径较小、粒度均匀的固定相。对于分配色谱还需控制较薄的液膜厚度。然后需要在适宜的操作条件下工作,如流动相的性质、流速、温度等。

13.5.2.2 分离度与容量因子 k 的关系

分离度与 $k/(k+1)$ 成正比。当 k 趋近于 0 时,R 也趋于 0,组分之间完全不能分离。当 k 值增大时,$k/(k+1)$ 增大,R 也随之增大,对改善分离度有好处。但当 k 值太大时,k 值的增加对 R 增大的贡献减小,反而由于保留太强,使分析时间大大延长,导致色谱峰扩展严重,有时甚至造成谱带检测的困难。一个良好的色谱分离过程,应将 k 值控制在合适的范围内。

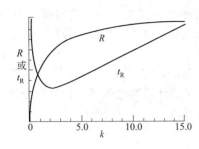

图 13.15 分离度与容量因子及保留时间的关系

从图 13.15 可见，当 k 大于 5 时，R 增大变得很缓慢，当 k 大于 10 时，R 增大不多，但分析时间已经明显延长。曲线的最小值在 k 为 2～3 之间。因此，从分离度、分离时间以及对峰的检测灵敏度等方面综合考虑，k 的最佳值一般控制在 2～5。

在气相色谱中，增加固定液的用量可使 k 值增大，降低柱温，k 值也增大，可以通过控制分离的温度达到较好的分离效果。在液相色谱中，对 k 值的控制通常是通过控制流动相的极性来实现的。对反相色谱而言，流动相极性大，k 值小，反之，流动相的极性小，k 值增大。

13.5.2.3 分离度与选择因子 α 的关系

根据分离度方程式，分离度 R 与 $(\alpha-1)/\alpha$ 成正比，α 越大，则 $(\alpha-1)/\alpha$ 越大，R 越大。当 $\alpha=1$ 时，$R=0$，组分之间不能实现分离。与前两者不同的是，α 的微小变化会显著地改善分离度。如 α 从 1.1 变成 1.2 时，分离度可以提高一倍，因此增大 α 值是改善分离度的最有力手段。

但是，选择因子的变化不像柱效和容量因子那样有规律。在气相色谱中，α 值主要取决于固定相的性质，并对温度有很大的依赖性，一般降低柱温可使 α 值增大。在液相色谱中，主要通过改变流动相和固定相的性质来调整 α 值，温度的作用很小。

从以上分析可知，尽管基本色谱分离方程式的影响因素是已知的，且可以给出改善色谱分离度的方向，但由于各因素对分离度的影响并不是独立的，在实际工作中，还要根据分离的具体情况来对分离度进行优化。同时，在分离度和分析时间之间还应注意平衡，一个良好的色谱分离过程，应具有良好的分离度，同时分析的通量（单位时间内分析的样品数量）还应满足一定的要求。

【例 13.1】 在 1m 长的色谱柱上，某镇静药 A 及其异构体 B 的保留时间分别为 5.80min 和 6.60min，峰底宽度分别为 0.78min 和 0.82min，空气通过色谱柱需 1.10min。计算：(1) 载气的平均线速度；(2) 组分 B 的容量因子；(3) A 和 B 的分离度；(4) 以 A 求该色谱柱的有效板数和塔板高度；(5) 分离度为 1.5 时，所需的柱长；(6) 在长色谱柱上 B 的保留时间。

解 已知 $L=1\mathrm{m}$，$t_{R,A}=5.80\mathrm{min}$，$t_{R,B}=6.60\mathrm{min}$，$W_A=0.78\mathrm{min}$，$W_B=0.82\mathrm{min}$，$t_0=1.10\mathrm{min}$。

(1) $$u=\frac{L}{t_0}=\frac{100\mathrm{cm}}{1.10\mathrm{min}}=90.9\mathrm{cm\cdot min^{-1}}$$

(2) $$k=\frac{t'_R}{t_0}=\frac{6.60-1.10}{1.10}=5.00$$

(3) $$R=\frac{2(t_{R,B}-t_{R,A})}{W_A+W_B}=\frac{2\times(6.60-5.80)}{0.78+0.82}=1$$

(4) $$n_{\mathrm{eff}}=16\left(\frac{t'_{R,A}}{W_A}\right)^2=16\times\left(\frac{5.80-1.10}{0.78}\right)^2=581$$

$$H_{\mathrm{eff}}=\frac{L}{n_{\mathrm{eff}}}=\frac{1}{581}=1.72\mathrm{mm}$$

(5) $$\frac{R_1}{R_2}=\frac{\sqrt{L_1}}{\sqrt{L_2}}$$

$$\frac{1}{1.5} = \frac{\sqrt{1}}{\sqrt{L_2}}$$

$$L_2 = 2.25 \text{m}$$

(6) $\quad t_{R,B} = 2.25 \times 6.60 \text{min} = 14.85 \text{min}$

【例 13.2】 有一根 1m 长的柱子，分离组分 1 和 2，得到原始分离色谱图（见图 13.16）。图中横坐标为保留时间。若欲得到 $R=1.2$ 的分离度，有效塔板数应为多少？色谱柱要加到多长？

解 可先求得原始分离度 R_1

$$R_1 = \frac{2(t_{R_2} - t_{R_1})}{W_1 + W_2} = \frac{2 \times (49-45)}{5+5} = 0.8$$

$$n_{\text{eff1}} = 16\left(\frac{t'_R}{W}\right)^2 = 16 \times \left(\frac{49-5}{5}\right)^2 = 1239$$

$$\left(\frac{R_1}{R_2}\right)^2 = \frac{n_1}{n_2} = \frac{L_1}{L_2}$$

$$n_{\text{eff2}} = 2788$$

$$L = \frac{2788}{1239} = 2.25 (\text{m})$$

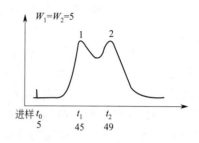

图 13.16 组分 1 和 2 的原始分离色谱图

13.6 色谱定性和定量分析

不管是气相色谱、液相色谱，它们的定性与定量分析的原理和方法都是基本相同的。

13.6.1 色谱定性分析

色谱是一种非常高效的分离方法，但是它的定性能力比较弱，不能直接从色谱图中给出定性结果，而需要与已知物对照，或利用色谱文献数据或其他分析方法配合才能给出定性结果。色谱分析定性的方式主要有保留指数定性、利用已知物定性以及仪器联用的方法定性等。

13.6.1.1 利用保留指数定性

在气相色谱中，可以利用文献中的保留指数数据定性。保留指数随温度的变化率还可用来判断化合物的类型，因为不同类型化合物的保留指数随温度的变化率不同。

保留指数（retention index，RI）也称为科瓦茨（Kovats）指数，是把组分的保留值用两个分别前后靠近它的正构烷烃来标定，由于用到一系列化合物，保留指数比仅用一个参比物质的相对保留值来定性更为精确。正构烷烃的保留指数规定为等于该烷烃分子中碳原子数的 100 倍。例如正己烷的保留指数为 600，正庚烷为 700，正十五烷为 1500。正构烷烃的保留指数与所用的色谱柱、柱温及其他操作条件无关。待定性化合物的保留指数由其相邻的两个正构烷烃的保留指数根据内插法进行计算。

例如，若确定组分 X 的保留指数为 I_X，可选取两个正构烷烃作为基准物质，其中一个的碳数为 Z，另一个为 $Z+1$，它们的调整保留时间分别为 $t'_{R(Z)}$ 和 $t'_{R(Z+1)}$，使被测物质 X 的调整保留时间 $t'_{R(X)}$ 恰好介于两者之间，即 $t'_{R(Z)} < t'_{R(X)} < t'_{R(Z+1)}$。将含物质 X 和所选的两个正构烷烃的混合物注入色谱柱，在一定温度条件下绘制色谱图。大量实验数据表明，化合物调整保留时间的对数值与其保留指数间的关系基本上是一条直线关系。据此，可用内插法求算 I_X。

$$I_X = 100\left(Z + \frac{\lg t'_{R(X)} - \lg t'_{R(Z)}}{\lg t'_{R(Z+1)} - \lg t'_{R(Z)}}\right) \tag{13.32}$$

图 13.17 中，正庚烷的调整保留时间为 174min，正辛烷的调整保留时间为 373.4min，而样品乙酸正丁酯的调整保留时间为 310min，则乙酸正丁酯的保留指数为：

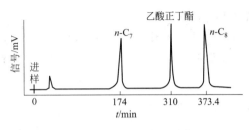

图 13.17 保留指数的计算

$$\begin{aligned}I_X &= 100\left(Z + \frac{\lg t'_{R(X)} - \lg t'_{R(Z)}}{\lg t'_{R(Z+1)} - \lg t'_{R(Z)}}\right)\\ &= 100\times\left(7 + \frac{\lg 310 - \lg 174}{\lg 373.4 - \lg 174}\right)\\ &= 100\times(7 + 0.76)\\ &= 776\end{aligned}$$

保留指数的物理意义在于：它是与被测物质具有相同调整保留时间的假想的正构烷烃的碳数乘以 100。保留指数仅与固定相的性质、柱温有关，与其他实验条件无关。其准确度和重现性都很好。只要柱温与固定相相同，就可应用文献值进行鉴定，而不必用纯物质相对照。

13.6.1.2 利用已知标准物质定性

在色谱定性分析中，最常用的简便可靠的方法是利用已知标准物质比较而进行定性，这个方法的依据是：在确定了固定相和一定的操作条件下，任何物质都有固定的保留值，可作为定性的指标。比较已知物和未知物的保留值是否相同，就可确定某一色谱峰可能是什么物质。

（1）用保留时间或保留体积定性　比较已知和未知物的保留时间或保留体积是否相同，即可决定未知物是什么物质。用此法定性需要在相同的色谱系统下，严格控制色谱条件（柱温、柱长、柱内径、填充量、流速等）和进样量，如果未知物的保留时间与标准物质相同，则可初步认为它们为同一物质，如醇类化合物的保留时间定性分析（见图 13.18）。为了提高定性分析的可靠性，还可进一步改变色谱条件（分离柱、流动相、柱温等）或在样品中添加标准物质，如果被测物的保留时间仍然与标准物质一致，则可认为它们为同一物质。

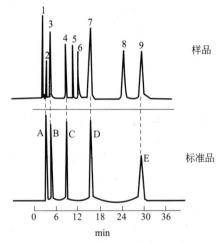

图 13.18 醇类化合物的保留时间定性分析
标准品：A—甲醇；B—乙醇；
C—正丙醇；D—正丁醇；E—正戊醇

（2）利用峰高增加法定性　将已知物加入未知混合样品中去，若待测组分峰比不加已知物时的峰高增加了，而半峰宽并不相应增加，则表示该混合物中含有已知物的成分。如在废水中五氯苯的分析（见图 13.19）。

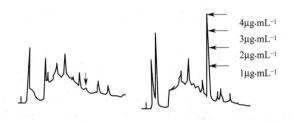

图 13.19 废水中利用峰高增加法对五氯苯进行定性分析

（3）利用双柱或多柱定性　严格地讲，仅在一根色谱柱上用以上方法定性是不太可靠的。因有时两种或几种物质在某一色谱柱上具有相同的保留值。此时，用已知物对照定性一般要在两根或多根性质不同的色谱柱上进行对照定性。两色谱柱的固定液要有足够的差别，如一根是非极性固定液，另一根是极性固定液，这时不同组分保留值是不一样的，从而保证定性结果可靠。

双柱或多柱定性，主要是使不同组分保留值的差别能显示出来，有时也可用改变柱温的方法，使不同组分保留值差别扩大。

13.6.1.3 与其他分析仪器结合定性

色谱能有效地分离复杂的混合物，但不能有效地对未知物定性。而有些分析仪器如质谱、红外等虽是鉴定未知结构的有效工具，定性能力较强，但对复杂的混合物则无法分离、分析。将色谱的分离能力与质谱、红外等分析方法的结构鉴定能力结合起来，实现联机，既能将复杂的混合物分离又可同时鉴定结构，是目前仪器分析的一个发展方向，也是近年来色谱分析发展的一个趋势。目前常见的色谱与其他分析仪器连接的技术主要有以下两种。

(1) 色谱-质谱联用 质谱仪灵敏度高，扫描速度快，能准确测定未知物的相对分子质量，而色谱则能将复杂混合物分离。因此，色-质联用技术是目前解决复杂未知物定性问题的最有效工具之一。常见的色谱-质谱联用方法有气相色谱-质谱（GC-MS）联用、液相色谱-质谱联用（LC-MS）。

(2) 色谱-红外光谱联用 纯物质有特征性很高的红外光谱图，并且这些标准图谱已被大量地积累下来，利用未知物的红外光谱图与标准谱图对照则可定性。

除此以外，核磁共振、原子吸收光谱、原子荧光光谱等技术也可以与色谱联用。

13.6.2 色谱定量分析

色谱定量分析的依据是被测物质的量与它在色谱图上的峰面积（或峰高）成正比。数据处理软件（工作站）可以给出包括峰高和峰面积在内的多种色谱数据。因为峰高比峰面积更容易受分析条件波动的影响，且峰高标准曲线的线性范围也较峰面积的窄，因此，通常情况是采用峰面积进行定量分析。

13.6.2.1 定量校正因子

色谱定量分析的依据是被测组分的量与其峰面积成正比。但是峰面积的大小不仅取决于组分的质量，而且还与它的性质有关。即当两个质量相同的不同组分在相同条件下使用同一检测器进行测定时，所得的峰面积却不相同。因此，混合物中某一组分的百分含量并不等于该组分的峰面积在各组分峰面积总和中所占的百分率。这样，就不能直接利用峰面积计算物质的含量。为了使峰面积能真实地反映出物质的质量，就要对峰面积进行校正，即在定量计算时引入定量校正因子。

定量校正因子分为绝对定量校正因子和相对定量校正因子。绝对定量校正因子是指单位峰面积所对应的被测物质的浓度（或质量），即

$$f_i = \frac{m_i}{A_i} \tag{13.33}$$

式中，f_i 的值与组分 i 的质量绝对值成正比，所以称为绝对校正因子。在定量分析时要精确求出 f_i 值是比较困难的。一方面由于精确测量绝对进样量困难；另一方面峰面积与色谱条件有关，要保持测定 f_i 值时的色谱条件相同，既不可能又不方便。另外，即便能够得到准确的 f_i 值，也由于没有统一的标准而无法直接应用，因此，常利用相对定量校正因子（简称校正因子）来解决色谱定量分析中的计算问题。

相对定量校正因子定义为

$$f'_i = \frac{f_i}{f_s} \tag{13.34}$$

即某组分 i 的相对定量校正因子 f'_i 为组分 i 与标准物质 s 的绝对定量校正因子之比。

当物质的含量用质量表示时，则所对应的 f 称为质量校正因子 f_m。如物质的含量采用物质的量表示，所对应的 f 称为摩尔校正因子 f_M。它们分别表示为

$$f_m = \frac{f'_{i(m)}}{f'_{s(m)}} = \frac{A_s m_i}{A_i m_s} \text{ 或 } f_m = \frac{h_s m_i}{h_i m_s} \tag{13.35}$$

$$f_M = \frac{f'_{i(M)}}{f'_{s(M)}} = \frac{A_s m_i M_s}{A_i m_s M_i} = f_m \frac{M_s}{M_i} \tag{13.36}$$

式中，A_i、A_s、m_i、m_s、M_i、M_s 分别代表组分 i 和标准物质 s 的峰面积、质量和摩尔质量。

在文献资料中列出的相对校正因子，它们多数是以苯作为标准物质，以热导池为检测器所得的数据；或者是以正庚烷作为标准物质，以氢火焰离子化为检测器所得的数据。也可自行测定相对校正因子 f_i。测定方法如下：精确称量待测组分和标样，混合后，在实验条件下进行进样分析，分别测量相应的峰面积或峰高，然后按上述有关公式计算出 f_m 或 f_M。

可见，相对定量校正因子 f'_i 就是当组分 i 的质量与标准物质 s 相等时，标准物质的峰面积是组分 i 峰面积的倍数。若某组分质量为 m_i，峰面积 A_i，则 $f'_i A_i$ 的数值与质量为 m_i 的标准物质的峰面积相等。也就是说，通过相对定量校正因子，可以把各个组分的峰面积分别换算成与其质量相等的标准物质的峰面积，于是比较标准就统一了。这就是归一法求算各组分百分含量的基础。

13.6.2.2 定量方法

（1）归一化法　是将所有组分的峰面积 A_i 分别乘以它们的相对校正因子后求和，把所有出峰组分的含量之和按 100% 计，即所谓"归一"。假设试样中有 n 个组分，每个组分的量分别为 m_1，m_2，$\cdots$，m_n，各组分含量总和为 m，则组分 i 的质量分数 w_i 为

$$w_i = \frac{m_i}{m} = \frac{m_i}{m_1 + m_2 + \cdots + m_n} = \frac{A_i f_i}{A_1 f_1 + A_2 f_2 + \cdots + A_n f_n} \tag{13.37}$$

式中，f_1，f_2，$\cdots$，f_n 为各组分相应的质量校正因子。

采用归一化法进行定量分析的前提条件是样品中所有成分都能从色谱柱上洗脱下来，并能被检测器检测。归一法主要在气相色谱中应用。

当 f'_i 为质量相对校正因子时，得到质量分数；当 f'_i 为摩尔相对校正因子时，得到摩尔分数。

归一化法的优点是简单、准确，操作条件变化时对定量结果影响不大，定量结果与进样量无关。但此法在实际工作中仍有一些限制，比如，样品的所有组分必须全部流出，且出峰。某些不需要定量的组分也必须测出其峰面积及 f'_i 值。此外，测量低含量尤其是微量杂质时，误差较大。

当对定量的要求不是很高时，或者样品中各组分的相对校正因子差别不大时，可采用峰面积归一化法。峰面积归一化法就是把所有组分的峰面积相加的总数，用每个组分的峰面积除以这个总面积，即得到此组分的含量。峰面积归一化法的误差主要来自样品中各组分的校正因子的差别，因此，不适合于准确定量。但是，当校正因子无法得到，或标准物质无法得到时，用峰面积归一化法可迅速得到组分的大致含量。

$$w_x = \frac{A_x}{\sum\limits_{i=1}^{n} A_i} \tag{13.38}$$

（2）外标法　是用待测组分的纯品作为标准物质，以标准物质和样品中待测组分的响应

信号相比较进行定量的方法。外标法事实上就是标准曲线法，必须使用标准物质，分析时外标物的浓度应与被测物浓度接近，以利于定量分析的准确性。

外标法的测量过程是先将被测组分的标准物质配制成不同浓度的标准溶液，经色谱分析后制作一条标准曲线，即物质浓度与其峰面积（或峰高）的关系曲线。根据样品中待测组分的色谱峰面积（或峰高），从标准曲线上查得相应的浓度。标准曲线的斜率与物质的性质和检测器的特性相关，相当于待测组分的校正因子。

（3）内标法　是将已知浓度的标准物质（内标物）加入未知样品中去，然后比较内标物和被测组分的峰面积，从而确定被测组分的浓度。由于内标物和被测组分处在同一基体中，因此可以消除基体带来的干扰。而且当仪器参数和洗脱条件发生非人为的变化时，内标物和样品组分都会受到同样影响，从而消除了系统误差。当对样品的情况不了解、样品的基体很复杂或不需要测定样品中所有组分时，采用这种方法比较合适。内标法的计算公式如下：

$$校正因子\ f = \frac{m_s A_0}{m_0 A_s} \tag{13.39}$$

式中，m_s 为标准样品量；m_0 为内标物量；A_s 为标准样品峰面积（或峰高）；A_0 为内标物峰面积（或峰高）。

$$w = \frac{m_0 A_i f}{m_i A_0} \tag{13.40}$$

式中，m_i 为样品质量；m_0 为测定样品时内标物的质量；A_i 为样品峰面积（或峰高）；A_0 为内标物峰面积（或峰高）。

内标法中内标物的选择应满足一定的要求。首先，内标物必须是试样中不存在的物质，内标物的色谱峰能与各待测组分的色谱峰完全分离，且保留时间相近。其次，在所给定的色谱条件下具有一定的化学稳定性、与样品不发生化学反应。内标物在样品中必须具有很好的溶解性，浓度适当，分析灵敏度与待测组分相近。

为了进行大批样品的内标法分析，需要建立校正曲线。具体操作方法是用待测组分的纯物质配制成不同浓度的标准溶液，然后在等体积的这些标准溶液中分别加入浓度相同的内标物，混合后注入色谱柱进行分析。以待测组分的浓度为横坐标，待测组分与内标物峰面积（或峰高）的比率为纵坐标建立标准曲线（或线性方程）。在分析未知样品时，分别加入与绘制标准曲线时同样体积的样品溶液和同样浓度的内标物，用样品与内标物峰面积（或峰高）的比值，在标准曲线上查出被测组分的浓度或用线性方程计算。

同位素内标法在色谱-质谱联用分析中有一定的应用。同位素内标法是使用待测组分的氘代异构体作为内标物，由于其色谱行为与待测组分完全一致，而且可以利用质谱仪进行分别定量，是最理想的内标法，但其价格非常昂贵，应用受到一定限制。

思考题与习题

13.1　试按流动相和固定相的不同将色谱分析分类。

13.2　欲使两种组分分离完全，必须符合什么要求？这些要求各与何种因素有关？

13.3　色谱柱的理论塔板数很大，能否说明两种难分离组分一定能分离？为什么？

13.4　范第姆特方程式主要说明什么问题？试讨论之。

13.5　分离度 R 和相对保留值 $r_{2,1}$ 这两个参数中哪一个更能全面地说明两种组分的分离情况？为什么？

13.6　"用纯物质对照进行定性分析时，未知物与纯物质的保留时间相同，则未知物就是该纯物质。"这个结论是否可靠？应如何处理这一问题？

13.7　什么是内标法、外标法、归一化法？它们的应用范围和优缺点各有什么不同？

13.8 色谱图上有两个色谱峰，它们的保留时间和峰底宽度分别为 $t_{R_1}=3.5$min，$t_{R_2}=3.9$min，$W_1=0.2$min，$W_2=0.45$min。已知死时间 $t_0=0.5$min。求这两个色谱峰的相对保留值 $r_{2,1}$ 和分离度 R。

13.9 分析某试样时，两种组分的相对保留值 $r_{2,1}=1.16$，柱的有效塔板高度 $H=1$mm，需要多长的色谱柱才能将两组分完全分离（即 $R=1.5$）？

13.10 在某色谱条件下，分析只含有二氯乙烷、二溴乙烷及四乙基铅三组分的样品，结果如下：

项 目	二氯乙烷	二溴乙烷	四乙基铅
相对质量校正因子	1.00	1.65	1.75
峰面积/cm^2	1.50	1.01	2.82

试用归一化法求各组分的百分含量。

13.11 物质 A、B 二组分在 2m 长的色谱柱上，保留时间分别为 19.40min 和 17.63min，峰底宽为 1.21min 和 1.11min，试计算两物质的分离度。

13.12 有甲、乙两根长度相同的色谱柱，测得它们在范第姆特方程式中的各项常数如下：

甲柱　$A=0.07$cm，$B=0.12$cm$^2\cdot$s^{-1}，$C=0.02$s；

乙柱　$A=0.11$cm，$B=0.10$cm$^2\cdot$s^{-1}，$C=0.05$s。

求：（1）甲柱和乙柱的最佳流速和最小塔板高度；

（2）哪一根柱子的柱效能高？

第 13 章　拓展材料

第 14 章　气相色谱法
Gas Chromatography，GC

【学习要点】
① 理解气相色谱基本原理及其分离分析特点。
② 掌握固定相的选择及检测器的类型。
③ 掌握定性定量分析的方法。
④ 了解操作条件的选择。
⑤ 了解毛细管柱气相色谱法。
⑥ 掌握气相色谱法的应用。

气相色谱法（gas chromatography，GC）是以气体为流动相的色谱分析法，可对气体物质或在一定温度下能转化为气体的物质进行检测分析。由于各组分在流动相（载气）和固定相两相间的分配系数不同，当两相做相对运动时，组分在两相间进行反复多次分配，使组分得到分离。由于使用了高效能的色谱柱、高灵敏度的检测器及微处理器，气相色谱法具有选择性高、灵敏度高、分离效能高、分析速度快、应用范围广等特点，广泛应用于环境、石油、化工、农业、食品、医药、生物等各个领域。此外，气相色谱法与其他近代分析仪器联用，已成为发展方向，如气相色谱-质谱联用（GC-MS）、气相色谱-红外光谱联用（GC-FTIR）、气相色谱-原子发射光谱联用（GC-AES）等。

根据气相色谱法的固定相状态不同，可分为气固色谱法（GSC）和气液色谱法（GLC），本章主要阐述气液色谱法。

14.1　气相色谱仪

14.1.1　气相色谱流程

气相色谱的一般流程见图 14.1。高压钢瓶供给载气，经减压阀减压，净化器净化后，由气体调节阀调节到所需流速，进入气相色谱仪；载气流经气化室，携带样品进入色谱柱分离；分离后的组分先后流入检测器；检测器将按物质的浓度或质量的变化转变为一定的响应信号，经放大后在记录仪上记录下来，得到色谱流出曲线。

14.1.2　气相色谱仪的结构

虽然目前国内外气相色谱仪型号和种类繁多，但它们均主要由气路系统Ⅰ、进样系统Ⅱ、分离系统Ⅲ、检测系统Ⅳ、记录系统Ⅴ和温控系统六个基本单元组成（见图 14.1）。其中色谱柱是关键，它是色谱仪的"心脏"；分离后的组分能否产生信号则取决于检测器的性能和种类，它是色谱仪的"眼睛"。所以，分离系统和检测系统是仪器的核心。

14.1.2.1　气路系统

气路系统是一个载气连续运行的密闭管路系统，通过该系统，获得纯净、流速稳定的载气。载气从高压钢瓶出来后依次经过减压阀、净化器、气流调节阀、转子流量计、气化室、

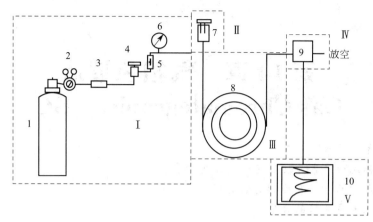

图 14.1 气相色谱流程示意图
1—高压气瓶；2—减压阀；3—净化器；4—气流调节阀；5—转子流量计；
6—压力表；7—进样口；8—色谱柱；9—检测器；10—记录仪

色谱柱、检测器，然后放空。

常用的载气有 N_2、H_2 和 He 等，要求载气具有化学惰性，不与有关物质反应。载气的选择除了要求考虑对柱效的影响外，还要与分析对象和所用的检测器相匹配。

载气的净化一般是通过分子筛或活性炭的净化器，以除去载气中的水、氧以及其他杂质。载气流速的大小和稳定性直接影响分析结果。在恒温色谱中，整个气路中的阻力是不变的，只要控制载气柱前压力稳定，载气流速即可稳定；当采用程序升温操作时，因柱温不断升高引起柱内阻力不断增加，载气流量发生变化，应该用稳流阀进行自动稳流控制。流速的调节和稳定是通过减压阀、稳压阀和针形阀串联使用来达到的。柱前载气流速常用转子流量计测定，柱后常用皂膜流量计测流速。许多现代仪器装置有电子流量计，并以计算机控制其流速保持不变。

由于色谱柱内的不同位置压力不同，载气流速也就不同。一般用平均流速 $\overline{F_c}$ 表示：

$$\overline{F_c} = jF_{co} = \frac{3}{2} \times \frac{(p_i/p_o)^2 - 1}{(p_i/p_o)^3 - 1} F_{co} \tag{14.1}$$

式中，j 为压力校正因子；p_o 为柱出口压力（即大气压）；p_i 为柱入口压力（即柱前压）；F_{co} 为扣除饱和水蒸气压并经温度校正后的流速，用下式表示：

$$F_{co} = F_o \frac{T_c}{T_r} \times \frac{p_o - p_w}{p_o} \tag{14.2}$$

式中，F_o 为在柱出口的温度和压力（不包括水蒸气压）下载气的实际流速，$mL \cdot min^{-1}$；T_r 为室温，K；T_c 为色谱柱温度，K；p_w 为室温下水的蒸气压。

该公式仅适用于气相色谱，不能用于液相色谱。

14.1.2.2 进样系统

进样系统包括气化室和进样器。气化室是将液体试样瞬间气化的装置，要求死体积小、热容量大、内表面无催化活性等。

气相色谱的进样器可分为液体进样器和气体进样器，液体进样器一般采用不同规格的专用注射器，填充柱色谱常用 $10\mu L$；毛细管色谱常用 $1\mu L$；新型仪器带有全自动液体进样器，清洗、润洗、取样、进样、换样等过程自动完成。气体进样器常为六通阀进样，有推拉式和旋转式两种，常用旋转式，其结构见图 14.2。试样首先充满定量环，切入后，载气携带定量环中的气体试样进入分离柱。

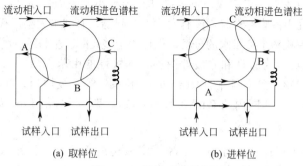

图 14.2　旋转式六通阀

14.1.2.3　分离系统

分离系统主要指色谱柱。常用的色谱柱主要有两类：填充柱和毛细管柱。

填充柱由不锈钢、玻璃或聚四氟乙烯等材料制成，形状有 U 形和螺旋形，内径 2～4mm，长 1～3m，内填固定相。

毛细管柱又称开管柱或空心柱，分为涂壁、多孔层和涂载体开管柱。内径 0.1～0.5mm，长达几十米至 100m。通常弯成直径 10～30cm 的螺旋状，柱内表面涂一层固定液。

14.1.2.4　检测系统

检测器是将经过色谱柱分离的各组分，按其特性和含量转变成易于记录的电信号的装置。检测器是色谱仪的关键部分，将在 14.3 节重点介绍。

14.1.2.5　记录系统

记录系统采集并处理检测系统输出的信号，显示和记录色谱分析结果，包括放大器、记录仪，有的色谱仪还配有数据处理器。目前多采用色谱专用数据处理机或色谱工作站，不仅可以对色谱数据进行记录和自动处理，还可对色谱参数进行控制。

14.1.2.6　控温系统

在气相色谱分离中，温度是重要的指标，它直接影响色谱柱的选择分离、检测器的灵敏度和稳定性。温度控制是否准确，升、降温速度是否快速是市售色谱仪器的最重要指标之一。

控温系统包括对三个部分的控温，即气化室、柱温箱和检测器。一般情况下，气化室的温度比色谱柱恒温箱高 30～70℃。控温方式有恒温和程序升温两种。对于沸点范围很宽的混合物，通常采用程序升温法（将在 14.4.3 中详述）进行分析。

14.2　气相色谱固定相

色谱分离系统是色谱仪器中最为重要的部分，而其中分离柱的固定相组成与性质更是直接与分离效能有关。气相色谱固定相分为两类：用于气固色谱的固体吸附剂和用于气液色谱的固定液和载体。

14.2.1　气固色谱固定相

固体吸附剂类色谱柱是利用固体吸附剂对不同物质的吸附能力差别进行分离的，主要用于分离小分子量的永久气体及烃类。

(1) **固体吸附剂**　常用固体吸附剂有强极性的硅胶、弱极性的氧化铝、非极性的活性炭、特殊作用的分子筛。根据它们对各种气体的吸附能力不同，选择最合适的吸附剂。

(2) **人工合成固定相**　作为有机固定相的高分子多孔微球（GDX）是一类人工合成的多

孔聚合物。它既是载体，又起固定液作用，可在活化后直接用于分离，也可作为载体在其表面涂渍固定液后再用。由于是人工合成，可控制其孔径大小及表面性质。圆球形颗粒容易填充均匀，数据重现性好。在无液膜存在时，没有"流失"问题，有利于大幅度程序升温。这类高分子多孔微球特别适用于有机物中痕量水的分析，也可用于多元醇、脂肪酸、腈类、胺类的分析。

高分子多孔微球可分为极性和非极性两种，非极性的由苯乙烯、二苯乙烯共聚而成，如国内的 GDX1 型和 GDX2 型，国外的 Chromasorb 系列等；极性的是在苯乙烯、二苯乙烯共聚物中引入极性官能团，如国内的 GDX3 型和 GDX4 型、国外的 Porapak N 等。

14.2.2 气液色谱固定相

气液色谱固定相由载体（也称担体）和固定液构成，载体为固定液提供大的惰性表面，以承担固定液，使其形成薄而均匀的液膜。

14.2.2.1 载体

（1）对载体的要求　表面有微孔结构，孔径均匀，至少具有 $1m^2 \cdot g^{-1}$ 的比表面积，使固定液与试样的接触面积较大，能均匀分布成一薄膜；但载体表面积不宜过大，过大易造成峰形拖尾；具有化学和物理惰性，不与样品组分发生化学反应，无吸附或弱吸附作用并可被固定液完全浸润；热稳定性好；形状规则，具有一定的机械强度。

（2）载体类型　可分为硅藻土型和非硅藻土型两种类型。硅藻土载体是目前最常用的一种载体，天然硅藻土是由无定形二氧化硅及少量金属氧化物杂质的单细胞海藻骨架组成。根据处理方式不同，可分为白色和含 Fe 的红色载体。硅藻土和非硅藻土类型载体的比较如表 14.1 所示。

表 14.1　硅藻土和非硅藻土类型载体比较

类型	组成	制备	特点	应用	举例
硅藻土	单细胞海藻骨（二氧化硅+少量盐）	红色载体：硅藻土+黏合剂于 900℃ 煅烧，铁煅烧后生成浅红色的氧化铁	孔穴密集，孔径小（平均 $1\mu m$），比表面积较大（$4m^2 \cdot g^{-1}$），可负载较多的固定液；表面存在活性吸附中心，分析极性物质易产生峰形拖尾	分析非极性或弱极性物质	201、202 载体系列，6201 系列，美国的 C-22 系列，Chromasorb P 系列和 Gas Chrom R 系列
		白色载体：硅藻土+20%碳酸钠煅烧，使氧化铁生成白色的铁硅酸钠	表面孔径粗（8~9μm），比表面积小（$1m^2 \cdot g^{-1}$），惰性表面，吸附性和催化性弱	分析极性化合物	101、102 系列，英国的 Celite 系列，英国和美国的 Charomasorb 系列，美国的 Gas-Chrom A、CL、P、Q、S、Z 系列
非硅藻土	有机聚合物	人工合成：有机玻璃载体，氟，GDX 载体	表面难以浸润，柱效低	一些特定组分的分析	

硅藻土载体表面不是完全惰性的，具有活性中心，如硅醇基或含有矿物杂质，如氧化铝、铁等，使色谱峰产生拖尾。因此，在使用前应进行酸洗、碱洗、硅烷化等预处理，以改进孔隙结构，屏蔽活性中心。

14.2.2.2 固定液

固定液一般为高沸点有机物，均匀地涂在载体表面，呈液膜状态。

（1）固定液的要求

① 选择性好，可用相对保留值 $r_{2,1}$ 来衡量。对于填充柱，一般要求 $r_{2,1} > 1.15$，对于毛细管柱，$r_{2,1} > 1.08$；

② 热稳定好，蒸气压低，流失少；

③ 化学稳定性好，不与样品组分、载体、载气发生化学反应；
④ 对分离组分应具有合适的溶解能力，即具有合适的分配系数。

(2) 组分与固定液分子间的相互作用　固定液与被分离组分之间的相互作用力，直接影响色谱柱的分离情况。很明显，与固定液作用强的组分，将较迟流出，作用弱的组分则先流出。因此，在进行色谱分析前，必须充分了解样品中各组分的性质及各类固定液的性能，以便选用最合适的固定液。

分子间的作用力主要包括静电力、诱导力、色散力和氢键作用力。此外，固定液与被分离组分之间还可能存在形成化合物或络合物的键合力等。

(3) 固定液的分类　作为气液色谱常用的固定液有数百种，它们具有不同的组成、性质和用途。在实际工作中，一般按极性和化学类型来分类。

① 按固定液极性分类　根据极性大小，一般将固定液分为四类：非极性、中等极性、强极性和氢键型固定液。1959 年由罗什那德（Rohrschneider）提出用相对极性 P 来表示固定液的分离特征，此法规定强极性的固定液 β,β'-氧二丙腈的极性为 100，非极性的固定液角鲨烷的极性为 0。然后，选择一对物质，例如正己烷-丁二烯（或环己烷-苯）进行试验，分别测定它们在氧二丙腈、角鲨烷及欲测定极性固定液的色谱柱上的相对保留值，将其取对数，得到

$$q = \lg \frac{t'_{R(丁二烯)}}{t'_{R(正己烷)}} \quad (14.3)$$

被测固定液的相对极性 P_x 为

$$P_x = 100 - \frac{100(q_1 - q_x)}{q_1 - q_2} \quad (14.4)$$

式中，下标 1、2 和 x 分别表示氧二丙腈、角鲨烷及被测固定液。由此测得的各种固定液的相对极性均在 0～100 之间（见表 14.2），一般将其分为 5 级，每 20 单位为一级。相对极性在 0～+1 之间的为非极性固定液，+1～+2 之间的为弱极性固定液，+3 为中等极性固定液，+4～+5 为强极性固定液。"—"表示非极性。

表 14.2　常用固定液的相对极性

固定液	相对极性	级别	固定液	相对极性	级别
角鲨烷	0	0	XE-60	52	+3
阿皮松	7～8	+1	新戊二醇丁二酸聚酯	58	+3
SE-30，OV-1	13	+1	PEG-20M	68	+3
DC-550	20	+2	己二酸聚乙二醇酯	72	+4
己二酸二辛酯	21	+2	PEG-600	74	+4
邻苯二甲酸二壬酯	25	+2	己二酸二乙二醇酯	80	+4
邻苯二甲酸二辛酯	28	+2	双甘油	89	+5
聚苯醚 OS-124	45	+3	TCEP	98	+5
磷酸二甲酚酯	46	+3	β,β'-氧二丙腈	100	+5

② 按固定液的化学结构分类　将具有相同官能团的固定液排列在一起，按官能团类型的不同进行分类。表 14.3 列出了按化学结构分类的各种固定液。

表 14.3　按化学结构分类的固定液

固定液的结构类型	极性	举例	分离对象
烃类	最弱极性	角鲨烷、石蜡油	非极性化合物
聚硅氧烷类	弱极性	甲基聚硅氧烷、苯基聚硅氧烷	
	中极性	氟基聚硅氧烷	不同极性化合物
	强极性	氰基聚硅氧烷	

续表

固定液的结构类型	极性	举例	分离对象
醇类和醚类	强极性	聚乙二醇	强极性化合物
酯类和聚酯	中强极性	苯甲酸二壬酯	应用较广,各类化合物
腈和腈醚	强极性	氧二丙腈、苯乙腈	极性化合物
有机皂土	弱极性		分离芳香异构体

(4) 固定液的选择　选择固定液时,一般根据"相似相溶"的原则,可从以下几个方面考虑。

① 极性相似原则　固定液与待测组分的极性相似,两者之间的作用力强,待测组分在固定液中的溶解度大,分配系数大,保留时间越长。例如非极性组分选用非极性固定液,此时,非极性固定液依靠色散力对组分起保留作用,分离时,各组分基本上按沸点从低到高的顺序流出,若组分中含有同沸点的极性和非极性化合物,则极性化合物先流出。中等极性组分选择中等极性固定液时,组分与固定液之间的作用力主要为诱导力和色散力。分离时,组分按沸点从低到高先后出峰,若组分中含有同沸点的极性和非极性化合物,由于诱导力起主要作用,极性化合物与固定液之间的作用力加强,因而非极性组分先流出。但是,强极性组分与强极性固定液之间的作用力主要为静电力,组分一般按极性从小到大流出,对于同沸点的极性和非极性化合物,非极性组分先流出。

② 官能团相似　若待测组分为酯类,则选用酯或聚酯类固定液;若组分为醇类,可选用聚乙二醇固定液。

③ 按主要差别选择　若各组分之间的沸点是主要差别,可选用非极性固定液;若极性是主要差别,则选用极性固定液。

④ 选择混合固定液　对于难分离的复杂组分,可选用两种或两种以上的固定液。

对大多组分性质不明的未知样品,一般选择最常用的几种固定液。表 14.4 列出了几种最常用的固定液。

表 14.4　常用固定液及其性能

固定液	商品名	最高使用温度/℃	常用溶剂	相对极性	麦氏常数	分析对象
角鲨烷	SQ	150	乙醚	0	0	烃类及非极性化合物
阿皮松 L	APL	300	苯	—	143	非极性和弱极性各类高沸点有机化合物
硅油	OV-101	350	丙酮	+1	229	各类高沸点弱极性有机化合物
10%苯基甲基聚硅氧烷	OV-3	350	甲苯	+1	423	
20%苯基甲基聚硅氧烷	OV-7	350	甲苯	+2	592	
50%苯基甲基聚硅氧烷	OV-17	300	甲苯	+2	827	
60%苯基甲基聚硅氧烷	OV-22	350	甲苯	+2	1075	
邻苯二甲酸二壬酯	DNP	130	乙醚	+2		
三氟丙基甲基聚硅氧烷	OV-210	250	氯仿	+2	1500	
25%氰丙基 25%苯基甲基聚硅氧烷	OV-225	250		+3	1813	
聚乙二醇	PEG20M	250	乙醇	氢键	2308	醇、醛酮、脂肪酸、酯等极性化合物
丁二酸二乙二醇聚酯	DEGS	225	氯仿	氢键	3430	

14.3 气相色谱检测器

气相色谱检测器是将由色谱柱分离的各组分的浓度或质量转变成响应信号的装置,种类多达数十种,本节将介绍最为常用的几种检测器。根据检测器的响应原理,可将其分为浓度型和质量型检测器。

(1) 浓度型　检测的是载气中组分浓度的瞬间变化,即响应值与浓度成正比。如热导检测器和电子捕获检测器。

(2) 质量型　检测的是载气中组分进入检测器中速度的变化,即响应值与单位时间进入检测器的量成正比。如氢火焰离子化检测器和火焰光度检测器等。

14.3.1 热导检测器

热导检测器(thermal conductivity detector,TCD)根据不同气态物质所具有的热传导系数(热导率)不同,当它们到达处于恒温下的热敏元件(如 Pt、Au、W 或半导体)时,其电阻将发生变化,将这一电阻变化通过某种方式转化为可以记录的电压信号,从而实现其检测功能。TCD 是一种应用较早的通用型检测器,现仍在广泛应用。它的特点是结构简单,稳定性好,灵敏度适宜,线性范围宽,对无机物和有机物都能进行分析,而且不破坏样品,适宜于常量分析及含量在 10^{-5} g 以上的组分分析。其主要缺点是灵敏度较低。

14.3.1.1 热导池结构和工作原理

TCD 的结构由池体和热敏元件组成,可分双臂(见图 14.3)和四臂热导池两种。四臂热导池热阻值比双臂热导池增加一倍,故灵敏度也提高一倍。

目前,仪器中都采用四根金属丝组成的四臂热导池。其中两臂为参比臂,两臂为测量臂,将参比臂和测量臂接入惠斯登电桥,由恒定的电流加热,组成热导池电路,如图 14.4 所示。

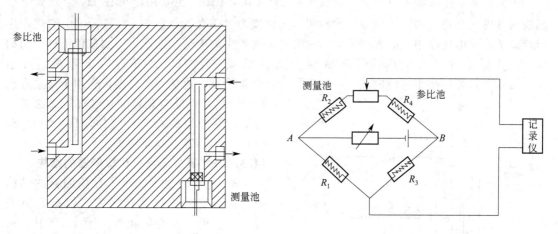

图 14.3　双臂热导池结构图　　　图 14.4　四臂热导池电路原理图

图 14.4 中,R_2 和 R_3 为测量池,R_1 和 R_4 为参比池,其中 $R_1=R_2$,$R_3=R_4$。由电源提供恒定电压加热,当载气以恒定的流速通过时,从池内产生的热量与被载气带走的热量建立热的动态平衡后,热丝的温度恒定,电阻值不变,此时 $\Delta R_1=\Delta R_2$,即 $(R_1+\Delta R_1)R_4=(R_2+\Delta R_2)R_3$,电桥仍处于平衡状态。此时 A、B 两端的电位差为零,记录仪输出一条直线,即基线。

进样后,载气和试样的混合气体进入测量臂,由于混合气体的热导率与载气不同,它们带走的热量与参比池中仅由载气通过时带走的热量不同，$\Delta R_1 \neq \Delta R_2$，$(R_1+\Delta R_1)R_4 \neq (R_2+\Delta R_2)R_3$，电桥不平衡，因而记录仪上有信号（色谱峰）产生。混合气体的热导率与纯载气的热导率相差越大，输出信号就越大。

14.3.1.2 影响热导池灵敏度的因素

为提高 TCD 的灵敏度和稳定性，应注意以下几点。

（1）桥电流和电阻 R　桥电流增加，热丝温度升高，热丝与池体的温差增大，气体容易将热量导出，灵敏度提高。灵敏度 S 正比于 $I^3 R^2$，当 R 一定时，增加桥电流，灵敏度迅速增加；但桥电流太大，噪声增大，热丝易烧断。一般桥电流控制在 $100 \sim 200$ mA。与桥电流类似，阻值 R 高、电阻温度系数较大的热敏元件，灵敏度高。

（2）载气种类　载气与试样的热导率相差越大，灵敏度越高。由于一般试样的热导率较小，因而宜选用热导率大的气体，如 H_2 或 He 作载气来提高灵敏度。表 14.5 列出了某些气体与蒸气的热导率。

表 14.5　某些气体与蒸气的热导率（温度 100℃）

气　体	$\lambda/10^{-5}$ J·(cm·℃·s)$^{-1}$	气　体	$\lambda/10^{-5}$ J·(cm·℃·s)$^{-1}$
氢气	224.3	甲烷	45.8
氦气	175.6	乙烷	30.7
氧气	31.9	丙烷	26.4
空气	31.5	甲醇	23.1
氮气	31.5	乙醇	22.3
氩气	21.8	丙酮	17.6

（3）池体温度　池体温度降低，可使池体和热丝温差增大，有利于提高灵敏度。但池体温度过低，将导致被测试样在检测器中冷凝。因而，池体温度一般应等于或高于柱温。

14.3.2　氢火焰离子化检测器

氢火焰离子化检测器（flame ionization detector，FID）主要用于可在 H_2-空气火焰中燃烧的有机化合物（如烃类物质）的检测。其原理是含碳有机物在 H_2-空气火焰中燃烧产生碎片离子，在电场作用下形成离子流，根据离子流产生的电信号强度，检测被色谱柱分离的组分。其特点是：灵敏度高，比热导检测器的灵敏度高 10^3 倍；检出限低，可达 10^{-12} g·s^{-1}；死体积小；稳定性好；响应快，线性范围宽，可达 10^6 以上，适用于痕量有机物的分析。但缺点是样品被破坏，无法进行收集，不能检测永久性气体、H_2O、H_2S、CO、CO_2、氮的氧化物等。

14.3.2.1 氢火焰离子化检测器的结构

图 14.5 为氢火焰离子化检测器的结构示意图。它的主体为离子室，内有石英喷嘴、发射极（也称极化极，图 14.5 中为火焰顶端）和收集极。喷嘴用于点燃氢气火焰，在极化极和收集极之间加直流电压，形成静电场。来自色谱柱的有机物与 H_2-空气混合并燃烧，产生电子和离子碎片，这些带电粒子在火焰和收集极间的电场作用下（几百伏）形成电流，此电流经放大器放大，由记录仪记录得到色谱图。

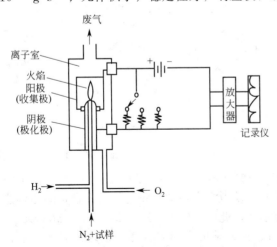

图 14.5　氢火焰离子化检测器结构图

14.3.2.2 火焰离子化机理

有关机理并不十分清楚,通常认为是化学离子化过程。有机物燃烧产生自由基,自由基与 O_2 产生正离子,再与 H_2O 反应生成 H_3O^+。

以苯为例:

$$C_6H_6 \xrightarrow{\text{裂解}} 6CH\cdot \xrightarrow{3O_2} 6e^- + 6CHO^+ \xrightarrow{6H_2O} 6CO + 6H_3O^+$$

化学离子化产生的正离子(CHO^+ 和 H_3O^+)及电子在电场作用下形成微电流,经放大后记录下色谱峰。

14.3.2.3 影响 FID 灵敏度的因素

(1) 载气和氢气流速 通常以 N_2 为载气,其流速主要考虑其柱效能,但也要考虑其流速与 H_2 流速相匹配。一般 $N_2:H_2$ 为 $(1:1)\sim(1:1.5)$。

(2) 空气流速 流速越大,灵敏度越高,达到一定值时,空气流速对灵敏度影响不大。一般,$H_2:$空气$=1:10$。

(3) 极化电压 在 50V 以下时,电压越高,灵敏度越高。但在 50V 以上,则灵敏度增加不明显。通常选择 $\pm 100 \sim \pm 300V$ 的极化电压。

(4) 操作温度 为防止固定液流失引起基线漂移,操作温度应比固定液的最高允许温度低约 50℃,但要比柱温略高。

14.3.3 电子捕获检测器

电子捕获检测器(electron capture detector,ECD)也称电子俘获检测器,是一种高选择性、高灵敏度的检测器,只对具有电负性的物质如含卤素、S、P、O、N 等有响应,电负性越强,灵敏度越高,检出限约为 $10^{-14}\text{g}\cdot\text{mL}^{-1}$,广泛用于测定痕量电负性有机物。缺点是线性范围窄,只有 10^3 左右,易受操作条件的影响,重现性较差。

14.3.3.1 电子捕获检测器的结构与工作原理

电子捕获检测器是一种发射型离子化检测器,与氢火焰离子化检测器类似,也需要一个能源和一个电场,其结构见图 14.6。

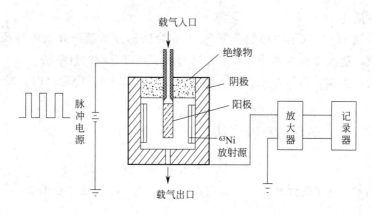

图 14.6 电子捕获检测器结构图

以 ^{63}Ni 或 ^3H 作放射源,当载气(如 N_2)通过检测器时,受放射源发射的 β 射线的激发与电离,产生一定数量的电子和正离子,在一定强度的电场作用下,向极性相反的电极运动,形成一个背景电流——基流。在此情况下,如载气中含有电负性强的样品,则电负性物质就会捕捉电子,从而使检测室中的基流减小,基流的减小与样品的浓度成正比。

14.3.3.2 捕获机理

捕获机理可用下式表示：

$$N_2 \xrightarrow{\beta} N_2^+ + e^-$$
$$AB + e^- \longrightarrow AB^- + E$$
$$AB^- + N_2^+ \longrightarrow N_2 + AB$$

被测组分浓度越大，捕获电子概率越大，结果使基流下降越快，倒峰越大。

14.3.4 火焰光度检测器

火焰光度检测器（flame photometric detector，FPD）也称硫磷检测器，是对含 S、P 化合物具有高选择性和高灵敏度的检测器，主要用于 SO_2、H_2S、石油精馏物的含硫量、有机硫、有机磷的农药残留物分析等。

14.3.4.1 火焰光度检测器的结构

火焰光度检测器由燃烧系统和光学系统两部分组成，见图 14.7。燃烧系统类似于氢火焰离子化检测器，只是在上方加一个收集极就成了火焰光度检测器。光学系统包括石英窗、滤光片和光电倍增管。

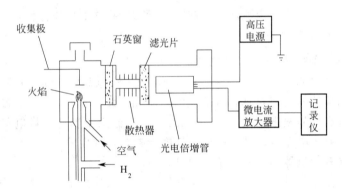

图 14.7 火焰光度检测器结构图

14.3.4.2 工作原理

待测物在低温 H_2-空气焰中燃烧产生 S、P 化合物的分解产物并发射特征分子光谱，记录这些特征光谱，就能检测 S 和 P。测量光谱的强度则可进行定量分析。

以含 S 化合物为例，当样品在富氢火焰（$H_2:O_2 > 3:1$）中燃烧时，发生如下反应：

$$CS + 2O_2 \longrightarrow CO_2 + SO_2$$
$$2SO_2 + 4H_2 \longrightarrow 4H_2O + 2S$$
$$S + S \xrightarrow{390℃} S_2^* \text{（化学发光物质）}$$

当激发态的 S_2^* 分子返回基态时，发射出 $\lambda_{max} = 394nm$ 特征波长的光。

$$S_2^* \longrightarrow S_2 + h\nu$$

14.3.5 检测器的性能指标

优良的检测器应具有以下性能指标：灵敏度高，检出限低，死体积小，响应快，线性范围宽，稳定性好。表 14.6 列出了四种常用检测器的性能指标。下面主要介绍噪声和漂移、灵敏度、检出限和线性范围。

表 14.6 四种常用检测器的性能指标

检测器性能	TCD	FID	ECD	FPD
类型	浓度型	质量型	浓度型	质量型
通用型或选择型	通用型	通用型	选择型	选择型
灵敏度	10^4 mV·mL·mg^{-1}	10^2 mV·s·g^{-1}	800A·mL·g^{-1}	400mV·s·g^{-1}
检出限	2×10^{-6} mg·mL^{-1}	10^{-12} g·s^{-1}	10^{-14} g·mL^{-1}	10^{-12} g·s^{-1}(对P) 10^{-11} g·s^{-1}(对S)
线性范围	10^4	10^7	$10^2\sim10^4$	10^3
最高温度	500℃	约1000℃	225℃(^{3}H) 350℃(^{63}Ni)	270℃
应用范围	所有物质,主要为无机气体和有机物	含碳有机物,主要为有机物及痕量分析	多卤、亲电子物质,主要为农药和污染物	含硫、磷化合物,主要为农残及大气污染物

14.3.5.1 灵敏度

灵敏度是检测器性能的重要指标。单位浓度(或质量)的组分进入检测器,所产生的响应信号 R 的大小,称为检测器对该物质的灵敏度(S)。以响应信号 R 对单位质量(或浓度)作图,得到一条通过原点的直线,直线的斜率也即是灵敏度。因此,灵敏度定义为信号 R 对进入检测器的组分量 c 的变化率:

$$S=\frac{\Delta R}{\Delta c} \tag{14.5}$$

实际工作中,可从色谱图直接求得灵敏度。

对于浓度型检测器,灵敏度的计算公式为

$$S_c=\frac{AC_1 F_{co}}{C_2 m} \tag{14.6}$$

式中,S_c 为灵敏度,mV·mL·mg^{-1};A 为峰面积,cm^2;C_1 为记录器的灵敏度,mV·cm^{-1};F_{co} 为柱出口流动相流速,mL·min^{-1};C_2 为记录器的走纸速度,cm·min^{-1};m 为进入检测器的样品质量,mg。

对于质量型检测器,灵敏度的计算公式为:

$$S_m=\frac{60C_1 A}{C_2 m} \tag{14.7}$$

式中,S_m 为灵敏度,mV·s·g^{-1};m 为进入检测器的样品质量,g;其他各符合的意义同前。

14.3.5.2 检出限

检出限又称敏感度,当检测器输出信号放大时,噪声信号也随之增大,使基线起伏波动。检测器恰能产生3倍噪声信号时,单位体积(或时间)内通过检测器的量即为检出限。检出限 D 的计算公式为

$$D=\frac{3R_N}{S} \tag{14.8}$$

式中,D 为检出限;R_N 为噪声的平均值,mV 或 V。检出限的单位由 S 决定,浓度型检测器 D 的单位为 mg·mL^{-1};质量型检测器 D 的单位为 g·s^{-1}。D 越小,说明检测器越敏感。

检测器不仅取决于灵敏度,而且受限于噪声,即检出限是衡量检测器或仪器性能的综合指标。

14.3.5.3 线性范围

线性范围(linear range)是指响应信号与待测物的质量或浓度呈线性关系的范围,以

线性响应的样品量或进样浓度的上、下限比值来表示。当进入检测器的样品量或浓度小时，其与响应信号呈直线关系。当样品量或浓度大于某一数值之后，直线开始向下弯曲，检测器输出的信号不再随样品量或浓度的增加而线性增加。这个转折点为线性范围的上限，可由实验测定。线性范围是个比值，量纲为 1。比值愈大，在定量分析中可能测定的质量或浓度范围越大。

当为浓度型检测器时，检测器的响应信号 R 与流动相中样品浓度 c 之间的关系可由下式表示：

$$R = Bc^x \tag{14.9}$$

式中，B 为比例常数，又称响应因子；x 为检测器的响应指数。当 $x=1$ 时，$R=Bc$，为线性响应。当 $x \neq 1$ 时，则为非线性响应。但是由于电子机械等原因，检测器不能做到绝对线性。因此只要在 $x=0.98 \sim 1.02$ 范围内，就可认为是线性的了。在线性范围内，以输出信号的大小进行定量分析，非常准确。如在非线性部分，以输出信号大小判断样品含量，将会产生偏差。检测器有一定的线性范围，不可能在它的响应范围内完全呈线性，选择检测器时，线性范围要尽可能大些，这样能同时测定大量和痕量的组分。

14.4　色谱分离操作条件的选择

为了在较短时间内获得较满意的色谱分离结果，除了选择合适的固定相之外，还要选择最佳的操作条件，以提高柱效能，增大分离度，满足分离分析的需要。

根据范第姆特方程和色谱分离方程式，可推导色谱分离的操作条件。

14.4.1　柱长

增加柱长，可使理论塔板数增加，分离效能提高。但柱长过长，分析时间增加且峰宽也会加大，导致总分离效能下降。一般情况下，根据分离度 $R=1.5$ 的要求，选择适宜的柱长，以使各组分能得到有效分离为宜。

14.4.2　载气及流速的选择

选用何种载气，从两个方面考虑。首先考虑检测器的适应性，如：TCD 常用 H_2、He 作载气，FID、FPD 和 ECD 常用 N_2 作载气；其次考虑流速的大小，根据范第姆特方程，求导计算出最佳流速和最小板高。

由范第姆特方程可知，当流速 u 较小时，分子扩散项（B/u）是影响板高的主要因素，应选择相对分子质量大的载气（如 N_2、Ar），以使组分在载气中的扩散系数小；当流速 u 较大时，传质阻力项（Cu）起主要作用，应选择相对分子质量较小的载气（如 H_2、He），以减小传质阻力，提高柱效。

14.4.3　柱温的选择

柱温是气相色谱重要的操作参数，直接影响分离效能和分析速度。柱温改变，影响分配系数 K、分配比 k、组分在流动相中的扩散系数 D_g 和组分在固定相中的扩散系数 D_s，从而影响分离效率和分析速度。提高柱温，可以加快传质速率，有利于提高柱效，缩短分析时间。但增加柱温又加剧了纵向扩散，峰拖尾过高造成固定液流失，柱效降低，同时也降低了选择性。从分离的角度考虑，应选择较低的柱温，但又会使分析时间延长，峰形变宽，柱效下降。

因此，选择柱温的一般原则是：在使最难分离的组分尽可能分离的前提下，尽量采用较低的柱温，但以保留时间适宜、峰形不拖尾为度。

柱温的具体选择还应考虑固定液的使用温度，柱温应介于固定液的最低使用温度和最高使用温度之间，否则不利于分配或易导致固定液挥发流失。

在实际工作中，常通过实验来选择最佳柱温，既能使各组分分离，又不使峰形扩张、拖尾。对于宽沸程的多组分混合物，可采用程序升温法，即在一个分析周期内柱温随时间由低温向高温作线性或非线性变化，以达到用最短的时间获得最佳分离的目的。在程序升温开始时，柱温较低，低沸点的组分得到分离，中等沸点的组分移动很慢，高沸点的组分还停留在柱口，随着温度升高，不同沸点的组分能在其合适的温度下得到良好的分离。

14.4.4 载体粒度及筛分范围

① 载体粒度（d_p）的减小有利于提高柱效。但也不可太小，这样不仅不易填充均匀，致使填充不规则因子 λ 增大，导致 H 增大，而且需要较大的柱压，容易漏气，给仪器装配带来困难。一般填充柱要求载体颗粒直径是柱直径的 1/10 左右，即 60~80 目或 80~100 目较好。

② 载体颗粒要求均匀，筛分范围要窄，以降低 λ 值，减小 H。一般使用颗粒筛分范围约为 20 目。

14.4.5 进样方式及进样量

进样速度必须很快，要以"塞子"方式进样，以防止峰形扩张，进样时间应在 1s 以内。

色谱柱的进样量，随柱内径、柱长及固定液用量的不同有所差别，柱内径越大，固定液用量越多，可适当增加进样量。如果进样量过大，甚至超过最大进样量，不但偏离峰高或峰面积与进样量的线性关系范围，而且会造成色谱柱超负荷，柱效急剧下降，峰形变宽，保留时间也发生改变。

14.5 毛细管气相色谱法简介

毛细管气相色谱法（capillary gas chromatography，CGC）是采用高分离效能的毛细管柱分离复杂组分的一种气相色谱法。

色谱动力学理论认为，气相色谱填充柱在运行中存在严重的涡流扩散，影响柱效的提高。1956 年，格雷（Golay）提出了非填充柱（空心柱）理论并制备出效率极高的毛细管柱且于次年发表"涂壁毛细管气液分配色谱理论和实践"的论文，首先提出毛细管速率方程，并第一次实现了毛细管气相色谱分离，为毛细管色谱奠定了理论基础。一根内径为 0.1~0.5mm、长度为 10~300m 的毛细管柱，总柱效最高可达 10^6，毛细管色谱柱的出现使色谱分离能力大幅度提高。

20 世纪 70 年代末 80 年代初，借助于拉制光导纤维技术，石英弹性毛细管问世，开辟了毛细管色谱大发展时期，相继出现了很多新技术，如多孔层开管柱、键合、交联开管柱等，它们为分析复杂有机混合物，如石油成分、天然产物、环境污染物、生物样品等开辟了广阔的应用前景。

14.5.1 毛细管气相色谱仪

毛细管气相色谱仪和填充柱色谱仪十分相似，只是在柱前多一个分流或不分流进样器，柱后加了一个尾吹气路。常用的毛细管色谱仪大都是单气路，其流程见图 14.8。分流/不分流进样方式见图 14.9。

因毛细管柱内径细，柱容量小，出峰快、峰形窄，因此对色谱仪本身（如进样系统、检测器、记录仪等）有些特殊的要求。

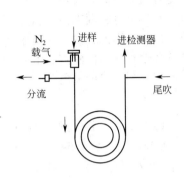

图 14.8　毛细管色谱仪气路图

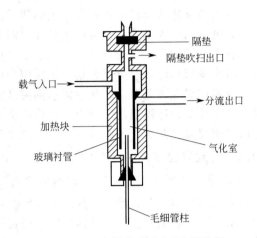

图 14.9　毛细管柱分流/不分流进样

14.5.1.1　进样系统

毛细管柱进样方式分为：分流、无分流、冷柱头进样、全量进样等方式。

毛细管柱进样量小（一般液样 $10^{-2} \sim 10^{-3}$ μL，气样约 1μL），可采用分流法进样。即在气化室出口分两路，绝大部分放空，极少部分进柱子，这两部分比例叫分流比。常用分流比为 1:(30～120)。分流法进样简便、柱效高，但易失真、浪费样品。目前毛细管柱进样系统最常用的分流方法是动态分流法。

14.5.1.2　尾吹

由于毛细管柱内载气流速低，流量小，组分会因柱后死体积突然增加而发生严重的纵向扩散，从而导致峰形变宽，这会使在柱中已分离组分在柱后再次重叠，影响分离。通过增加尾吹气可改善这一情况。

14.5.1.3　检测器

因毛细管柱内流速低，内径细，进样量小（$10^{-5} \sim 10^{-6}$ g），故要求高灵敏度的检测器。

在进行快速分析时，因峰宽只有几秒或少于 1s，要求检测器、记录器响应时间快。常用检测器有 FID，也可用 ECD，此时需在毛细管出口外加尾吹气以降低检测器的死体积。

14.5.2　毛细管色谱柱

毛细管色谱柱是毛细管色谱仪的关键部位，具备高效、惰性、热稳定性好等特点。

14.5.2.1　毛细管色谱柱的分类

毛细管色谱柱的内径一般小于 1mm，可分为填充型和开管型两大类。

(1) 填充型　分为填充毛细管柱和微填充柱，填充毛细管柱先在玻璃管内松散地装入载体，拉成毛细管后再涂固定液；微填充柱与一般填充柱相同，只是径细，载体颗粒在几十到几百微米，目前应用都不多。

(2) 开管柱　毛细管柱由不锈钢、玻璃等制成，不锈钢毛细管柱由于惰性差，有一定的催化活性，加上不透明，不易涂渍固定液，现已很少使用。玻璃毛细管柱表面惰性较好，且易于观察，因此长期使用，但易折断，安装较困难。1979 年出现了使用熔融石英制作的色谱柱，由于具有化学惰性、热稳定性、弹性及机械强度好，该类色谱柱已占有主要位置。毛细管柱按照其固定液的涂渍方法可以分为以下几种。

① 涂壁开管柱（wall coated open tubular，WCOT）　将固定液直接涂在毛细管内壁上，这是 Golay 最早提出的毛细管柱，为经典的毛细管柱。但管壁的表面光滑，润湿性差。因其制备难、柱子的重复性差、内表面积小、涂渍量小和 β 值大，易导致有效塔板数和实际

分离能力不高,且热稳定性也较差,现已很少使用。

② 多孔层开管柱（porous layer open tubular，PLOT）　在管壁上涂一层多孔性吸附剂固体微粒,不再涂固定液,实际上是使用开管柱的气固色谱。

③ 载体涂渍开管柱（support coated open tubular，SCOT）　先在毛细管内壁涂一层很细的多孔颗粒,然后再在多孔颗粒上涂渍固定液。

④ 化学键合相毛细管柱　将固定相用化学键合的方法键合到硅胶涂覆的柱表面,或表面处理的毛细管内壁上。

⑤ 交联毛细管柱（cross-linked open tubular column，CLOT）　涂好固定液后再用偶联剂交联键合,柱子性能有很大改善,能耐高温,抗水、抗溶剂。

14.5.2.2　毛细管柱与填充柱的比较

与填充柱相比,毛细管柱在柱长、柱内径、固定液液膜厚度、容量以及分离能力上都有较大差别（见表 14.7）。

表 14.7　填充柱和毛细管柱性能的比较

色 谱 参 数	填充柱	WCOT	SCOT
柱长/m	1～5	10～100	10～50
渗透性/10^{-7}cm	1～10	50～800	200～1000
柱内径/mm	2～4	0.1～0.8	0.5～0.8
液膜厚度/μm	10	0.1～1	0.8～2
相比	4～200	100～1500	50～300
每个峰的容量/ng	10～10^6	<100	50～300
柱效 H/min	0.73	0.34	0.61
最小板高/mm	0.5～2	0.1～2	0.2～2
分离能力	低	高	中等
相对压力	高	低	低
最佳线速/cm·s^{-1}	5～20	10～100	20～160

① 柱渗透性好,阻抗小,可使用长色谱柱。一般毛细管的比渗透率约为填充柱的 100 倍,在同样的柱前压下,可使用更长的毛细管柱（如 100m 以上）,而载气的线速可保持不变。这就是毛细管柱高柱效的主要原因。

② 总柱效高,大大提高了对复杂混合物的分离能力。从单位柱长的柱效看,毛细管柱和填充柱处于同一量级,但毛细管柱的长度比填充柱可长 1～2 个量级,因此其总柱效远高于填充柱,这样就大大提高了分离复杂混合物的能力。

③ 柱容量低,允许进样量小。这样对进样和检测技术要求更高。进样量取决于柱内固定液含量,由于毛细管柱涂渍的固定液仅为几十毫克,液膜厚度为 0.35～1.5μm,柱容量小,一般液体进样量为 10^{-2}～10^{-3}μL,故需要采用分流进样技术。

④ 相比 β 大。相比大,传质快,有利于提高柱效;k 值小有利于快速分析。毛细管柱的液膜厚度小,柱效高,加上柱渗透性大,可采用较高线流速,缩短分析时间。

14.5.3　毛细管气相色谱法的基本理论

根据填充柱气相色谱法的分离原理,提高色谱分离能力的途径如下。

① 根据塔板理论,可增加柱长,减小柱径,即增加柱子塔板数。

② 根据速率理论,减小组分在柱中的涡流扩散和传质阻力,可降低塔板高度。

毛细管气相色谱法与填充柱的分离原理相同。但由于毛细管柱本身的特点,使理论模型中的一些影响因素与填充柱相比有些差异。

毛细管速率理论和填充柱速率理论基本相同,对于空心毛细管柱而言,由于不填充载体,涡流扩散项 A 为零。Golay 推断出的毛细管柱速率方程为:

$$H = B/u + C_g u + C_l u \tag{14.10}$$

毛细管柱的 H-u 图也是一个双曲线，在 u 值是最佳值时，H 值最小。$H_{min} = 2\sqrt{B(C_g+C_l)}$。$C_g$、$C_l$ 的大小取决于分配系数及柱的几何性（以相比 β 为代表）。一般而言，毛细管柱液膜越薄，β 越大。液相传质阻力 C_l 项不起控制作用。

（1）WCOT 柱的 Golay 方程　1957 年，Golay 提出了 WCOT 的速率方程表达式

$$H = \frac{2D_g}{u} + \frac{(1+6k+11k^2)}{24(1+k)^2} \times \frac{r_g^2}{D_g} u + \frac{kd_f^2}{6(1+k)^2 D_l \beta^2} u \tag{14.11}$$

式中，D_g 为气相扩散系数；u 为载气流速；k 为容量因子；r_g 为自由气体流路半径，$r_g = r - d_f$，r 为毛细管柱半径，d_f 为平均液膜厚度；D_l 为液相扩散系数；β 为相比，其表达式为：

$$\beta = \frac{V_m}{V_l} = \frac{K}{k} = \frac{au}{Lb} = \frac{a}{bt_0} \tag{14.12}$$

式中，V_m 为毛细管中气体所占据的体积；V_l 为液相体积；u 为载气线速率；a、b 分别为半峰宽与保留时间直线的截距和斜率；t_0 为死时间；相比 β 是毛细管柱型与结构的重要特征，β 值一般为 60～600。

（2）SCOT 柱的 Golay 方程　1963 年，Golay 提出了 SCOT 柱的速率方程表达式

$$H = \frac{2D_g}{u} + \left[\frac{(1+6k+11k^2)}{(1+k)^2} + 8\alpha + \frac{16k\alpha}{(1+k)^2}\right] \times \frac{r_g^2}{24D_g} u + \frac{k}{6(1+k)^2} \times \frac{d_f^2}{D_l F^2 \beta^2} u \tag{14.13}$$

式中，α 为相对多孔层厚度，一般为 0.05～0.1；F 为液相表面积之比，为 8～10。

由上述公式，可推导出以下结论。

① 毛细管柱与填充柱的速率理论方程相似，但毛细管柱的影响因素比填充柱更为复杂。

② 开管毛细管柱的涡流扩散项为零，而填充柱则受填充颗粒大小与均匀程度的影响。

③ 不论是毛细管柱与填充柱，分子扩散项都与气体扩散系数成正比，开管柱没有扩散路径弯曲，故弯曲因子 $\gamma = 1$。填充柱还受弯曲因子的影响。

④ 毛细管柱的气相传质阻力与液相传质阻力项的影响因素比填充柱更为复杂，$C_g + C_l$ 小于填充柱中的 C 值，曲线斜率小于填充柱。因而，可选择使用较高的线速率。

⑤ 毛细管色谱柱效可用理论塔板数、分离度 R 等公式，与填充柱色谱法相同。

⑥ 在毛细管柱柱内只有一个流路，涡流扩散项 $2\lambda d_p = 0$。用液膜厚代替了填充柱中载体的颗粒直径 d_p。

14.6　气相色谱法的应用

气相色谱法在生物科学、医药卫生、食品检验、环境监测、药物分析等领域具有广泛的应用。当样品更复杂时，多维色谱技术发挥了巨大的作用，如通常的二维气相色谱（GC+GC）和全二维气相色谱（GC×GC）。其中，全二维气相色谱是色谱技术上的又一次革命性突破，已经成为目前最强大的分离分析工具，在复杂化合物的分离中发挥积极的作用。

【例 14.1】　水果和蔬菜中多种有机磷农药残留量的测定。

解　分析条件如下。

色谱柱：50%苯基甲基聚硅氧烷（DB-17 或 HP-50）毛细管柱（30m×0.53mm×1.0μm）；

检测器：FPD，分流/不分流进样；

进样口温度：220℃，检测器温度：250℃；

柱温：150℃保持2min，以8℃·min^{-1}升至250℃，保持12min；
载气：N_2 10mL·min^{-1}，燃气：H_2 75mL·min^{-1}，助燃气：空气100mL·min^{-1}。

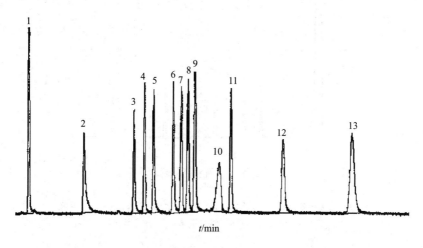

1—敌敌畏；2—乙酰甲胺磷；3—百治磷；4—乙拌磷；5—乐果；6—甲基对硫磷；
7—毒死蜱；8—嘧啶磷；9—倍硫磷；10—辛硫磷；11—灭菌磷；12—三唑磷；13—亚胺硫磷

【例14.2】 气相色谱法测定酱油中防腐剂。
解 分析条件如下。
色谱柱：Rxi-17毛细管柱（30m×0.25mm×0.25μm）；
检测器：FID，分流比10∶1；
载气：N_2 2.0mL·min^{-1}，H_2流速30mL·min^{-1}，空气流速400mL·min^{-1}；
进样口温度：220℃，检测器温度：300℃；
程序柱温：起始100℃，以40℃·min^{-1}升至170℃，再以10℃·min^{-1}升至220℃，保持2min。

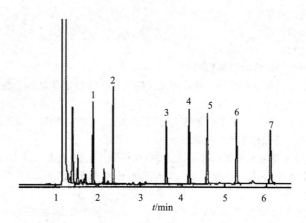

1—山梨酸；2—苯甲酸；3—脱氢乙酸；4—对羟基苯甲酸甲酯；
5—对羟基苯甲酸乙酯；6—对羟基苯甲酸丙酯；7—对羟基苯甲酸丁酯

【例14.3】 气相色谱法分析空气中的有机污染物。
解 分析条件如下。
色谱柱：FFAP毛细管柱（30m×0.53mm×0.53μm）；
检测器：FID，分流比：20∶1；
进样口温度：180℃，检测器温度：200℃；

程序升温：50℃，保持11min，以5℃·min^{-1}升至90℃，保持5min；
载气：N_2 25mL·min^{-1}，燃气：H_2 45mL·min^{-1}，助燃气：空气 300mL·min^{-1}。

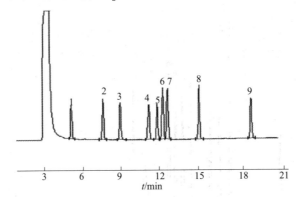

1—苯；2—甲苯；3—乙酸乙酯；4—十一烷；5—乙苯；6—对二甲苯；
7—间二甲苯；8—邻二甲苯；9—苯乙烯

思考题与习题

14.1 简要说明气相色谱仪的流程及各部分的作用。

14.2 简述热导池检测器、氢火焰离子化检测器、电子捕获检测器、火焰光度检测器的检测原理，各具有什么特点？

14.3 试述速率方程中 A、B、C 三项的物理意义。

14.4 评价检测器的性能指标有哪些？

14.5 简述毛细管柱气相色谱的特点？为什么毛细管柱比填充柱有更高的柱效？

14.6 在气相色谱中，如何选择固定液、柱温和载气？

14.7 在气相色谱分析中，测定下列组分，应分别选用哪种检测器？

(1) 酒中水含量；

(2) 蔬菜中含氯农药的残留量；

(3) 苯和二甲苯的异构体；

(4) 啤酒中微量硫化物。

14.8 判断下列情况对色谱峰峰形的影响：
①进样速度慢；②由于气化室温度低，样品不能瞬间气化；③增加柱温；④增大载气流速；⑤增加柱长；⑥固定相颗粒变粗。

14.9 二氯甲烷、三氯甲烷和四氯甲烷的沸点分别为40℃、62℃、77℃，试推测它们的混合物在阿皮松L柱上和在邻苯二甲酸二壬酯柱上的出峰顺序。

14.10 用皂膜流量计测得柱出口处载气流速为 30mL·min^{-1}，柱前表压为 $1.52×10^5$Pa。已知大气压为 $1.01×10^5$Pa，色谱柱温为130℃，室温为27℃，室温时的饱和蒸气压为 $3.55×10^3$Pa，计算载气在色谱柱中的平均流速。

14.11 已知记录仪的灵敏度为 0.658mV·cm^{-1}，记录仪走纸速度为 2cm·min^{-1}，载气流速为 68mL·min^{-1}，12℃时进样 0.5mL 饱和苯蒸气，其质量经计算为 0.11mg，得到色谱峰的实测面积为 3.84cm^2。求该检测器的灵敏度。

第 15 章 高效液相色谱法
High Performance Liquid Chromatography，HPLC

【学习要点】
① 了解 HPLC 仪的一般结构流程和主要部件。
② 掌握 HPLC 的几种分离机制及适用对象。
③ 熟悉液相色谱检测器的用途和特点。
④ 了解 HPLC 固定相和流动相的选择。
⑤ 掌握液相色谱法的应用。

15.1 概述

高效液相色谱又称为高压液相色谱（high pressure liquid chromatography）、高速液相色谱（high speed liquid chromatography）、高分离度液相色谱（high resolution liquid chromatography）或现代液相色谱（modern liquid chromatography），是 20 世纪 60 年代末期在经典液相色谱法和气相色谱法基础上发展起来的一种新型分离分析技术。由于其适用范围广，分离速度快，灵敏度高，色谱柱可以反复使用，样品用量少，还可以收集被分离的组分，特别是计算机等新技术的引入使其自动化与数据处理能力大大提高，高效液相色谱技术得到了飞速发展。

高效液相色谱法和经典液相色谱法在分析原理上基本相同，但由于在技术上采用了新型高压输液泵、高灵敏度检测器和高效微粒固定相，而使经典的液相色谱法焕发出新的活力。经过数十年的发展，高效液相色谱法在分析速度、分离效能、检测灵敏度和操作自动化等方面，都达到了很高的程度，可以和气相色谱法相媲美，并保持了经典液相色谱对样品通用范围广、可供选择的流动相种类多和便于用作制备色谱等优点。至今，高效液相色谱法已在生物工程、制药工业、食品行业、环境监测、石油化工等领域获得广泛的应用。

15.1.1 与经典液相色谱法比较

经典液相色谱法使用的固定相通常是多孔粗粒，装填在大口径长色谱柱（玻璃）管内，流动相是靠重力作用流经色谱柱的，溶质在固定相的传质速度缓慢，柱入口压力低，分析时间长，因此柱效低，分离能力差，难以解决复杂混合物的分离分析；而高效液相色谱法使用的固定相是全多孔微粒，装填在小口径、短不锈钢柱内，流动相是通过高压输液泵进入色谱柱的，溶质在固定相的传质、扩散速度大大加快，柱效可比前者高 2～3 个量级，从而在短时间内获得高柱效和高分离能力，可以分离上百个组分。总体来看，高效液相色谱法和经典液相色谱法主要有以下不同（见表 15.1）。

表 15.1　高效液相色谱法与经典液相色谱法的比较

项目	高效液相色谱法	经典液相色谱法
色谱柱	可重复使用	只用一次
柱长/cm	10～25	10～200
柱内径/mm	2～10	10～50
固定相粒径/μm	5～50	75～600
筛孔/目	250～300	200～30
色谱柱入口压力/MPa	2～20	0.001～0.1
色谱柱柱效/(理论塔板数/m)	2×10^3～5×10^4	2～50
进样量/g	10^{-4}～10^{-2}	1～10
分析时间/h	0.05～1.0	1～20
在线检测	能在线检测	不能在线检测

15.1.2　与气相色谱法比较

气相色谱法具有高选择性、高分离效率、高灵敏度和分析速度快的特点，但它仅适用于分析蒸气压低、沸点低的样品，而不适用于分析高沸点有机物、高分子和热稳定性差的化合物以及生物活性物质，因而使其应用范围大受限制。在全部有机合物中仅有 20% 的样品适用于气相色谱法分析。而高效液相色谱法却恰好能弥补气相色谱法的不足，适合分离分析 80% 的有机化合物，广泛地用于天然产物、生物活性物质、生物大分子等有机物的分离分析。此两种方法的比较可见表 15.2。

表 15.2　高效液相色谱法与气相色谱法的比较

项目	高效液相色谱法	气相色谱法
进样方式	样品制成溶液	样品需加热气化或裂解
流动相	(1)液体流动相可为离子型、极性、弱极性、非极性溶液，可与被分析样品产生相互作用，并能改善分离的选择性 (2)液体流动相动力黏度大，传输流动相压力高	(1)气体流动相为惰性气体，不与被分析的样品发生相互作用 (2)气体流动相动力黏度小，传输流动相压力低
固定相	(1)分离机理：可依据吸附、分配、筛分、离子交换、亲和等多种原理进行样品分离，可供选用的固定相种类繁多 (2)色谱柱：固定相粒度小，为 5～10μm；填充柱内径为 3～6mm，柱长 10～25cm，柱效为 10^3～10^4，毛细管柱内径为 0.01～0.03mm，柱长 5～10m，柱效为 10^4～10^5 柱温为常温	(1)分离机理：可依据吸附、分配两种原理进行样品分离，可供选用的固定相种类较多 (2)色谱柱：固定相粒度大，为 0.1～0.5mm；填充柱内径为 1～4mm，柱长 1～4m，柱效为 10^2～10^4，毛细管内径为 0.1～0.3mm，柱长 10～100m，柱效为 10^3～10^4 柱温为常温～300℃
检测器	选择性检测器：UVD，PDAD，FD，ECD 通用型检测器：ELSD，RID	通用型检测器：TCD，FID(有机物) 选择性检测器：ECD*，FPD，NPD
应用范围	可分析低分子量低沸点样品；高沸点、中分子、高分子有机化合物；离子型无机化合物；热不稳定、具有生物活性的生物分子	可分析低分子量低沸点有机化合物；永久性气体；配合程序升温可分析高沸点有机化合物；配合裂解技术可分析高聚物
仪器组成	溶质在液体中的扩散系数很小，因此在色谱柱以外的死空间应尽量小，以减少柱外效应对分离效果的影响	溶质在气相中的扩散系数大，柱外效应影响较小，对毛细管气相色谱应尽量减小柱外效应对分离效果的影响

注：UVD—紫外吸收检测器，PDAD—二极管阵列检测器，ECD—电化学检测器，ECD*—电子捕获检测器，ELSD—蒸发激光散射检测器，FD—荧光检测器，RID—示差折光检测器，TCD—热导检测器，FID—氢火焰离子化检测器，FPD—火焰光度检测器，NPD—氮磷检测器。

15.1.3 高效液相色谱法的特点

(1) 分离效能高 由于新型高效微粒固定相填料的使用,液相色谱填充柱的柱效可达 $2 \times 10^3 \sim 5 \times 10^4$ 块理论塔板数·m^{-1},远远高于气相色谱填充柱 10^3 块理论塔板数·m^{-1} 的柱效。

(2) 选择性高 由于液相色谱柱柱效高,并且流动相可以控制和改善分离过程的选择性。因此,高效液相色谱法不仅可以分析不同类型的有机化合物及其同分异构体,还可分析在性质上极为相似的旋光异构体,并已在高疗效的合成药物和生化药物的生产控制分析中发挥了重要的作用。

(3) 检测灵敏度高 高效液相色谱法中使用的检测器大多数具有较高的灵敏度。如使用广泛的紫外吸收检测器,最小检出量可达 10^{-9} g;用于痕量分析的荧光检测器,最小检出量可达 10^{-12} g。

(4) 分析速度快 由于高压输液泵的使用,相对于经典液相(柱)色谱,其分析时间大大缩短,当输液压力增加时,流动相流速会加快,通常分析一个样品需 15~30min,有些样品甚至在 5min 内即可完成。

高效液相色谱法除具有以上特点外,它的应用范围也日益扩展。由于它使用了非破坏性检测器,样品被分析后,在大多数情况下,可除去流动相,实现对少量珍贵样品的回收,亦可用于样品的纯化制备。

15.2 高效液相色谱仪

高效液相色谱仪自 1967 年问世以来,由于使用了高压输液泵、全多孔微粒填充柱和高灵敏度检测器,实现了对样品高速、高效和高灵敏度的分离测定。20 世纪 70~80 年代高效液相色谱仪获得快速发展,并引入微处理机技术,极大地提高了仪器的自动化水平和分析精度。

高效液相色谱仪可分为分析型和制备型,虽然它们的性能各异、应用范围不同,但其基本组件相似。现在用计算机控制的高效液相色谱仪,其自动化程度高,既能控制仪器的操作参数(如溶剂梯度洗脱、流动相流量、柱温、自动进样、洗脱液收集、检测器功能等),又能对获得的色谱图进行收缩、放大、叠加,以及对保留数据和峰高、峰面积进行处理等,为色谱分析工作者提供了高效率、功能全面的分析工具。图 15.1 为高效液相色谱仪的组成示意图。

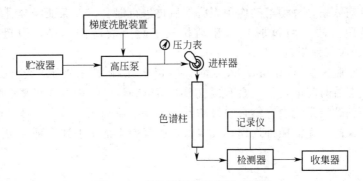

图 15.1 高效液相色谱仪组成示意

高效液相色谱工作过程为:高压泵将贮液器中的流动相经过进样器带入色谱柱,当注入欲分离的样品时,流动相将样品一并带入色谱柱进行分离,然后依先后顺序进入检测器,记录仪将检测器输出的信号记录下来,即得到色谱图,流动相和样品从色谱仪出口流出被馏分收集器收集得到。

以下分别介绍构成高效液相色谱仪的主要部件：贮液器、高压输液泵、进样装置、色谱柱、检测器、馏分收集器、记录仪和数据处理装置。

15.2.1 贮液器

15.2.1.1 简介

贮液器是用来存放流动相的容器，供给符合要求的流动相以完成分离分析工作。贮液器的材料应耐腐蚀、对洗脱液呈化学惰性，可为玻璃、不锈钢、聚四氟乙烯等材料制成。容积大小与柱子的粗细、泵的种类以及所采用的液相色谱系统有关。一般容积为 0.5~2.0L，以便在不重复加液的情况下能连续工作。对凝胶色谱仪、制备型仪器，其容积应更大一些。贮液器的放置位置要高于泵体，以便保持一定的输液静压差。使用过程中贮液器应密闭，以防溶剂蒸发引起流动相组成的变化，还可防止空气中 O_2、CO_2 重新溶解于已脱气的流动相中。

高效液相色谱所用的溶剂在放入贮液器之前必须经过 $0.45\mu m$ 的滤膜过滤，除去溶剂中可能含有的机械性杂质，以防输液管道或进样阀产生阻塞现象。对输出流动相的连接管路，其插入贮液罐的一端，通常要连有孔径为 $0.45\mu m$ 的多孔不锈钢过滤器或由玻璃制成的专用膜过滤器。

15.2.1.2 流动相脱气

高效液相色谱所用的流动相在使用前必须进行脱气，以除去其中溶解的气体，防止在洗脱过程中当流动相由色谱柱流至检测器时因压力降低而产生气泡，从而影响色谱柱的分离效率，影响检测器的灵敏度、基线的稳定性，严重时无法进行分析。此外溶解在流动相中的氧气，会造成荧光猝灭现象，影响荧光检测器的检测，还会导致样品中某些组分被氧化或会使柱中固定相发生降解而改变柱的分离性能。常用的脱气方法有如下几种。

(1) 吹氦脱气法　使用在液体中比空气溶解度低的氦气，在 0.1MPa 压力下，以约 $60mL \cdot min^{-1}$ 的流速通入流动相 10~15min，以驱除溶解的气体。此法适用于所有的溶剂，脱气效果较好，但因氦气价格较贵，使用具有局限性。

(2) 加热回流法　此法脱气效果较好，但操作较复杂，且有毒性挥发污染。

(3) 真空脱气法　此时可使用微型真空泵，降压至 0.05~0.07MPa 即可除去溶解的气体。显然使用水泵连接抽滤瓶和 G_4 微孔玻璃漏斗可一起完成过滤机械杂质和脱气的双重任务。由于抽真空易抽走有机相，会引起混合溶剂组成的变化，故此法适用于单一溶剂体系脱气。对于多元溶剂体系，每种溶剂应预先脱气后再进行混合，以保证混合后的比例不变。

(4) 超声波脱气法　将欲脱气的流动相放于超声波清洗器中，用超声波振荡 10~15min。但此法的脱气效果较差。

(5) 在线真空脱气法（on-line degasser）　以上几种方法均为离线（off-line）脱气操作，随着流动相存放时间的延长又会有空气重新溶解到流动相中。在线真空脱气技术是把真空脱气装置串接到贮液系统中，结合膜过滤器，实现了流动相在进入输液泵前的连续真空脱气。此法能智能控制，无需额外操作，成本低，脱气效果优于上述几种方法，并适用于多元溶剂体系。

15.2.2 高压输液泵

15.2.2.1 高压输液泵的特点

高压输液泵是高效液相色谱仪的重要单元部件，用于将流动相和样品输入到色谱柱和检测器中，从而使样品得以分析，其性能的好坏直接影响整个仪器和分析结果的可靠性。高压输液泵应具备以下特点。

(1) 泵体材料耐化学腐蚀　通常使用普通耐酸、碱和缓冲液腐蚀的不锈钢。

(2) 能在高压下连续工作 通常要求耐压 40~50MPa·cm^{-2}，能长时间连续工作。

(3) 输出流量范围宽 对填充柱：0.1~10mL·min^{-1}（分析型）；1~100mL·min^{-1}（制备型）。对微孔柱：10~1000μL·min^{-1}（分析型）；1~9900μL·min^{-1}（制备型）。

(4) 输出流量稳定，重复性高 高效液相色谱使用的检测器，大多数对流量变化敏感，高压输液泵应提供无脉冲流量，这样可以降低基线噪声并获较好的检测下限。流量控制的精密度应小于 1%，最好小于 0.5%，重复性最好小于 0.5%。其次还应具有易于清洗、易于更换溶剂、具有梯度洗脱功能等。

15.2.2.2 高压输液泵的类型

高压输液泵按排液性能可分为恒流泵和恒压泵，按其结构不同又可分为螺旋注射泵、柱塞往复泵和隔膜往复泵。目前多用柱塞往复泵。

(1) 恒流泵 输出恒定体积流量的流动相，在色谱分析中，柱系统中阻力总是会变的，因此恒流泵比恒压泵更具优势，使用更普遍。按工作方式恒流泵又可分为注射型泵和往复型泵。

① 注射型泵 又称注射式螺杆泵，如图 15.2 所示。

工作原理：它利用步进电机经齿轮螺杆传动，带动活塞以缓慢恒定的速度移动，使载液在高压下以恒定流量输出。当活塞达到每个输出冲程末端时，暂时停止输出流动相，然后以极快速度进入吸入冲程，再次将流动相由单向阀封闭的载液入口吸入泵中，再重新进入输出冲程的运行，如此往复交替进行。

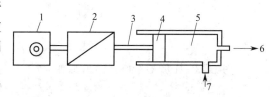

图 15.2 注射型泵工作原理
1—步进电机；2—变速齿轮箱；3—螺杆；
4—活塞；5—载液；6—至色谱柱；
7—用单向阀封闭的载液入口

优点：可在高输液压力下给出精确的 (0.1%) 无脉动、可重现的流量；可通过改变电机的电压，控制电机的转速，来改变活塞的移动速度，从而可调节流动相流量，使其输出流量与系统阻力无关；该泵因流量稳定、操作方便，可与多种高灵敏度检测器连接使用。

缺点：由于泵液缸容积（100~150mL）有限，每次流动相输完后，需重新吸入流动相，故当流动相流量大时，流动相中断频繁，不利于连续工作，使用两台泵交替工作可克服此不足之处；此泵在高压下工作，对活塞和液缸间的密封要求很高，更换溶剂不方便，且价格昂贵。注射型泵目前在高效液相色谱仪中使用较少，而在超临界流体色谱仪中使用较多。

② 往复型泵 工作原理：柱塞往复式泵，类似于具有单向阀的往复运动的小型注射器。通常由电机带动凸轮（或偏心轮）转动，再用凸轮驱动活塞杆做往复运动，柱塞向前运动，液体输出，流向色谱柱；向后运动，将贮液器中流动相吸入缸体。前后往复运动，将流动相源源不断地输送到色谱柱中。通过单向阀的开启和关闭，定期将贮存在液缸里的液体以高压连续输出。当改变电机转速时，通过调节活塞冲程的频率，就可调节输出液体的流量，如图 15.3 所示。此泵每往复一次输出的流量由柱塞的截面积和冲程决定，单位时间输出的流量由柱塞的往复次数决定。隔膜式往复泵的工作原理与柱塞式往复泵相似，只是流动相接触的不是活塞，而是具有弹性的不锈钢或聚四氟乙烯隔膜。此隔膜经液压驱动脉冲式地排出或吸入流动相，隔膜式往复泵的优点是可避免流动相被污染。

目前，已研制出双柱塞往复式串联泵，它由电机从相反方向推动两个球形螺旋传动，由于球形螺旋传动的齿轮有不同的圆周（2∶1），使第一个活塞的运动速度是第二个活塞的两倍，如图 15.4 所示。它启动时，通过运行一个初始程序来决定两个柱塞向上移动能到达的最高位置，然后再向下移动至一个预定高度，控制器将两个活塞位置储存在记忆中，完成初始化设定，泵Ⅰ和泵Ⅱ就按设定参数操作。当驱动电机正向运转时，泵Ⅰ流动相入口主动单向阀打开时，柱塞Ⅰ向下移动，将流动相吸入泵Ⅰ内，与此同时，泵Ⅱ柱塞Ⅱ向上移动，将流动相送入色谱系统。在完成由控制器设定的第一种柱塞运行冲程长度后，驱动电机停止，泵Ⅰ入口主动单向阀门关闭，然后驱动电机反向运转，泵Ⅰ流动相出口被动单向阀打开，此时柱塞Ⅰ向上移动，泵Ⅱ柱塞Ⅱ向下移动，使泵Ⅰ中流动相转移至泵Ⅱ，就完成控制器设定的第二种柱塞运行程序。重复进行上述过程，就使泵Ⅰ吸入的流动相连续不断地进入泵Ⅱ，而泵Ⅱ每次仅排出压入流动相的一半，而实现以恒定流量连续向色谱系统输液。双柱塞往复式串联泵的主要特点是仅在泵Ⅰ配有一单向阀，全部操作是用计算机进行控制的。

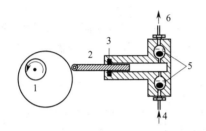

图 15.3　柱塞式往复型泵工作原理
1—偏心轮；2—柱塞；3—密封垫；
4—流动相进口；5—单向阀；6—流动相出口

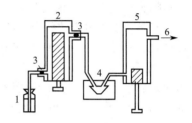

图 15.4　双柱塞往复式串联泵工作原理
1—贮液罐；2—泵Ⅰ（柱塞Ⅰ）；3—单向阀；
4—阻尼器；5—泵Ⅱ（柱塞Ⅱ）；6—至色谱柱

优点：可在高压下连续以恒定的流量输液；泵的液缸容积很小，其柱塞尺寸小，易于密封；容易清洗及更换流动相，特别适用于梯度洗脱。

缺点：输出流动相虽然是连续的恒流量，但存在脉冲波动，若与对流量敏感的示差折光检测器连接，就产生基线波动，难以进行准确的定量分析工作；柱塞式往复泵，柱塞直接与流动相接触造成污染（使用隔膜式往复泵可克服此缺点）；长期运转后，因流动相含有的机械杂质会造成单向阀的阻塞，或因单向阀的阀球磨损而不能关闭单向阀。这些都会造成往复泵不能正常工作。

柱塞式往复泵在高效液相色谱仪中的应用最广泛，也是最重要的高压输液泵。

（2）恒压泵　恒压泵又称气动放大泵，是输出恒定压力的泵。

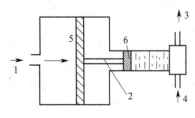

图 15.5　气动放大泵工作原理
1—空气；2—连杆；3—输液；
4—吸液；5—大活塞；6—小活塞

工作原理：当系统阻力不变时可保持恒定流量，当系统阻力发生变化时，输入压力虽然不变，但流量却随阻力而变。其气动放大泵的工作原理如图 15.5 所示。恒压泵是利用气体的压力去驱动和调节流动相的压力，通常采用压缩空气作为动力去驱动气缸中横截面积大的活塞 5，再经过一个连杆去驱动液缸中横截面积小的活塞 6。由于两个活塞面积有一定的比例（约 50∶1），则气缸压力 p_2 传于液缸压力 p_1 时，其压力也增加相应的倍数，而获得输出液的高压 p_1：

$$p_1 A_1 = p_2 A_2 \quad p_1 = p_2 \frac{A_2}{A_1} \tag{15.1}$$

式中，A_1 为小活塞面积；A_2 为大活塞面积。当 $\frac{A_2}{A_1}=50$ 时，$p_1=50p_2$。此高压可将液缸中的液体排出。

对单液缸气动放大泵,每个输液冲程结束,气缸和液缸活塞即快速反向运行而重新吸液,结果几乎不中断流动相输出,但基线会有暂时的波动。若具有双液缸,则可通过两个电磁阀定时切换气体压力,实现在一个液缸输液的同时,另一个液缸正在吸液,从而使流动相连续输出且不引起基线波动。使用气动放大泵时,输出流动相的流量不仅由泵的输出压力决定,还取决于流动相的黏度及色谱柱的压力降,因此在分析过程中不能获得稳定的流量。

优点:能以比较简单的方式建立高压并输出无脉动的、稳定的流动相液流;可与示差折光检测器配合使用;可利用改变气源压力的方法来调节载液流速。

缺点:液缸体积大(约 70mL),更换流动相不方便,如不使用两台泵无法实现梯度洗脱。不能输出恒定流量的流动相,不易测出重复的保留时间,不能获得可靠的定性结果。

在高效液相色谱仪发展初期,恒压泵使用较多,随往复式恒流泵的广泛使用,恒压泵现已基本不再使用。但在填充高效液相色谱柱时,使用的匀浆装柱机都配备气动放大泵,以快速建立所需的高压输出。

15.2.2.3 输液系统的辅助设备

为了给色谱柱提供稳定、无脉动、流量准确的流动相,除具备高压输液泵外,还需配备管道过滤器和脉动阻尼器等辅助设备。

(1) 管道过滤器 在高压输液泵的进口和它的出口与进样阀之间,应设置过滤器。高压输液泵的柱塞和进样阀阀芯的机械加工精密度非常高,即便微小的机械杂质进入流动相,也会导致上述部件的损坏,同时机械杂质在接头的积累,会造成柱压升高,使色谱柱不能正常工作,因此管道过滤器的安装是十分必要的。

过滤器的滤芯是用不锈钢烧结材料制造的,孔径为 $2\sim3\mu m$,耐有机溶剂的侵蚀。若发现过滤器堵塞(发生流量减小的现象),可将其浸入稀 HNO_3 溶液中,在超声波清洗器中用超声波振荡 $10\sim15min$,即可将堵塞的固体杂质洗出,若清洗后仍不能达到要求,则应更换滤芯。

(2) 脉动阻尼器 往复式柱塞泵输出的压力脉动,会引起记录仪基线的波动,这种脉动可以通过在高压输液泵出口与色谱柱入口之间安装一个脉动阻尼器(或称缓冲器)来加以消除。图 15.6 为几种脉动阻尼器示意图。其中图 15.6(a) 为最简单、最常用的脉动阻尼器,它由一根外径为 $1.1\sim1.5mm$、内径 $0.25mm$、长约 5m 的螺旋状不锈钢毛细管组成,利用

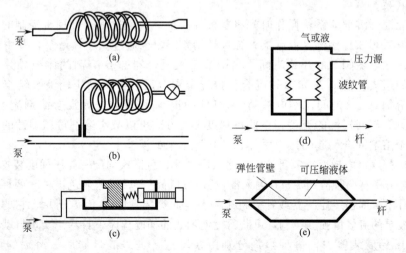

图 15.6 脉动阻尼器

它的挠性来阻滞压力和流量的波动,起到缓冲作用。毛细管内径越细,其阻滞作用越大。这种阻尼器制作简单,但会引起系统中一定的压力损失。如将它改装成图15.6(b)所示的三通式,即可避免压力损失,且阻尼效果更好。图15.6(a)和(d)分别是可调弹簧式和波纹管式脉动阻尼器,它们的阻尼效果好,但其体积大,更换溶剂很不方便,不适于梯度洗脱。图15.6(e)为一种新式脉冲阻尼器,它的内管壁用弹性材料制成,内、外管之间装有已脱气可压缩的液体,内管的弹性和装填液体的可压缩性,都可吸收输液系统中的压力波动。这种阻尼器死体积小,适用于梯度洗脱。

在输液系统中还应配备由压力传感器组成的压力测量、显示装置及流动相流量的测量装置。

15.2.2.4 梯度洗脱装置

高效液相色谱洗脱技术有等强度(isocratic)洗脱和梯度(gradient)洗脱两种。等强度洗脱是在同一分析周期内流动相组成保持恒定不变,适合于组分数目较少、性质差别不大的样品。梯度洗脱是在一个分析周期内由程序来控制流动相的组成,如溶剂的极性、离子强度和pH值等。在分析组分数目多、性质相差较大的复杂样品时需采用梯度洗脱技术,使所有组分都在适宜条件下获得分离。梯度洗脱能缩短分析时间、提高分离度、提高柱效、改善峰形、提高检测灵敏度,但是常常引起基线漂移和降低重现性。

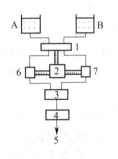

图15.7 低压梯度装置
1—低压计量泵;2—微处理机;
3—混合器;4—高压输液泵;
5—至色谱柱;6,7—时间比例
电磁阀

梯度洗脱的方法是使流动相中含有两种或两种以上不同极性的溶剂,在洗脱过程中连续或间断改变流动相的组成,以调节它的极性,使每个流出的组分都有合适的容量因子k,并使样品中的所有组分在最短的分析时间内获得较好的分离效果。当样品中第一个组分的k值和最后一个峰的k值相差几十倍至上百倍时,使用梯度洗脱的效果就特别好。此技术相似于气相色谱中使用的程序升温技术,现已在高效液相色谱法中获得广泛应用,有两种实现梯度洗脱的装置,即高压梯度装置和低压梯度装置。

(1) 低压梯度(外梯度) 在常压下将两种溶剂(或多元溶剂)通过梯度比例阀按程序混合,然后再用高压输液泵送入色谱柱中,其装置如图15.7所示,此法的主要优点是仅需使用一个高压输液泵。

如对二元混合溶剂体系,操作时先将弱极性溶剂A,通过由微处理机控制的低压计量泵和时间比例电磁阀6直接流入混合器;强极性溶剂B,也通过低压计量泵,并由微处理机控制另一时间比例电磁阀7的开关时间,来调节流入混合器的B溶剂的体积分数,以控制输出混合溶剂的组成。溶剂A和B在混合器内充分混合后,再用高压输液泵输至色谱柱。通过预先设定溶剂A、B时间比例电磁阀的开启时间,就可控制二元混合溶剂流动相的组成,并连续输出具有不同极性的流动相。此种梯度洗脱方式可以减小溶剂可压缩性的影响,并能完全消除由于溶剂混合引起的热力学体积变化所带来的误差。

(2) 高压梯度(内梯度) 目前,大多数高效液相色谱仪均配有高压梯度装置,它是用两台高压输液泵分别将两种溶剂A、B输入混合室,进行混合后再送入色谱柱。两种溶剂进入混合室的比例可由溶剂程序控制器或计算机来调节。此类装置如图15.8所示,它的主要优点是两台高压输液泵的流量可独立控制,可获得任何形式的梯度程序,且易于实现自动化。

由于高压梯度装置中,每种溶剂分别由泵输送,进入混合器后,溶剂的可压缩性和溶剂混合时热力学体积的变化,可能影响输入到色谱柱中的流动相的组成。在梯度洗脱中为保证流速稳定必须使用恒流泵，否则很难获得重复性结果。

（3）梯度洗脱曲线　梯度洗脱时常用一个弱极性溶剂 A 和一个强极性溶剂 B 组合。以梯度洗脱时间作横坐标，以流动相中强极性组分 B 的体积百分含量作纵坐标，可绘出梯度曲线。若在单位时间内，强极性溶剂 B 在流动相中的体积百分含量以恒定的速率增加，则流动相的极性呈"线性梯度输出"，若不以恒定速度增加，流动相呈现凸形或凹形输出，如图 15.9 所示。

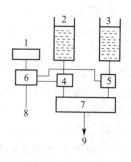

图 15.8　高压梯度装置
1—程序控制器；2—溶剂 A；
3—溶剂 B；4—高压泵 A；
5—高压泵 B；6—反馈控制器；
7—混合室；8—流量计信号；
9—混合溶剂出口

当梯度洗脱方式确定后。对应于不同梯度洗脱形状，获得的色谱分离图如图 15.10 所示。若呈线性梯度洗脱，如图 15.10(b) 所示，谱图中每个谱带宽度相等，且各个谱带间具有相同的分离度。若呈"指数形式"的凸形洗脱，如图 15.10(a) 所示，在分离开始时，B 的体积百分含量迅速增加，使各组分谱带以较低的平均容量因子 k 值洗脱，并且最终谱带的 k 值也较低，使开始被洗脱的色谱峰形尖锐，且分离度减小；而在分离的后期，B 的体积分数增长减慢，使后被洗脱的色谱峰谱带加宽，分离度增大。若呈"指数形式"的凹形洗脱，则如图 15.10(c)，所看到的谱图变化与图 15.10(a) 恰好相反。即开始被洗脱的色谱峰谱带较宽，分离度较好，而后洗脱的色谱峰谱带较尖锐，分离度减小。

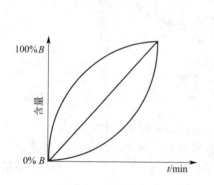

图 15.9　梯度洗脱曲线

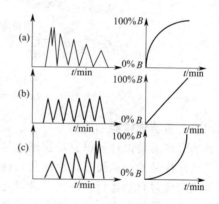

图 15.10　梯度洗脱的形状及对分离的影响

（4）影响梯度洗脱的因素　进行梯度洗脱时，选定溶剂 A、B 之后，设定梯度速度和梯度时间，确定梯度曲线形状，要以最经济的梯度洗脱程序，实现样品的最佳化分离。影响梯度洗脱的因素有：溶剂的纯度要高，否则会使梯度洗脱的重现性变坏；梯度混合的溶剂互溶性要好，应防止不互溶的溶剂进入色谱柱，应当注意溶剂的黏度和相对密度对混合流动相组成的影响；梯度洗脱应使用对流动相组成变化不敏感的选择性检测器（如紫外吸收检测器或荧光检测器），而不能使用对流动相组成变化敏感的通用型检测器（如示差折光检测器）。

15.2.3　进样装置

进样装置是将分析样品引入色谱柱的装置，要求重复性好，死体积小，保证中心进样，进样时色谱柱压力、流量波动小，便于实现自动化等。高效液相色谱中的进样方式可分为隔膜进样、阀进样、自动进样器进样等。

15.2.3.1 隔膜进样

用微量注射器针头穿过橡皮隔膜进样,是最简便的一种进样方式。由于可以把样品直接送到柱头填充床的中心,死体积几乎等于零,所以往往可获得最好的柱效。但是由于这种进样方式不能在高压下使用(如10MPa以上),重复性较差(包括柱效和定量结果),加之能耐各种溶剂的橡胶材料不易找到,因而常规分析使用受到局限。

15.2.3.2 阀进样

这是目前高效液相色谱普遍采用的一种进样方式。虽然由于阀接头和连接管死体积的存在,柱效率稍低于注射器隔膜进样,但因耐高压,重复性良好,操作方便,因而深受色谱工作者的欢迎。其中,图15.11所示的六通进样阀最为常用。此阀的阀体用不锈钢材料,旋转密封部分由坚硬的合金陶瓷材料制成,既耐磨,密封性能又好。当进样阀手柄置取样位置(a),用特制的平头注射器吸取比定量管体积($5\mu L$或$10\mu L$)稍多的样品从注入口处进入定量管,多余的样品从出口排出。再将进样阀手柄置进样位置(b),流动相将样品携带进入色谱柱。此种进样直观性好,能耐20MPa的高压。

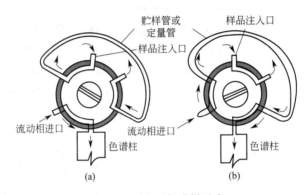

图 15.11 六通阀进样示意
(a) 取样位置;(b) 进样位置

15.2.3.3 自动进样器

自动进样器是由计算机自动控制定量阀,按预先编制注射样品的操作程序工作。操作者只需把装好样品的小瓶按一定次序放入样品架上,然后取样、进样、复位、样品管路清洗等全部按预定程序自动运行,一次可进行几十个或上百个样品的分析。自动进样的样品量可连续调节、进样重复性高,适合作大量样品分析,节省人力,可实现自动化操作。

15.2.4 色谱柱

色谱柱被称为高效液相色谱仪的"心脏",因为色谱的核心问题——分离是在色谱柱中完成的,色谱柱的设计(包括柱型、结构、填料和装填方法)或称柱技术(column technology)对现代液相色谱的发展起着关键性作用。为了适应不同的分离分析要求,色谱柱有不同的柱型、不同的柱材料及规格。

(1) 柱材料 常用内壁经过精密加工抛光的不锈钢管作色谱柱的柱管,以获得高柱效。不锈钢管耐溶剂、水和缓冲溶液的腐蚀,使用前柱管先用氯仿、甲醇、水依次清洗,再用50%的HNO_3对柱内壁作钝化处理。钝化时使HNO_3在柱管内至少滞留10min,以在内壁形成钝化的氧化物涂层。此外也有使用氟塑料、玻璃和玻璃衬里材料作色谱柱的,主要从抗腐蚀和易加工两方面来考虑。

(2) 柱结构 一套完整的色谱柱,除柱管外,还应有柱头及配套的连接管。一般色谱柱是由柱管、末端接头、卡套(又称密封环)和过滤筛板等组成的。图15.12是目前较为流行的典型分析型高效液相色谱柱的结构。

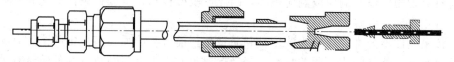

图 15.12　高效液相色谱柱结构示意

（3）柱规格　一般采用直形柱管，标准填充柱柱管内径为 4.6mm 或 3.9mm，长 10～50cm，填料粒度为 5～10μm 时，柱效达 5000～10000 块理论塔板·m^{-1}。使用 3～5μm 填料，柱长可减至 5～10cm。当使用内径为 0.5～1.0mm 的微孔填充柱或内径为 30～50μm 的毛细管柱时，柱长为 15～50cm。

当使用粗内径短柱或细内径长柱时，应注意由于柱内体积减小，由柱外效应（是指色谱柱之外的造成色谱峰展宽的成因，主要由进样装置、检测池及它们与柱之间的连接管路所产生）引起的峰形扩展。此时应对进样器、检测器和连接接头作特殊设计，以减少柱外死体积。

（4）柱连接方式　柱接头通过过滤片与色谱柱管连接，在色谱柱管的上下两端要安装过滤片，过滤片一般用多孔不锈钢烧结材料制成，此烧结片上的孔径小于填料颗粒直径，可阻挡流动相中的极小的机械杂质，以保护色谱柱，但流动相可顺利通过。柱入口、出口的连接管的死体积愈小愈好，一般常用窄孔（内径 0.13mm）的厚壁（1.5～2.0mm）不锈钢管，以减少柱外死体积。

（5）柱温控制　高效液相色谱在以下几种情况需精确控制柱温：在一些法定标准分析方法中，要求保留时间具有再现性；必须通过改变柱温来提高分离效率；对高分子化合物或黏度大的样品，分析时柱温必须高于室温；对一些具有生物活性的生物分子，要求分析时柱温应低于室温，防止活性成分失活；对某些组成复杂的样品，在单一色谱柱不能实现完全分离，需要使用二维色谱技术；利用柱切换，使两根色谱柱在不同柱温下操作，以实现多组分的完全分离。

一个理想的 HPLC 柱温控制系统可以实现从低于室温 10℃ 至 80℃ 柱温的精确控制。对凝胶渗透色谱仪，其柱温可从室温至 150℃ 实现精确控温。

15.2.5　检测器

检测器是高效液相色谱仪的三大关键部件（高压输液泵、色谱柱、检测器）之一，主要用于监测经色谱柱分离后的组分浓度的变化，被称为色谱仪的"眼睛"，检测器的性能直接关系着定性定量分析结果的可靠性和准确性。一个理想的液相色谱检测器应具备以下特征：灵敏度高、对所有的溶质都有快速响应、响应对流动相流量和温度变化都不敏感、不引起柱外谱带扩展、线性范围宽、适用的范围广等，但没有一种检测器能全部具备这些特征。在高效液相色谱技术发展中，检测器至今仍是一个薄弱环节，它没有相当于气相色谱中使用的热导检测器和氢火焰离子化检测器那样既通用又灵敏的检测器。但近几年出现的蒸发光散射检测器（ELSD）有望成为高效液相色谱全新的、通用灵敏的质量检测器。

目前常用的检测器有紫外吸收检测器（UVD）、示差折光检测器（RID）和荧光检测器（FD）。

15.2.5.1　检测器的分类和响应特征

高效液相色谱仪的检测器很多，分类方法也很多。

（1）按用途分类　可分为通用型和选择性两类。属于通用型的有示差折光（有时也称为折射指数，RI）、氢火焰离子化、电容检测器等。它对大多数物质的响应相差不大，几乎适用于所有物质。但它的灵敏度低，受温度影响波动大，使用时有一定局限性。属于选择性检测器的有紫外吸收、荧光、化学发光、安培、光导、极谱等，它们对被检测物质的响应有特异性，而对流动相则没有响应或响应很小，因此灵敏度很高，受操作条件变化和外界环境影响很小，可用作梯度淋洗。

(2) 按测量性质分类　可分为浓度型和质量型。前者与溶质在溶液中的浓度有关，是总体性质的检测器。紫外吸收、示差折光、荧光等属于此类。后者与待测物的质量有关，氢火焰离子化、库仑、同位素及质谱中的总离子流等属于质量型。按测量原理又可分为光学检测器和电学检测器，此外还有利用热学原理检测的吸附热检测器。

UVD、RID、FD 三种检测器皆属于非破坏性检测器，样品流出检测器后可进行馏分收集，并可与其他检测器串联使用。对荧光检测器因测定中加入荧光试剂会对样品产生污染，当串联使用时应将它放在最后检测。

15.2.5.2　紫外吸收检测器

紫外吸收检测器（ultraviolet absorption detector，UVD）是高效液相色谱仪中使用最广泛的一种检测器，几乎所有的高效液相色谱仪都配有紫外吸收检测器。它的灵敏度较高，线性范围宽，对流速和温度的变化不敏感，适于梯度洗脱，属于溶质性质的检测器，只能用于检测能吸收紫外线的物质，溶剂要选用无紫外吸收特性的物质。

(1) 工作原理　紫外检测器是吸收光谱分析类型的仪器，无论是何种设计方法，其工作原理都是基于朗伯-比耳定律。对于给定的检测池，在固定的波长下（ε 为定值），紫外检测器应输出一个与样品浓度（c）成正比的光吸收信号——吸光度（A）。而检测器光电元件的输出信号与透光率成正比，所以为了定量计算方便，将仪器采用对数放大器，将透光率转换成吸光度，使仪器输出信号与样品浓度呈直线关系。因此紫外检测器属于浓度敏感型检测器。

(2) 仪器结构　紫外检测器的基本结构与一般紫外-可见分光光度计是相同的，均包括光源、分光系统、样品池和检测系统四大部分。随着高效液相色谱法的发展，紫外检测器也发展为多种类型，用于满足不同分析任务及各种紫外吸收物质检测的需求。紫外检测器按波长来分，有固定波长和可变波长两类。固定波长检测器又有单波长式和多波长式两种。可变波长检测器可以按照对可见光的检测与否分为紫外-可见分光检测器和紫外分光检测器，按波长扫描的不同，又有不自动扫描、自动扫描和多波长快速扫描等。其中属于多波长快速扫描的光电二极管阵列检测器具有很多优点，是高效液相色谱最有发展前途的检测器。

① 固定波长紫外吸收检测器（fixed wavelength UV detector）　顾名思义，是指光源发射不连续可调，只选择固定的单一光源波长作为检测波长。这种检测器结构简单，价格便宜，应用范围较宽，一般的液相色谱仪均配套有该检测器。由低压汞灯提供固定波长 $\lambda=254\text{nm}$（或 $\lambda=280\text{nm}$）的紫外线，其结构如图 15.13 所示。由低压汞灯发出的紫外线经入射石英棱镜准直，再经遮光板分为一对平行光束分别进入流通池的测量臂和参比臂。经流通池吸收后的出射光，经过遮光板、出射石英棱镜及紫外滤光片，只让 254nm 的紫外线被双光电池接收。双光电池检测的光强度经对数放大器转化成吸光度后，经放大器输送至记录仪。

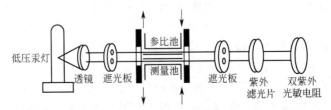

图 15.13　紫外吸收检测器光路示意

为减少死体积,流通池的体积很小,仅为 $5\sim10\mu L$,光路约 $5\sim10mm$,结构常采用 H 形。此检测器结构紧凑、造价低、操作维修方便、灵敏度高,适于梯度洗脱。

② 可变波长紫外吸收检测器　是一种应用非常广泛的检测器,虽然固定波长检测器可以提供多种光源的波长进行检测,但可变波长检测器的波长选择是任意可调的,因此与固定波长检测器相比,具有以下优点:可以选择样品的最大吸收波长作为检测波长,提高检测的灵敏度;可以选择样品有强吸收而干扰无吸收的波长进行分析,提高分析的选择性;可以选择在梯度洗脱时,流动相改变,而其吸光度不变的波长进行检测,有利于梯度洗脱(见图 15.14)。

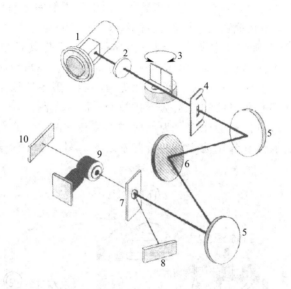

图 15.14　可变波长紫外吸收检测器光学系统图
1—氘灯;2—透镜;3—滤光片;4—狭缝;5—反射镜;6—光栅;7—分束器;
8—参比光电二极管;9—流通池;10—样品光电二极管

可变波长紫外吸收检测器,由于可选择的波长范围很大,既提高了检测器的选择性,又可选用组分的最灵敏吸收波长进行测定,从而提高了检测的灵敏度。它还有停流扫描功能,可绘出组分的光吸收谱图,以进行吸收波长的选择。

③ 硅二极管阵列检测器　也称光电二极管阵列检测器或光电二极管矩阵检测器(图 15.15),简称为 PDA (photo-diode array)、PDAD (photo-diode array detector) 或 DAD (diode array detector)。此外,也有人称为多通道快速紫外-可见光检测器 (multichannel rapid scanning UV-Vis detector)、三维检测器 (three dimensional detector) 等,其原理参见第 2 章。光电二极管阵列检测器目前已在高效液相色谱分析中大量使用,一般认为是液相色谱最有发展前途的检测器。

光学多通道检测技术不仅可以采用光电二极管阵列作为光电检测元件。硅光导摄像管是首先被应用到液相色谱阵列检测器的光电检测元件,但由于具有紫外响应弱,成本

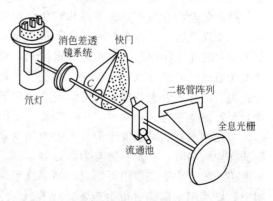

图 15.15　硅二极管阵列检测器光路示意

比光电二极管阵列高、响应慢等缺点而较少应用。电荷耦合阵列检测器（CCD 检测器）具有很多优异的性能，如光谱范围宽、量子效率高、暗电流小、噪声低、线性范围宽等。但 CCD 检测器的紫外响应弱，信号收率低，有碍它的进一步发展。其他的光电检测元件同样具有以上这些缺点，因此光电二极管成为目前最主要、最常用的光学多通道检测技术的光电检测元件。

15.2.5.3 示差折光检测器

示差折光检测器（differential refractive detector，DRD）又称折光指数检测器（RID），是 1942 年由 Tiselius 和 Claesson 首次提出的，是最早的在线液相色谱检测器之一和最早的液相色谱商品检测器。它是通过连续监测参比池和测量池中溶液的折射率之差来测定试样浓度的检测器。由于每种物质都具有与其他物质不同的折射率，因而 DRD 是一种通用型检测器。

溶液的折射率等于溶剂及其中所含各组分溶质的折射率与其各自的摩尔分数的乘积之和。当样品浓度低时，由样品在流动相中流经测量池时的折射率与纯流动相流经参比池时的折射率之差，指示出样品在流动相中的浓度。此类检测器一般不能用于梯度洗脱，因为它对流动相组成的任何变化都有明显的响应，会干扰被测样品的监测。

示差折光检测器一般可按检测原理分为反射式和偏转式两类。它们的共同特点是检测器响应信号反映了样品流通池和参比池之间的折射率之差。图 15.16 为偏转式示差折光检测器示意。

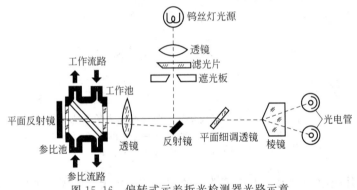

图 15.16　偏转式示差折光检测器光路示意

15.2.5.4 荧光检测器

荧光检测器（fluorescence detector，FD）是利用某些溶质在受紫外线激发后，能发射可见光（荧光）的性质来进行检测的。它是一种具有高灵敏度和高选择性的检测器，对不产生荧光的物质，可使其与荧光试剂反应，制成可发生荧光的衍生物再进行测定。

根据化合物发生荧光的条件和对化合物荧光强度检测的要求，荧光检测器包括以下基本部件：激发光源；选择激发波长用的单色器；流通池；选择发射波长用的单色器及用于检测发光强度的光电检测器。由光源发出的光，经激发光单色器后，得到所需要的激发光波长。激发光通过样品流通池，一部分光线被荧光物质吸收，荧光物质激发后，向四面八方发射荧光。为了消除入射光与散射光的影响，一般取与激发光成直角的方向测量荧光（直角光路）。荧光至发射光单色器分光后，单一波长的发射光由光电检测器接收。

荧光检测器的灵敏度比紫外吸收检测器高 100 倍，可用于梯度洗脱，当要对痕量组分进行选择性检测时，它是一种有力的检测工具。但它的线性范围较窄，不宜作为一般的检测器来使用。测定中不能使用可熄灭、抑制或吸收荧光的溶剂作流动相。对不能直接产生荧光的物质，要使用色谱柱后衍生技术，操作比较复杂。此检测器现已在生物化工、临床医学检验、食品检验、环境监测中获得广泛的应用。

15.2.5.5　蒸发光散射检测器

在高效液相色谱分析中，人们一直希望能有一台像 FID 那样的通用型质量检测器，它能对各种物质均有响应，且响应因子基本一致，它的检测不依赖于样品分子中的官能团，且可用于梯度洗脱。目前最能接近满足这些要求的就是蒸发光散射检测器（evaporative light scattering detector，ELSD）。

图 15.17 为蒸发光散射检测器工作原理示意图。色谱柱后流出物在通向检测器途中，被高速载气（N_2）喷成雾状液滴。在受温度控制的蒸发漂移管中，流动相不断蒸发，溶质形成不挥发的微小颗粒，被载气载带通过检测系统。检测系统由一个激光光源和一个光电倍增管构成。在散射室中，光被散射的程度取决于散射室中溶质颗粒的大小和数量。粒子的数量取决于流动相的性质及喷雾气体和流动相的流速。当流动相和喷雾气体的流速恒定时，散射光的强度仅取决于溶质的浓度。此检测器可用于梯度洗脱，且响应值仅与光束中溶质颗粒的大小和数量有关，而与溶质的化学组成无关。

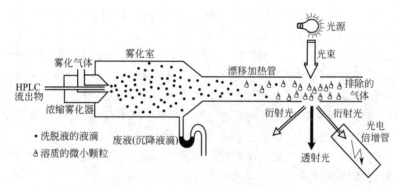

图 15.17　蒸发光散射检测器示意

与 RID 和 UVD 相比，蒸发光散射检测器消除了溶剂的干扰和因温度变化引起的基线漂移，即使用梯度洗脱也不会产生基线漂移。它还具有喷雾器、漂移管易于清洗，死体积小，灵敏度高，喷雾气体消耗少等优点。此种检测器在今后将会逐渐获得广泛应用。

15.2.6　馏分收集器

如果所进行的色谱分离不是为了纯粹的色谱分析，而是为了做其他波谱鉴定，或获取少量试验样品的小型制备，馏分收集是必要的。用小试管收集，手工操作只适合于少数几个馏分，手续麻烦，易出差错。馏分收集器比较理想，因为便于用微处理机控制，按预先规定好的程序，或按时间，或按色谱峰的起落信号逐一收集和重复多次收集。

15.2.7　色谱数据处理装置

现代高效液相色谱仪多用微处理机控制，这通常是一台专用的计算机，其功能有二，一是作为数据处理机，例如输入定量校正因子，按预先选定的定量方法（归一化、内标法和外标法等），将面积积分数换算成实际的成分分析结果，或者给出某些色谱参数；二是作为控制机，控制整个仪器的运转，例如按预先编好的程序控制冲洗剂的选择、梯度淋洗、流速、柱温、检测波长、进样和数据处理。所有指令和数据通过键盘输入，结果在阴极射线管或绘图打印机上显示出来。更新一代的色谱仪，应当具有某些人工智能的特点，即能根据已有的规律自动选择操作条件，根据规律和已知的数据、信息，进行判断，给出定性定量结果。

15.3 高效液相色谱的固定相和流动相

15.3.1 固定相

高效液相色谱采用小颗粒、高效能的固定相,从而克服了经典液相色谱中传质慢、柱效低的缺点。目前,高效液相色谱采用的固定相可分为以下几类。

15.3.1.1 按化学组成分类

微粒硅胶(无机材料)、高分子微球(有机材料)和微粒多孔碳(有机/无机材料)是几种主要的类型。3~10μm 微粒硅胶和以此为基质的各种化学键合固定相是目前高效液相色谱填料中占统治地位的化学类型。这是由于硅胶具有良好的机械强度,容易控制的孔结构和表面积,较好的化学稳定性和表面化学反应专一等优点。硅胶基质固定相的一个主要缺点是只能在 pH=2~7.5 范围的流动相条件下使用。碱度过大,特别是当有季铵离子存在下,硅胶易于破碎溶解。酸度过大,连接有机基团的化学键容易断裂。

高分子微球是另一类重要的液相色谱填料,大部分的基体化学组成是苯乙烯和二乙烯基苯的共聚物(PS-DVB),也有聚乙烯醚、聚酯类型的。高分子填料的主要优点是能耐较宽的 pH 范围例如 pH=1~14,化学惰性好。一般来说,柱效率比硅胶基质的低得多,往往还需要升温操作,不同溶剂收缩率不同,主要用于离子交换色谱、凝胶渗透色谱等。

微粒多孔碳填料是由聚四氟乙烯还原或石墨化炭黑制成的,优点在于完全非极性的均匀表面,是一种天然的"反相"填料,可以在 pH>8.5 的条件下使用。其缺点是机械强度较差,对强保留溶质柱效较低,有待进一步改进。其他一些填料,例如氧化铝,耐高 pH 值条件的能力比一般硅胶好,但硅烷化后不稳定;硅藻土、磷酸锆键合相等也有少量使用。

15.3.1.2 按结构和形状分类

可分为薄壳型和多孔微粒型两种。薄壳型填料是 20 世纪 60 年代中期出现的一种填料,40μm 左右的玻璃球表面上覆盖一层 1~2μm 厚的硅胶层,形成许多向外开放的孔隙。这样孔浅了,传质就快了,柱效得以提高(和经典液相色谱相比)。但柱负荷太小,所以很快就被 5~10μm 全孔硅胶所代替。现在只用于预净化或预浓缩柱上,或作某些简单的混合物分离。另外,还有在玻璃球表面涂聚酰胺和离子交换膜的。

多孔微粒型如全孔微粒硅胶孔径一般为 6~10nm,比表面积为 300~500 $m^2 \cdot g^{-1}$。就形状来说,有球形的,也有非球形的。一般认为球形硅胶有较大的渗透性,柱压降小。此外,球形规整,相对地讲不易破碎,这些对于制备键合相都是十分有利的。

15.3.2 流动相

在液相色谱中,流动相又称为洗脱剂。它有两个作用,一是携带样品前进,二是给样品提供一个分配相,进而调节选择性,以达到混合物的满意分离。流动相对样品的分离有巨大的影响。在高效液相色谱中流动相通常是一些有机溶剂、水溶液和缓冲溶液等。

15.3.2.1 流动相溶剂的选择

对流动相溶剂的选择应考虑分离、检测、输液系统的承受能力及色谱分离的目的等各方面因素。一般适合做液相色谱流动相的溶剂黏度应小于 2mPa·s。黏度大了,一方面液相传质慢,柱效低;另一方面柱压降增加,流动相黏度增加一倍,柱压降也相应增加一倍,过高的柱压降给设备和操作都会带来麻烦。

一般流动相的选择要满足以下条件。

(1) 与检测器相适应 紫外检测器是高效液相色谱中使用最广泛的一类检测器,因此,流动相应当在所使用的波长下没有吸收或吸收很小。当用示差折光检测器时，应当选择折射率与样品差别较大的溶剂做流动相，以提高灵敏度。

（2）与色谱系统相适应　在吸附色谱中吸附剂往往不是酸性的就是碱性的，应当注意所选流动相和固定相之间没有不可逆的化学吸附；例如在氨基键合相柱上就应避免使用含羰基（如丙酮）的流动相，否则分子间较强的作用会使固定相变质，甚至失效。仪器的输液部分大多是不锈钢材质，最好使用不含氯离子的流动相。当使用多孔镍过滤板时，应该避免使用较大酸度的流动相。

（3）溶剂的纯度　不能认为液相色谱流动相应当使用十分纯的溶剂，关键是要能够满足检测器（如紫外吸收）的要求和使用不同瓶（或批次）溶剂时能否获得重复的色谱保留值数据。事实上，溶剂中的某些杂质是不可避免的。例如几乎所有溶剂中都含有0.005%～0.200%的水（这对于吸附色谱要特别引起注意）；四氢呋喃中含有少量能吸收紫外线的抗氧化剂；醚类易形成过氧化物；氯仿中含有1%左右的乙醇做稳定剂，氯代烃溶剂常含有 HCl 和氯化产物等。这些问题可以采用相应的措施加以控制。使用一般溶剂做流动相时，至少应当选择分析纯试剂。此外，溶剂的毒性和可压缩性，也是在选择时考虑的因素。

15.3.2.2　流动相的极性

溶质和溶剂分子之间的相互作用可以归纳为下述四个可能的机理：

① 色散力即瞬间偶极矩导致分子间的相互作用；

② 偶极作用指永久或诱导偶极分子间的相互作用；

③ 氢键作用指质子（或氢键）接受体和质子（或氢键）给予体之间的相互作用，一般来讲这种作用是比较强的；

④ 介电作用指溶质分子与一个有较大介电常数的溶剂分子（如 H_2O、醇类）之间的静电作用。

这四种力使溶质和溶剂分子之间出现了共作用，共作用程度就称为溶剂的"极性"。人们常说的"极性的"溶剂容易吸引和溶解"极性的"溶质，就是说溶剂的强度直接与溶剂的极性相关。在正相分配或吸附色谱中，"溶剂强度"与溶剂的"极性"成正比；但在反相色谱中，两者成反比。一般各类有机化合物的极性（或在液固色谱中的溶剂强度）有如下次序：

$$氟代烷<烷(烯)烃<卤代烃<醚<酯<酮、醛<醇<胺<酸$$

15.4　液-固吸附色谱法

高效液相色谱法的类型按组分在两相间分离机理的不同，主要分为液-固吸附色谱法、液-液分配色谱法、化学键合相色谱法、离子交换色谱法和凝胶色谱法等。这里首先介绍液-固吸附色谱法。

15.4.1　原理

液-固吸附色谱法简称液-固色谱法（liquid-solid chromatography，LSC），它是最古老，也是最基本的一种色谱法。这种技术常常称为吸附色谱法，吸附剂是一种高表面积的活性固体，如硅胶、氧化铝、碳酸钙、活性炭等；尤其是硅胶应用最为广泛。在高效液相色谱中，使用特制的全多孔微粒硅胶，除可以直接用于液-固色谱的固定相外，还可以用作液-液色谱和键合相色谱的载体。

液-固色谱法对具有中等分子量的脂溶性样品（如油品、脂肪、芳烃等）可获得最佳的分离。而对强极性或离子型样品，因有时会发生不可逆吸附，常不能获得满意的分离效果。液-固色谱法对具有不同极性取代基的化合物或异构体混合物表现出较高的选择性，对同系物的分离能力较差。凡能用薄层色谱法成功分离的化合物，都可用液-固色谱法进行分离。

  液-固色谱法的主要优点是柱填料价格便宜，对样品的负载量大，在 pH＝3～8 范围内固定相的稳定性较好。这些优点使得液固色谱法至今仍是大多数制备色谱分离中优先选用的方法。

  液-固色谱法是根据物质吸附作用的不同来进行分离的。其作用机制是：样品分子（X）被流动相带入柱内时，与流动相溶剂分子（R）在吸附剂表面活性中心发生竞争性吸附。其过程可表示为：

$$X_m + nR_s \rightleftharpoons X_s + nR_m \tag{15.2}$$

式中，X_m、X_s 分别为流动相和吸附剂上的样品分子；R_s、R_m 分别为被吸附在固定相和流动相中的溶剂分子；n 为被吸附的溶剂分子数。当竞争吸附达到平衡时，有：

$$K = \frac{[X_s][R_m]^n}{[X_m][R_s]^n} \tag{15.3}$$

式中，K 为吸附平衡常数。K 值大的强极性组分易被吸附，保留值大，难于洗脱；K 值小的弱极性组分难被吸附，保留值小，易于洗脱。

15.4.2 固定相

  液-固色谱固定相可分为极性和非极性两大类。极性固定相主要为硅胶（酸性）、氧化铝、硅酸镁分子筛（碱性）等。非极性固定相为高强度多孔微粒活性炭，近年来开始使用的 $5\sim10\mu m$ 的多孔石墨化炭黑以及高交联度苯乙烯-二乙烯基苯共聚物的单分散多孔微粒（$5\sim10\mu m$）和碳多孔小球（TDX）。

  至今在液-固色谱中最广泛应用的是极性固定相硅胶。在早期的经典液相柱色谱中，通常使用粒径在 $100\mu m$ 以上的无定形硅胶颗粒，其传质速度慢、柱效低。20 世纪 60 年代在高效液相色谱发展的初期，出现了薄壳型硅胶固定相，它是在直径为 $3\sim40\mu m$ 的玻璃珠表面涂布一层 $1\sim2\mu m$ 的硅胶层而制成的孔径均一、渗透性好、溶质扩散快的新型固定相，使液相色谱实现了高效、快速的分离。但由于薄壳型固定相对样品的负载量低（<0.1 mg·g^{-1}），70 年代后期迅速发展了全多孔微粒（$5\sim10\mu m$）固定相。由于它们的粒度均匀、孔径均匀，装填 $5\sim10$cm 的短柱，就可实现对样品的高效、快速分离，且对样品负载量较大，因此全多孔球形和无定形的硅胶微粒固定相已成为高效液相色谱柱填料的主体，获得了广泛应用。

15.4.2.1 表征固定相性质的参数

  (1) 粒度（d_p） 表示固定相基体颗粒的大小。对球形颗粒是用粒子直径（简称粒径，用 d_p 表示）来量度的，对无定形颗粒系指它的最大长度。基体颗粒的大小可用标准筛来筛分。

  (2) 比表面积（S_p） 为每克多孔性基体所有内表面积和外表面积的总和，单位为 $m^2 \cdot g^{-1}$。

  (3) 孔容（V_p） 为每克多孔基体所有孔洞的总体积，单位为 $cm^3 \cdot g^{-1}$ 或 $mL \cdot g^{-1}$。

  (4) 孔度（孔率） 为多孔基体所有孔的体积在其总体积中占有的份数，它反映了基体分离容量的大小。

  (5) 平均孔径（$\bar{D}$） 为多孔基体中所有孔洞的平均直径。对于多孔基体，所含不同孔洞的孔径分布呈正态分布曲线，平均孔径应位于孔径分布曲线的中间位置。

15.4.2.2 固定相的分类

(1) 极性固定相 在极性吸附剂中,硅胶和硅酸镁为酸性吸附剂(表面 pH=5),氧化铝和氧化镁为碱性吸附剂(表面 pH=10~12)。最常用的硅胶吸附剂,其含水量对色谱分离性能有很大的影响。对于未经加热处理的硅胶,其表面游离型硅羟基皆被水分子覆盖,不呈现吸附活性。当将其在 150~200℃ 以下加热、进行活化处理时,会除去一些水分子,使表面相邻的游离硅羟基之间形成氢键,而获得具有最强活性吸附中心的氢键型硅羟基,用于高效液相色谱的商品硅胶皆属于此种类型。若加热超过 200℃,部分氢键型硅胶再脱水,就形成吸附性能很差的硅氧烷键型。对大孔硅胶上述活化处理过程是可逆的,对小孔硅胶此过程是不可逆的。若加热温度越过 600℃,则硅胶表面皆成为硅氧烷键而失去吸附活性。

购置的商品硅胶吸附剂,表面皆为氢键型硅羟基,表现出很强的吸附活性,反而会引起化学吸附,造成色谱峰峰形拖尾,并延长吸附柱的再生时间。为消除此种不良影响,常向硅胶柱中加入少量极性改性剂,如在流动相中加入适量水,就可钝化最强的吸附活性中心,使其由氢键型硅羟基转化成对样品有适当吸附作用的游离型硅羟基。通常使每 $100m^2$ 吸附剂表面含水 0.02~0.03g 就可达此目的,为控制硅胶吸附剂的含水量,通常都采用含一定量水的流动相来使硅胶固定相的含水量达到平衡。

(2) 非极性固定相 在非极性吸附剂中,高交联度(>40%)苯乙烯-二乙烯基苯共聚微球应用较广泛,另外用聚合物涂渍或包覆硅胶、氧化铝、氧化锆的新型非极性疏水固定相近年来获得快速发展。如在硅胶表面涂渍聚乙烯、氧化铝表面涂渍聚丁二烯等。这类固定相表现出既提高选择性,又增加了化学稳定性。在气相色谱中使用的石墨化炭黑和炭多孔小球,在液固色谱法中的应用中也开始探索,并受到愈来愈多的关注。

15.4.3 流动相

在高效液相色谱分析中,除了固定相对样品的分离起主要作用外,流动相的恰当选择对改善分离效果也有重要的辅助效应。在液-固色谱法中,当某溶质在极性吸附剂硅胶色谱柱上进行分离时,变更不同洗脱强度的溶剂作流动相时,此溶质的容量因子 k 也会不同。在液-固色谱法中,若使用硅胶、氧化铝等极性固定相,应以弱极性的戊烷、己烷、庚烷作流动相的主体,再适当加入二氯甲烷、氯仿、乙醚、异丙醚、乙酸乙酯、甲基叔丁基醚等中等极性溶剂,或四氢呋喃、乙腈、异丙醇、甲醇、水等极性溶剂作为改性剂,以调节流动相的洗脱强度,实现样品中不同组分的良好分离。若使用苯乙烯-二乙烯基苯共聚物微球、石墨化炭黑微球等非极性固定相,应以水、甲醇、乙醇作为流动相的主体,可加入乙腈、四氢呋喃等改性剂,以调节流动相的洗脱强度。

总之,液-固吸附色谱法选择流动相的原则是:极性大的试样需用极性强的洗脱剂,极性弱的试样宜用极性较弱的洗脱剂。常用溶剂的极性顺序由大到小排列如下:水(极性最大)、甲酰胺、乙腈、甲醇、乙醇、丙酮、四氢呋喃、丁酮、正丁醇、乙酸乙酯、乙醚、二氯甲烷、氯仿、溴乙烷、苯、甲苯、四氯化碳、二硫化碳、环己烷、己烷、庚烷、煤油(极性最小)。

在液-固色谱法中,使用混合溶剂可获得最佳的分离选择性。此时,若混合溶剂中强极性溶剂的含量占绝对优势或含量很低,其分离因子 α 呈现最大值。此外若使用具有氢键效应的溶剂,如正丙胺、三乙胺、乙醚、异丙醚、甲醇、二氯甲烷、氯仿等作改性剂,则可显著改善色谱分离的选择性。使用混合溶剂的另一个优点是可使流动相保持低的黏度,并可保持高的柱效。如使用强极性乙二醇作改性剂,它的黏度高达 $16.5 mPa \cdot s$,大大超过高效液相色谱允许使用的黏度范围,但实际使用时,仅需将 1%~2% 的乙二醇加到弱极性溶剂中,就可获得洗脱强度高的混合溶剂,其黏度却符合高效液相色谱分析的要求。

15.5 液-液分配色谱法

15.5.1 原理

液-液分配色谱法简称液-液色谱法（liquid-liquid chromatography，LLC），其流动相和固定相都是液体，又称分配色谱法，是 20 世纪 40 年代由马丁（Martin A. J. P.）和欣格（Synge L. M.）提出的，是根据物质在两种互不相溶（或部分互溶）的液体中溶解度的不同而实现分离的方法。这一技术类似于溶剂萃取，实际上也可用溶剂萃取数据来预测 LLC 的分配系数。但 LLC 的分辨能力和速度则要大得多，因为当样品组分通过柱子时，就相当于多次分配作用。

在液-液色谱中当试样进入色谱柱，溶质在两相间进行分配。达到平衡时，可由下式表示：

$$k = K \left(\frac{V_s}{V_m} \right) \tag{15.4}$$

注意 k 与 V_s 成正比，故增大固定液在载体上的涂敷量，样品的保留值也随之增大。

15.5.2 分类

根据固定相和流动相的相对极性可将 LLC 分为正相 LLC 和反相 LLC 两类。当固定相是极性而流动相是非极性时，称为正相 LLC。溶质的洗脱顺序与 LSC 中在硅胶上所观察到的相似。非极性的溶质优先分配于流动相（c_m 高），呈现低的容量因子，并首先流出。极性溶质倾向于分配在极性固定相（c_s 高），呈现较高的容量因子，在后面流出。当固定相为非极性而流动相为极性时，即称为反相色谱法。溶质的洗脱顺序虽不一定，但却常常同正相 LLC 中观察到的相反，即极性化合物首先流出，非极性的在后面流出。

15.5.3 固定相

液-液色谱的固定相由载体和固定液组成。在高效液相色谱中，使用两类不同的载体。一种为全多孔型材料（如硅胶、氧化铝），具有较大的比表面积和高的孔容。另一种为多孔层微珠（PLB），是在固体的核心上涂渍一薄层多孔活性涂层。多孔层的厚度通常为 $1 \sim 3 \mu m$。除涂渍硅胶和氧化铝以外，也可以涂渍离子交换树脂、聚酰胺等。这些材料都是耐压的。

理论上，液-液色谱可供选择的固定液品种很多，但许多固定液能被常用溶剂溶解，只有不被流动相溶解或溶解度很小的固定液才有实用价值。因此只有少数固定液能用于液-液色谱，能作为固定液的首要条件是不溶于流动相。固定液一般是极性较高的醇，流动相是非极性的烃类，亦可加入少量卤代烷、四氢呋喃等构成正相色谱体系。

15.5.4 流动相

分配色谱法所用的流动相的极性必须和固定相显著不同，否则会造成固定液的流失。在正相液-液分配色谱中，使用的流动相相似于液-固色谱法中使用极性吸附剂时应用的流动相。此时流动相主体为己烷、庚烷，可加入 $<20\%$ 的极性改性剂，如二氯甲烷、四氢呋喃、氯仿、乙酸乙酯、乙醇、甲醇、乙腈等，这样溶质的容量因子 k 会随改性剂的加入而减小，表明混合溶剂的洗脱强度明显增强。

在反相液-液分配色谱中，使用的流动相相似于液-固色谱法中使用非极性吸附剂时应用的流动相。此时流动相的主体为水，加入<10%的改性剂，如二甲基亚砜、乙二醇、乙腈、甲醇、丙酮、对二氧六环、乙醇、四氢呋喃、异丙醇等。溶质在混合溶剂流动相中的容量因子 k 会随改性剂的加入而减小，表明混合溶剂的洗脱强度增强。

15.6 化学键合相色谱

化学键合相色谱法（chemically bonded phase chromatography，CBPC）是在液-液分配色谱法基础上发展起来的。分配色谱法虽有较好的分离效果，但由于固定液是以机械的方法吸附在载体表面上，固定液流失严重，以致柱的使用寿命短，使柱效和分离选择性下降。流失的固定液会给基线带来大的噪声而降低检测器的灵敏度，同时也会污染分离后的组分。为了解决这一问题，人们将各种不同的有机基团通过化学反应的方法以共价键连接到色谱载体表面上，形成均一的、牢固的单分子薄层而制成化学键合固定相，进而发展成键合相色谱法。化学键合固定相对各种极性溶剂都有良好的化学稳定性和热稳定性。由它制备的色谱柱柱效高、使用寿命长、重现性好，几乎对各种类型的有机化合物都呈现良好的选择性，特别适用于具有宽范围 k 值的样品的分离，并可用于梯度洗脱操作。至今键合相色谱法已逐渐取代液-液分配色谱法，并获得日益广泛的应用，在高效液相色谱法中占有极重要的地位。

根据键合固定相与流动相相对极性的强弱，可将键合相色谱法分为正相键合相色谱法和反相键合相色谱法。在正相键合相色谱法中，键合固定相的极性大于流动相的极性，适用于分离脂溶性或水溶性的极性和强极性化合物。在反相键合相色谱法中，键合固定相的极性小于流动相的极性，适于分离非极性、极性或离子型化合物，其应用范围比正相键合相色谱法更广泛。键合相已成为高效液相的一个重要组成部分，70%～80%的分离和分析工作是由反相键合相色谱法来完成的，键合相的研制成功和应用被认为是高效液相色谱发展的一个里程碑。

15.6.1 分离原理

键合相的基体目前主要用多孔微粒硅胶，根据在硅胶表面（具有 ≡Si—OH 基团）的化学反应不同，键合固定相可分为：硅氧碳键型（≡Si—O—C）、硅氧硅碳键型（≡Si—O—Si—C）、硅碳键型（≡Si—C）和硅氮键型（≡Si—N）四种类型。化学键合固定相具有如下一些特点：表面没有液坑，比一般液体固定相传质快得多；无固定液流失，增加了色谱柱的稳定性和寿命；可以键合不同官能团，能灵活地改变选择性，应用于多种色谱类型及样品的分析，例如键合氰基、氨基等极性基团用于正相色谱法，键合离子交换基团用于离子色谱法，键合 C_2、C_4、C_6、C_8、C_{16}、C_{18}、C_{22} 烷基和苯基等非极性基团用于反相色谱法等；有利于梯度洗脱，也有利于配用灵敏的检测器和馏分的收集。因此，它是 HPLC 较为理想的固定相。

正相键合相色谱法的分离原理为，它使用的是极性键合固定相。它是将全多孔（或薄壳）微粒硅胶载体，经酸活化处理制成表面含有大量硅羟基的载体后，再与含有氨基（NH_2）、氰基（—CN）、醚基（—O—）的硅烷化试剂反应，生成表面具有氨基、氰基、醚基的极性固定相。溶质在此类固定相上的分离机理属于分配色谱：

$$SiO_2—R—NH_2 \cdot M + X \cdot M \rightleftharpoons SiO_2—R—NH_2 \cdot X + 2M$$

$$K_p = \frac{[SiO_2 \quad R \quad NH_2 \cdot X]}{[X \cdot M]} \tag{15.5}$$

式中，$SiO_2—R—NH_2$ 为氨基键合相；M 为溶剂分子；X 为溶质分子；$SiO_2—R—NH_2 \cdot M$

为溶剂化后的氨基键合固定相;X·M 为溶剂化后的溶质分子;K_p 表示平衡常数。

反相键合相色谱法的分离原理为,它使用的是非极性键合固定相。它是将全多孔(或薄壳)微粒硅胶载体,经酸活化处理后与含烷基链(C_4、C_8、C_{18})或苯基的硅烷化试剂反应,生成表面具有烷基(或苯基)的非极性固定相。

关于反相键合相的分离机制目前有两种论点:一种认为属于分配色谱,另一种认为属于吸附色谱。分配色谱的作用机制是假设在由水和有机溶剂组成的混合溶剂流动相中,极性弱的有机溶剂分子中的烷基官能团会被吸附在非极性固定相表面的烷基基团上,而溶质分子在流动相中被溶剂化,并与吸附在固定相表面上的弱极性溶剂分子进行置换,从而构成溶质在固定相和流动相中的分配平衡。吸附色谱的作用机制认为溶质在固定相上的保留是疏溶剂作用的结果。根据疏溶剂理论,当溶质分子进入极性流动相后,即占据流动相中相应的空间而排挤一部分溶剂分子;当溶质分子被流动相推动与固定相接触时,溶质分子的非极性部分(或非极性分子)会将非极性固定相上附着的溶剂膜排挤开,而直接与非极性固定相上的烷基官能团相结合(吸附)形成缔合络合物,构成单分子吸附层。这种疏溶剂的斥力作用是可逆的,当流动相极性减少时,这种疏溶剂斥力下降,会发生解缔,并将溶质分子释放而被洗脱下来。

15.6.2 固定相

在化学键合固定相的制备中广泛使用全多孔或薄壳型微粒硅胶作为基体。这是由于硅胶具有机械强度好、表面硅羟基反应活性高、表面积和孔结构易于控制的特点。在键合反应前,为增加硅胶表面参与键合反应的硅羟基数量来增大键合量,通常用 $2mol·L^{-1}$ 盐酸溶液浸渍硅胶过夜,使其表面充分活化并除去表面含有的金属杂质。据计算经活化处理的硅胶,每平方米约有 $8\mu mol$ 的硅羟基,但由于位阻效应的存在,在每平方米硅胶表面最多只有 $4.5\mu mol$ 的硅羟基参加与其他官能团的键合反应,剩余的硅羟基被已键合上的官能团所屏蔽,形成所谓"刷子"结构。

根据键合有机分子的结构,用于制备键合固定相的化学反应可分为下列四种类型。

(1) Si—O—C 键型(硅胶与醇类的反应产物)

$$\equiv Si-OH + HO-R \xrightarrow[3\sim 8h]{150\sim 250℃} \equiv Si-OR + H_2O$$

这是最先用来制备键合相的一个化学反应,利用硅胶的酸性特性,使硅胶表面的硅羟基与正辛醇、聚乙二醇 400 等醇类进行酯化反应。此时,在硅胶表面形成单分子层的硅酸酯。此类固定相有良好的传质特性和高柱效,但其易水解、醇解、热稳定性差,当用水或醇作流动相时,Si—O—C 键易断裂,一般只能使用极性弱的有机溶剂作流动相,用于分离极性化合物。这些使它的应用范围受到限制。

(2) Si—N 键型(硅胶与胺类的反应产物)

$$\equiv Si-OH + SOCl_2 \longrightarrow \equiv Si-Cl + SO_2 + HCl$$
$$\equiv Si-Cl + H_2N-R \longrightarrow \equiv Si-NHR + HCl$$

这种键合相的热稳定性和化学稳定性均比酯化型要好,适于在 pH=4~8 的介质中使用。

(3) Si—C 键型(硅胶与卤代烷的反应产物) 从氯化硅胶开始,利用格氏反应引入烷基。

$$\equiv Si-Cl + RXMg \longrightarrow \equiv Si-R + MgXCl$$

从理论上讲,这种键合结构有更好的稳定性,特别是对微碱性的流动相,而且 R 基可以按要求多次氯化,形成聚烷基键合相,但制备比较困难。

(4) Si—O—Si—C 键型(硅胶与有机硅烷的反应产物) 这是一类目前占绝对优势的键合

相类型，具有良好的热和化学稳定性，能在 pH=2～7.5 的介质中使用。它是利用氯硅烷或烷氧基硅烷与硅胶的反应生成此类键合固定相。这也是制备化学键合固定相的最主要方法。

$$\equiv\!Si\!-\!OH + X\!-\!\underset{R^2}{\overset{R^1}{Si}}\!-\!R \longrightarrow \equiv\!Si\!-\!O\!-\!\underset{R^2}{\overset{R^1}{Si}}\!-\!R + HX$$

式中，X 代表—Cl、—OCH_3、—OC_2H_5 等官能团；R^1、R^2 可以是 X，也可以是甲基。硅烷可以是单官能团、双官能团或三官能团反应分子。

15.6.3 流动相

在键合相色谱中使用的流动相和液-固色谱、液-液色谱中使用的流动相有相似之处。在正相键合相色谱中，采用和正相液-液色谱相似的流动相，在反相键合相色谱中，采用和反相液-液色谱相似的流动相。常用流动相有：甲醇-水、乙腈-水、水和无机盐的缓冲溶液等。

15.6.4 应用

正相化学键合相色谱适合分离异构体、极性不同的化合物，特别适合分离不同类型的化合物。如脂溶性维生素、甾族、芳香醇、芳香胺、脂、有机氯农药等。反相键合相色谱法应用最广泛，因为它以水为主体溶剂，在水中可以加入各种添加剂❶，改变流动相的离子强度、pH 值和极性等，以提高选择性，而且流动相的紫外截止波长低（水为 195nm、甲醇为 205nm、乙腈 190nm），有利于痕量组分的检测，反相键合相稳定性好，不易被强极性组分污染，且水廉价易得，安全。更换溶剂和梯度洗脱非常方便。一般来说，反向键合相色谱法适用于分离极性较小的样品，例如可以分离同系物、复杂的稠环芳烃以及其他亲脂性化合物，也用于药物、激素、天然产物及农药残留量等的测定。

15.7 离子交换色谱法

20 世纪 40 年代初，离子交换色谱作为一种分离技术用于分离稀土元素和裂变产物，对原子能工业的发展起到了重要作用。近年来随着高效液相色谱的飞速发展和各种新型离子交换材料的出现，高效离子交换色谱获得了很大的发展。目前普遍采用新型离子交换剂，分离效率得到提高，应用范围扩大，一般可应用于离子化合物、能与离子基团相互作用的化合物（如螯合物和配位体）的分离。离子交换色谱解决了生化领域中许多重要而又复杂的分离分析问题，例如氨基酸、核酸的分离。一般来说，凡是能在流动相中溶解的组分都可以用离子交换色谱法进行分离。离子交换色谱已在化工、医药、生化、食品等领域得到广泛的使用。

15.7.1 原理

离子交换色谱（ion exchange chromatography，IEC）的固定相是离子交换剂（树脂），样品离子和离子交换树脂上带固定电荷的活性交换基团之间发生离子交换，不同样品离子对树脂的亲和力不同，相互作用力不同，作用力弱的在树脂上不易保留，首先被洗脱下来，而作用力强的则较长时间地保留在树脂上，较晚洗脱下来，这样即可获得分离。离子交换树脂上所带电荷既可以是正电荷（阳离子交换树脂），又可以是负电荷（阴离子交换剂）。阳离子交换剂，多数带有磺酸基团，有时也有带羧基的，而阴离子交换剂，带有叔氨基或季铵基

---

❶ 紫外截止波长指当小于截止波长的辐射透过溶剂时，溶剂对此辐射产生强烈吸收，此时溶剂被看作是光学不透明的，它严重干扰组分的吸收测量。

团。在这两种树脂上进行离子交换的过程分别为：

阳离子交换： $\quad R^-Y^+ + X^+ \rightleftharpoons Y^+ + R^-X^+ \quad$ (15.6)

阴离子交换： $\quad R^+Y^- + X^- \rightleftharpoons Y^- + R^+X^- \quad$ (15.7)

式中，X 为待分离的组分离子；Y 为流动相离子（也称为反离子）；R 为离子交换树脂上带电离子部分。

如方程式(15.7)所示，在阴离子交换色谱中，样品离子 X^- 与流动相离子 Y^- 争夺离子交换剂上活性交换基因 R^+ 的位置。同样在阳离子交换色谱中，如方程式(15.6)所示，样品阳离子 X^+ 与流动相阳离子 Y^+ 争夺在离子交换剂上活性交换基团 R^- 的位置。

15.7.2 离子交换剂

离子交换剂的种类很多，大部分为有机物，如各种类型的合成树脂，也可以是无机物，如矿物质等。它们既可以是人工合成的，也可以是天然的，例如各种改性的纤维素、葡聚糖、琼脂糖的衍生物等。

通常用苯乙烯和二乙烯基苯进行交联共聚生成不溶的聚合物基质，再对芳环进行磺化生成强酸性阳离子交换剂；或对芳环进行季铵盐化，生成带有烷基胺官能团的强碱性阴离子交换剂。离子交换剂上的活性离子交换基团决定着它们的性质和功能，除了上述两种离子交换基团外，目前已合成出了许多带不同强度和功能官能团的离子交换树脂。除此还有两性离子交换剂，在其基质中既含有阳离子交换基团，又含有阴离子交换基团。这类离子交换剂在与电解质接触中可形成内盐，通过水洗的办法很容易使它们获得再生。

偶极子型的离子交换剂是一种特殊种类的两性离子交换剂，它们是通过把氨基酸键合到葡聚糖或琼脂糖上所制得的，它们在水溶液中可形成偶极子。这种类型的离子交换剂非常适合于那些能与偶极子发生选择性相互作用的生物大分子的分离。

螯合型离子交换剂所带的官能团可与某些金属离子形成络合物，这种整合型的离子交换剂比较容易与重金属和碱土金属进行络合。

尽管离子交换剂的种类很多，然而到目前为止，用得最多的仍然是以聚苯乙烯和二乙烯苯为基质的带各类官能团的离子交换剂，但它作为柱填充物有较大的溶胀性，不耐高压，表面积内部的微孔结构会影响溶质的传质速率。因此，近年来随着 HPLC 中以硅胶为基质的各种键合型固定相的出现和发展，以硅胶为基质的各种键合型离子交换剂的应用也越来越广。最常见的是在薄壳型或全多孔球型微粒硅胶表面键合上各种离子交换基团而制成的，主要类型见表 15.3。

表 15.3 以硅胶为基质的键合型离子交换剂

阳离子交换剂		阴离子交换剂		两性离子交换剂
键合基团	类型	键合基团	类型	键合基团
$-SO_3H$	强酸性	$-CH_2N(CH_3)_3Cl$	强酸性	$-CH-CH_2-CH_2-NH_3$
$-COOH$	弱酸性	$-CH_2N(C_2H_6)_2Cl$	强碱性	$\mid$ $COOH$
$-CH_2COOH$	弱酸性	$-CH_2N(CH_3)_2C_2H_4OHCl$	强碱性	$-(CH_2)_8-O-CH_2-$
$-CHOH$ $\mid$ CH_2OH	弱酸性	$-CH_2NH(CH_3)_2Cl$ $-CH_2NH_2$	强碱性 中强碱性	CH_2-CH- $\mid\quad\mid$ $OH\quad NH_2$

以硅胶为基质的离子交换剂具有较好的化学稳定性和热稳定性，并能承受较高的压力。为了获得高分离效能，大多采用 $5\sim10\mu m$ 的颗粒度，用匀浆法装柱。但由于硅胶本身不能在碱性条件下使用，因此一般来说必须在 pH<7.5 的条件下使用。

15.7.3 流动相

由于水是优良的溶剂，并且具有电离的性能，因此大部分离子交换色谱都是在水溶液中进行的。一般都采用水的缓冲液，以提供用于离子平衡的反离子，并使移动相保持一定的离子强度和 pH 值。有时也把少量有机溶剂如乙腈、甲醇、乙醇和四氢呋喃等加入含水系统中，以便改进样品的溶解性能，并提出独特的选择性变化。有机溶剂的加入还可减小某些样品组分的拖尾现象，从而使待测样品得到良好分离。

在以水溶液为流动相的离子色谱中，缓冲液浓度直接影响着离子平衡。和在液-固色谱、液-液色谱中的情形相类似，缓冲液浓度的增加，会降低样品组分的保留，这是因为流动相中反离子浓度的增加，增强了它与样品离子争夺树脂上离子交换基团的能力，从而减弱了样品组分与离子交换树脂的亲和性。

缓冲液强度的上限取决于流动相中缓冲液盐的溶解性。要避免使用接近饱和的缓冲液浓度，因为若产生盐的沉淀，会造成液相色谱系统的堵塞。其下限由缓冲容量决定，如果缓冲液太弱，则无法控制流动相的 pH 值。

流动相中的离子类型能对样品分子的保留产生显著的影响，因为不同的流动相离子与离子交换树脂相互作用的能力是不同的。在离子交换色谱中，广泛使用磷酸、醋酸、柠檬酸、硼酸和甲酸的钠盐、钾盐和铵盐。它们通常与其相应的酸相混合以作酸性缓冲液用，或者把这些盐与 NaOH、KOH 等混合，用作碱性缓冲液。一般要尽量避免使用盐酸盐，因其对许多仪器的钢材有腐蚀作用。

在离子交换色谱中，还可通过改变流动相的 pH 值来控制溶质的保留，因为 pH 值能影响样品分子的解离程度，从而影响它们与离子交换剂相互作用的强弱。

15.7.4 应用

离子交换色谱首先被用于无机物的分离，尤其是核裂变产物的分离。目前利用离子交换色谱不仅可以分离碱金属、碱土金属、稀土元素、镧系和锕系元素及许多重金属，而且许多无机和有机阴离子也可用其进行分析。随着各种新型、高效离子交换剂的研制成功和衍生化技术检测方法和手段的发展，离子交换色谱在氨基酸、蛋白质、核糖核酸、有机胺、有机酸糖类及药物等方面的应用越来越广。

15.8 尺寸排阻色谱法

尺寸排阻色谱（exclusion chromatography，EC）简称排阻色谱法，也称凝胶色谱法（gel chromatography）或分子筛色谱法（molecular sieve chromatography）。排阻色谱法不是根据组分在两相间作用力不同而进行分离，而是依据组分分子体积（流体力学体积）或分子大小而进行分离。它主要应用于高分子化合物的分离和合成聚合物分子量分布的测定，在生物化学和高分子领域中得到广泛的应用。排阻色谱法的分离机理是简单而明确的，在样品和固定相的表面之间无相互作用的情况下，洗脱次序（或洗脱体积）完全是根据分子的大小而定。

15.8.1 原理

排阻色谱法采用具有一定孔径分布的多孔性惰性物质作为柱填料。柱填料与流动相平衡后，孔内充满着流动相。当样品溶液随流动相流过色谱柱时，比填料最大孔径还大的样品分子不能扩散进入填料孔内，完全被排阻在填料之外，随流动相直接流出色谱柱，比填料最小孔径达小的分子可以扩散进入填料的所有孔内，最后流出色谱柱，中等大小的分子可以进入填料的部分孔内，流出色谱柱的顺序居中。分离过程模型见图 15.18。

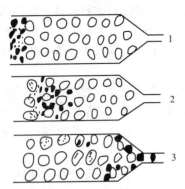

图15.18 凝胶色谱分离过程模型

由于排阻色谱法的分离原理不是取决于组分与固定相和流动相的相互作用,所以不需用梯度洗脱,实验操作比较简单,重现性好,出峰顺序可以预测,但不能分离具有相同或相似大小的分子,峰容量有限。排阻色谱法可用来分离那些因溶解度、极性、吸附或离子特征无足够差异的高分子化合物,这类化合物不能用其他高效液相色谱法进行分离,排阻色谱还可以分离大分子混合物。

15.8.2 固定相

排阻色谱法分析中使用的柱填料(固定相)一般为凝胶,除了要求热稳定性、机械强度和化学惰性外,在选择凝胶时还应考虑排阻极限、分离范围、固定相流动相比和柱效,这些都与凝胶的孔径大小分布有关。

某些高交联聚苯乙烯胶和聚合胶可以在高达50atm下使用。硅胶或多孔玻璃具有刚性骨架的耐压固体,也可以应用于高压条件下的排阻色谱法。这些材料比起软胶来说具有某些优点:填充比较容易,不需要放在洗脱液中作预先溶胀,且能获得力学性能稳定的柱子(即渗透率与外加压力无关)。在实际应用中,可以使用多种洗脱液,因为填料不需要进行充分的溶胀。又因溶胀度不变,就能够方便地更换洗脱液。这就增加了这种方法的优点和多用性。另一个优点在于这些填料和它们的孔结构适用于所有有机溶剂,甚至在高温下也是如此。例如,在表征聚烯烃的特性时,这一点是非常重要的。

硅胶的孔径也可以做到2~2500nm的范围。d_p约为10μm或更小些的球形硅胶,其平均孔径为6~400nm,可用来分离大多数一般的高聚物。相对分子质量小于1000的物质可用孔径为6nm的硅胶来分离,而当孔径为400nm时,即使是分子量为7×10^6的高聚物标样也不能被全部排阻。平均孔径约为25nm的硅胶能够分离相对分子质量范围为2000~100000的聚苯乙烯样品。

这些极性固定相的缺点在于它们的吸附特性。在很多情况下,通过适当地选择洗脱液可以限制它们的活性。聚苯乙烯则用四氯化碳吸附在硅胶上,而在二氯甲烷、四氢呋喃和二甲基甲酰胺中则被排阻,即它们是基于其分子的大小而被分离的。硅胶表面用三甲基氯硅烷化处理能够消除任何产生干扰的残余基团的活性。如果有更多的碳被键合到表面上,如同反相系统那样,则孔容积随着被键合碳的数量成比例减少。

15.8.3 流动相

在排阻色谱法中,流动相的作用原则上不像在其他各种液相色谱方法中那样重要,这是由于它的分离并不依赖于样品组分与填料及流动相之间的相互作用,因此对于流动相的选择考虑就显得较为简单,主要要求黏度低、沸点高、能溶解多种大分子样品、能润湿填料。实验中,为了减小溶剂黏度(以降低柱压)和增加样品的溶解度,色谱柱温度常常高于室温;另一方面,流动相必须与所选用的检测器相匹配;在用示差折光检测器时要求流动相的折射率与样品的折射率有尽可能大的差别,以得到较高的灵敏度;在用紫外分光光度检测器时,则流动相本身应有较低的紫外截止波长。或者至少在所选检测样品的波长处,对于流动相来说应是"透明"的。在排阻色谱中较为常用的溶剂有甲苯、四氢呋喃、卤代芳烃等,其中尤以四氢呋喃最为理想、最常用,但四氢呋喃在贮存时很易产生过氧化物,在日光下生成更快,在蒸馏提纯四氢呋喃时,不能蒸干,否则容易引起爆炸。

15.8.4 应用

排阻色谱法广泛用来测定高聚物的相对分子质量和各种平均相对分子质量,可以分离从小分子至相对分子质量达 10^6 以上的高分子,可以很容易地分离低相对分子质量添加剂及反应物,可对未知物进行初步探索分离。例如可对蛋白质、核酸、油脂、添加剂等样品进行分离分析。

15.9 色谱分离方法的选择

高效液相色谱中几种分离方法都有各自的适用范围,具体选用哪一种分离方法比较合适,这决定于样品的性质,如分子量范围、溶解度、官能团类型和其数量等,由红外、紫外、核磁等数据可获得样品的有关信息,有助于选择分离方式。若组分相对分子质量大于2000,应采用排阻色谱法,若样品溶于水,则以水溶液为流动相,若样品溶于有机溶剂,则相应的溶剂可用作流动相;若相对分子质量小于2000,首先应确定样品是否溶于水,若样品溶于水,可考虑用离子交换色谱法、离子色谱法或反相键合相色谱;若样品不溶于水,但溶于有机溶剂,可考虑键合相色谱或吸附色谱,若样品溶于中等极性或强极性溶剂,应选用非极性或弱极性固定相,若溶于非极性溶剂,则应采用极性固定相。分离方式选择的一般原则如下:

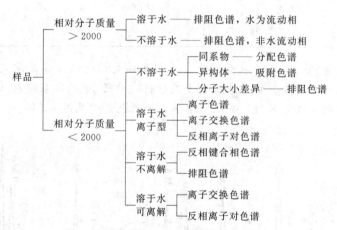

分离方式确定后,可以选择固定相,高效液相色谱中 70% 以上的分离工作是用反相键合相色谱完成的,流动相与固定相之间存在一定的配比关系。根据分析样品的实际情况,同时借鉴相关文献资料,结合实验室条件,可制定出合适的分离分析条件。但在高效液相色谱中,即使固定相、流动相条件与文献的条件完全一致,也不一定能得到相同的分离效果,必须根据自己的实验来确定最佳条件。

15.10 高效液相色谱法的应用实例

高效液相色谱法经过几十年的发展,在色谱理论研究、仪器研制水平和分析实践应用等方面,已取得长足的进步。高效液相色谱应用很广,尤其适合分离分析不易挥发、热稳定性差和各种离子型化合物。例如分离维生素、氨基酸、蛋白质、糖类和农药等。

【例 15.1】 高效液相色谱法测定灰叶胡杨花粉样品中 17 种氨基酸。

解

分析样品: 灰叶胡杨花粉。

分析项目: 17种氨基酸。

仪器与试剂: Waters2695型高效液相色谱仪（主要包括2487双波长紫外-可见检测器，2695二极管阵列检测器，柱温箱，自动进样器，自动脱气四元梯度泵等），AccQ.Tag氨基酸测定试剂盒：包括 Acc Q-Flour^{TM}氨基酸衍生剂，衍生剂稀释液，17种混合氨基酸标准溶液。

色谱条件: Waters AccQ.Tag 氨基酸分析柱（3.9mm×150mm，4μm），流量为1.0mL·min^{-1}，柱温为37℃，激发波长为250nm，发射波长为395nm，进样量10μL，流动相：A为乙酸盐-磷酸盐缓冲溶液按1:10用超纯水稀释，B为乙腈，C为超纯水。梯度洗脱程序见表15.4。

表15.4 梯度洗脱程序

时间/min	流速/mL·min^{-1}	流动相A/%	流动相B/%	流动相C/%	混合曲线
0.01	1.00	100.0	0.0	0.0	6
0.50	1.00	99.0	1.0	0.0	11
18.00	1.00	95.0	5.0	0.0	6
19.00	1.00	91.0	9.0	0.0	6
29.50	1.00	83.0	17.0	0.0	6
33.00	1.00	0	60.0	40.0	11
36.00	1.00	100.0	0.0	0.0	11
45.00	1.00	100.0	0.0	0.0	6

分析结果: 采用AccQ.Tag柱前衍生、反相高效液相色谱分离法测定灰叶胡杨花粉中氨基酸的含量。采用外标法，梯度洗脱的方式分析。结果17种氨基酸在35min内均可得到很好的分离，该方法分离效果好、灵敏、准确。分离色谱图见图15.19。

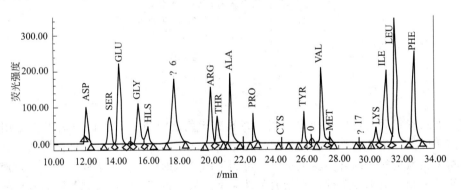

图15.19 灰叶胡杨花粉样品中17种氨基酸的分析色谱图

【例15.2】 高效液相色谱法测定农药残留。

解

分析样品: 棉花地土壤。

分析项目: 多菌灵、吡虫啉和甲基托布津。

仪器与试剂: Waters2695型高效液相色谱仪，Atlantis dC$_{18}$色谱柱（5μm，4.6m×150mm），Atlantis dC$_{18}$保护柱（5μm，10mm）。乙腈（色谱纯）、甲醇（色谱纯），均购自Sigma-Aldrich公司；HCl（优级纯）；多菌灵、吡虫啉和甲基托布津标准品购自上海安谱公司。

色谱条件：流动相为甲醇-$0.1\text{mol}\cdot\text{L}^{-1}\text{H}_3\text{PO}_4$，流速为$1\text{mL}\cdot\text{min}^{-1}$，使用前经$0.45\mu\text{m}$膜过滤；柱温为30℃；进样量$20\mu\text{L}$。采用梯度洗脱，初始配比为40%甲醇-60% $0.1\text{mol}\cdot\text{L}^{-1}\text{H}_3\text{PO}_4$，2.6min时切换为65%甲醇-35% $0.1\text{mol}\cdot\text{L}^{-1}\text{H}_3\text{PO}_4$。出峰顺序和时间分别为：多菌灵，2.68min；吡虫啉，4.54min；甲基托布津，6.75min。

测定波长的选择：用二极管阵列检测器在200~300nm波长范围内扫描得到多菌灵的最大吸收波长在229nm左右，但在267nm处的吸收也比较高，吡虫啉在269nm处有最大吸收，甲基托布津的最大吸收波长为229nm和267nm。综合考虑，确定检测波长为267nm，3种物质都有较好的灵敏度。

分析结果：利用高效液相色谱法同时测定土壤中多菌灵、吡虫啉和甲基托布津残留利用C_{18}柱分离，紫外检测器检测，在7min内实现了3种农药的同时分离测定。3种农药的平均回收率为87%、97%和92%，相对标准偏差为9.8%、8.1%和11.0%，色谱图见图15.20。

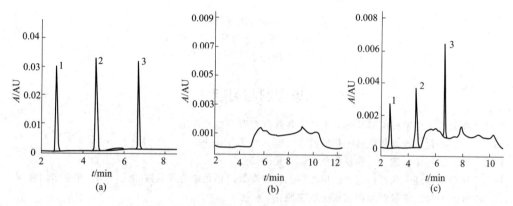

图15.20　土壤中多菌灵、吡虫啉和甲基托布津残留色谱图
(a) 标准物质色谱图；(b) 土壤空白色谱图；(c) 土壤加标色谱图
1—多菌灵；2—吡虫啉；3—甲基托布津

【例15.3】 高效液相色谱法测定食品中防腐剂
解
分析样品：酱油、果汁、醋和水果酒等。
分析项目：对羟基苯甲酸酯类。
仪器与试剂：Waters2695型高效液相色谱仪，SunFire^{TM}C_{18}高效液相色谱柱（$5\mu\text{m}$，$3.0\text{m}\times150\text{mm}$），Atlantis dC_{18}保护柱（$5\mu\text{m}$，10mm）。乙腈（色谱纯）、甲醇（色谱纯），均购自Sigma-Aldrich公司；HCl（优级纯）；TD-5低速大容量离心机。SK-5超声波清洗器。对羟基苯甲酸甲酯、对羟基苯甲酸乙酯、对羟基苯甲酸丙酯和对羟基苯甲酸丁酯为分析纯。

色谱条件：流动相为甲醇-$0.1\text{mol}\cdot\text{L}^{-1}\text{HCl}$，流速为$1\text{mL}\cdot\text{min}^{-1}$，使用前经$0.45\mu\text{m}$膜过滤；柱温为30℃；进样量$20\mu\text{L}$。采用梯度洗脱，外标法定量。洗脱剂初始配比为60%甲醇-40%水，3.0min时切换为70%甲醇-30%水。出峰顺序和时间分别为：对羟基苯甲酸甲酯，2.63min；对羟基苯甲酸乙酯，3.67min；对羟基苯甲酸丙酯，5.67min；对羟基苯甲酸丁酯，7.43min。

分析结果：应用高效液相色谱法在紫外检测器上同时测定食品中4种对羟基苯甲酸酯类防腐剂。方法的线性范围较大，方法的检出限为$4.2\sim6.2\text{mg}\cdot\text{kg}^{-1}$，测定的回收率为91.2%~104.9%。所建立的方法简便、快速、灵敏度高，并具有良好的精密度与准确度，

可以满足食品中此类防腐剂检测的要求，见图 15.21。

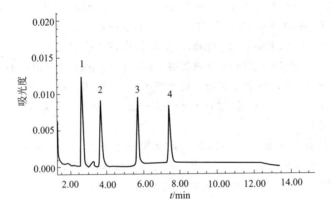

图 15.21　样品加标色谱图
1—对羟基苯甲酸甲酯；2—对羟基苯甲酸乙酯；
3—对羟基苯甲酸丙酯；4—对羟基苯甲酸丁酯

思考题与习题

15.1　高效液相色谱仪由哪几部分组成？各部分有哪些主要作用？

15.2　什么是化学键合相色谱？化学键合固定相的优点是什么？

15.3　比较正相化学键合相和反相化学键合相的特点。

15.4　从分离原理、仪器构造及应用范围上比较高效液相色谱与经典液相色谱、气相色谱的异同点。

15.5　什么是梯度洗脱？如何实现梯度洗脱？

15.6　在一正相色谱柱上，某样品当用 1∶1 的氯仿和正己烷（体积比）为流动相时，其保留时间为 29.1 min，不被保留组分的保留时间为 1.05 min，计算试样物质的容量因子 k？

15.7　简述液相色谱中引起色谱峰扩展的主要因素。如何减少谱带扩张，提高柱效？

15.8　指出下列物质在正相色谱和在反相色谱中的洗脱顺序：

a. 正己烷，正己醇，苯　　　b. 乙酸乙酯，乙醚，硝基丁烷

15.9　为何高效液相色谱法一般采用全多孔微粒型固定相？

15.10　指出下列各种色谱法最适宜分离的物质。

(1) 气液色谱；　　　　　　(2) 正相色谱；
(3) 反相色谱；　　　　　　(4) 离子交换色谱；
(5) 排阻色谱；　　　　　　(6) 气固色谱；
(7) 液固色谱。

第 15 章　拓展材料

第 16 章 核磁共振波谱法
Nuclear Magnetic Resonance Spectroscopy, NMR

【学习要点】
① 理解核磁共振波谱法的基本原理。
② 掌握化学位移的影响因素,了解常见氢核的特征化学位移。
③ 理解自旋偶合及自旋分裂的原因。
④ 了解核磁共振波谱仪的组成及分析过程。
⑤ 了解核磁共振波谱图的解析过程。

将自旋核放入磁场后,用适宜频率的电磁波照射,它们吸收能量,发生原子核能级的跃迁,同时产生核磁共振信号,得到核磁共振谱,这种方法称为核磁共振波谱法。常用的核磁共振谱有两种:核磁共振氢谱(^{1}H NMR)和核磁共振碳谱(^{13}C NMR)。本章只讨论核磁共振氢谱。

核磁共振现象是 1946 年由 Harvard 大学的爱德华·珀塞尔(E. Purcell)和 Stanford 大学的费利克斯·布洛赫(F. Bloch)首次分别独立发现的,由于该项工作,他们两人分享了 1952 年的诺贝尔物理学奖。1953 年第一台商品化 NMR 谱仪问世。20 世纪 70 年代末,高强超导磁场核磁共振技术及脉冲-傅里叶核磁共振波谱仪的问世,极大地推动了 NMR 技术的发展,使得对低丰度、弱磁旋比的磁性核(如^{13}C、^{15}N 等)的测量成为可能。理查德·R·恩斯特(R. Ernst)二维和多维核磁共振理论与技术方面的研究成果已广泛应用于蛋白质、核酸等生物大分子的结构、构象分析。80 年代出现的核磁共振的成像诊断技术(magnetic resonance imaging, MRI)已成为医学诊断的重要工具。核磁共振技术(尤其是^{1}H NMR 和^{13}C NMR)是有机化合物结构鉴定中最重要的手段,广泛应用于农、林、医、生物学领域的生物化学、分析化学、有机化学等学科的研究。

16.1 核磁共振基本原理

16.1.1 核的自旋运动

有自旋现象的原子核,应具有自旋角动量(P)。由于原子核是带正电粒子,故在自旋时产生磁矩 μ。磁矩的方向可用右手定则确定。磁矩 μ 和角动量 P 都是矢量,方向相互平行,且磁矩随角动量的增加成正比地增加

$$\mu = \gamma P \tag{16.1}$$

式中,γ 为磁旋比。不同的核具有不同的磁旋比。

核的自旋角动量是量子化的,可用自旋量子数 I 表示。P 的数值与 I 的关系如下

$$P = \sqrt{I(I+1)} \times \frac{h}{2\pi} \tag{16.2}$$

I 可以为 0, $\frac{1}{2}$, 1, $\frac{3}{2}$, ⋯。很明显,当 $I=0$ 时,$P=0$,即原子核没有自旋现象。只有当 $I>0$ 时,原子核才有自旋角动量和自旋现象。

实验证明，自旋量子数 I 与原子的质量数（A）及原子序数（Z）有关，如表 16.1 所示。从表中可以看出，质量数和原子序数均为偶数的核，自旋量子数 $I=0$，即没有自旋现象。当自旋量子数 $I=\dfrac{1}{2}$ 时，核电荷呈球形分布于核表面，它们的核磁共振现象较为简单，是目前研究的主要对象。属于这一类的主要原子核有 ^1_1H、$^{13}_6\text{C}$、$^{15}_7\text{N}$、$^{19}_9\text{F}$、$^{31}_{15}\text{P}$。其中研究最多、应用最广的是 ^1H 和 ^{13}C 核磁共振谱。

表 16.1 自旋量子数与原子的质量数及原子序数的关系

质量数 A	原子序数 Z	自旋量子数 I	自旋核电荷分布	NMR 信号	原子核
偶数	偶数	0	—	无	$^{12}_6\text{C}$, $^{16}_8\text{O}$, $^{33}_{16}\text{S}$
奇数	奇或偶数	$\dfrac{1}{2}$	呈球形	有	^2_1D, $^{13}_6\text{C}$, $^{19}_9\text{F}$, $^{15}_7\text{N}$, $^{31}_{15}\text{P}$
奇数	奇或偶数	$\dfrac{3}{2},\dfrac{5}{2},\cdots$	扁平椭圆形	有	$^{17}_8\text{O}$, $^{32}_{16}\text{S}$
偶数	奇数	1,2,3	伸长椭圆形	有	^1_1H, $^{14}_7\text{N}$

16.1.2 自旋核在磁场中的行为

若将自旋核放入场强为 B_0 的磁场中，由于核磁矩与磁场相互作用，核磁矩相对外加磁场有不同的取向。按照量子力学原理，它们在外磁场方向的投影是量子化的，可用磁量子数 m 描述。m 可取下列数值：

$$m=I, I-1, I-2, \cdots, -I$$

自旋量子数为 I 的核在外磁场中可有 $(2I+1)$ 个取向，每种取向各对应有一定的能量。对于具有自旋量子数 I 和磁量子数 m 的核，量子能级的能量可用下式确定：

$$E=-\frac{m\mu}{I}\beta B_0 \tag{16.3}$$

式中，B_0 是以 T（特斯拉）为单位的外加磁场强度；β 是一个常数，称为核磁子，等于 $5.049\times10^{-27}\text{J}\cdot\text{T}^{-1}$；$\mu$ 是以核磁子单位表示的核的磁矩，质子的磁矩为 2.7927β。

^1H 在外加磁场中只有 $m=+\dfrac{1}{2}$ 及 $m=-\dfrac{1}{2}$ 两种取向，这两种状态的能量分别为：

当 $m=+\dfrac{1}{2}$ 时 $\quad E_{+1/2}=-\dfrac{m\mu}{I}\beta B_0=-\dfrac{\dfrac{1}{2}(\mu\beta B_0)}{\dfrac{1}{2}}=-\mu\beta B_0$

当 $m=-\dfrac{1}{2}$ 时 $\quad E_{-1/2}=-\dfrac{m\mu}{I}\beta B_0=-\dfrac{\left(-\dfrac{1}{2}\right)(\mu\beta B_0)}{\dfrac{1}{2}}=+\mu\beta B_0$

对于低能态 $\left(m=+\dfrac{1}{2}\right)$，核磁矩方向与外磁场同向；对于高能态 $\left(m=-\dfrac{1}{2}\right)$，核磁矩与外磁方向相反，其高低能态的能量差应由下式确定：

$$\Delta E=E_{-1/2}-E_{+1/2}=2\mu\beta B_0 \tag{16.4}$$

一般来说，自旋量子数 I 的核，其相邻两能级之差为

$$\Delta E=\mu\beta\frac{B_0}{I} \tag{16.5}$$

16.1.3 核磁共振

如果以射频照射处于外磁场 B_0 中的核，且射频频率 ν 恰好满足下列关系时：

$$h\nu = \Delta E \quad \text{或} \quad \nu = \mu\beta\frac{B_0}{Ih} \tag{16.6}$$

处于低能态的核将吸收射频能量而跃迁至高能态,这种现象称为核磁共振现象。

由式(16.6)可知:

① 对自旋量子数 $I=1/2$ 的同一核来说,因磁矩 μ 为一定值,β 和 h 又为常数,所以发生共振时,照射频率 ν 的大小取决于外磁场强度 B_0 的大小。在外磁场强度增加时,为使核发生共振,照射频率也应相应增加;反之,则减小。例如,若将 ^{1}H 核放在磁场强度为 1.4092T 的磁场中,发生核磁共振时的照射频率必须为

$$\nu_{共振} = \frac{2.79 \times 5.05 \times 10^{-27} \times 1.4092}{\frac{1}{2} \times 6.6 \times 10^{-34}} \approx 60 \times 10^6 \text{Hz}$$

$$= 60 \text{MHz}$$

如果将 ^{1}H 放入磁场强度为 4.69T 磁场中,则可知共振频率 $\nu_{共振}$ 应为 200MHz。

② 对 $I=1/2$ 的不同核来说,若同时放入一固定磁场强度的磁场中,则共振频率 $\nu_{共振}$ 取决于核本身的磁矩的大小。μ 大的核,发生共振时所需的照射频率也大;反之,则小。例如,^{1}H 核、^{19}F 核和 ^{13}C 核的磁矩分别为 2.79、2.63、0.70 核磁子,在场强为 1T 的磁场中,其共振时的频率分别为 42.6MHz、40.1MHz、10.7MHz。

③ 同理,若固定照射频率,改变磁场强度,对于不同的核来说,磁矩大的核,共振所需磁场强度将小于磁矩小的核。例如,$\mu_H > \mu_F$,则 $B_H < B_F$。表 16.2 列出了几种原子核的某些物理数据。

表 16.2　几种原子核的某些物理数据

核	自然界丰度/%	4.69T 磁场中 NMR 频率/MHz	磁矩(核磁子)	自旋(I)	相对灵敏度
^{1}H	99.98	200.00	2.7927	1/2	1.000
^{13}C	1.11	50.30	0.7021	1/2	0.016
^{19}F	100	188.25	2.6273	1/2	0.83
^{31}P	100	81.05	1.1305	1/2	0.066

16.1.4　弛豫过程

如前所述,^{1}H 核在磁场作用下,被分裂为 $m=+1/2$ 和 $m=-1/2$ 两个能级,处在较稳定的 $+1/2$ 能级的核数比处在 $-1/2$ 能级的核数稍多一点。处于高、低能态核数的比例服从玻耳兹曼分布:

$$\frac{N_j}{N_0} = \exp(-\Delta E/kT) \tag{16.7}$$

式中,N_j 和 N_0 分别代表处于高能态和低能态的氢核数;ΔE 为两种能态的能级差;k 是玻耳兹曼常数;T 是热力学温度。若将 10^6 个质子放入温度为 25℃、磁场强度为 4.69T 的磁场中,则处于低能态的核与处于高能态的核的比为

$$\frac{N_j}{N_0} = \exp\left(-\frac{2 \times 279\text{K} \times 5.05 \times 10^{-27}\text{J}\cdot\text{T}^{-1} \times 4.69\text{T}}{1.38 \times 10^{-23}\text{J}\cdot\text{K}^{-1} \times 298\text{K}}\right)$$

$$\frac{N_j}{N_0} = e^{-3.27 \times 10^{-5}} = 0.999967$$

则处于高、低能级的核分别为:

$$N_j \approx 499992$$
$$N_0 \approx 500008$$

即处于低能级的核比处于高能级的核只多 16 个。

若以合适的射频照射处于磁场的核,核吸收外界能量后,由低能级跃迁到高能态,其净效应是吸收,产生共振信号。此时,^{1}H 核核磁共振波谱法的玻耳兹曼分布被破坏。当数目稍多的低能级核跃迁至高能态后,从 $+1/2 \rightarrow -1/2$ 的速率等于从 $-1/2 \rightarrow +1/2$ 的速率时,试样达到"饱和",不能再进一步观察到共振信号。为此,被激发到高能态的核必须通过适当的途径将其获得的能量释放到周围环境中去,使核从高能态降回到原来的低能态,产生弛豫过程。就是说,弛豫过程是核磁共振现象发生后得以保持的必要条件。否则,信号一旦产生,将很快达到饱和而消失。由于核外被电子云包围,所以它不可能通过核间的碰撞释放能量,而只能以电磁波的形式将自身多余的能量向周围环境传递。在 NMR 中有两种重要的弛豫过程:即自旋-晶格弛豫和自旋-自旋弛豫。

自旋-晶格弛豫,又称纵向弛豫。自旋核都是处在所谓晶格包围之中。核外围的晶格是指同分子或其他分子中的磁性核(如带有未成对电子的原子、分子和铁磁性物质等)。晶格中的各种磁性质点对应于共振核做不规则的热运动,形成一频率范围很大的杂乱的波动磁场,其中必然存在有与共振频率相同的频率成分,高能态的核可通过电磁波的形式将自身能量传递到周围的运动频率与之相等的磁性粒子(晶格),故称为自旋-晶格弛豫。

自旋-自旋弛豫,又称横向弛豫。它是指邻近的两个同类的磁等价核处在不同的能态时,它们之间可以通过电磁波进行能量交换,处于高能态的核将能量传递给低能态的核后弛豫到低能级,这时系统的总能量显然未发生改变,但此核处在某一固定能态的寿命却因此变短。

16.2 核磁共振波谱的主要参数

16.2.1 化学位移及影响因素

16.2.1.1 化学位移的产生

由式(16.6)可知,质子的共振频率,由外部磁场强度和核的磁矩决定。其实,任何原子核都被电子所包围,在外磁场作用下,核外电子会产生环电流,并感应产生一个与外磁场方向相反的次级磁场,如图 16.1 所示。这种对抗外磁场的作用称为电子的屏蔽效应。由于电子的屏蔽效应,使某一个质子实际上受到的磁场强度不完全与外磁场强度相同。此外,分子中处于不同化学环境的质子,核外电子云的分布情况也各异,因此,不同化学环境中的质子受到不同程度的屏蔽作用。在这种情况下,质子实际上受到的磁场强度 B,等于外加磁场 B_0 减去其外围电子产生的次级磁场 B',其关系可用下式表示:

$$B = B_0 - B' \tag{16.8}$$

由于次级磁场的大小正比于所加的外磁场强度,即 $B' \propto B_0$,故上式可写成:

$$B = B_0 - \sigma B_0 = B_0(1-\sigma) \tag{16.9}$$

式中,σ 为屏蔽常数。它与原子核外的电子云密度及所处的化学环境有关。电子云密度越大,屏蔽程度越大,σ 值也大。反之,则小。

当氢核发生核磁共振时,应满足如下关系:

$$\nu_{共振} = \mu\beta \frac{2B}{h} = \mu\beta \frac{2B_0(1-\sigma)}{h}$$

或

$$B_0 = \frac{\nu_{共振} h}{2\mu\beta(1-\sigma)} \tag{16.10}$$

因此,屏蔽常数 σ 不同的质子,其共振峰将分别出现在核磁共振谱的不同磁场强度区域。若固定照射频率，σ大的质子出现在高磁场处，而σ小的质子出现在低磁场处，据此可以进行氢核结构类型的鉴定。

由上可知，在测定一个化合物中某种自旋核的核磁共振谱时，其共振吸收峰的位置（频率或磁场）将随着该自旋核的化学环境不同而不同，这种变化叫化学位移。

16.2.1.2 化学位移的表示

在有机化合物中，化学环境不同的氢核化学位移的变化，只有百万分之十左右。如选用60MHz的仪器，氢核发生共振的磁场变化范围为(1.4092 ± 0.0000140)T；如选用1.4092T的核磁共振仪扫频，则频率的变化范围相应为(60 ± 0.0006)MHz。在确定结构时，常常要求测定共振频率绝对值的准确度达到正负几个赫兹。要达到这样的精确度，显然是非常困难的。但是，测定位移的相对值比较容易。因此，一般都以适当的化合物（如四甲基硅烷，TMS）为标准试样，测定相对的频率变化值来表示化学位移。目前最常用的标准试样为TMS，人为地把它的化学位移定为零。用TMS作标准是由于下列几个原因：首先，TMS中的所有氢核所处的化学环境相同，其共振信号只有一个峰；其次，由于硅的电负性比碳小，TMS中的氢核外电子云密度比一般的有机化合物的大，绝大部分有机化合物的核的吸收峰不会与TMS峰重合；第三，TMS化学性质不活泼，与试样之间不发生化学反应和分子缔合；第四，TMS沸点很低（27℃），容易除去，有利于试样回收。

从式(16.6)可以知道，共振频率与外部磁场成正比。例如，若用60MHz仪器测定1,1,2-三氯丙烷时，其甲基质子的吸收峰与TMS吸收峰相隔134Hz；若用100MHz仪器测定时，则相隔233Hz。为了消除磁场强度变化所产生的影响，以使在不同核磁共振仪上测定的数据统一，通常用试样和标样共振频率之差与所用仪器频率的比值δ来表示。在理论上可将化学位移（δ）定义为

$$\delta = \frac{\nu_{\text{试样}} - \nu_{\text{TMS}}}{\nu_0} \times 10^6 = \frac{\Delta\nu}{\nu_0} \times 10^6 \tag{16.11}$$

式中，δ和$\nu_{\text{试样}}$分别为试样中质子的化学位移及共振频率；ν_{TMS}是TMS的共振频率（一般$\nu_{\text{TMS}}=0$）；$\Delta\nu$是试样与TMS的共振频率差；ν_0是操作仪器选用的频率。

不难看出，用δ表示化学位移，就可以使不同磁场强度的核磁共振仪测得的数据统一起来。例如，用60MHz和100MHz仪器上测得的1,1,2-三氯丙烷中甲基质子的化学位移均为2.23。

早期文献中用τ表示化学位移值，δ与τ的关系可用下式表示

$$\delta = 10 - \tau \tag{16.12}$$

TMS的信号在用δ表示时为0，在用τ表示时为10。

16.2.1.3 影响化学位移的因素

化学位移是由于核外电子云产生的对抗磁场所引起的，因此，凡是使核外电子云密度改变的因素，都能影响化学位移。影响因素有内部的，如诱导效应、共轭效应和磁的各向异性效应等；外部的如溶剂效应、氢键的形成等。

（1）诱导效应　一些电负性基团如卤素、硝基、氰基等，具有强烈的吸电子能力，它们通过诱导作用使与之邻接的核的外围电子云密度降低，从而减少电子云对该核的屏蔽，使核的共振频率向低场移动。一般来说，在没有其他影响因素存在时，屏蔽作用将随相邻基团的电负性的增加而减小，而化学位移（δ）则随之增加。例如F的电负性（4.0）远大于Si的电负性（1.8），在CH_3F中质子化学位移为4.26，而在$(CH_3)_4Si$中质子化学位移为0。

（2）共轭效应　共轭效应同诱导效应一样，也会使电子云的密度发生变化。例如在化合物乙烯醚（Ⅰ）、乙烯（Ⅱ）及α,β-不饱和酮（Ⅲ）中，若以（Ⅱ）为标准（$\delta=5.28$）来进行比较，则可以清楚地看到，乙烯醚上由于存在p-π共轭，氧原子上未共享的p电子对向

双键方向推移，使 β-H 的电子云密度增加，造成 β-H 化学位移移至高场（$\delta=3.57$ 和 $\delta=3.99$）。另一方面，在 α,β-不饱和酮中，由于存在 π-π 共轭，电负性强的氧原子把电子拉向自己一边，使 β-H 的电子云密度降低，因而化学位移移向低场（$\delta=5.50$ 和 $\delta=5.87$）。

(3) 磁的各向异性效应　在外磁场的作用下，核外的环电子流产生了次级感生磁场，由于磁力线的闭合性质，感生磁场在不同部位对外磁场的屏蔽作用不同，在一些区域中感生磁场与外磁场方向相反，起抗外磁场的屏蔽作用，这些区域为屏蔽区，处于此区的 ^{1}H δ 小，共振吸收在高场（或低频）；而另一些区域中感生磁场与外磁场的方向相同，起去屏蔽作用，这些区域为去屏蔽区，处于此区的 ^{1}H δ 变大，共振吸收在低场（高频）。这种作用称为磁的各向异性效应。磁的各向异性效应只发生在具有 π 电子的基团，它是通过空间感应磁场起作用的，涉及的范围较大，所以又称为远程屏蔽。

例如苯环，苯分子是一个六元环平面，形成大 π 键，电子云分布在苯分子平面的上下，当苯分子平面与外磁场 H_0 垂直时，在苯分子平面的上、下方形成环电子流，产生次级感应磁场，因此在苯分子周围空间中分成了屏蔽区（分子平面上下圆锥内的外磁场减弱，用"+"表示）和去屏蔽区（圆锥外的外磁场强度增强，用"－"表示），如图 16.1(a) 所示。可见，苯环上的 ^{1}H 处在去屏蔽区，δ 较大（约为 7），共振信号出现在低场。而苯环上有取代基时，由于基团竖起，基团上的 ^{1}H 处于屏蔽区，δ 较小，共振信号出现在高场。当苯分子平面与外磁场方向平行时，不产生环电子流，因此不产生次级感应磁场，不发生磁的各向异性效应。在溶液中苯分子平面的取向是随机的，分子运动的总体平均化结果，使苯分子表现出磁的各向异性效应。乙烯分子中的 π 电子分布在 σ 键所在平面的上、下方，感应磁场将空间分成的屏蔽区和去屏蔽区如图 16.1(b) 所示。可见，处于一个平面上的四个 ^{1}H 位于去屏蔽区，与乙烷相比，δ 较大（约为 5.28），共振信号出现在低场。醛的情况与乙烯类似，而加上氧的诱导效应，使醛基上 ^{1}H 的 δ 很大（约为 9.7）。而乙炔的情况有些不同，乙炔为线形分子，π 电子云是围绕 C≡C 键轴呈对称圆筒状，当 C≡C 轴与外磁场平行时，感生磁场所形成的两区如图 16.1(c) 所示，可见其 ^{1}H 处在屏蔽区，δ 比烯 ^{1}H 小得多（约为 2.88），共振信号出现在高场。

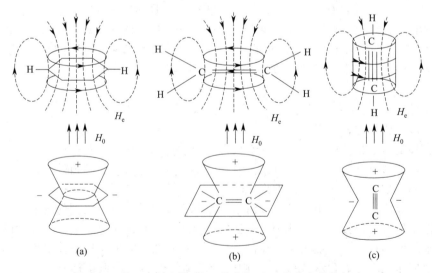

图 16.1　苯 (a)、乙烯 (b) 和乙炔 (c) 的各向异性效应

(4) 氢键　当分子形成氢键时，氢键中质子的信号明显移向低场，化学位移 δ 变大。一般认为这是由于形成氢键时，质子周围的电子云密度降低所致。

对于分子间形成的氢键，化学位移的改变与溶剂的性质以及浓度有关。在惰性溶剂的稀溶液中，可以不考虑氢键的影响。这时各种羟基显示它们固有的化学位移。但是，随着浓度的增加，它们会形成氢键。例如，正丁烯-2-醇的质量分数从1%增至纯液体时，羟基的化学位移从$\delta=1$增至$\delta=5$，变化了4个单位。对于分子内形成的氢键，其化学位移的变化与溶液浓度无关，只取决于它自身的结构。

总之，化学位移这一现象使化学家们可以获得关于电负性、键的各向异性及其他一些基本信息，对确定化合物的结构起了很大作用。关于化学位移与结构的关系，前人已做了大量的实验，并已总结成表。表16.3列出了各种常见特征质子的化学位移。

表 16.3 各种常见特征质子的化学位移

质子类型	化学位移 δ	质子类型	化学位移 δ
$(CH_3)_4Si$ (TMS)	0.0	HO—CH	3.4~4.0
R—CH_3	0.9	RO—CH	3.3~4.0
CH_2R_2	1.3	RCOO—CH	3.7~4.1
R_3CH	1.5	ROOC—CH	2.0~2.2
C=C—H	4.6~5.9	HOOC—CH	2.0~2.6
C≡C—H	2.0~3.0	O=C—CH	2.0~2.7
Ar—H	6.0~8.5	RCHO	9.0~10
Ar—C—H	2.2~3.0	RO—H	1.0~5.5
C=C—CH_3	1.7	ArO—H	4.0~12
F—C—H	4.0~4.5	C=C—OH	15~17
Cl—C—H	3.0~4.0	RCOOH	10.5~12
Br—C—H	2.5~4.0	R—NH_2	1.0~5.0
I—C—H	2.0~4.0	Ar—NH_2	3.0~6.0
N—CH_3	2.3	$RCONH_2$	5.0~12

16.2.2 自旋偶合及自旋分裂

16.2.2.1 自旋偶合与自旋分裂现象

在用低分辨率和高分辨率核磁共振仪测乙醇（CH_3CH_2OH）的核磁共振谱时，乙醇都出现三组峰，它们分别代表—OH、—CH_2—和—CH_3，其峰面积之比为1∶2∶3。而在高分辨核磁共振谱图中，能看到—CH_2—和—CH_3分别分裂为四重峰和三重峰，而且多重峰面积之比接近于整数比。—CH_3的三重峰面积之比为1∶2∶1，—CH_2的四重峰面积之比为1∶3∶3∶1。

氢核在磁场中有两种自旋取向，用 α 表示氢核与磁场方向一致的状态，用 β 表示与磁场方向相反的状态。乙基中的两个氢可以与磁场方向相同，也可以与磁场方向相反。它们的自旋组合一共有四种（$\alpha\alpha$、$\alpha\beta$、$\beta\alpha$、$\beta\beta$），但只产生三种局部磁场。亚甲基所产生的这三种局部磁场，要影响邻近甲基上的质子所受到的磁场作用，其中 $\alpha\beta$ 和 $\beta\alpha$ 两种状态（Ⅱ）产生的磁场恰好互相抵消，不影响甲基质子的共振峰，$\alpha\alpha$（Ⅰ）状态的磁矩与外磁场一致，很明显，这时要使甲基质子产生共振所需的外加磁场较（Ⅱ）时为小；相反，$\beta\beta$（Ⅲ）磁矩与外磁场方向相反，因此要使甲基质子发生共振所需的外加磁场较（Ⅱ）为大，其大小与（Ⅰ）的情况相等，但方向相反。这样，亚甲基的两个氢所产生的三种不同的局部磁场，使邻近的甲基质子分裂为三重峰。由于上述四种自旋组合的概率相等，因此三重峰的相对面积比为1∶2∶1。

同理，甲基上的三个氢可产生四种不同的局部磁场，反过来使邻近的亚甲基分裂为四重峰。根据概率关系，可知其面积比近似为1∶3∶3∶1。

上述这种相邻核的自旋之间的相互干扰作用称为自旋-自旋偶合。由于自旋偶合，引起谱峰增多，这种现象称为自旋-自旋分裂。应该指出，这种核与核之间的偶合，是通过成键电子传递的，不是通过自由空间产生的。

16.2.2.2 偶合常数

自旋偶合产生峰的分裂后，两峰间的间距称为偶合常数，用 J 表示，单位是 Hz。J 的大小，表示偶合作用的强弱。与化学位移不一样，J 不因外磁场的变化而改变；同时，它受外界条件，如溶剂、温度、浓度变化等的影响也很小。

由于偶合作用是通过成键电子传递，因此，J 值的大小与两个（组）氢核之间的键数有关。随着键数的增加，J 值逐渐变小。一般来说，间隔 3 个单键以上时，J 趋近于零，即此时的偶合作用可以忽略不计。

16.2.2.3 核的化学等价和磁等价

在核磁共振谱中，有相同化学环境的核具有相同的化学位移。这种有相同化学位移的核称为化学等价。例如，在苯环上，六个氢的化学位移相同，它们是化学等价的。

所谓磁等价是指分子中的一组氢核，其化学位移相同，且对组外任何一个原子核的偶合常数也相同。例如，在二氟甲烷中，H_1 和 H_2 质子的化学位移相同，并且它们对 F_1 或 F_2 的偶合常数也相同，即 $J_{H_1F_1}=J_{H_2F_1}$，$J_{H_2F_2}=J_{H_1F_2}$，因此，H_1 和 H_2 称为磁等价核。应该指出，它们之间虽有自旋干扰，但并不产生峰的分裂；而只有磁不等价的核之间发生偶合时，才会产生峰的分裂。

化学等价的核不一定是磁等价的，而磁等价的核一定是化学等价的。例如，在二氟乙烯
$\left(\begin{array}{c}H_1 \\ H_2\end{array}C=C\begin{array}{c}F_1 \\ F_2\end{array}\right)$
中，两个 ^1H 和两个 ^{19}F 虽然环境相同，是化学等价的，但是由于 H_1 与 F_1 是顺式偶合，与 F_2 是反式偶合。同理 H_2 和 F_2 是顺式偶合，与 F_1 是反式偶合。所以 H_1 和 H_2 是磁不等价的。

应该指出，在同一碳上的质子，不一定都是磁等价。事实上，与手性碳原子相连的 —CH_2— 上的两个氢核，就是磁不等价的，例如，在化合物 2-氯丁烷中，H_a 和 H_b 质子是磁不等价的。

在解析图谱时，必须弄清某组质子是化学等价还是磁等价，这样才能正确分析图谱。

16.3 核磁共振波谱仪

用于获得核磁共振波谱的仪器通常叫核磁共振波谱仪。核磁共振波谱仪的种类和型号很多，按扫描方式分为连续扫描（CW-NMR）和脉冲-傅里叶（Fourier）变换波谱仪（PFT-NMR）；按仪器测定条件可分为窄孔波谱仪（用于测定液体）和宽孔波谱仪（用于测定固体或液体）；根据 ^1H 核的中心工作频率来划分，可分为 60MHz、100MHz、200MHz、400MHz、600MHz、1000MHz 等型号波谱仪，目前研究使用的仪器大多为脉冲-傅里叶变换波谱仪。

16.3.1 连续波核磁共振波谱仪

图 16.2 是连续波核磁共振波谱仪的示意图。它主要由磁铁、探头、射频源、扫描线圈、信号检测及记录处理系统等主要部件组成，后三个部件装在波谱仪内。

将适量样品放入样品管中，样品管以一定的速率旋转，以消除由磁场的不均匀性产生的影响。如果由磁铁产生的磁场是固定的，通过射频振荡器线性地改变它所发射的射频的频率，当射频的频率与磁场强度相匹配时，样品就会吸收此频率的射频产生核磁共振，此吸收信号被接收，经检测、放大后，由记录仪（或电子计算机）给出该样品的核

磁共振谱。

(1) 磁铁　磁铁是核磁共振仪最基本的组成部件。它要求磁铁能提供强而稳定、均匀的磁场。核磁共振仪使用的磁铁有三种：永久磁铁、电磁铁和超导磁铁。由永久磁铁和电磁铁获得的磁场一般不能超过 2.5T。而超导磁体可使磁场高达 10T 以上，并且磁场稳定、均匀。目前超导核磁共振仪一般在 200～400MHz，最高可达 600MHz。但超导核磁共振仪价格高昂，目前使用还不十分普遍。

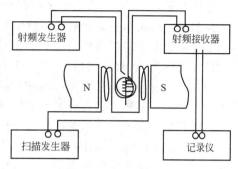

图 16.2　核磁共振仪示意

(2) 探头　探头安装在磁极间隙内，用来检测核磁共振信号，是仪器的心脏部分。探头除包括试样管外，还有发射线圈、接收线圈以及预放大器等元件。待测试样放在试样管内，再置于绕有接收线圈和发射线圈的套管内。磁场和频率源通过探头作用于试样。

为了使磁场的不均匀性产生的影响平均化，试样探头还装有一个气动涡轮机，以使试样管能沿其纵轴以每分钟几百转的速度旋转。

(3) 射频源　高分辨波谱仪要求有稳定的射频频率和功能。为此，仪器通常采用恒温下的石英晶体振荡器得到基频，再经过倍频、调频和功能放大得到所需的射频信号源。

为了提高基线的稳定性和磁场的锁定能力，必须用音频调制磁场。为此，从石英晶体振荡器中得到音频调制信号，经功率放大后输入到探头调制线圈。

(4) 扫描线圈　核磁共振仪的扫描方式有两种：一种是保持频率恒定，线性地改变磁场，称为扫场；另一种是保持磁场恒定，线性地改变频率，称为扫频。许多仪器同时具有这两种扫描方式。扫描速度的大小会影响信号峰的显示。速度太慢，不仅增加了实验时间，而且信号容易饱和；相反，扫描速度太快，会造成峰形变宽，分辨率降低。

在连续 NMR 中，扫描方式最先采用扫场方式，通过在扫描线圈内加一定电流，产生 10^{-5}T 磁场变化来进行核磁共振扫描。相对于 NMR 的均匀磁场来说，这样变化不会影响其均匀性。

(5) 信号检测及记录处理系统

① 接收单元　从探头预放大器得到的载有核磁共振信号的射频输出，经一系列检波、放大后，显示在示波器和记录仪上，得到核磁共振谱。现代 NMR 仪器常配有一套积分装置，可以在 NMR 谱图上以阶梯形式显示出积分数据。由于积分信号不像峰高那样易受多种条件的影响，可以通过它来估计各类核的相对数目及含量，有助于定量分析。

② 信号累加　若将试样重复扫描数次，并使各点信号在计算机中进行累加，则可提高连续波核磁共振仪的灵敏度。当扫描次数为 N 时，则信号强度正比于 N，而噪声强度正比于 $\sqrt{N}$，因此，信噪比扩大了 $\sqrt{N}$ 倍。考虑仪器难以在过长的扫描时间内稳定，一般 $N=100$ 左右为宜。

16.3.2　脉冲-傅里叶核磁共振谱仪（PFT-NMR）

连续波核磁共振谱仪采用的是单频发射和多频同时发射方式，在某一时刻内，只能记录谱图中的很窄一部分信号，即单位时间内获得的信息很少。在这种情况下，对那些核磁共振信号很弱的核，如 ^{13}C、^{15}N 等，即使采用累加技术，也得不到良好的结果。为了提高单位时间的信息量，可采用多道发射机同时发射多种频率，使处于不同化学环境的核同时共振，再采用多道接收装置同时得到所有的共振信息。例如，在 100MHz 共振仪中，质子共振信号化学位移范围为 10 时，相当于 1000Hz；若扫描速度为 $2Hz \cdot s^{-1}$，则连续波核磁共振仪需 500s 才能扫完全谱。而在具有 1000 个频率间隔 1Hz 的发射机和接收机同时工作时，只要 1s 即可扫完全谱。显然，后者可大大提高分析速度和灵敏度。傅里叶变换 NMR 谱仪是以适当宽度的射频脉冲作为"多道发射机"，使所选的核同时激发，得到核的多条谱线混合的自由感应衰减（free induction decay，FID）信号的叠加信息，即时间域函数，然后以快速傅里叶变换作为"多道接收机"变换出各条谱线在频率中的位置及其强度。这就是脉冲傅里叶核磁共振仪的基本原理。

傅里叶变换核磁共振仪测定速度快，除可进行核的动态过程、瞬变过程、反应动力学等方面的研究外，还易于实现累加技术。因此，从共振信号强的 ^1H、^{19}F 到共振信号弱的 ^{13}C、^{15}N 核，均能测定。

16.3.3 试样的制备

进行核磁共振分析的样品的纯度要求较高，杂质的存在将导致局部磁场的不均匀而使谱线变宽，严重时可使图谱丧失应有的细节，因此要进行试样的制备。

(1) 试样管　根据仪器和实验的要求，可选择不同外径（$\Phi=5mm$、$8mm$、$10mm$）的试样管。微量操作还可使用微量试样管。为保持旋转均匀及良好的分辨率，管壁应均匀而平直。如果样品量很少，可以用容量为 0.025mL 的微量管进行测定。

(2) 溶液的配制　试样浓度一般为 $500 \sim 100 g \cdot L^{-1}$，需纯样 $15 \sim 30mg$。对傅里叶核磁共振仪，试样量可大大减少，^1H NMR 谱一般只需 1mg 左右，甚至可少至几微克；^{13}C 谱需要几到几十毫克试样。

(3) 标准试样　与绝大多数有机化合物相比，TMS 的共振峰出现在高磁场区。此外，它的沸点较低（26.5℃），容易回收。在文献上，化学位移数据大多以它作为标准试样，其化学位移 $\delta=0$。值得注意的是，在高温操作时，需用六甲基二硅醚（HMDS）为标准试样，它的 $\delta=0.04$。在水溶液中，一般采用 3-甲基硅丙烷磺酸钠 $(CH_3)_3SiCH_2CH_2CH_2SO_3^-Na^+$（DSS）作标准试样，它的三个等价甲基单峰的 $\delta=0.0$，其余三个亚甲基淹没在噪声背景中。

(4) 溶剂　^1H NMR 谱的理想溶剂是四氯化碳和二硫化碳。此外，还常用氯仿、丙酮、二甲亚砜、苯等含氢溶剂。为避免溶剂质子信号的干扰，可采用它们的氘代衍生物。值得注意的是，氘代溶剂中常常残留 ^1H，在 NMR 谱图上会出现相应的共振峰。

16.4 核磁共振波谱法的应用

16.4.1 核磁共振谱图及图谱解析

16.4.1.1 核磁共振谱图

图 16.3 是乙醇的核磁共振氢谱。横坐标为质子的核磁共振吸收峰的位置，用化学位移 δ 表示，TMS 信号峰位置为 0。谱图的左侧是低场，右侧是高场。一般谱图扫描宽度为 $0 \sim 15$，因为大多数化合物的共振吸收都在这一范围。纵坐标是峰的强度，用峰面积表示。它可以用仪器上的电子积分仪测量出来，在谱图上用一阶梯式积分曲线表示。积分曲线总高度与分子中的质子总数目成正比；各阶梯的高度比与各峰所含质子数目之比相等。如果样品的分子式已确定，据此可以推定出分子中各种质子数目，进而可以得到结

构片段的信息。

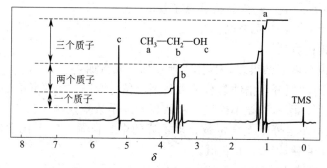

图 16.3　乙醇的 ^{1}H NMR 谱和三种不同质子的积分曲线

【例 16.1】 某化合物分子式为 C_4H_8O，核磁共振谱上共有三组峰，化学位移 δ 分别为 1.05、2.13、2.47；积分曲线高度分别为 3、3、2 格，试问各组氢核数为多少？

解　积分曲线总高度 = 3+3+2 = 8

因分子中有 8 个氢，每一格相当一个氢。

故 δ 1.05 峰示有 3 个氢，δ 2.13 峰示有 3 个氢，δ 2.47 峰示有 2 个氢。

另外，还可以根据不重叠的单峰为标准进行计算。例如，当分子中有甲氧基时，在 3.22~4.40 出现甲氧基的信号，因此，用 3 除相应阶梯曲线的格数，就知道每一个质子相当于多少格。

16.4.1.2　图谱解析步骤

① 由图上吸收峰的组数，可以知道分子结构中磁等性质子组的数目。
② 由峰的强度（积分曲线）可以知道分子中磁不等性质子的比例。
③ 由峰的裂分数可知相邻磁等性质子的数目。
④ 由峰的化学位移（δ 值）可以判断各种磁等性质子的归属。
⑤ 由裂分峰的外观或偶合常数，可知哪些磁等性质子是相邻的。

【例 16.2】 某化合物的分子式为 C_3H_7Cl，其 ^{1}H NMR 谱如下图所示，试推断该化合物的结构。

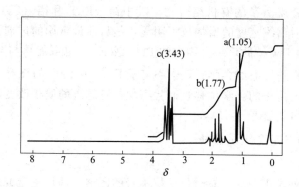

解
① 由分子式可知，该化合物是一个饱和化合物。
② 有三组吸收峰，说明有三种不同类型的 H 核。
③ 该化合物有七个氢，由积分曲线的阶高可知 a、b、c 各组吸收峰的质子数分别为 3、2、2。

④ 由化学位移值可知：H_a 的共振信号在高场区，其屏蔽效应最大，该氢核离氯原子最远；而 H_c 的屏蔽效应最小，该氢核离氯原子最近。

故化合物的结构应为：1-氯丙烷。

16.4.1.3 简化图谱的方法

高级图谱比一级图谱复杂得多，具体表现在如下几方面：

① 由于发生了附加裂分，谱线裂分的数目不再像一级图谱那样符合 ($n+1$) 规律；

② 吸收峰的强度（面积）比不能用二项式展开式系数来预测；

③ 峰间的裂距不一定等于偶合常数；多重峰的中心位置不等于化学位移值。因此，一般无法从共振谱图上直接读取 J 和 δ 值。

由于高级图谱的解析比较复杂，在此不作介绍。对于高级图谱，通常可以采用加大仪器的磁场强度，去偶法、加入位移试剂等实验手段进行简化，下面将分别加以叙述。

(1) 加大磁场强度　偶合常数 J 是不随外磁场强度的改变而变化的。但是，共振频率的差值 $\Delta\nu$ 却随外磁场强度的增大而逐渐变大。因此，加大外磁场强度，可以增加 $\Delta\nu/J$ 的值，直到 $\Delta\nu/J > 10$，即可获得一级图谱，便于解析。这就是为什么人们设法造出尽可能大磁场强度的核磁共振仪的原因。

(2) 去偶法与核 Overhauser 效应　若化学位移不同的 H_a 与 H_b 核之间存在偶合，在正常扫描的同时，采用另一强的射频照射 H_b 核，并且使照射的频率恰好等于 H_b 核的共振频率，此时，H_b 核由于受到强的辐射，便在 $-1/2$ 和 $+1/2$ 两个自旋态间迅速往返，从而使 H_b 核如同一非磁性核，不再对 H_a 产生偶合作用。在这种情况下，H_a 核的谱线将变为单峰。这种技术称为去偶或双照射法。去偶法不仅可以简化图谱，而且可以确定哪些核与去偶质子有偶合关系。

例如，在巴豆醛的核磁共振谱中，各基团间的偶合使烯烃质子峰形十分复杂。但是，通过对甲基质子去偶之后，烯烃质子的信号便大为简化，从而有利于图谱解析。

核的 Overhauser 效应（简称 NOE）与去偶法类似，也是一种双共振技术，不同的是在核的 Overhauser 效应中，照射的两个核是在空间中紧密靠近的。通过去偶不仅消除了第一个核的干扰，同时将会使第二个核的信号强度增加。

(3) 位移试剂　指在不增加外磁场强度的情况下，使试样质子的信号发生位移的试剂，位移试剂主要是镧系金属离子的有机络合物。其中铕（Eu）和镨（Pr）的络合物能产生较大的化学位移。它们对谱线宽度的增加也不明显，是目前最常用的试剂。在试样中加入络合物 $Pr(DPM)_3$ 或 $Eu(DPM)_3$ 后，络合物中的 Pr^{3+} 或 Eu^{3+} 也可能再与含有 $-NH_2$、$-OH$、$-C=O$ 基团的化合物进行配位。此时，中心离子 Eu^{3+} 或 Pr^{3+} 的孤对电子的磁场将强烈地改变相应一些化合物的质子的化学位移，而且离配位键越近的质子改变越大。这样，原来重叠的共振信号，便有可能展开。

16.4.2　化合物结构鉴定及定量分析

16.4.2.1　结构鉴定

核磁共振谱像红外光谱一样，有时仅根据本身的图谱，即可鉴定或确认某化合物。对比较简单的一级图谱，可用化学位移鉴别质子的类型。它特别适合于鉴别如下类型的质子：CH_3O-、CH_3CO-、$CH_2=C-$、$Ar-CH_3$、CH_3CH_2-、$(CH_3)_2CH-$、$-CHO$、$-OH$ 等。下面举例说明解释核磁共振谱的一般方法。

【例 16.3】　一个化合物的分子式为 $C_{10}H_{12}O$，其 ^1H NMR 谱如下图所示，试推断该化合物的结构。

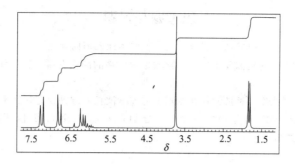

解

(1) 由分子式 $C_{10}H_{12}O$ 可知，化合物的不饱和度为 5，化合物可能含有苯基、C═C 或 C═O 双键。

(2) ^1H NMR 谱无明显干扰峰；由低场至高场，积分比为 4∶2∶3∶3，其数字之和与分子式中氢原子数目一致，故积分比等于质子数目之比。

(3) $\delta = 6.5 \sim 7.5$ 的多重峰对称性强，可知含有 $X-C_6H_5-Y$（对位或邻位取代）结构。其中两个氢的 $\delta < 7$，表明苯环与推电子基（—OR）相连。

(4) $\delta = 3.75$（s，3H）为 CH_3O 的特征峰。

(5) $\delta = 1.83$（d，3H）为 $CH_3-CH=$，$\delta = 5.5 \sim 6.5$（m，2H）为双取代烯氢（$C=CH_2$ 或 $HC=CH$）的四重峰，其中一个氢又与 CH_3 邻位偶合，排除 $=CH_2$ 基团的存在。

由以上分析可知化合物应存在 $-CH=CH-CH_3$ 基。

故化合物的结构应为：

$$\underset{\underset{6.08}{H\quad H}}{\overset{O}{\underset{\|}{H_3C-C}}-C_6H_4-\overset{6.28}{C}=C-CH_3}$$

16.4.2.2 定量分析

积分曲线高度与引起该组峰的核数成正比关系。这不仅是对化合物进行结构测定时的重要参数之一，而且也是定量分析的重要依据。用核磁共振技术进行定量分析的最大优点是，不需引进任何校正因子或绘制工作曲线，即可直接根据各共振峰的积分高度的比值，求算该自旋核的数目。在核磁共振谱线法中常用内标法进行定量分析。测得共振谱图后，内标法可按下式计算，即

$$m_S = \frac{A_S M_S n_R}{A_R M_R n_S} m_R = \frac{\dfrac{A_S}{n_S} M_S}{\dfrac{A_R}{n_R} M_R} m_R \tag{16.13}$$

式中，m 和 M 分别表示质量和相对分子质量；A 为积分高度；n 为被积分信号对应的质子数；下标 R 和 S 分别代表内标和试样。外标法计算方法同内标法。当以被测物的纯品为外标时，则计算式可简化为

$$m_S = \frac{A_S}{A_R} m_R \tag{16.14}$$

式中，A_S 和 A_R 分别为试样和外标同一基团的积分高度。

思考题与习题

16.1 解释下列术语：磁各向异性、偶合常数、纵向弛豫、横向弛豫。

16.2 什么是化学位移？它是如何产生的？影响化学位移的因素有哪些？为什么乙烯质子的化学位移比乙炔质子大？

16.3 脉冲傅里叶变换核磁共振波谱仪在原理上与连续波核磁波谱仪有什么不同？它有哪些优点？

16.4 某化合物的 ^{1}H NMR 波谱内的三个峰，分别在 δ 7.27、δ 3.07 和 δ 1.57 处，它的经验式为 $C_{10}H_{13}Cl$。推论该化合物的结构。

第 16 章 拓展材料

第 17 章 质 谱 法
Mass Spectrometry, MS

【学习要点】
① 掌握质谱法的基本概念、基本原理和方法。
② 了解质谱仪的基本构造，熟悉离子源和质量分析器的特点及用途。
③ 熟悉质谱谱图解析的一般过程，掌握分子离子峰的识别、有机化合物化学式的确定和结构鉴定方法。

质谱法是通过将样品转化为运动的气态离子并按质荷比（m/z）大小进行分离并记录其信息的分析方法，所得结果即为质谱图（亦称质谱）。根据质谱图提供的信息，可以进行多种有机物及无机物的定性和定量分析、复杂化合物的结构分析、样品中各种同位素比的测定及固体表面结构和组成分析等。

早期质谱法最重要的工作是发现非放射性同位素，1913 年，Thomson 报道了氖气是由 ^{20}Ne 和 ^{22}Ne 两种同位素组成的。到 20 世纪 30 年代中叶，质谱法已经鉴定了大多数稳定同位素，精确地测定了质量，建立了原子质量不是整数的概念，大大促进了核化学的发展。但直到 1942 年，才出现了用于石油分析的第一台商品质谱仪。从 20 世纪 60 年代开始，质谱法更加普遍地应用到有机化学和生物化学领域。化学家们认识到由于质谱法独特的离子化过程及分离方式，从中获得的信息是具有化学本性、直接与其结构相关的，可以用它来阐明各种物质的分子结构。正是由于这些因素，质谱仪成为许多研究室及分析实验室的标准仪器之一。

随着气相色谱（GC）、高效液相色谱（HPLC）、电感耦合等离子体发射光谱等仪器和质谱联机成功以及计算机的飞速发展，使得色谱-质谱及 ICP-MS 等各类联用仪器分析法成为分析、鉴定复杂混合物及微量、痕量金属元素研究的最有效工具。目前，HPLC-ICP-MS 联机技术已经解决，必将开创微量有机金属化合物分离分析研究的新领域。

在有机化合物结构分析的四大工具中，与核磁共振波谱、红外光谱和紫外光谱比较，质谱法具有其突出的特点：
① 质谱法是唯一可以确定分子式的方法；
② 灵敏度高。通常只需要 μg 级甚至更少的样品，便可得到质谱图，检出限最低可达 10^{-14} g；
③ 根据各类有机化合物分子的断裂规律，质谱中的分子碎片离子峰提供了有关有机化合物结构的丰富信息。

17.1 质谱仪

用来检测和记录待测物质的质谱，并以此进行相对分子（原子）质量、分子式以及组成测定和结构分析的仪器称为质谱仪。

质谱仪的种类很多，按质量分析器的不同，主要可分为单聚焦质谱仪、双聚焦质谱仪、四极杆滤质器质谱仪、离子阱质谱仪及飞行时间质谱仪等；按进样状态不同，可分为气相色谱-质谱联用仪（GC-MS）、液相色谱-质谱联用仪（LC-MS）、毛细管电泳-质谱联用仪（CE-MS）和高频电感耦合等离子体-质谱联用仪（ICP-MS）等。

17.1.1 质谱仪的工作原理

质谱仪是利用电磁学原理，使带电的样品离子按质荷比进行分离的装置。典型的方式是将样品分子离子化后经加速进入磁场中，其动能与加速电压及电荷 z 有关，即

$$zeU = \frac{1}{2}mv^2 \tag{17.1}$$

式中，z 为电荷数；e 为元电荷（$e = 1.6 \times 10^{-19}$ C）；U 为加速电压；m 为离子的质量；v 为离子被加速后的运动速率。具有速率 v 的带电粒子进入质量分析器的电磁场中，根据所选择的分离方式，最终实现各种离子按 m/z 进行分离。

根据质量分析器的工作原理，可以将质谱仪分为动态仪器和静态仪器两大类。在静态仪器中采用稳定的电场或磁场，按空间位置将 m/z 不同的离子分开，如单聚焦和双聚焦质谱仪。而在动态仪器中采用变化电磁场，按时间不同来区分 m/z 不同的离子，如飞行时间和四极杆滤质器式的质谱仪。

17.1.2 质谱仪的主要性能指标

17.1.2.1 质量测定范围

质谱仪的质量测定范围表示质谱仪所能够进行分析的样品的相对原子质量（或相对分子质量）范围，通常采用原子质量单位（符号 u）进行度量。原子质量单位是由 ^{12}C 来定义的，即一个处于基态的 ^{12}C 中性原子的质量的 $1/12$，即

$$1u = \frac{1}{12}\left(\frac{12.00000 \text{g/mol }^{12}\text{C}}{6.02214 \times 10^{23}/\text{mol }^{12}\text{C}}\right) \tag{17.2}$$
$$= 1.66054 \times 10^{-24} \text{g}$$

而在非精确测量的场合，常采用原子核中所含质子和中子的总数即"质量数"来表示质量的大小，其数值等于其相对分子质量的整数。

无机质谱仪，一般相对分子质量测定范围为 2～250，而有机质谱仪一般可达数千。通过多电荷技术等方法，现代质谱仪甚至可以研究相对分子质量达几十万的生化样品。

17.1.2.2 分辨本领

分辨本领是指质谱仪分开相邻质量数离子的能力。其一般定义是：对两个相等强度的相邻峰，当两峰间的峰谷不大于其峰高的 10% 时，则认为两峰已经分开（见图 17.1），其分辨率

$$R = \frac{m_1}{m_2 - m_1} = \frac{m_1}{\Delta m} \tag{17.3}$$

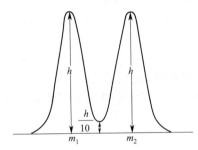

图 17.1 质谱仪 10% 峰谷分辨率

式中，m_1、m_2 为质量数，且 $m_1 < m_2$，故在两峰质量相差越小时，要求仪器分辨率越大。

而在实际工作中，有时很难找到相邻的且峰高相等的两个峰，同时峰谷又不大于峰高的 10%。在这种情况下，可任选一单峰，测量其峰高 5% 处的峰宽 $W_{0.05}$，即可当作上式中的 Δm。此时分辨率定义为

$$R = m/W_{0.05} \tag{17.4}$$

如果该峰是高斯型的，上述两式计算结果是一样的。

【例 17.1】 要鉴别 N_2^+（m/z 为 28.006）和 CO^+（m/z 为 27.995）两个峰，仪器的分辨率至少是多少？在某质谱仪上测得一质谱峰中心位置为 245u，峰高 5% 处的峰宽为 0.52u，可否满足上述要求？

解 要分辨 N_2^+ 和 CO^+，要求质谱仪分辨率至少为

$$R_{need} = \frac{27.995}{28.006 - 27.995} = 2545$$

质谱仪的分辨率

$$R_{sp} = \frac{245}{0.52} = 471$$

$R_{need} > R_{sp}$，故不能满足要求。

质谱仪的分辨本领主要受下列因素影响：①磁式离子通道的半径或离子通道长度；②加速器与收集器狭缝宽度或离子脉冲；③离子源的性质。

质谱仪的分辨本领几乎决定了仪器的价格。分辨率在 500 左右的质谱仪可以满足一般有机分析的要求，此类仪器的质量分析器一般是四极滤质器、离子阱等，仪器价格相对较低。若要进行准确的同位素质量及有机分子质量的准确测定，则需要使用分辨率大于 10000 的高分辨率质谱仪，这类质谱仪一般采用双聚焦磁式质量分析器。目前这种仪器分辨率可达 100000。当然其价格也比低分辨率仪器高得多。

17.1.2.3 灵敏度

质谱仪的灵敏度有绝对灵敏度、相对灵敏度和分析灵敏度等几种表示方法。

绝对灵敏度是指仪器可以检测到的最小样品量；相对灵敏度是指仪器可以同时检测的大组分与小组分含量之比；分析灵敏度则指输入仪器的样品量与仪器输出的信号之比。

17.1.3 质谱仪的基本结构

质谱仪由进样系统、离子源（或称电离室）、质量分析器、离子检测和记录系统等部分组成，质谱仪构造框图如图 17.2 所示。为了获得离子的良好分析，必须避免离子损失。因此凡有样品分子及离子存在和通过的地方，必须处于真空状态，质谱仪还需有高真空系统。

质谱分析的一般过程为：通过合适的进样装置将样品引入并进行气化，气化后的样品引入到离子源进行离子化，然后离子经过适当的加速后进入质量分析器，按不同的 m/z 而进行分离。然后到达检测器，产生不同的信号而进行分析。

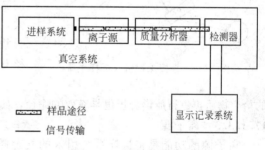

图 17.2 质谱仪构造框图

17.1.3.1 真空系统

质谱仪离子产生及经过的系统必须处于高真空状态（离子源真空度应达 $1.3 \times 10^{-4} \sim 1.3 \times 10^{-5}$ Pa，质量分析器中应达 1.3×10^{-6} Pa）。若真空度过低，则可能造成离子源灯丝损坏、本底增高、副反应过多，从而出现图谱复杂化、干扰离子源的调节、加速极放电等问题。一般质谱仪都采用机械泵预抽真空后，再用高效率扩散泵连续地运行，以保持真空。

17.1.3.2 进样系统

进样系统的作用是高效重复地将样品引入到离子源中并且不能造成真空度的降低。目前，常用的进样装置有间歇式进样系统、直接探针进样及色谱进样系统三种类型。一般质谱仪都配有前两种进样系统，以适应不同的样品需要。

（1）间歇式进样系统 可用于气体、液体和中等蒸气压的固体样品进样，典型的设计如图 17.3 所示。

通过可拆卸式的试样管将少量（$10 \sim 100\mu g$）固体和液体试样引入试样储存器中，由于进样系统的低压力及储存器的加热装置，使试样保持气态。实际上试样最好在操作温度下具有

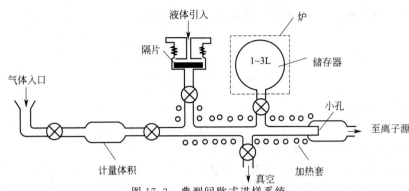

图 17.3 典型间歇式进样系统

0.13～1.3Pa 的蒸气压。由于进样系统的压力比离子源的压力要大，样品离子可以通过分子漏隙（通常是带有一个小针孔的玻璃或金属膜）以分子流的形式渗透进高真空的离子源中。

（2）直接探针进样　对那些在间歇式进样系统条件下无法变成气体的固体、热敏性固体及非挥发性液体试样，可直接引入离子源中。图 17.4 所示为一直接探针进样系统。

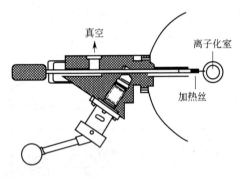

图 17.4　直接探针引入进样系统

通常将试样放入小杯中，通过真空闭锁装置将其引入离子源，可以对样品杯进行冷却或加热处理。用这种技术不必使样品蒸气充满整个储存器，故可以引入样品量较小（可达 1ng）和蒸气压较低的物质。直接进样法使质谱法的应用范围迅速扩大，使许多少量且复杂的有机化合物和有机金属化合物得以进行有效的分析，如甾族化合物、糖、双核苷酸和低分子量聚合物等，都可以获得质谱。

在很多情况下，将低挥发性物质转变为高挥发性的衍生物后再进行质谱分析也是有效的途径，如将酸变成酯、将微量金属变成挥发性螯合物等。

17.1.3.3　离子源

离子源的功能是将进样系统引入的气态样品分子转化成离子。由于离子化所需要的能量随分子不同差异很大，因此，对于不同的分子应选择不同的离子化方法。通常称能给样品较大能量的离子化方法为硬离子化方法，而给样品较小能量的离子化方法为软离子化方法，后一种方法适用于易破裂或易离子化的样品。

表 17.1　质谱研究中的几种离子源

名　称	简称	类型	离子化试剂	应用年代
电子轰击离子化 Electron Bomb Ionization	EI	气相	高能电子	1920
化学离子化 Chemical Ionization	CI	气相	试剂离子	1965
场离子化 Field Ionization	FI	气相	高电势电极	1970
场解吸 Field Desorption	FD	解吸	高电势电极	1969
快原子轰击 Fast Atom Bombardment	FAB	解吸	高能电子	1981
二次离子质谱 Secondary Ion Mass Spectrometry	SIMS	解吸	高能离子	1977
热喷雾离子化 Thermospray Ionization	TSI		荷电微粒能量	1985
电喷雾离子化 Electrospray Ionization	ESI	解吸	带电液滴	2004

离子源是质谱仪的心脏,可以将离子源看作是比较高级的反应器,其中样品发生一系列的特征降解反应,分解作用在很短时间(约 1μs)内发生,所以可以快速获得质谱。

对一个给定的分子而言,其质谱图的面貌在很大程度上取决于所用的离子化方法。离子源的性能将直接影响到质谱仪的灵敏度和分辨本领等。

许多方法可以将气态分子变成离子,它们已被应用到质谱法研究中。表 17.1 列出了各种离子源的基本特征。

(1) 电子轰击源 电子轰击法是通用的离子化法,是使用高能电子束从试样分子中撞出一个电子而产生正离子,即

$$M + e^- \longrightarrow M^+ + 2e^-$$

式中,M 为待测分子;M^+ 为分子离子或母体离子。

电子束产生各种能态的 M^+。若产生的分子离子带有较大的内能(转动能、振动能和电子跃迁能),可以通过碎裂反应而消去,如

$$M^+ \begin{array}{c} \nearrow M_1^+ \longrightarrow M_3^+ \\ \searrow M_2^+ \longrightarrow M_4^+ \end{array} \cdots \cdots$$

式中,M_1^+,M_2^+ …为较低质量的离子。而有些分子离子由于形成时获能不足,难以发生碎裂作用,而可能以分子离子被检测到。

(2) 化学离子化源 在质谱中可以获得样品的重要信息之一是其相对分子质量。但经电子轰击产生的 M^+ 峰往往不存在或其强度很低,必须采用比较温和的离子化方法,其中之一就是化学离子化法。化学离子化法是通过离子-分子反应来进行,而不是用强电子束进行离子化。

离子(为区别于其他离子,称为试剂离子)与试样分子按下列方式进行反应,转移一个质子给试样或由试样移去一个 H^+ 或电子,试样则变成带 1 个正电荷的离子。

化学离子化源一般在 $1.3×10^2$~$1.3×10^3$ Pa 压力下工作(现已发展出大气压下化学离子化技术),其中充满 CH_4。首先用高能电子进行离子化,即

$$CH_4 + e^- \longrightarrow CH_4^+ \cdot + 2e^-$$
$$CH_4^+ \cdot \longrightarrow CH_3^+ \cdot + H \cdot$$

CH_4^+ 和 CH_3^+ 很快与大量存在的 CH_4 分子起反应,产生 CH_5^+ 和 $C_2H_5^+$,即

$$CH_4^+ \cdot + CH_4 \longrightarrow CH_5^+ + CH_3 \cdot$$
$$CH_3^+ + CH_4 \longrightarrow C_2H_5^+ + H_2$$

CH_5^+ 和 $C_2H_5^+$ 不与中性甲烷进一步反应,一旦少量样品(试样与甲烷之比为 1∶1000)导入离子源,试样分子(SH)发生下列反应:

$$CH_5^+ + SH \longrightarrow SH_2^+ + CH_4$$
$$C_2H_5^+ + SH \longrightarrow S^+ + C_2H_6$$

SH_2^+ 和 S^+ 然后可能碎裂,产生质谱。由(M+H)或(M-H)离子很容易测得其相对分子质量。

化学离子化法可以大大简化质谱。若采用酸性比 CH_5^+ 更弱的 $C_4H_9^+$(由异丁烷)、NH_4^+(由氨)、H_3O^+(由水)的试剂离子,则可更进一步简化。

(3) 场离子化源 应用强电场可以诱发样品离子化。场离子化源由电压梯度为 10^7~10^8 V·cm^{-1} 的两个尖细电极组成。流经电极之间的样品分子由于价电子的量子隧道效

应而发生离子化,离子化后被阳极排斥出离子室并加速经过狭缝进入质量分析器。阳极前端必须非常尖锐,才能达到离子化所要求的电压梯度。通常采用经过特殊处理的电极,在电极表面制造出一些微碳针（<1μm）。大量的微碳针电极称为多尖陈列电极,在这种电极上的离子化效率比普通电极高几个量级。

场离子化是一种温和的技术,产生的碎片很少。碎片通常是由热分解或电极附近的分子-离子碰撞反应产生的,主要为分子离子和（M+1）离子。结构分析中,最好同时获得场离子化源或化学离子化源产生的质谱图和用电子轰击源所得的质谱图（见图17.5）,从而获得相对分子质量及分子结构的信息。

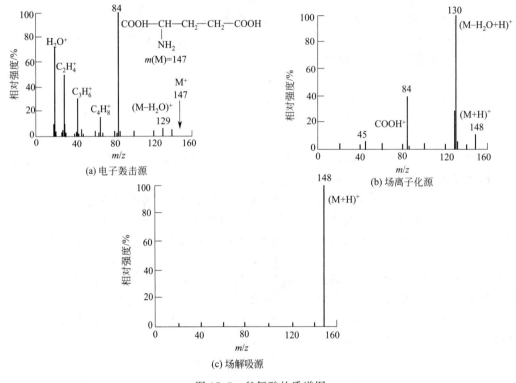

图17.5 谷氨酸的质谱图

（4）火花源 对于金属合金或离子型残渣之类的非挥发性无机试样,必须使用不同于上述离子化源的火花源。火花源类似于原子发射光谱中的激发源。向一对电极施加约30kV脉冲射频电压,电极在高压火花作用下产生局部高热,使试样仅靠蒸发作用产生原子或简单的离子,经适当加速后进行质量分析。火花源的优点为：对于几乎所有元素的灵敏度较高,可达10^{-9}；可以对极复杂样品进行元素分析。对于某个试样已经可以同时测定60种不同元素；信息比较简单,虽然存在同位素及形成多电荷离子因素,但质谱仍然比原子发射光谱法的光谱要简单得多；一般线性响应范围都比较宽,标准校准比较容易。但由于仪器设备价格高昂,操作复杂,其使用范围受到限制。

17.1.3.4 质量分析器

质谱仪的质量分析器位于离子源和检测器之间。依据不同方式,将样品离子按质荷比m/z分开。质量分析器的主要类型有：磁分析器、飞行时间分析器、四极滤质器、离子捕获分析器和离子回旋共振分析器等。随着微电子技术的发展,也可以采用这些分析器的变型。

(1) 磁分析器　最常用的分析器类型之一就是扇形磁分析器。离子束经加速后飞入磁极间的弯曲区，由于磁场作用，飞行轨道发生弯曲，见图 17.6。

此时离子受到磁场施加的向心力 $Bzev$ 作用，并且离子的离心力 mv^2/r 也同时存在，r 为离子圆周运动的半径。只有在上述两力平衡时，离子才能飞出弯曲区，即

$$Bzev = \frac{mv^2}{r} \qquad (17.5)$$

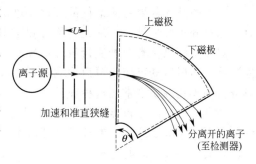

图 17.6　扇形磁分析器

式中，B 为磁感应强度；ze 为电荷；v 为运动速率；m 为质量；r 为曲率半径。调整后，可得

$$v = \frac{Bzer}{m} \qquad (17.6)$$

代入式(17.1)，得

$$\frac{m}{z} = \frac{B^2 r^2 e}{2U} \qquad (17.7)$$

从式(17.7) 可知，通过改变 B、r、U 这三个参数中任一个并保持其余两个不变的方法可获得质谱图。现代质谱仪一般是保持 U、r 不变，通过电磁铁扫描磁场而获得质谱图。

【**例 17.2**】　试计算在曲率半径为 10cm 的 1.2T 的磁场中，一个质量数为 100 的一价正离子所需的加速电压是多少？

解　据式(17.7) 有

$$U = \frac{B^2 r^2 e}{2} \Big/ \frac{m}{z} = \frac{B^2 r^2 e}{2m}$$

$$= \frac{1.2^2 \times (0.10)^2 \times 1.60 \times 10^{-19}}{2 \times 100 / (1000 \times 6.02 \times 10^{23})} \text{V}$$

$$= 6.94 \times 10^3 \text{V}$$

仅用一个扇形磁场进行质量分析的质谱仪称为单聚焦质谱仪。设计良好的单聚焦质谱仪分辨率可达 5000。

若要求分辨率大于 5000，则需要双聚焦质谱仪。单聚焦质谱仪中影响分辨率提高的两个主要因素是离子束离开离子枪时的角分散和动能分散，因为各种离子是在离子源不同区域形成的。为了校正这些分散，通常在磁场前加一个静电分析器 (electrostatic analyzer，ESA)。这种设备由两个扇形圆筒组成，向外电极加上正电压，内电极为负压（见图 17.7）。

对某一恒定电压而言，离子束通过 ESA 的曲率半径 r_e 为

$$r_e = 2U/V \qquad (17.8)$$

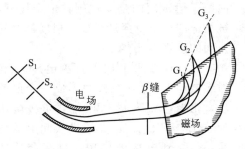

图 17.7　双聚焦式质量分析器

式中，V 为两极板间的电压；U 为离子源的加速电压。即不同动能的离子 r_e 不同，更准确地说，ESA 用来将具相同动能的离子分成一类，并聚焦到一点。这样，ESA 使由离子源发散出的离子束按动能聚焦成一系列点，经过适当加工的极面使磁场将具有相同 m/z 分开的离子束再聚焦到一点。

一般商品化双聚焦质谱仪的分辨率可达 150000，质量测定准确度可达 $0.03\mu g \cdot g^{-1}$，即对于相对分子质量为 600 的化合物可测至误差 $\pm 0.0002u$。

双聚焦质谱仪有两种流行设计：Nier-Johnson 型和 Mattauch-Herzog 型。前者只有单道检测器；而后者既可使用单道检测器，也可使用位于焦面的感光检测，用于无机及有机盐痕量分析的火花源质谱常用这种设计。

（2）飞行时间分析器（time of flight，TOF）　这种分析器的离子分离是用非磁方式达到的，因为从离子源飞出的离子动能基本一致，在飞出离子源后进入一长约 1m 的无场漂移管。在离子加速后，其速率为

$$v = (\frac{2Uze}{m})^{\frac{1}{2}} \tag{17.9}$$

此离子达到无场漂移管另一端的时间为

$$t = L/V \tag{17.10}$$

故对于有不同 m/z 的离子，到达终点的时间差

$$\Delta t = L(\frac{1}{v_1} - \frac{1}{v_2})$$

$$\Delta t = L \frac{\sqrt{(m/z)_1 - (m/z)_2}}{\sqrt{2U}} \tag{17.11}$$

由此可见，Δt 取决于 m/z 之差的平方根。

因为连续离子化和加速将导致检测器的连续输出而无法获得有用信息，所以 TOF 是以大约 10kHz 的频率进行电子脉冲轰击法产生正离子，随即用一具有相同频率的脉冲加速电场加速，被加速的粒子按不同的 m/z 经漂移管在不同时刻达到收集极上，并馈入一个水平扫描频率与电场脉冲频率一致的显示器上，从而得到质谱图。用这种仪器，每秒可以得到多达 1000 幅的质谱。

从分辨本领、重现性及质量鉴定来说，TOF 不及其他质量分析器。但其快速扫描质谱的性能，使得此类分析器可以用于研究快速反应以及与 GC 联用等，而用 TOF 质谱仪的质量检测上限没有限制，因而可用于一些高质量离子的分析。与磁场分析器相比，TOF 仪器的体积较小且易于移动与搬运，操作起来比较方便。

（3）四极滤质器（quadrupole mass filter）　四极滤质器由 4 根平行的金属杆组成，其排布如图 17.8 所示。理想的四杆为双曲线，但常用的是 4 根圆柱形金属杆，被加速的离子束穿过对准 4 根极杆之间空间的准直小孔。

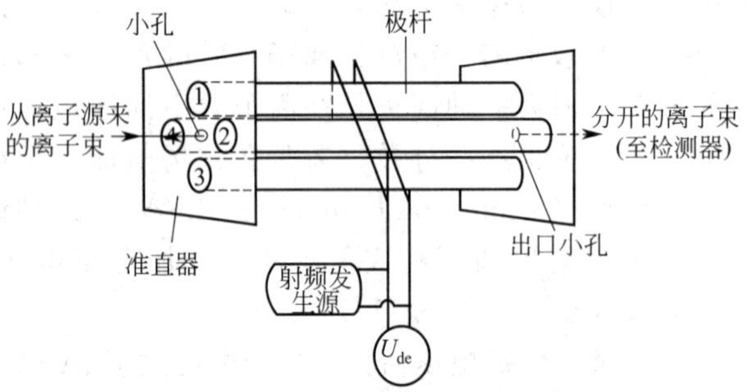

通过在四极上加上直流电压 U 和射频电压 V_{coswt}，在极间形成一个射频场，正极电压为 $U + V_{coswt}$，负极电压为 $-(U + V_{coswt})$，离子进入此射频场后，会受到电场力作用，只有合适的

图 17.8　四极滤质器示意图

m/z 离子才会通过稳定的振荡进入检测器。只要改变 U 和 V 并保持 U/V 比值恒定，可以实现对不同 m/z 的检测。

四极滤质器的分辨率和 m/z 范围与磁分析器大体相同，其极限分辨率可达 2000，典型的约为 700。其主要优点是传输效率较高，入射离子的动能或角发散影响不大；其次是可以快速地进行全扫描，而且制作工艺简单，仪器紧凑，常用在需要快速扫描的 GC-MS 联用及

空间卫星上进行分析。

(4) 离子阱检测器 (ion trap detector) 离子阱是一种通过电场或磁场将气相离子控制并储存一段时间的装置。已有多种形式的离子阱使用,但常见的有两种:一种是后面要讲到的离子回旋共振技术。另一种是下述的较简单的离子阱。

图 17.9 是离子阱的一种典型构造及示意,由一环形电极再加上、下各一的端罩电极构成。以端罩电极接地,在环电极上施以变化的射频电压,此时处于阱中具有合适 m/z 的离子将在阱中指定的轨道上稳定旋转。若增加该电压,则较重离子转至指定稳定轨道;而轻些的离子将偏出轨道并与环电极发生碰撞。当一组由离子化源(化学离子化源或电子轰击源)产生的离子由上端小孔进入阱中后,射频电压开始扫描,陷入阱中离子的轨道则会依次发生变化从底端离开环电极腔,从而被检测器检测。这种离子阱结构简单、成本低且易于操作,已用于 GC-MS 联用装置中。

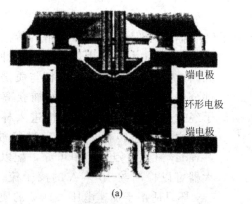
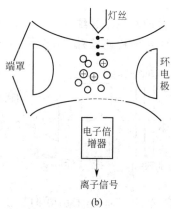

图 17.9 离子阱检测器示意(a) 及工作原理(b)

(5) 离子回旋共振分析器 (ion cyclotron resonance, ICR) 当一气相离子进入或产生于一个强磁场中时,离子将沿与磁场垂直的环形路径运动,称之为回旋。其频率为 ω_c。可用下式表示

$$\omega_c = \frac{v}{r} = \frac{zeB}{m} \quad (17.12)$$

回旋频率 ω_c 只与 m/z 的倒数有关。增加运动速率时,离子回旋半径亦相应增加。

回旋的离子可以从与其匹配的交变电场中吸收能量(发生共振)。当在回旋器外加上这种电场,离子吸收能量后速率加快,随之回旋半径逐步增大;停止电场后,离子运动半径又变为原值。

当图 17.10 中为一组 m/z 相同的离子时,合适的频率将使这些离子一起共振而发生能量变化,其他 m/z 离子则不受影响。由于共振离子的回旋可以产生称之为相电流的信号,相电流可以在停止交变电场后观察到。将图中开关置于 2 位时,离子回旋在两极之间产生电容电流,电流大小与离子数有关,频率由共振离子的 m/z 决定。在已知磁场 B 存在时,通过不同频率扫描,可以获得不同 m/z

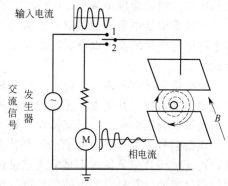

图 17.10 离子回旋共振原理

的信息。

感应产生的相电流由于共振离子在回旋时不断碰撞而失去能量并归于热平衡状态而逐步消失，这个过程的周期一般为 0.1～10s，相电流的衰减信号与 Fourier 变换 NMR 中的自由感应衰减信号（FID signal）类似。

傅里叶变换质谱仪通常是应用在 ICR 质量分析器的仪器上，首先用一个频率由低到高的线性增加频率（如 0.070～3.6MHz）的短脉冲（约 5ms）；在脉冲之后，再测定由离子室中多种 m/z 离子产生的相电流的衰减信号相干涉的图谱，并数字化储存。这样获得的时域衰减信号经傅里叶变换后，成为频域的图谱即不同 m/z 的图谱。

由于可以测量不同脉冲及不同延迟的信息，脉冲离子回旋共振 Fourier 变换质谱法可以用于分子反应动力学研究。快速扫描的特性在 GC-MS 联用仪中有非常好的优越性，与常规质量分析器的质谱仪相比，可以获得较高分辨率及较大相对分子质量的信号，但此类仪器价格相对较高。

17.1.3.5 检测与记录系统

质谱仪常用的检测器有 Faraday 杯、电子倍增器及闪烁计数器、照相底片等。

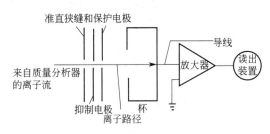

图 17.11 Faraday 杯结构原理

Faraday 杯是其中最简单的一种，其结构如图 17.11 所示。Faraday 杯与质谱仪的其他部分保持一定电位差，以便捕获离子。当离子经过一个或多个抑制电极进入杯中时，将产生电流，经转换成电压后进行放大记录。Faraday 杯的优点是简单可靠，配以合适的放大器可以检测约 10^{-15}A 的离子流。但 Faraday 杯只适用于加速电压<1kV 的质谱仪，因为更高的加速电压将产生能量较大的离子流。这样，离子流轰击入口狭缝或抑制栅极时会产生大量二次电子甚至二次离子，从而影响信号检测。

电子倍增器的种类很多，其工作原理如图 17.12 所示。一定能量的离子轰击阴极导致电子发射，电子在电场的作用下，依次轰击下一级电极而被放大。电子倍增器的放大倍数一般为 $10^5 \sim 10^8$。电子倍增器中电子通过的时间很短，利用电子倍增器，可以实现高灵敏、快速测定。但电子倍增器存在质量歧视效应，且随使用时间增加，增益会逐步减小。

图 17.12 电子倍增器工作原理

近代质谱仪中常采用隧道电子倍增器，其工作原理与电子倍增器相似。因为体积较小，多个隧道电子倍增器可以串联起来，用于同时检测多个 m/z 不同的离子，从而大大提高分析效率。

照相检测是在质谱仪，特别是在无机质谱仪中应用最早的检测方式，此法主要用于火花源双聚焦质谱仪。其优点是无需记录总离子流强度，也不需要整套的电子线路，且灵敏度可以满足一般分析的要求，但其操作麻烦，效率不高。

质谱信号非常丰富，电子倍增器产生的信号可以通过一组具有不同灵敏度的检流计检出，再通过镜式记录仪（不是笔式记录仪）快速记录到光敏记录纸上。现代质谱仪一般都采用较高性能的计算机对产生的信号进行快速接收与处理，同时通过计算机可以对仪器条件等进行严格的监控，从而使精密度和灵敏度都有一定程度的提高。

17.2 质谱图及其应用

17.2.1 质谱的表示方法——质谱图与质谱表

在质谱分析中,质谱的表示方法主要两种形式:一是棒图,即质谱图(线谱);另一种为表格,即质谱表(表谱)。

质谱图是以质荷比 m/z 为横坐标、相对强度为纵坐标构成的,一般将原始质谱图上最强的离子峰定为基峰并定为相对强度 100%,其他离子峰以对基峰的相对百分值表示。

质谱表是用表格形式表示的质谱数据,质谱表中有两项即质荷比及相对强度。从质谱图上可以很直观地观察到整个分子的质谱全貌,而质谱表则可以准确地给出精确的 m/z 值及相对强度值,有助于进一步分析。图 17.13 为丙酸的质谱图与质谱表。

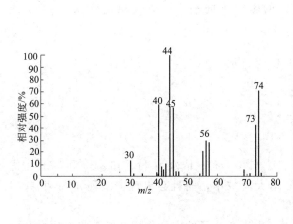

丙酸			
分子式	$C_3H_6O_2$		
分子量	74		
质荷比	相对强度	质荷比	相对强度
30	122	47	16
31	21	54	20
34	18	55	197
38	24	56	284
40	384	57	272
41	72	68	11
42	55	89	33
43	181	71	13
44	1000	73	420
45	562	74	894
46	40	75	11

图 17.13 丙酸的质谱图与质谱表
最高峰质量=44,最大 m/z=75

17.2.2 质谱图中主要离子峰的类型及其应用

质谱信号十分丰富。分子在离子源中可以产生各种离子,即同一种分子可以产生多种离子峰,其中比较重要的有分子离子峰、碎片离子峰、重排离子峰、亚稳离子峰和同位素离子峰等。

17.2.2.1 分子离子峰

试样分子在高能电子撞击下产生正离子,即

$$M + e^- \longrightarrow M^+ + 2e^-$$

式中,M^+ 称为分子离子或母离子(parent ion)。

分子离子的质量对应于中性分子的质量,这对解释未知质谱十分重要。几乎所有的有机分子都可以产生可以辨认的分子离子峰,有些分子如芳香环分子可产生相对强度较大的分子离子峰;而相对分子质量高的烃、脂肪醇、醚及胺等,则产生相对强度较小的分子离子峰。若不考虑同位素的影响,分子离子应该具有最高质量,而其相对强度取决于分子离子相对于裂解产物的稳定性。分子中若含有偶数个氮原子,则相对分子质量将是偶数;反之,将是奇数。这就是所谓的"氮律",分子离子峰必须符合氮律。正确地解释分子离子峰十分重要，在有机化学及波谱分析课程中将有较详细的介绍。

17.2.2.2 碎片离子

分子离子产生后可能具有较高的能量，将会通过进一步碎裂或重排而释放能量，碎裂后产生的离子形成的峰称为碎片离子峰。

有机化合物受高能作用时会产生各种形式的分裂，一般强度最大的质谱峰相应于最稳定的碎片离子，通过各种碎片离子相对峰高的分析，有可能获得整个分子结构的信息。但由此获得的分子拼接结构并不总是合理的，因为碎片离子并不是只由 M^+ 一次次碎裂产生，而且可能会由进一步断裂或重排产生，因此要准确地进行定性分析。最好与标准图谱进行比较。

有机化合物断裂方式很多，也比较复杂，但仍有几条经验规律可以应用。

有机化合物中，C—C 键不如 C—H 键稳定，因此烷烃的断裂一般发生在 C—C 之间，且较易发生在支链上。形成正离子稳定性的顺序是三级＞二级＞一级，如 2,2-二甲基丁烷，可以预期在高能离子源中断裂发生在带支链的碳原子周围，形成较稳定的 $m/z=71$ 或 $m/z=57$ 的离子。

在烷烃质谱中，$C_3H_5^+$、$C_3H_7^+$、$C_4H_7^+$、$C_4H_9^+$（m/z 依次为 41、43、55 和 57）占优势，在 $m/z>57$ 区出现峰的相对强度随 m/z 增大而减小，而且会出现一系列 m/z 相差 14 的离子峰，这是由于—CH_2—碎裂下来的结果。

在含有杂原子的饱和脂肪族化合物质谱中，由于杂原子的定位作用，断裂将发生在杂原子周围。对于含有电负性较强的杂原子（如 Cl、Br 等），发生以下反应：

$$R\text{—}X \longrightarrow R^+ + X\cdot \tag{17.13}$$

而可以通过共振形成正电荷稳定化的离子时，可发生以下反应：

$$CH_3CH_2\text{—}O\text{—}CH_2CH_3 \longrightarrow CH_3CH_2\text{—}\overset{+}{O}\text{—}CH_2\cdot \longleftrightarrow CH_3CH_2\text{—}\overset{+}{O}=CH_2$$

烯烃多在双键旁的第二个键上断裂，丙烯型共振结构对含有双键的碎片有着明显的稳定作用，但因重排效应，有时很难对长链烯烃进行定性分析。

$$CH_3\text{—}HC=\overset{+}{C}H\text{—}CH_3 \longrightarrow CH_3\text{—}\overset{+}{C}H=CH$$

含有 C=O 的化合物通常在与其相邻的键上断裂，正电荷保留在含 C=O 的碎片上。

$$R-\overset{O}{\overset{\|}{C}}-R' \longrightarrow \begin{matrix} R-C^+\!\!=\!\!O \\ \\ R'-C^+\!\!=\!\!O \end{matrix}$$

苯是芳香族化合物中最简单的化合物,其图谱中 M^+ 通常是最强峰。在取代的芳香化合物中将优先失去取代基形成苯甲离子,而后进一步形成 离子。

$$\underset{X}{\text{C}_6\text{H}_4\text{CH}_2\text{R}} \longrightarrow \underset{X}{\text{C}_6\text{H}_4\overset{+}{\text{CH}}_2} \longrightarrow \underset{X}{\text{C}_7\text{H}_6^+}$$

因此在苯环上的邻、间、对位取代很难通过质谱法来进行鉴定。

17.2.2.3 亚稳离子峰

若质量为 m_1 的离子在离开离子源受电场加速后,在进入质量分析器之前,由于碰撞等原因很容易进一步分裂失去中性碎片而形成质量为 m_2 的离子,即 $m_1 \longrightarrow m_2 + \Delta m$。由于一部分能量被中性碎片带走,此时 m_2 的离子比在离子源中形成的 m_2 离子能量小,故将在磁场中产生更大的偏转,观察到的 m/z 较小。这种峰称为亚稳离子峰。用 m^* 表示,它的表观质量 m^* 与 m_1、m_2 的关系是

$$m^* = (m_2)^2/m_1 \qquad (17.14)$$

式中,m_1 为母离子的质量;m_2 为子离子的质量。

亚稳离子峰由于具有离子峰宽大(2~5个质量单位)、相对强度低、m/z 不为整数等特点,很容易从质谱图中观察出来。

通过亚稳离子峰可以获得有关裂解信息,通过对 m^* 峰进行观察和测量,可找到相关母离子的质量 m_1 与子离子的质量 m_2,从而确定裂解途径。如在十六烷烃质谱中发现有几个亚稳离子峰,其质荷比分别为 32.8、29.5、28.8、25.7 和 21.7,其中 $29.5 \approx 41^2/57$,则表示存在分裂

$$\underset{(m/z=57)}{\text{C}_4\text{H}_9^+} \longrightarrow \underset{(m/z=41)}{\text{C}_3\text{H}_5^+} + \text{CH}_4$$

但并不是所有的分裂过程都会产生 m^*,因此没有 m^* 峰并不意味着没有某一分裂过程。还有一系列可能发生的重排反应,可以改变分子原来的骨架,使质谱信息更加复杂,但重排反应等亦可以为结构分析提供更有效的信息。

分子离子峰及碎片离子峰的准确运用与解析,对有机分子的定性分析有很大的用处。可以通过选择合适的离子源来获得不同的信息,如选用电子轰击源获得碎片离子峰的信息,而化学离子化源、场离子化源可获得较多的分子离子峰的信息。如在进行麻黄碱分析时,选用化学离子化源和电子轰击源所获得的质谱图有明显的不同(见图17.14)。

17.2.3 同位素离子峰及其应用

有些元素具有天然存在的稳定同位素,所以在质谱图上出现一些(M+1)、(M+2)的峰,由这些同位素形成的离子峰称为同位素离子峰。

一些常见的同位素相对丰度见表17.2所示,其确切质量(以 ^{12}C 为 12.000 000 为标准)及天然丰度列于表17.3。

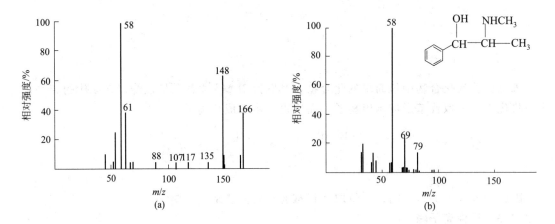

图 17.14 麻黄碱的化学离子化源（a）及电子轰击源（b）质谱

表 17.2 常见元素的稳定同位素相对丰度

元素	质量数	相对丰度/%	峰类型	元素	质量数	相对丰度/%	峰类型
H	1	100.00	M	Li	6	8.11	M
	2	0.015	M+1		7	100.00	M+1
C	12	100.00	M	B	10	25.00	M
	13	1.08	M+1		11	100.00	M+1
N	14	100.00	M	Mg	24	100.00	M
	15	0.36	M+1		25	12.66	M+1
O	16	100.00	M		26	13.94	M+2
	17	0.04	M+1	K	39	100.00	M
	18	0.20	M+2		41	7.22	M+2
S	32	100.00	M	Ca	40	100.00	M
	33	0.80	M+1		44	2.15	M+4
	34	4.40	M+2	Fe	54	6.32	M
Cl	35	100.00	M		56	100.00	M+2
	37	32.5	M+2		57	2.29	M+3
Br	79	100.00	M	Ag	107	100.00	M
	81	98.0	M+2		109	92.94	M+2

表 17.3 几种常见元素同位素的确切质量及天然丰度

元素	质量数	确切质量	天然丰度/%	元素	质量数	确切质量	天然丰度/%
H	^{1}H	1.007825	99.98	P	^{31}P	30.973763	100
	^{2}H(D)	2.014102	0.015	S	^{32}S	31.972072	95.02
C	^{12}C	12.000000	98.9		^{33}S	32.971459	0.85
	^{13}C	13.003355	1.07		^{34}S	33.967868	4.21
N	^{14}N	14.003074	99.63		^{35}S	35.967079	0.02
	^{15}N	15.000109	0.37	Cl	^{35}Cl	34.968853	75.53
O	^{16}O	15.994915	99.76		^{37}Cl	36.965903	24.47
	^{17}O	16.999131	0.04	Br	^{79}Br	78.918336	50.54
	^{18}O	17.999159	0.20		^{81}Br	80.916290	49.46
F	^{19}F	18.998403	100.00	I	^{127}I	126.904477	100.00

在一般有机分子鉴定时，可以通过同位素峰的统计分布来确定其元素组成，分子离子的同位素离子峰相对强度之比总是符合统计规律的。如在 CH_4 质谱中，有其分子离子峰 $m/z=17$、16，而其相对强度之比 $I_{17}/I_{16}=0.011$；而在丁烷中，出现一个 ^{13}C 的概率是甲烷的4倍，则分子离子峰 $m/z=59$、58 的强度之比 $I_{59}/I_{58}=4\times0.011=0.044$；同样，在丁烷中出现 M+2（$m/z=60$）同位素峰的概率为 $6\times0.011\times0.011=0.0007$，即 $I_{60}/I_{58}=0.0007$，非常小，故在丁烷质谱中一般看不到 $(M+2)^+$ 峰。

在其他元素存在时也有同样的规律性，如在 CH_3Cl、C_2H_5Cl 等分子中，$I_{M+2}/I_M=32.5\%$；而在含有一个溴原子的化合物中，$(M+2)^+$ 峰的相对强度几乎与 M^+ 峰的相等。

17.2.4 质谱定性分析

质谱是纯物质鉴定的最有力工具之一，其中包括相对分子质量测定、化学式确定及结构鉴定等。

17.2.4.1 相对分子质量的测定

如前所述，从分子离子峰的质荷比数据可以准确地测定其相对分子质量，所以准确地确认分子离子峰十分重要。虽然理论上可认为除同位素峰外分子离子峰应该是最高质量处的峰，但在实际中并不能由此简单认定。有时由于分子离子稳定性差而观察不到分子离子峰，因此在实际分析时必须加以注意。

在纯样品质谱中，分子离子峰应具有以下性质。

① 原则上除同位素峰外，分子离子峰是最高质量的峰。但应予注意，某些样品会形成质子化离子 $(M+H)^+$ 峰（醚、酯、胺等），去质子化离子 $(M-H)^+$ 峰（芳醛、醇等）及缔合离子 $(M+R)^+$ 峰。

② 它要符合"氮律"。在只含 C、H、O、N 的化合物中，不含或含偶数个氮原子的分子的质量数为偶数，含有奇数个氮原子的分子的质量数为奇数。这是因为在由 C、H、O、N、P、卤素等元素组成的有机分子中，只有氮原子的化合价为奇数而质量数为偶数。

③ 存在合理的中性碎片损失。因为在有机分子中，经离子化后，分子离子可能损失一个 H 或 CH_3、H_2O、C_2H_4…碎片，相应为 M-1、M-15、M-18、M-28…碎片峰，而不可能出现 M-3～M-14、M-21～M-24 范围内的碎片峰。若出现这些峰，则该峰不是分子离子峰。

④ 在 EI 源中，若降低电子轰击电压，则分子离子峰的相对强度应增加；若不增加，则不是分子离子峰。

由于分子离子峰的相对强度直接与分子离子的稳定性有关，其大致顺序是：

芳香环＞共轭烯＞烯＞脂环＞羰基化合物＞直链烃类＞醚＞酯＞胺＞酸＞醇＞支链烃 在同系物中，相对分子质量越大，则分子离子峰相对强度越小。

17.2.4.2 化学式的确定

由于高分辨的质谱仪可以非常精确地测定分子离子或碎片离子的质荷比（误差可小于 10^{-5}），则可利用表 17.3 中的确切质量求算出其元素组成。如 CO 与 N_2 两者的质量数都是28，但从表 17.3 可算出其确切质量为 27.9949 和 28.0061，若质谱仪测得的质荷比为 28.0040，则可推断其为 N_2。同样，复杂分子的化学式也可算出。

在低分辨的质谱仪上，则可以通过同位素相对丰度法推导其化学式，同位素离子峰相对强度与其中各元素的天然丰度及存在个数成正比。通过几种同位素丰度的检测，可以说明质谱图的相对强度，其强度可以用排列组合的方法进行计算。

利用精确测定的 $(M+1)^+$、$(M+2)^+$ 相对于 M^+ 的强度比值，可从 Beynon 表[①]中查出最可能的化学式，再结合其他规则，确定化学式。

对于含有 Cl、Br、S 等同位素天然丰度较高的元素的化合物，其同位素离子峰相对强度可用 $(a+b)^n$ 展开式计算，式中 a、b 分别为该元素轻、重同位素的相对丰度；n 为分子中该元素的个数。如在 CH_2Cl_2 中，对元素 Cl 来说，$a=3$，$b=1$，$n=2$，故 $(a+b)^2=9+6+1$，则其分子离子峰与相应同位素离子峰相对强度之比为：

$$m/z\ 84\ (M) : m/z\ 84\ (M+2) : m/z\ 84\ (M+4) = 9 : 6 : 1$$

若有多种元素存在时，则以 $(a+b)^n(a'+b')^{n'}\cdots$ 计算。

17.2.4.3 结构鉴定

纯物质结构鉴定是质谱最成功的应用领域。通过谱图中各碎片离子、亚稳离子、分子离子的化学式、m/z、相对峰高等信息，根据各类化合物的分裂规律，找出各碎片离子产生的途径，从而拼凑出整个分子结构。再根据质谱图拼出来的结构，对照其他分析方法，以得出可靠的结果。

另一种方法就是与相同条件下获得的已知物质标准图谱比较来确认样品分子的结构。

总体来说，质谱的解析与鉴定程序如下。

① 确定化合物的相对分子质量及分子式，计算其不饱和度。

② 确认分子离子峰，根据分子离子峰和高质量数碎片离子峰之间的 m/z 差值，找到分子离子可能脱掉的中性分子或自由基，以此推测分子的结构类型。

③ 根据质谱中重要的碎片离子峰，结合分子离子的断裂规律及重排反应，确定分子的结构碎片。若有亚稳离子峰，利用 $m^* = m_2^2/m_1$ 的关系式，找到 m_1 和 m_2，证实 $m_1 \to m_2$ 的断裂过程。

④ 按各种可能的方式，连接已知的结构碎片及剩余的结构碎片，排除不合理的结构式，确定可能的结构式。结合红外光谱、核磁共振等分子结构的信息，最终确定分子结构。

但应注意，一般情况下，并不是每个质谱峰都能得到清楚的解释。

17.2.5 质谱定量分析

质谱检出的离子流强度与离子数成正比，因此通过离子流强度测量可进行定量分析。

(1) 同位素测量　同位素离子的鉴定和定量分析是质谱发展起来的原始动力，至今稳定同位素测定依然十分重要，只不过不再是单纯的元素分析而已。分子的同位素标记对有机化学和生命科学领域中的化学机理和动力学研究十分重要，而进行这一研究前必须测定标记同位素的量，质谱法是常用的方法之一。如确定氘代苯 C_6D_6 的纯度，通常可用 $C_6D_6^+$ 与 $C_6D_5H^+$、$C_6D_4H_2^+$ 等分子离子峰的相对强度来进行。对其他涉及标记同位素探针、同位素稀释及同位素年代测定的工作，都可以用同位素离子峰来进行。后者是地质学、考古学等工作中经常进行的质谱分析，一般通过测定 $^{36}Ar/^{40}Ar$（由半衰期为 $1.3 \times 10^9 a$ 的 ^{40}K 俘获产生）的离子峰相对强度之比求出 ^{40}Ar，从而推算出年代。

(2) 无机痕量分析　火花源的发展使质谱法可应用于无机固体分析，成为金属合金、矿物等分析的重要方法，它能分析周期表中几乎所有元素，灵敏度极高，可检出或半定量测定 10^{-9} 量级的浓度。由于其谱图简单且各元素谱线强度大致相当，应用十分方便。

电感耦合等离子体光源引入质谱后（ICP-MS），有效地克服了火花源的不稳定、重现性

[①] Beynon J H, Williams A E. Mass and Abundance Table for Use in Mass Spectroometry. Elsevier, 1963；表中列有相对分子质量小于 500，只含有 C、H、O、N 的化合物的同一质量的各种不同化学式的 I_{M+1}/I_M、I_{M+2}/I_M 值。

差、离子流随时间变化等缺点，使其在无机痕量分析中得到了广泛的应用。

（3）混合物的定量分析 利用质谱峰可进行各种混合物的组分分析，早期质谱的应用很多是对石油工业中挥发性烷烃的分析。

在进行分析的过程中，保持通过质谱仪的总离子流恒定，使得到的每张质谱或标样的量为固定值，记录样品和样品中所有组分的标样质谱图，选择混合物中每个组分的一个共有的峰，样品的峰高假设为各组分这个特定 m/z 峰的峰高之和，从各组分标样中测得这个组分的峰高，解数个联立方程，以求得各组分浓度。

用上述方法进行多组分分析时费时费力且易引入计算及测量误差，故现在一般采用将复杂组分分离后再引入质谱仪中进行分析，常用的分离方法是色谱法。

17.3 色谱-质谱联用技术

质谱法可以进行有效的定性分析，但对复杂有机化合物分析就无能为力了，而且在进行有机物定量分析时要经过一系列分离纯化操作，十分麻烦。而色谱法对有机化合物是一种有效的分离和分析方法，特别适合于进行有机化合物的定量分析，但定性分析则比较困难，因此两者的有效结合必将为化学家及生物化学家提供一个复杂化合物高效的定性定量分析工具。

目前，色谱-质谱联用技术发展迅速，利用联用技术的有气相色谱-质谱（GC-MS）、液相色谱-质谱（LC-MS）、毛细管电泳-质谱（CE-MS）及串联质谱（MS^n）等，其主要问题是如何解决与质谱相连的接口及相关信息的高速获取与储存等问题。

17.3.1 气相色谱-质谱联用

GC-MS 是目前最常用的一种联用技术，在现售的商品质谱仪中占有相当大的一部分。从毛细管气相色谱柱中流出的成分可直接引入质谱仪的离子化室，但填充柱必须经过一个分子分离器降低气压，并将载气与样品分子分开（见图 17.15）。

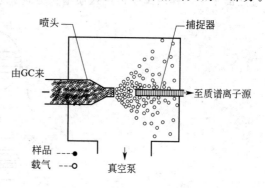

图 17.15 喷射式分子分离器

在分子分离器中，从气相色谱来的载气及样品离子经一小孔加速喷射入喷射腔中，具有较大质量的样品分子将在惯性作用下继续直线运动而进入捕捉器中，载气（通常为氦气）由于质量较小，扩散速率较快，容易被真空泵抽走。必要时使用多次喷射，经分子分离器后，50%以上的样品被浓缩并进入离子源，而压力则由 $1.0 \times 10^5 Pa$ 降至 $1.3 \times 10^{-2} Pa$。

组分经离子源离子化后，位于离子源出口狭缝安装的总离子流检测器检测到离子流信号，经放大记录后成为色谱图。当某组分出现时，总离子流检测器发出触发信号，启动质谱仪开始扫描而获得该组分的质谱图。

用于与 GC 联用的质谱仪有磁式、双聚焦、四极滤质器式、离子阱式等质谱仪。其中四极滤质器及离子阱式质谱仪由于具有较快的扫描速率（约 10 次·s^{-1}），应用较多；而离子阱式由于结构简单，价格较低，近些年来发展更快。

GC-MS 的应用十分广泛，从环境污染物分析、食品香味分析鉴定到医疗诊断、药物代谢研究等，而且 GC-MS 还是国际奥林匹克委员会进行兴奋剂检测的有力工具之一。

17.3.2 液相色谱-质谱联用

分离热稳定性差及不易蒸发的样品,气相色谱就有困难了,而用液相色谱则可以方便地进行。因此,LC-MS 联用技术亦发展起来了。LC 分离要使用大量的流动相,由于流动相的挥发产生的气体压力,相对于真空系统一般来说是太高了。因此,如何有效地除去流动相而不损失样品,是 LC-MS 联用技术的难题之一。早期采用"传动带技术",即将流动液滴到一条转动的样品带上,经加热除去溶剂,进入真空系统后再离解检测。现在广泛使用的是"离子喷雾"(ion spray)和"电喷雾"(electrospray)技术,有效地实现了 LC 与 MS 的连接。

离子喷雾及电喷雾技术是利用离子从荷电微滴直接发射入气相,这一离子蒸发过程如图 17.16 所示:将极性和热稳定性差的化合物不发生任何热降解而引入质谱仪中,从而实现任何液相分离技术,如 HPLC 及 CE 等与质谱仪的联用。

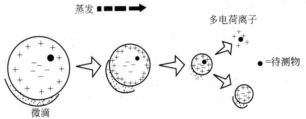

图 17.16 离子蒸发过程

几种典型的 LC-MS 接口见图 17.17。在实际应用时,可以依据分析物的极性来选择最适用的 LC-MS 接口。

在热喷雾接口中,来自 HPLC 的流出液通过不锈钢柱直接进入喷雾器中,靠高速空气或氮气的喷射变成细雾,细雾被同轴气体吹入一加热器内气化,进入大气压化学离子化源反应区离子化,样品离子再进入质谱仪分析。热喷雾 LC-MS 接口的方法可用于热稳定性较好

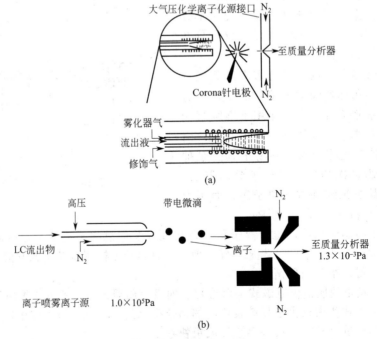

图 17.17 几种典型的 LC-MS 接口
(a) 热喷雾型;(b) 离子喷雾型

的化合物的分析。

在离子喷雾的接口中，被分析样品液体进入一个带有高电压的喷雾器，形成带有高电荷微滴的雾。当微滴蒸发时，经过一个非常低的能量转移过程形成含有一个或多个电荷的离子（与液相存在的形式相同），进入质谱仪可以进行 pg 量级分子的完全分析，这对在只有极少量样品可供使用的情况（诸如生化分析）中应用极为重要。

思考题与习题

17.1　质谱仪器的离子源主要有哪几种？各有何特点？

17.2　质谱仪器的质量分析器主要有哪几种？简述各自的原理。

17.3　酮类化合物发生 α 开裂后，生成经验式为 $C_nH_{2n+1}CO^+$ 的碎片离子，当 m/z 为整数时，其 m/z 值与 C_nH_{2n+1} 离子的一样，容易混淆，如 C_2H_5CO（m/z 57.03414）与 C_4H_9（m/z 57.07042），若要将这两个离子分开，需要质谱仪的分辨率为多少？

17.4　计算下列分子的（M+2）与 M 峰的强度比（忽略 ^{13}C、^2H 的影响）？
(1) C_2H_5Br；(2) C_6H_5Cl；(3) $C_2H_4SO_2$。

17.5　试计算下列化合物的（M+2）/M 和（M+4）/M 峰的强度比（忽略 ^{13}C、^2H 的影响）？
(1) $C_{12}H_6Br$；(2) CH_2Cl_2；(3) C_2H_4BrCl。

17.6　要分开下列各离子对，要求质谱仪的分辨本领是多少？
(1) $C_{12}H_{10}O^+$ 和 $C_{12}H_{11}N^+$；(2) N_2^+ 和 CO^+；(3) $C_2H_4^+$ 和 N_2^+；(4) CH_2O^+ 和 $C_2H_6^+$。

17.7　某一含有卤素的烃类化合物 $M_r=142$，（M+1）峰强度为 M 峰强度的 1.1%。请分析此化合物含有几个碳原子，可能的化学式是什么？

17.8　某一未知物的质谱图如右图所示，m/z 为 93.95 的谱线强度接近，m/z 为 79.81 峰也类似，而 m/z 为 49.51 的峰强度之比为 3:1。试推测其结构。

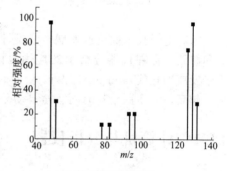

某未知物的质谱

17.9　某一液体的化学式为 $C_5H_{12}O$，沸点为 138℃，质谱数据如下图所示，试推测其结构。

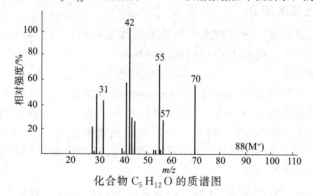

化合物 $C_5H_{12}O$ 的质谱图

第 17 章　拓展材料

第 18 章 计算机在分析仪器中的应用
The Application of Computer in Analytical Instruments

【学习要点】
① 了解计算机与分析仪器的基本关系。
② 了解计算机与分析仪器的连接方式。
③ 理解计算机与分析数据中如何减小观察中的误差。
④ 了解人工智能与实验室仿真模拟技术。
⑤ 了解计算机在仪器分析中的应用。

随着电子技术的迅速发展,微型计算机(简称计算机)的性能价格比大幅度提高,计算机和微处理器在仪器分析中的应用也因此得到了迅速发展。它已从离线(off-line)模式,逐步发展到在线(on-line)及嵌入(in-line)模式,随之分析仪器的自动化、智能化程度也越来越高,许多用于长时间、全自动分析的仪器已开发出来,并用于各种日常分析中。

18.1 计算机与分析仪器

由于计算机具备强大的数据处理功能及在程序控制下自动工作的能力,计算机与分析仪器的结合是十分必要的,特别是用在信号处理及实验室仪器自动化等场合。

18.1.1 微型电子计算机简介

随着微电子技术的发展,现在微型计算机的运算能力远比当年的巨型电子计算机优异得多。要使计算机正常工作,应配置适当的硬件和软件。

18.1.1.1 计算机的硬件

计算机主要由中央处理器(central processing unit,CPU)、存储器及输入或输出设备组成,这些部件通过总线结合在一起。CPU 是计算机的大脑,计算机的所有动作,如信息接收、处理、存储及输出均由 CPU 控制。计算机中处理的信号是二进制的,其信号流由高电平(1)和低电平(0)组成,数字和字符必须转化为二进制代码再输入 CPU 处理;同样,结果必须经转换后才能输出。

决定计算机性能的主要因素有 CPU 处理速度(现在可达 3.0GHz 甚至更高)、动态存储能力(内存)及存储能力等,计算机配备的输入或输出设备,如硬盘 USB 存储设备、软盘驱动器、光盘机、扫描仪、打印机等也对计算机性能有一定作用。

18.1.1.2 计算机软件

计算机的工作是由程序控制的,由于计算机只能处理 0 和 1 两种状态信号,因此,机器工作的操作程序必须是相应的由 0 和 1 组成的代码(称为机器码)组成。因机器码复杂、难于记忆且容易出现人为错误,故发明了简码,即用常见的字母代替由 0 和 1 组成的指令。

为了更便于大多数人使用,又发展出许多更简单、更接近于人们使用习惯的高级程序语言来用于控制计算机的操作,如 BASIC、FORTRAN、COBOL、C、PASCAL 等高级语言。这些高级计算机语言容易记忆,便于掌握,但一定要经过相应的编译过程"翻译"成机器码,才能使计算机完成指定的工作。

18.1.2 计算机与分析仪器的连接方式

计算机与分析仪器适当的连接是计算机获取数据、控制管理仪器设备的主要通道。合适的连接方式就显得非常必要。计算机与分析仪器的连接有三种方式(见图 18.1)。

(1) 离线模式 [见图 18.1(a)] 操作者将获取的实验数据输入到计算机中,利用计算机强大的数据处理能力完成诸如标准曲线拟合与绘制、浓度计算等任务。此模式需通过操作人员来进行,称为离线模式。

(2) 在线模式 [见图 18.1(b)] 操作人员同时控制计算机及分析仪器,计算机直接从分析仪器中获取数据并进行处理,同时在操作人员指令控制下向分析仪器发出控制信号。分析仪器的一些参数仍需操作人员进行调节。

(3) 嵌入模式 [见图 18.1(c)] 操作人员只与计算机发生联系,将有关样品、分析要求等指标输入,分析仪器则在计算机控制下完成

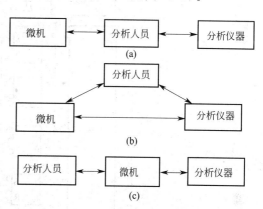

图 18.1 计算机与分析仪器的连接方式
(a) 离线模式;(b) 在线模式;(c) 嵌入模式

整个分析过程并获得最终结果。在这种模式中,计算机不仅获取数据,而且自动控制并优化分析仪器的各种参数,这在全自动化分析实验室中非常有效。

18.1.3 模-数与数-模转换

仪器输出的信号一般是连续的模拟信号,同样,控制仪器也必须是模拟信号,而计算机只能处理分立的数字信号,因此如何准确快速地实现模拟信号与数字信号的转换十分重要。

18.1.3.1 模-数转换

在计算机的数据采集系统中,需要计算机进行处理的输入量往往是一些模拟信号,一般是指电压或电流信号,因此,首先应该在模-数转换器(anolg-digital convertor, ADC)中与标准信号进行比较,将其转换成数字量后才能供计算机处理。ADC 输入输出关系可用下式表示:

$$E_{\text{nom}} = U_R \left(\frac{a_1}{2} + \frac{a_2}{2^2} + \cdots + \frac{a_n}{2^n} \right) \tag{18.1}$$

$$E_{\text{nom}} - \frac{1}{2} \times \frac{U_R}{2^n} < U_A < E_{\text{nom}} + \frac{1}{2} \times \frac{U_R}{2^n} \tag{18.2}$$

式中,U_R 为参比电压;E_{nom} 为数字信号电压;U_A 为输入模拟信号电压;$a_1, a_2, \cdots, a_n$ 为 "0" 或 "1" 的系数;n 为 ADC 的位数。

当 $a_1, a_2, \cdots, a_n$ 均为 "1" 时,若 $U_A = U_R$,转换结果 E_{nom} 与 U_R 只相差 $U_R/2^n$,即 ADC 转换最大精确度为 $U_R/2^n$。相应地,ADC 分辨率为

$$R = \frac{\text{最大精度}}{\text{满量程电压}} = \frac{1}{2^n}$$

在考虑 ADC 性能时还必须注意另一个参数:转换时间,即在规定误差范围内完成转换所需的时间,这与所使用的转换方式、元件相关,通常转换时间中还应包括使转换器复零的时间,一般用 ms 表示。

ADC 的种类很多,基本上可分为直接比较型与间接比较型两大类。基于这两种方式,已开发出诸如逐位比较、多比较器、跟踪式、积分式及 V/F 转换式 ADC。

(1) 直接比较型 ADC 它的基本原理在于比较。用一套基准电压和被测电压进行逐位比较,最后达到一致,颇似天平称量。可以看一下参比电压为 5V 的 10 位 ADC 如何将 3V 电压信号转换成数字信号的(见图 18.2)。

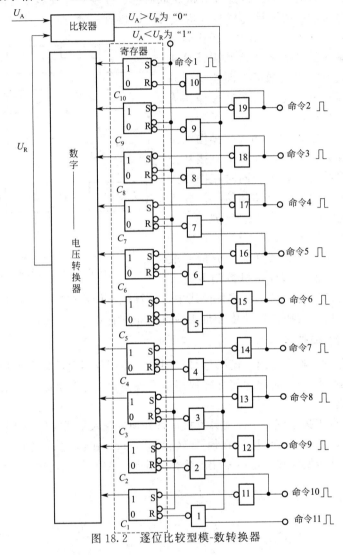

图 18.2 逐位比较型模-数转换器

在这种 ADC 中,基准电压组为

$$\frac{1}{2} \times 5, \frac{1}{2^2} \times 5, \cdots, \frac{1}{2^{10}} \times 5 \tag{18.3}$$

转换过程如下。

① 第 1 步 用最大基准 2.5V 与 3V 比较,2.5<3,保留结果计为"1"。

② 第 2 步 加上 $\frac{1}{2^2} \times 5$,用 $\left(\frac{1}{2} + \frac{1}{2^2}\right) \times 5V$ 与 3V 比较,前者大,必须去掉 $\frac{1}{2^2} \times 5V$,此位结果为"0",总结果为"10",写入寄存器。

③ 第 3 步 用 $\left(\frac{1}{2} + \frac{0}{2^2} + \frac{1}{2^3}\right) \times 5V$ 与 3V 比较,3.125>3,此位结果为"0",总结果为

"100",写入寄存器。

④ 第 4 步 用 $\left(\dfrac{1}{2}+\dfrac{0}{2^2}+\dfrac{0}{2^3}+\dfrac{1}{2^4}\right)\times 5\mathrm{V}$ 与 3V 比较,2.8125<3,此位结果为"1",总结果为"1001",写入寄存器。

⑤ 第 10 步 用 $\left(\dfrac{1}{2}+\dfrac{0}{2^2}+\dfrac{0}{2^3}+\dfrac{1}{2^4}+\cdots+\dfrac{1}{2^{10}}\right)\times 5\mathrm{V}$ 与 3V 比较,此位结果为"0",总结果为"1001100110",写入寄存器。

⑥ 第 11 步 输出数据,寄存器清零。

这种转换过程的前五步可由图 18.3 表示。其中最高位"1"代表 2.5V,最后一位"1"代表

$$\left(\dfrac{1}{2^{10}}\right)\times 5\mathrm{V}=4.88281\mathrm{mV}$$

即其精度为 4.88mV。

逐位比较型 ADC 的主要优点是速度快且程序固定。随着转换位数增加,则精度增加;但使用元器件多,线路十分复杂,易受环境噪声的影响。

(2) 间接比较型 ADC 为了克服直接比较型 ADC 结构复杂、抗干扰能力差的缺点,将被测电压与基准电压转换成另一种物理量(通常为时间或频率),然后再进行比较而得出数字量。常见的有积分式电压-数字 ADC,其工作原理即输出信号如图 18.4 所示。

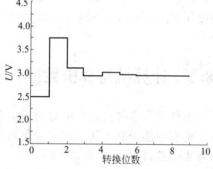

图 18.3 逐位比较 ADC 工作流程图

开始工作前,开关 S 接地,积分器输出为 0,计数器复零。

第 1 步:采样 控制电路将开关 S 与 U_A 接通,则 U_A 被积分器积分,同时计数器打开计数,积分至设定时间 t_1 后,计数量达到主设定值 N_1。

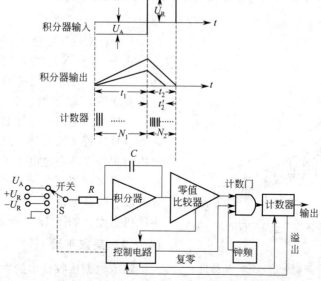

图 18.4 积分比较型 A-D 转换器工作流程与线路

第 2 步：测量 计数器达到 N_1 后复零溢出，将开关 S 转换至参比电压 U_R，积分器使 U_R 以与 U_A 相反的方向积分，至积分器的输出向零电平方向变化开始计数。当积分器为零电平时，零位比较器启动，停止计数，得到计数值 N_2 并指示存储。由于 U_R、N_1 一定，故 N_2 直接与 U_A 相关。

从物理实质看，U-t 转换过程是电容器上电荷的平衡过程，在积分电容充放电平衡的条件下，将 U_A 和 U_R 转换为充放电时间 t_1、t_2 的比较。由于采样和测量中对 U_A 和 U_R 使用同一积分器，又使用同一时钟频率去测定 t_1、t_2，故只要 R、C 一定，测量误差可以抵消，故大大降低了对 R、C 的要求，为获得较高精度转换创造了条件。

积分式 ADC 本质上是积分过程，是平均值转换，因此对交流干扰有很强的抑制力。但转换速度也因此受到限制，一般不高于 20 次·s^{-1}；但价格便宜，易于控制，使其在多种场合得到应用。

18.1.3.2 数-模转换

计算机控制分析仪器是通过数-模转换器（digital-anolg convertor，DAC）进行的。其转换可以分为两种：一种为简单的开关控制，通过数字量"0"和"1"代表开关的"开"和"关"，从而对仪器的各种动作进行控制；另一种是通过与 ADC 相反的过程，将数字量与基准电压 U_R 进行比较得到一个连续的输出电压，从而完成电压扫描、梯度变化等参数变化控制。

18.2 计算机与分析数据

即使采用多种措施，由分析仪器获得的数据总还含有噪声，尤其是在短时间内采集信号，更有可能受到干扰。若能采集到足够密集的信号，则可以通过平滑处理，减小观察过程中带来的随机误差。

18.2.1 多次平均

多次平均方法可用于各种模式的微机与分析仪器联用的仪器中，在滴定分析中也是通过进行多次实验并将所得结果平均来减小随机误差的。

随着测量次数的增加，信号的信噪比（signal-to-noise ratio，S/N）会逐步提高，如下式所示：

$$(S/N)_n = (S/N)_1 \sqrt{n} \qquad (18.4)$$

式中，$(S/N)_n$ 为 n 次测定平均后的信噪比；$(S/N)_1$ 为单次测量的信噪比。

多次测定取平均值的方法简单，可靠性好，对快速产生信号且样品分析总时间要求不高的信号处理比较有效。经典电子学电路中所使用的积分电路在微电子学中亦可很方便地进行。在很多仪器（如单光束激光诱导荧光计、连续波核磁共振仪等）中，都采用这种方法减少随机误差。如图 18.5 所示。

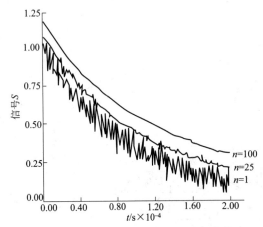

图 18.5 时间分辨荧光信号的叠加结果
原始数据 $(S/N)_1=20$，100 次叠加后 $(S/N)_{100}=200$

18.2.2 局部平滑

随着数据接收技术的发展，已可以在短时间内采集到足够多的数据。通过对这些数据的平滑处理来滤去高频噪声，也可以大大地提高信噪比。经多次平均后的数据亦可用局部平滑的方法来进一步提高信噪比，常见的有 5 点、11 点平滑的方法。

局部平滑的方法是基于采集的数据是相关的这一基本假设，如在 5 点三次平滑方法中，对在 Δt 内采集的 $2n-1$ 个点：y_{-n}、y_{1-n}、$\cdots$、y_{-1}、y_0、y_1 $\cdots$、y_{n-1}、y_n 取连续 5 个点为一小区段，采用下述三次项式进行拟合

$$y = a_0 + a_1 t + a_2 t^2 + a_3 t^3 \tag{18.5}$$

利用相邻 5 点，用最小二乘法确定 a_0、a_1、a_2、a_3，以得出最近似的函数作为数据的平滑公式，然后依次求出平滑后的数据。

$$\bar{y}_{-n} = \frac{1}{70}(69y_{-n} + 4y_{1-n} - 6y_{2-n} + 4y_{3-n} - y_{4-n})$$

$$\bar{y}_{1-n} = \frac{1}{35}(2y_{-n} + 27y_{1-n} + 12y_{2-n} - 8y_{3-n} + 2y_{4-n})$$

$$\cdots$$

$$\bar{y}_i = \frac{1}{35}(-3y_{i-2} + 12y_{i-1} + 17y_i + 12y_{i+1} - 3y_{i+2}) \quad (i = 2-n, \cdots, n-2)$$

$$\cdots$$

$$\bar{y}_{n-1} = \frac{1}{35}(2y_{n-4} - 8y_{n-3} + 12y_{n-2} + 27y_{n-1} + 2y_n)$$

$$\bar{y} = \frac{1}{70}(-y_{n-4} + 4y_{n-3} - 6y_{n-2} + 47y_{n-1} + 69y_n) \tag{18.6}$$

平滑方式及应用软件很多，在计算机运行速度日益加快的今天，可以很方便地用专用软件进行平滑。若有需要，还可以对一组数据进行多次平滑。

表 18.1 为 5～13 点平滑的权重系数，可以直接从表中查出权重系数并计算出归一化因子 $\sum a_i$ 而列出平滑公式，计算 $\bar{y}_i$。

表 18.1 5～13 点平滑权重系数

点数	−6	−5	−4	−3	−2	−1	0	1	2	3	4	5	6
5					−3	12	17	12	−3				
7				−2	3	6	7	6	3	−2			
9			−21	14	39	54	59	54	39	14	−21		
11		−36	9	44	69	84	89	84	69	44	9	−36	
13	−11	0	9	16	21	24	25	24	21	16	9	0	−11

由于平滑方法可以通过数据处理而滤去高频噪声，在频谱分析及慢信号提取（如色谱信号）中得到广泛应用。但在平滑过程中，可能会引起一些波形畸变。在条件许可的情况下，还可以选用 Fourier 变换方法进行处理。

18.2.3 Fourier 变换

处理实验数据的目的是为了从大量的观察数据中得到尽可能多的信息，但有时用直接处理的方法效果不好或者必须进行十分复杂的实验操作。如在波谱分析中，常规的波谱图是用单色仪进行波长扫描得到的。一方面，这样做需要相当长的时间；另一方面，经分光的结果使大部分能量排除在窗口之外，影响了方法的精密度和灵敏度。而直接用复合光会得到含有各色光信息的信号，但常规方法不能处理这些信息，必须经过转换来进行。

Fourier 变换就是处理上述信息的重要数学工具之一。如同对数转换可以将乘法变成相对简单的加法一样，Fourier 变换可以使复杂信号的处理简化。

18.2.3.1 基本原理

如果有一个时间函数 $h(t)$，对于参量 f 的任何一个值都满足下列积分

$$H(f) = \int_{-\infty}^{\infty} h(t)\exp(-j2\pi ft)dt \tag{18.7}$$

则 $H(f)$ 就是 $h(t)$ 的傅里叶变换。式中，t 为时间变量；f 为频率变量；$H(f)$ 是频率的函数；而 $h(t)$ 是 $H(f)$ 的逆变换，其定义为

$$h(t) = \int_{-\infty}^{\infty} H(f)\exp(j2\pi ft)df \tag{18.8}$$

即可以由一个时间函数的傅里叶变换[频率函数 $H(f)$]确定这个时间函数，反之亦然。$H(f)$ 与 $h(t)$ 称为傅里叶变换对，记为

$$h(t) \Longleftrightarrow H(f) \tag{18.9}$$

傅里叶变换是线性变换，即

$$h_1(t) + h_2(t) \Longleftrightarrow H_1(f) + H_2(f) \tag{18.10}$$

其物理意义是：一个复合频率的波谱可从该复合波谱观察出的时间函数中变换出来。

18.2.3.2 离散的 Fourier 变换

实验过程中获得数据经常是有限频带宽度的函数，即频率为 0 至某一个极大值，相应地 $h(t)$ 函数是一个以间隔 Δt 取样的数组，其中

$$\Delta t = \frac{1}{2f_{max}} \tag{18.11}$$

获得的 $h(t)$ 函数可表达为离散形式 h_n

$$h_n = h(n\Delta t)\delta(t - \Delta t), (n = 0, 1, 2, \cdots, N-1) \tag{18.12}$$

N 决定了观察 h_n 的所需时间和 $H(f)$ 中频率分辨能力 Δf，即

$$\Delta f = \frac{1}{N\Delta t}$$

相应地，其傅里叶变换可表达为

$$H(f) = \sum_{n=0}^{N-1} h_n \exp(-j2\pi fn\Delta t) \tag{18.13}$$

因为频率分布范围为 $0 \sim f_{max}$，则其中共 $f_{max}/\Delta f$ 个点，即 $H(f)$ 为离散函数

$$H(k\Delta f) = \sum_{n=0}^{N-1} h_n \exp(-j2\pi kn/N) \tag{18.14}$$

其逆变换为

$$h_n = \frac{1}{N} \sum_{n=0}^{N-1} H_k \exp(j2\pi kn/N) \tag{18.15}$$

18.2.3.3 快速 Fourier 变换

离散的时间函数的傅里叶变换可以写成下列形式：

$$A_r = \sum_{n=0}^{N-1} X_k [\exp(-j2\pi/N)]^{rk} \quad (r = 0, 1, 2, \cdots, N-1) \tag{18.16}$$

为计算一个 A_r 值，则要进行 N 次乘法和 N 次加法。一个总的 A_r 函数计算，则要计算 N 次乘法和 N 次加法，即至少 N^2 次。为保证采样的有效性和频率函数的频率分辨能力，通常采样点都很多，如 4096 个。要完成这样的计算，则要进行至少 1.68×10^7 次运算。显然，这样大的运算量是计算机无法承担的，甚至大型机都无能为力。因此，虽然 Fourier 变换在理论上早已可行，但因未找到合适的算法而无法得到应用。

快速 Fourier 变换的出现，虽然只是数学计算技巧的进步，但大大推进了 Fourier 变换的实际应用。常见的 Cooley-Tukey 算法中，将离散的时间系列 $\{X_k\}$ 分成含奇数点和偶数点的两个子系列。通过将子系列计算后，可合并出计算结果。所需计算步骤为

$$2 \times \left(\frac{N}{2}\right)^2 = \frac{1}{2}N^2 \tag{18.17}$$

同样，将子系列进一步分解成两组子系列，直至每个子系列成为只有一个数值的"数组"。经过一系列分组和组合，使 Fourier 变换的次数减少到只需 $N\log_2 N$，相应于 4096 点运算，快速 Fourier 变换只需约 50000 次运算，效率提高了 340 倍。

快速 Fourier 变换方法在仪器分析中将时域信号（t）直接变换到频域信号（f），由于信号频域和干扰噪声的频域不同，可以用一个矩形滤波函数和得到的频域信号相乘，以滤去波函数以外的频率成分。一般排除高频成分，然后用逆 Fourier 变换到平滑了的时域数字数据，其过程如图 18.6 所示。

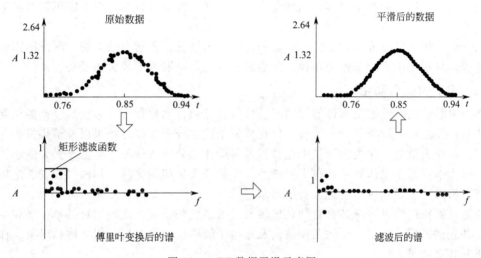

图 18.6　FT 数据平滑示意图

这种滤波效果在时域信号处理时十分理想，完成了模拟电路中无法实现的结果。与局部平滑相比，Fourier 变换可以避免造成波形畸变。

18.3　人工智能与实验仿真模拟技术

18.3.1　专家系统

随着信息技术的发展，计算机具有了更强的处理与记忆能力，其在分析化学中发挥了更大的作用，其中之一是各种专家系统的应用。

对某一特定的分析课题进行研究时，制定出合适的分析方案十分重要。选择何种手段及相应条件等，都依赖于一定的基础和经验。分析专家往往可以根据分析课题的一些原始信息，如样品来源、大致含量、准确度及精密度要求等经过文献调研初步确定一个大致的分析方案。

专家系统就是这样一个程序，它内部存有大量的信息，通过推理和查证程序找出一个合适的方案，专家系统的性能很大程度上取决于其内部信息量的多少及处理能力。专家系统的基本结构如图 18.7 所示。

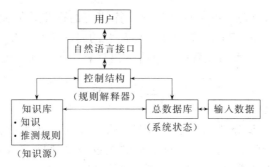

图 18.7　专家系统的基本结构

其中知识库为相应领域的一些成果与通用规则、条件等；控制结构则由推测程序及如何利用知识库的方法等组成；总数据库用于记录整个系统的状态，以保证对整个解决问题过程的监控。

专家系统中的知识库需要专家们协助开发，一旦完成后就可以替代专家们的部分功能，如解决问题、培训学生和用户等。当然专家系统本身一般是开放的，即专家可以对其进行修改或补充。

已有多种用于仪器分析的专家系统，如色谱专家系统、质谱专家系统、红外图谱解析专家系统等，分别用于实验条件的选择、图谱解析等场合，取得了较大的成功。

18.3.2　分析仪器自动化

在专家系统及各种控制部件的帮助下，分析仪器的自动化程度大大提高。许多仪器已可以完成从样品登记、取样、初步分析、优化分析条件、分析及储存结果以及结果报告等全分析过程。操作人员的工作则主要集中在监控及帮助优化分析条件等工作上，大大减小了工作强度，极大地提高了工作效率。在大量样品，尤其是大量相似样品，如油气普查、地质普查等进行分析时，可以利用自动化分析仪器来进行。

通过计算机网络可以把各种自动化仪器及专家系统联系起来实现信息共享。例如，实验时将红外光谱、紫外光谱、核磁共振波谱及质谱系统联成网络，可以很方便地对某一样品进行分析并获得结果。

一个典型的实验室全自动化网络系统如图 18.8 所示。

18.3.3　仿真系统

仿真（simulation）是对代替真实物体或系统的模型进行实验和研究的一门应用技术科学，按所用模型分为物理仿真和数字仿真两类。物理仿真是以真实物体或系统，按一定比例或规律进行微缩或扩大后的物理模型为实验对象，如飞机研制过程中的风洞实验。数学仿真是以真实物体或系统规律为依据，建立数学模型后，在仿真机上进行的研究。数学模型是能够用数值来描述真实物体或系统规律的相似实时动态特性。由人工建立的数学计算方法，常用的有代数方程法、微分方程法或状态方程法等。仿真机是基于电子计算机、网络或多媒体部件，由人工建造的模拟工业产生、实验仪器、分析过程的设备，同时也是动态数学模型实时运行的环境。与物理仿真相比，数字仿真具有更大的灵活性，能对截然不同的动态特性模型做实验研究，为真实物体或系统的分析和设计提供了十分有效而且经济的手段。

仿真实验指的是对实验系统的数字仿真，在没有普通意义上实验的必备设备条件下，采用数学建模的方式在电脑上再现该仪器设备的工作特性。通过仿真软件的图形化界面来联系理论条件与实验过程，同时通过一定的编程达到模拟现实实验的效果。仿真实验通常由三个部分组成，即实验系统、数学模型和仿真机。这三个部分由建模和仿真将它们联系在一起，如图 18.9 所示。

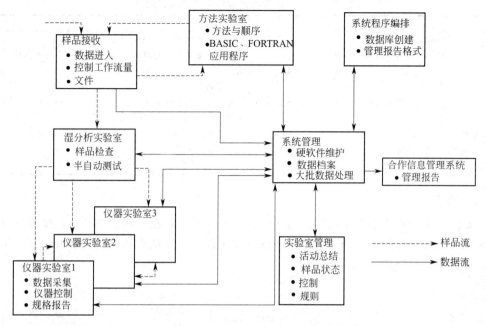

图 18.8　信息管理-实验室自动化系统模型

图 18.9　仿真实验的三个组成部分

1995 年以后，随着微型计算机性能大幅提升，价格下降，Windows 视窗的图形操作系统日益成熟，仿真系统的应用也越来越广泛。目前，仿真实验技术已经成为一种公认的高效、经济的现代化教学手段。

18.4　计算机在仪器分析中的应用举例

18.4.1　激光诱导时间分辨荧光

激光诱导时间分辨荧光（laser-induced time-resolved fluorescence）测定是通过测量荧光背景下微量物质不同半衰期的各种荧光信号，经解析后获得相应物质的含量。如测定在高蛋白质溶液中免疫荧光探针 Eu-TTA（铕-噻吩甲酰基三氟代丙酮）的信号，从而获得 Eu-TTA 标记的抗体或抗原的浓度。其测量原理如图 18.10 所示。

在激光诱导荧光体系中，激光脉冲激发后样品中蛋白质产生较短寿命的荧光，而 Eu-TTA 产生的荧光寿命则较长，为了准确地测定 Eu-TTA 的荧光，必须待蛋白质荧光信号衰减完全后再开始测定。

计算机在激光诱导时间分辨荧光仪中起着控制与数据接收处理的作用，其工作过程如表 18.2 所示。其中，1~5 步共需时间为 400~1000μs，故重复 1000 次并得出报告只需数秒。

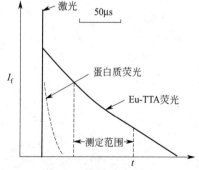

图 18.10　激光诱导荧光衰减曲线

表 18.2　激光诱导时间分辨荧光仪工作过程

计算机步骤	操　作
1. 在指定地址输出一个高电平	经 DAC 产生脉冲，触发激光
2. 接收激光脉冲信号，开始荧光寿命计算	激光探测器检测到激光脉冲，经 DAC 转换成脉冲信号，传给计算机
3. 延时	等待蛋白质荧光信号衰减
4. 延时结束，指示计算机开始接收 ADC 产生的荧光数据	光电倍增管接收荧光光子，产生信号，经 ADC 后，待计算机采集，形成数据组 $I_f(t)$
5. 处理采集数据	局部平滑，计算，获得 $I_f'(t)$
6. 重复 1~5 至指定次数	叠加 $I_f'(t)$
7. 结果计算与报告	用 $I_f(t)$ 计算 Eu-TTA 含量

18.4.2　伏安仪

伏安仪是电分析化学中常用的仪器之一。其基本原理是在一定的条件下，检测电极之间电流随两端所加电压的变化来测定溶液中的氧化还原反应，从而达到分析溶液中某一组分的目的。其工作曲线如图 18.11 所示。

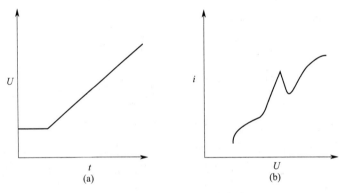

图 18.11　伏安仪的工作曲线

从图 18.11 可知，计算机在控制伏安仪工作过程中，必须至少能完成电压控制电流、电流测量及记录、数据处理等动作。其中前两项工作最为重要。在伏安仪工作时，电极两端的电压是一个连续变量，故不能用开关式 DAC 控制，而应用类似 ADC 的 DAC 进行控制，计算机输出 D 值，经与参比电位 φ_r 相比较后输出相应的 φ_A，同时通过 ADC 采集电流信号，经处理后得到相应的 i-φ 曲线（见图 18.12）。

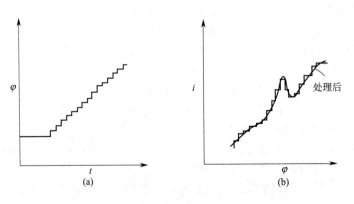

图 18.12　计算机操作伏安仪信号示意

思考题与习题

18.1 计算机与仪器的连接方式有哪几种？你所用过的分析仪器都是采用哪种连接方式？
18.2 简述模-数转换的原理。
18.3 什么是专家系统？
18.4 物理仿真与数学仿真有什么异同？
18.5 试述计算机在仪器分析中的应用有哪些发展趋势？

第 18 章 拓展材料

参 考 文 献

[1] 邓勃,宁永成,刘密新,等.仪器分析.北京:清华大学出版社,1991.
[2] 张锐,黄碧霞,何友昭.原子光谱分析.合肥:中国科技大学出版社,1991.
[3] 赵藻藩,周性尧,张悟铭,等.仪器分析.北京:高等教育出版社,1990.
[4] 李克安.分析化学教程.北京:北京大学出版社,2005.
[5] 吴性良,朱万森,马林.分析化学原理.北京:化学工业出版社,2004.
[6] 汪尔康.21世纪分析化学.北京:科学出版社,1999.
[7] 张永忠.仪器分析.北京:中国农业出版社,2008.
[8] 武汉大学.分析化学:下册.6版.北京:高等教育出版社,2016.
[9] 刘约权.现代仪器分析.2版.北京:高等教育出版社,2006.
[10] 叶宪曾,等.仪器分析教程.2版.北京:北京大学出版社,2007.
[11] Braun R D.最新仪器分析全书.北京大学化学系,等译.北京:化学工业出版社,1990.
[12] 朱明华,施文赵.近代分析化学.北京:高等教育出版社,1991.
[13] 武汉大学化学系.仪器分析.北京:高等教育出版社,2011.
[14] 严凤霞,王筱敏.现代光学仪器分析选论.上海:华东师范大学出版社,1992.
[15] 高向阳.新编仪器分析.3版.北京:科学出版社,2009.
[16] 朱明华,胡坪.仪器分析.4版.北京:高等教育出版社,2008.
[17] 周梅村.仪器分析.武汉:华中科技大学出版社,2008.
[18] 司文会.现代仪器分析.北京:中国农业出版社,2005.
[19] 朱鹏飞.仪器分析.2版.北京:化学工业出版社,2016.
[20] 武汉大学化学系.仪器分析.北京:高等教育出版社,2001.
[21] 华中师范大学,陕西师范大学,东北师范大学.分析化学:下册.3版.北京:高等教育出版社,2001.
[22] 董慧茹.仪器分析.3版.北京:化学工业出版社,2016.
[23] 陈国珍,黄贤智,刘文远,等.紫外-可见光分光光度法(上册).北京:原子能出版社,1983.
[24] 罗庆尧,邓延倬,蔡汝秀,等.分光光度分析.北京:科学出版社,1992.
[25] 辛仁轩.等离子体发射光谱分析.北京:化学工业出版社,2005.
[26] 鞠熀先.电分析化学与生物传感技术.北京:科学出版社,2006.
[27] 钱沙华,韦进宝.环境仪器分析.北京:中国环境科学出版社,2004.
[28] 张胜涛.电分析化学.重庆:重庆大学出版社,2004.
[29] 董绍俊,车广礼,谢远武.化学修饰电极.北京:科学出版社,2002.
[30] 李启隆.电分析化学.北京:北京师范大学出版社,1997.
[31] 金利通,仝威,徐金瑞,等.化学修饰电极.上海:华东师范大学出版社,1992.
[32] 刘虎威.气相色谱方法及应用.北京:化学工业出版社,2000.
[33] 于世林.高效液相色谱方法及应用.北京:化学工业出版社,2000.
[34] 吴宁生,顾光华.高效液相色谱.合肥:中国科学技术大学出版社,1989.
[35] H.恩格哈特.高效液相色谱法.杨文澜,马延林,译.北京:机械工业出版社,1982.
[36] C.F.辛普森.实用高效液相色谱法.许征帆,译.北京:中国建筑工业出版社,1981.
[37] 王俊德,商振华,郁蕴璐,等.高效液相色谱法.北京:中国石化出版社,1992.
[38] 刘密新,罗国安,张新荣,等.仪器分析.2版.北京:清华大学出版社,2009.
[39] 刘文杰,万英,庞新安,等.高效液相色谱法同时测定土壤中多菌灵、吡虫啉和甲基托布津的残留.分析测试学报,2007(1):133-135.
[40] 汪河滨,万英.柱前衍生-反相高效液相色谱法测定灰叶胡杨花粉中氨基酸的含量.理化检验(化学分册),2009,45(12):1440-1443.
[41] 邓芹英,刘岚,邓慧敏.波谱分析教程.北京:科学出版社,2003.
[42] 罗伯茨 J D.核磁共振在有机化学中的应用.黄维垣,等译.北京:科学出版社,1961.
[43] 洪山海.光谱解析法在仪器分析中的应用.北京:科学出版社,1985.
[44] 沈其丰.核磁共振碳谱.北京:北京大学出版社.1988.
[45] 周明德,白晓笛,田开类.微型计算机接口电路及应用.北京:清华大学出版社,1987.
[46] 张如洲.微型计算机数据采集与处理.北京:北京工业学院出版社,1987.
[47] 吴秉亮.化学中的微计算机数据接口与数值方法.武汉:武汉大学出版社,1987.
[48] 陈佳佳,金瑾华.微弱信号检测.北京:中央广播电视大学出版社,1989.